软物质前沿科学丛书编委会

"十三五"国家重点出版物出版规划项目

软物质前沿科学丛书

软物质物理

Soft Matter Physics

〔日〕Masao Doi　著

吴晨旭　译

科 学 出 版 社

龙 门 书 局

北 京

图字：01-2018-1013

内 容 简 介

软物质(聚合物、胶体、表面活性剂和液晶)是现代科技中很重要的一类材料。它们也是许多未来技术的基础。软物质在固体和液体之间显示出复杂的性质。经过 20 多年的发展，软凝聚态现在可以和固体凝聚态一样在可靠的物理基础上讨论。本书侧重于用物理学的基本理论和方法，分析软物质体系的各种现象，包含软物质概念、软物质溶液、弹性软物质、表面和表面活性剂、液晶、布朗运动和热涨落、软物质动力学的变分原理、软物质中的扩散和渗透、软物质的流动和变形、离子软物质等。

本书为物理和材料专业的本科生和研究生介绍了理解软物质特性的物理基础，适合从事软物质研究的科研人员学习参考。

图书在版编目(CIP)数据

软物质物理/(日)土井正男(Masao Doi)著；吴晨旭译. —北京：龙门书局，2021. 1

(软物质前沿科学丛书)

书名原文：Soft Matter Physics

"十三五"国家重点出版物出版规划项目 国家出版基金项目

ISBN 978-7-5088-5895-1

Ⅰ. ①软… Ⅱ. ①土… ②吴… Ⅲ. ①物理学 Ⅳ. ①O4

中国版本图书馆 CIP 数据核字(2020) 第 255920 号

责任编辑：钱 俊 / 责任校对：彭珍珍
责任印制：吴兆东 / 封面设计：无极书装

科 学 出 版 社
龙 门 书 局
出版

北京东黄城根北街 16 号
邮政编码：100717
http://www.sciencep.com

北京虎彩文化传播有限公司印刷
科学出版社发行　各地新华书店经销
*
2021 年 1 月第 一 版　开本：720 × 1000 1/16
2024 年 5 月第三次印刷　印张：22
字数：420 000
定价：148.00 元
(如有印装质量问题，我社负责调换)

谨以此书献给我的父亲和母亲

丛 书 序

社会文明的进步、历史的断代，通常以人类掌握的技术工具材料来刻画，如远古的石器时代、商周的青铜器时代、在冶炼青铜的基础上逐渐掌握了冶炼铁的技术之后的铁器时代，这些时代的名称反映了人类最初学会使用的主要是硬物质。同样，20 世纪的物理学家一开始也是致力于研究硬物质，像金属、半导体以及陶瓷，掌握这些材料使大规模集成电路技术成为可能，并开创了信息时代。进入 21 世纪，人们自然要问，什么材料代表当今时代的特征？什么是物理学最有发展前途的新研究领域？

1991 年，诺贝尔物理学奖得主德热纳最先给出回答：这个领域就是其得奖演讲的题目 —— "软物质"。按《欧洲物理杂志》B 分册的划分，它也被称为软凝聚态物质，所辖学科依次为液晶、聚合物、双亲分子、生物膜、胶体、黏胶及颗粒等。

2004 年，以 1977 年诺贝尔物理学奖得主、固体物理学家 P.W. 安德森为首的 80 余位著名物理学家曾以 "关联物质新领域" 为题召开研讨会，将凝聚态物理分为硬物质物理与软物质物理，认为软物质 (包括生物体系) 面临新的问题和挑战，需要发展新的物理学。

2005 年，*Science* 提出了 125 个世界性科学前沿问题，其中 13 个直接与软物质交叉学科有关。"自组织的发展程度" 更是被列入前 25 个最重要的世界性课题中的第 18 位，"玻璃化转变和玻璃的本质" 也被认为是最具有挑战性的基础物理问题以及当今凝聚态物理的一个重大研究前沿。

进入新世纪，软物质在国外受到高度重视，如 2015 年，爱丁堡大学软物质领域学者 Michael Cates 教授被选为剑桥大学卢卡斯讲座教授。大家知道，这个讲座是时代研究热门领域的方向标，牛顿、霍金都任过这个最著名的卢卡斯讲座教授。发达国家多数大学的物理系和研究机构已纷纷建立软物质物理的研究方向。

虽然在软物质研究的早期历史上，享誉世界的大科学家如爱因斯坦、朗缪尔、弗洛里等都做出过开创性贡献，荣获诺贝尔物理学奖或化学奖。但软物质物理学发展更为迅猛还是自德热纳 1991 年正式命名 "软物质" 以来，软物质物理不仅大大拓展了物理学的研究对象，还对物理学基础研究尤其是与非平衡现象 (如生命现象) 密切相关的物理学提出了重大挑战. 软物质泛指处于固体和理想流体之间的复杂的凝聚态物质，主要共同点是其基本单元之间的相互作用比较弱 (约为室温热能量级)，因而易受温度影响，熵效应显著，且易形成有序结构。因此具有显著热波动、多个亚稳状态、介观尺度自组装结构、熵驱动的顺序无序相变、宏观的灵活性等特征。简单地说，这些体系都体现了 "小刺激，大反应" 和强非线性的特性。这些特性并非仅仅由纳观组织或原子、分子水平的结构决定，更多是由介观多级自组装结构决定。处于这种状态的常见物质体系包括胶体、液晶、高分子及超分子、泡沫、乳液、凝胶、颗粒物质、玻璃、生物体系等。软物质不仅广泛存在于自然界，而且由于其丰富、奇特的物理学性质，在人类的生活和生产活动中也得到广泛应用，常见的有液晶、柔性电子、塑料、橡胶、颜料、墨水、牙膏、清洁剂、护肤品、食品添加剂等。由于其巨大的实用性以及迷人的物理性质，软物质自 19 世纪中后期进入科学家视野以来，就不断吸引着来自物理、化学、力学、生物学、材料科学、医学、数学等不同学科领域的大批研究者。近二十年来更是快速发展成为一个高度交叉的庞大的研究方向，在基础科学和实际应用方面都有重大意义。

为推动我国软物质研究，为国民经济作出应有贡献，在国家自然科学基金委员会和中国科学院学科发展战略研究合作项目 "软凝聚态物理学的若干前沿问题" (2013.7~2015.6) 资助下，本丛书主编组织了我国高校与研究院所上百位分布在数学、物理、化学、生命科学、力学等领域的长期从事软物质研究的科技工作者，参与本项目的研究工作。在充分调研的基础上，通过多次召开软物质科研论坛与研讨会，完成了一份 80 万字研究报告，全面系统地展现了软凝聚态物理学的发展历史、国内外研究现状，凝练出该交叉学科的重要研究方向，为我国科技管理部门部署软物质物理研究提供了一份既翔实又前瞻的路线图。

作为战略报告的推广成果，参加本项目的部分专家在《物理学报》出版了软凝聚态物理学术专辑，共计 30 篇综述。同时，本项目还受到科学出版社关注，双方达成了 "软物质前沿科学丛书" 的出版计划。这将是国内第一套系统总结该领域理论、实验和方法的专业丛书，对从事相关领域的研究人员将起到重要参考作用。因此，我们与科学出版社商讨了合作事项，成立了丛书编委会，并对丛书做了初步规划。编委会邀请了 30 多位不同背景的软物质领域的国内外专家共同完成这一系列专著。这套丛书将为读者提供软物质研究从基础到前沿的各个领域的最新进展，涵盖软物质研究的主要方面，包括理论建模、先进的探测和加工技术等。

由于我们对于软物质这一发展中的交叉科学的了解不很全面，不可能做到计划的 "一劳永逸"，而且缺乏组织出版一个进行时学科的丛书的实践经验，为此，我们要特别感谢科学出版社钱俊编辑，他跟踪了我们咨询项目启动到完成的全过程，并参与本丛书的策划。

我们欢迎更多相关同行撰写著作加入本丛书，为推动软物质科学在国内的发展做出贡献。

主　编　　欧阳钟灿

执行主编　　刘向阳

2017 年 8 月

译　者　序

1993 年 8 月，当我得知通过面试选拔获得日本文部省奖学金，可以选择一所学校赴日本留学攻读博士学位时，欣喜的同时伴随着选择学校和专业的困境。本人本科学力学、硕士学粒子物理，虽然硕士导师给我推荐了著名的西岛和彦教授，并准备通过他让我到日本高能物理研究所 (KEK) 小林诚教授 (2008 年诺贝尔物理学奖获得者) 手下念书，但由于本人对粒子物理自信心不足而放弃。这时候想到了几年前因厦门第 19 次统计物理大会的筹备工作而认识的欧阳钟灿教授，他促成了我到东京工业大学读博的心愿，开始接触应用电子学专业的有机单分子膜介电特性，并借此进入了精彩纷呈的软物质世界。在此后的几年中，欧阳教授成了我所在实验室的常年访问教授，也成了我的第二个学业导师，亦师亦友，乃我三生有幸。

毕业留校任教期间，由于工作关系，我开始拜读土井 (Doi) 教授关于软物质物理方面的论文，被他扎实的数学功底所折服，连力学专业所学的流体动力学、连续介质力学，他也游刃有余。他擅长建立物理模型，所运用的数学处理手段让这个领域曾经困扰的理论描述焕然一新，因此他撰写的英文版《软物质物理》成为全世界广受欢迎的专著。后来见到土井教授本人是在国内，这时候他已经从东京大学退休并任职北京航空航天大学"外专千人计划"教授，后来于 2018 年入选美国工程院外籍院士。在几次接触土井教授的过程中，他的敬业精神给我留下了深刻的印象。在北京航空航天大学软物质物理及应用研究中心为他举办的一次学术活动的发言中，我特地用日语发言表达了我对他的敬意。2017 年在欧阳钟灿院士的推动下，"软物质前沿科学丛书"计划开始实施。当欧阳老师提议让我翻译土井教授的这本畅销书时，我欣然接受，因为能够让国内更广大的读者了解这本书，是作为软物质从业者一项光荣的任务。为了方便国内读者，土井教授主动提议并准许在中文版中增加他提供的习题解答。由于日语版出版时间在前、英语版在后，所以这次选择英文版作为翻译对象。

在整个翻译过程中，我要特别感谢欧阳钟灿老师及国内同行对"软物质前沿科学丛书"的倡议和推动，感谢土井教授给予的无私帮助和配合，感谢实验室肖克、宋晨、李煜、洪咏滢、曾文斌、林汉斌、余涵等同学提供的帮助。感谢科学出版社钱俊编辑对本书出版提供的帮助。

本人虽长期从事软物质科学研究，但是翻译学术大家的著作仍是第一次，诚惶诚恐。如有纰漏，欢迎广大读者批评指正。

吴晨旭

2020 年 2 月

前　　言

　　软物质是包括聚合物、胶体、表面活性剂和液晶的一类物质，在我们日常生活和现代技术中不可替代。例如，凝胶和乳霜是我们日常经常使用的软物质；塑料、纺织品和橡胶广泛应用于住宅、汽车以及其他工业产品；液晶被用于显示器件；集成芯片制造过程中使用了光响应的聚合物材料。甚至人体自身都是由软物质组成的，许多软物质材料被用于医学治疗。

　　软物质不属于传统意义上的流体和固体。例如，泡泡糖，一种聚合物组成的软物质，可以像流体一样被无限拉伸延展，但是当快速拉伸和松弛时，它具有橡胶的行为；凝胶是一种包含大量液体的软固体；液晶是一种类似晶体具有光学各向异性的液体。这些性质在软物质的应用中具有重要意义。玻璃瓶是通过吹一种聚合物液体 (像泡泡糖) 制成的，凝胶广泛应用于许多工业过程中，液晶则应用于光学器件中。

　　本书旨在从物理的角度介绍这类重要材料。软物质的性质很复杂但是可以用物理的方法理解，这是本书的目的。

　　软物质有一个共同的特征就是它包含诸如大分子、胶体颗粒、分子集团或者有序分子。我们需要讨论的软物质大小是 $0.01 \sim 100\mu m$。这比原子分子尺度要大得多，但是仍然比宏观力学尺度要小。这个尺度上的物理目前在其他科学和工程领域引起了相当大的兴趣。我确信软物质是学习物理中的关联、相变、涨落、非平衡态动力学等议题的很好出发点，因为软物质是一种我们每天都能看到并接触的材料。我会把书中的议题与我们所看到的现象尽可能多地联系起来。

　　本书最早由岩波出版社以日文形式出版，后来对整体结构进行了调整并重写了个别章节。在此对岩波出版社致以衷心的感谢。

致 谢

本书在写作过程中得到了许多人的帮助。冈野光治教授 (东京) 和尾崎帮広教授 (京都) 给了我很多鼓励。前田悠教授 (九州) 针对第 10 章的改写提了很多很好的建议。

本书源于我在东京大学的讲课内容。我从学生早期手稿的阅读、所提意见以及错误修订中受益匪浅。

我也在台湾"中研院"、科维理理论物理研究所 (北京)、科维理理论物理研究所 (圣巴巴拉) 长期滞留中受益良多。谢谢胡进琨教授 (中国台湾)、胡文兵教授 (南京)、Kurt Kremer 教授 (美因茨) 接待我并给我机会上课。这些经历极大地帮助我重新编排和修改了教案。

目　　录

丛书序

译者序

前言

致谢

第 1 章　什么是软物质？ ……………………………………… 1

　1.1　聚合物 …………………………………………………… 1

　1.2　胶体 ……………………………………………………… 2

　1.3　表面活性剂 ……………………………………………… 3

　1.4　液晶 ……………………………………………………… 5

　1.5　软物质的共性是什么？ ………………………………… 6

　1.6　小结 ……………………………………………………… 8

　延展阅读 ……………………………………………………… 8

第 2 章　软物质溶液 …………………………………………… 9

　2.1　溶液热力学 ……………………………………………… 9

　　2.1.1　溶液的自由能 …………………………………… 9

　　2.1.2　混合准则 ………………………………………… 11

　　2.1.3　渗透压 …………………………………………… 13

　　2.1.4　化学势 …………………………………………… 14

　　2.1.5　稀溶液 …………………………………………… 14

　2.2　相分离 …………………………………………………… 15

　　2.2.1　两相共存 ………………………………………… 15

　　2.2.2　相图 ……………………………………………… 16

　2.3　格点模型 ………………………………………………… 17

　　2.3.1　格点上的分子 …………………………………… 17

　　2.3.2　溶质分子间的有效相互作用 …………………… 18

　　2.3.3　自由能 …………………………………………… 19

　　2.3.4　相分离 …………………………………………… 21

　2.4　聚合物溶液 ……………………………………………… 22

　　2.4.1　聚合物溶液的格点模型 ………………………… 22

　　2.4.2　聚合物溶液的关联效应 ………………………… 23

　　2.4.3　聚合物混合物 ·· 25
　2.5　胶体溶液 ·· 25
　　2.5.1　胶体颗粒间的势 ·· 25
　　2.5.2　胶体溶液的特性 ·· 25
　2.6　多组分溶液 ·· 27
　2.7　小结 ··· 27
　延展阅读 ··· 28
　练习 ··· 28
第 3 章　弹性软物质 ··· 31
　3.1　弹性软物质 ·· 31
　　3.1.1　聚合物溶液与聚合物凝胶 ································ 31
　　3.1.2　黏度与弹性 ·· 32
　　3.1.3　弹性常数 ·· 34
　　3.1.4　弹性材料的连续介质力学 ································ 35
　3.2　聚合物链的弹性 ··· 38
　　3.2.1　自由连接链模型 ·· 38
　　3.2.2　端到端向量的平衡分布 ···································· 39
　　3.2.3　聚合物链的弹性 ·· 39
　3.3　橡胶弹性的库恩理论 ·· 42
　　3.3.1　变形橡胶的自由能 ·· 42
　　3.3.2　典型变形的应力–应变关系 ······························ 43
　　3.3.3　气球膨胀 ·· 45
　3.4　聚合物凝胶 ·· 46
　　3.4.1　变形自由能 ·· 46
　　3.4.2　溶胀平衡 ·· 48
　　3.4.3　体积相变 ·· 49
　　3.4.4　压缩体积变化 ··· 50
　3.5　小结 ··· 52
　延展阅读 ··· 52
　练习 ··· 52
第 4 章　表面和表面活性剂 ··· 56
　4.1　表面张力 ··· 56
　　4.1.1　流体的平衡形状 ·· 56
　　4.1.2　表面张力 ·· 57
　　4.1.3　巨正则自由能 ··· 58

4.1.4　界面自由能 · 59

4.1.5　表面过剩 · 61

4.2　浸润 · 61

4.2.1　浸润的热力学驱动力 · · · · · · · · · · · · · · · · · · 61

4.2.2　固体表面的液滴 · 63

4.2.3　毛细管内液面上升 · · · · · · · · · · · · · · · · · · · 64

4.2.4　液体上的液滴 · 65

4.3　表面活性剂 · 66

4.3.1　表面活性剂分子 · 66

4.3.2　表面活性剂溶液的表面张力 · · · · · · · · · · 66

4.3.3　表面吸附与表面张力 · · · · · · · · · · · · · · · · · 67

4.3.4　胶束 · 69

4.3.5　Gibbs 单分子膜与 Langmuir 单分子膜 · · 70

4.4　表面间势 · 70

4.4.1　表面间的相互作用 · 70

4.4.2　表面间势和胶体颗粒的相互作用 · · · · · · 71

4.4.3　范德瓦耳斯力 · 72

4.4.4　带电表面 · 73

4.4.5　聚合物接枝表面 · 74

4.4.6　非接枝聚合物效应 · 75

4.4.7　分离压 · 77

4.5　小结 · 78

延展阅读 · 78

练习 · 78

第 5 章　液晶 · 81

5.1　向列型液晶 · 81

5.1.1　双折射液体 · 81

5.1.2　取向分布函数 · 82

5.1.3　向列型液晶的序参数 · · · · · · · · · · · · · · · · · 83

5.2　各向同性–向列型相变的平均场理论 · · · · · · · · · · 84

5.2.1　取向分布函数的自由能函数 · · · · · · · · · · 84

5.2.2　自洽方程 · 86

5.2.3　序参数的自由能函数 · · · · · · · · · · · · · · · · · 87

5.3　Landau-de Gennes 理论 · 88

5.3.1　临近相变点的自由能表达式 · · · · · · · · · · 88

　　　　5.3.2　磁场调控的向列型分子排列 ·· 91
　　5.4　向列序的空间梯度效应 ··· 93
　　　　5.4.1　非均匀序状态的自由能泛函 ·· 93
　　　　5.4.2　无序相中的梯度项效应 ·· 93
　　　　5.4.3　有序相中的梯度项效应 ·· 95
　　　　5.4.4　Freedericksz 相变 ·· 96
　　5.5　棒状粒子各向同性–向列型相变的 Onsager 理论 ······················ 98
　　5.6　小结 ··· 99
　　延展阅读 ·· 100
　　练习 ··· 100

第 6 章　布朗运动和热涨落 ··· 103
　　6.1　小粒子的随机运动 ·· 103
　　　　6.1.1　时间关联函数 ·· 103
　　　　6.1.2　时间关联函数的对称性 ·· 105
　　　　6.1.3　速度关联函数 ··· 106
　　6.2　自由粒子的布朗运动 ·· 107
　　　　6.2.1　粒子速度的朗之万方程 ·· 107
　　　　6.2.2　随机力的时间关联 ·· 108
　　　　6.2.3　爱因斯坦关系 ··· 109
　　6.3　势场中的布朗运动 ·· 110
　　　　6.3.1　粒子坐标的朗之万方程 ·· 110
　　　　6.3.2　简谐势中的布朗运动 ··· 111
　　6.4　一般形状粒子的布朗运动 ·· 113
　　　　6.4.1　粒子构象的朗之万方程 ·· 113
　　　　6.4.2　倒易关系 ··· 114
　　6.5　涨落–耗散定理 ·· 115
　　　　6.5.1　涨落和物质参数 ··· 115
　　　　6.5.2　随机力的时间关联 ·· 116
　　　　6.5.3　广义爱因斯坦关系 ·· 119
　　6.6　小结 ·· 121
　　延展阅读 ·· 121
　　练习 ··· 121

第 7 章　软物质动力学的变分原理 ·· 126
　　7.1　颗粒–流体体系动力学的变分原理 ·· 126
　　　　7.1.1　黏性流体中的颗粒运动 ·· 126

　　　7.1.2　颗粒运动的变分原理 ···127

　　　7.1.3　流体流动的变分原理 ···128

　　　7.1.4　例子: 多孔介质中的流体流动 ·································129

　7.2　Onsager 原理 ···132

　　　7.2.1　状态变量的运动学方程 ···132

　　　7.2.2　控制外部参量所需的力 ···134

　7.3　稀溶液中的粒子扩散 ···134

　　　7.3.1　粒子扩散和布朗运动 ···134

　　　7.3.2　从宏观力平衡推导扩散方程 ···································135

　　　7.3.3　用 Onsager 原理推导扩散方程 ······························136

　　　7.3.4　扩散势 ···137

　7.4　浓溶液中的粒子扩散 ···138

　　　7.4.1　集体扩散 ···138

　　　7.4.2　沉积 ···139

　　　7.4.3　作用于半透膜上的力 ···140

　7.5　棒状颗粒的转动布朗运动 ···141

　　　7.5.1　转动布朗运动的描述 ···141

　　　7.5.2　构型空间中的守恒方程 ···141

　　　7.5.3　Smoluchowskii 方程 ··142

　　　7.5.4　时间关联函数 ···143

　　　7.5.5　磁弛豫 ···144

　　　7.5.6　角空间中的扩散方程 ···146

　7.6　小结 ··147

　延展阅读 ··148

　练习 ···148

第 8 章　软物质中的扩散和渗透 ···151

　8.1　软物质溶液的空间关联 ··151

　　　8.1.1　长程关联性溶液 ···151

　　　8.1.2　密度关联函数 ···153

　　　8.1.3　散射函数 ···154

　　　8.1.4　时空关联函数 ···156

　　　8.1.5　长波极限 ···157

　　　8.1.6　摩擦常数和扩散常数的关联效应 ·····························158

　　　8.1.7　小尺度下的密度关联 ···159

　8.2　粒子沉积中的扩散形变耦合 ···160

　　　8.2.1　扩散中介质的运动 ··160
　　　8.2.2　粒子沉积的连续性描述 ···161
　8.3　相分离运动学 ···163
　　　8.3.1　热力学不稳定态的相分离 ··163
　　　8.3.2　相分离的前期阶段 ··165
　　　8.3.3　相分离的后期阶段 ··167
　8.4　凝胶中的扩散形变耦合 ···169
　　　8.4.1　渗透和形变耦合 ··169
　　　8.4.2　凝胶动力学基本方程 ··170
　　　8.4.3　浓度涨落 ···172
　　　8.4.4　在拉伸的凝胶薄片中溶剂扩散导致的力弛豫 ···············173
　　　8.4.5　溶剂扩散导致的力学不稳定性 ····································176
　8.5　小结 ···177
　延展阅读 ··177
　练习 ···177

第 9 章　软物质的流动和变形 ···181
　9.1　软物质的力学性质 ···181
　　　9.1.1　黏度、弹性和黏弹性 ···181
　　　9.1.2　线性黏弹性 ···183
　　　9.1.3　复数模量 ···185
　　　9.1.4　非线性黏度 ···186
　　　9.1.5　本构方程 ···187
　9.2　分子模型 ···189
　　　9.2.1　应力张量的微观表达式 ··189
　　　9.2.2　由 Onsager 原理导出的应力张量 ·······························191
　　　9.2.3　聚合物流体的黏弹性 ···192
　9.3　非缠结聚合物的黏弹性 ···193
　　　9.3.1　哑铃模型 ···193
　　　9.3.2　哑铃模型和赝网络模型 ··197
　　　9.3.3　Rouse 模型 ···198
　9.4　缠结聚合物的黏弹性 ··199
　　　9.4.1　缠结效应 ···199
　　　9.4.2　蠕动理论 ···201
　　　9.4.3　应力松弛 ···203
　　　9.4.4　实际系统中的缠结 ··205

9.5　棒状聚合物 ·· 207

　　9.5.1　棒状聚合物溶液 ·· 207

　　9.5.2　稀溶液的黏弹性 ·· 208

　　9.5.3　各向同性相浓缩溶液的黏弹性 ···························· 210

　　9.5.4　向列型溶液的黏弹性 ··· 213

9.6　小结 ·· 213

延展阅读 ··· 213

练习 ·· 214

第 10 章　离子软物质 ·· 217

10.1　解离平衡 ··· 217

　　10.1.1　简单电解质中的解离平衡 ·································· 217

　　10.1.2　巨电解质中的解离平衡 ····································· 219

10.2　离子凝胶 ··· 221

　　10.2.1　离子凝胶的自由离子模型 ·································· 221

　　10.2.2　电中性条件 ··· 221

　　10.2.3　Donnan 平衡 ··· 222

　　10.2.4　聚电解质凝胶的溶胀 ·· 224

10.3　界面附近的离子分布 ·· 224

　　10.3.1　电双层 ··· 224

　　10.3.2　泊松–玻尔兹曼方程 ·· 226

　　10.3.3　德拜长度 ·· 226

　　10.3.4　电中性条件和泊松–玻尔兹曼方程 ······················· 228

　　10.3.5　带电表面附近的离子分布 ·································· 228

　　10.3.6　带电表面的面间势 ··· 229

10.4　电动现象 ··· 232

　　10.4.1　凝胶和胶体中的电动现象 ·································· 232

　　10.4.2　离子凝胶中的电力耦合 ····································· 233

　　10.4.3　电解质溶液中离子分布的动力学方程 ··················· 235

　　10.4.4　狭窄通道中离子的运动 ····································· 236

　　10.4.5　带电颗粒的电泳 ·· 239

10.5　小结 ··· 240

延展阅读 ··· 241

练习 ·· 241

附录 A　连续 (介质) 力学 ·· 243

A.1　材料中的力 ·· 243

A.2　应力张量 ·· 244

A.3　本构方程 ·· 246

A.4　对材料做的功 ·· 246

A.5　理想弹性材料 ·· 248

A.6　理想黏性流体 ·· 250

附录 B　受限自由能 ··· 252

B.1　受限体系 ·· 252

B.2　受限自由能的性质 ··253

B.3　限制力方法 ··· 254

B.4　例子 1：平均力势 ···255

B.5　例子 2：液晶的 Landau-de Gennes 自由能 ························255

附录 C　变分微积分 ··· 257

C.1　函数偏微分 ··· 257

C.2　泛函的泛函微分 ··258

附录 D　倒易关系 ·· 260

D.1　广义摩擦力的流体动力学定义 ···260

D.2　倒易关系的流体动力学证明 ··261

D.3　倒易关系的 Onsager 证明 ··263

附录 E　材料响应和涨落的统计力学 ··265

E.1　Liouville 方程 ··265

E.2　时间关联函数 ···266

E.3　平衡响应 ·· 267

E.4　非平衡响应 ··· 269

E.5　广义爱因斯坦关系 ···272

附录 F　从朗之万方程到 Smoluchowskii 方程的推导 ··················273

附录 G　习题答案 ·· 275

索引 ·· 325

第 1 章　什么是软物质？

软物质包含一系列材料，包括聚合物、胶体、液晶、表面活性剂和其他介观成分。本章中，我们将讨论 (i) 这些材料是什么？(ii) 这些材料的共同特点是什么？(iii) 让软物质具备这些特性的物理根源是什么？

1.1　聚　合　物

聚合物是由某种化学单体组成的长的丝状分子，单体按顺序连接，见图 1.1。一个聚合物分子中单体数目一般是几千个，也可以是几千万个。聚合物是现代技术中不可或缺的材料，可以用作塑料、橡胶、薄膜和织物。

聚合物也是生命体的基本分子。生命的运行是通过由氨基酸组成的自然聚合物蛋白质实现的。生命的基因信息被刻录在另一类重要的生物高分子 ——DNA 上。

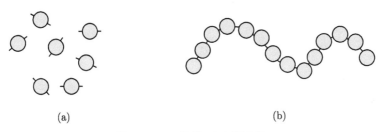

(a)　　　　　　　　　　　　　　　(b)

图 1.1　(a) 单体；(b) 聚合物

在聚合物中，通过改变单体类型和它们的连接方式就可以产生一系列的材料。聚合物一般是丝状的，见图 1.2(a)，但是可以导入如图 1.2(b) 一样的分支，聚合物链也可以如图 1.2(c) 一样交错。塑料一般是由丝状聚合物构成的 (图 1.2(a))。它们可以变成液态，注塑成想要的形状。另一方面，橡胶是由交错的聚合物链组成的 (图 1.2(c))，由于交错连接，橡胶不能流动。在外力作用下它们改变形状，但是撤走外力时它们会恢复成原来的形状。分叉聚合物 (图 1.2(b)) 是中间态，像是可以流动的橡胶材料。黏性胶带所用的黏性剂是由分支聚合物组成的，介于液态和橡胶态之间。

仰仗于单体的化学结构，聚合物材料可以非常柔软，像橡胶带中的橡胶，或者非常硬，像汽车保险杠的塑料。小变形很软，大变形，如塑料的材料可以由这些单体混合而成。新型聚合物如导电聚合物、光响应聚合物已经开发出来并广泛应用于现代技术领域。

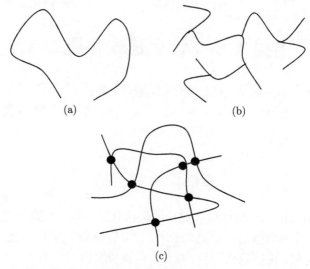

图 1.2　由相同单体组成的不同连接方式的各种聚合物：(a) 线性聚合物；(b) 分叉聚合物；(c) 网络聚合物

1.2　胶　　体

胶体是微小的固体颗粒或者分散于另一种液体中的液滴。胶体颗粒的特征直径介于 1nm 和 1μm 之间，远大于原子尺度。

日常生活中可见到胶体。牛奶是一种胶体溶液，是直径为 0.1μm 分散于水中的营养颗粒 (由脂肪和蛋白质组成)。

由固体颗粒组成的胶体悬液是液体，在低颗粒密度下可以流动，在高颗粒密度下变成固体状并停止流动。例如，水彩在水中溶解成液体，干后成固体。这种液态叫做溶胶，固态叫做凝胶 (图 1.3)。

不用改变颗粒浓度就可以诱发溶胶到凝胶的相变。通过添加适当的化学试剂到胶体溶液，改变胶体颗粒间的相互作用，从而导致溶胶到凝胶的转变。例如，当添加醋到牛奶时，牛奶变得很黏而失去流动性。这是由于添加醋后牛奶颗粒因相互作用变成吸引力而导致团聚引起的。

胶体的固化通常因颗粒的随机团聚而发生，见图 1.3(b)。如果将颗粒制备成相同大小和形状，团聚可以变成规整结构，很像原子晶体，见图 1.3(c)。这样的胶体晶体和原子晶体的 X 射线衍射一样会显示很强的光衍射。由于胶体晶体的晶格常数在 0.5μm 量级，所以通过散射衍射显现出彩虹色。

很多种胶体颗粒具有一系列的形状 (球状、棒状或者蝶状) 和表面性质，应用于日常生活和工业生产。

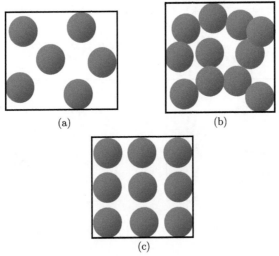

(a)

(b)

(c)

图 1.3　球状胶体的各种相：(a) 溶胶；(b) 凝胶；(c) 晶体

1.3　表面活性剂

作为典型的例子，油和水是敌对的一对。通常材料被分为亲水或者亲油。溶于油的材料通常不溶于水，也就是亲油材料通常是疏水的，反过来也一样。表面活性剂是一种特殊类别的所谓两亲性材料，同时溶于水和油。表面活性剂分子由两部分组成：亲水部分和疏水部分 (图 1.4(a))。表面活性剂分子可以溶解于水，形成图 1.4(b) 所示的结构，亲水部分暴露在水中，把疏水部分包裹起来。这种分子集团叫做胶束。另一方面，表面活性分子可以通过暴露疏水端于油中、藏匿亲水端于反胶束内侧而溶于油中 (图 1.4(c))。

根据表面活性剂的不同，胶束可以取不同的形状，包括球形、圆柱形、层状 (图 1.5)。球形胶束一般包含几十个分子，但柱状和层状胶束可以大得多，达到百万分子或者数十亿分子的量级。虽然胶束的大小和形状主要由表面活性剂分子的结构所决定，但它们会依赖于环境、溶剂类型、温度和表面活性剂浓度等而发生变化。

表面活性剂应用在日常生活中的肥皂和洗涤剂中。由于其双亲分子特性，表面活性剂分子倾向存在于油和水之间。因此，如果添加一种表面活性剂到油和水的混合物中，表面活性剂分子倾向于在油和水的界面之间聚集组装。为了容下这些双亲分子，界面面积会增加，相应的油会被表面活性剂包裹成小液滴，分散于水中。这是洗涤剂的基本工作原理 (图 1.6)。表面活性剂的术语来自：激活表面活性的药剂的缩写。

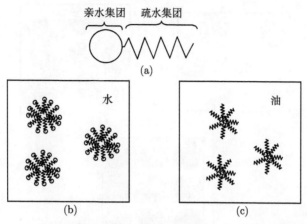

图 1.4　(a) 表面活性剂分子；(b) 水中形成胶束；(c) 油中形成反胶束

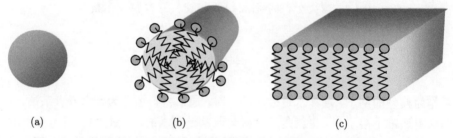

图 1.5　由表面活性剂形成的各种胶束结构：(a) 球形；(b) 圆柱形；(c) 层状

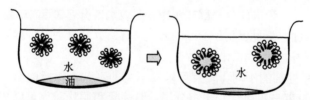

图 1.6　由于表面活性剂的功效，油滴在水中的分散

　　表面活性剂在分散技术中的作用很重要。这是一种利用表面活性剂在一般条件下从不稳定混合物如油和水或者无机颗粒和水中分离出看似均匀材料的技术。标准方法是通过表面活性剂，把材料 "打碎" 成细颗粒 (粒子或者液滴)。表面活性剂包裹了被分散的材料表面，避免它们聚集。这项技术在很多应用 (如化妆品和食物) 中很重要，也可以创造新的功能材料。

1.4　液　　晶

凝聚态物质一般分为两种：分子有序排列的晶态和分子无序排列的液态。对一些特定的材料，分子会形成一种介于晶体和液体中间的半有序态，这种材料叫液晶。

例如，考虑由棒状分子组成的一种材料。在晶态下，分子被均匀地放置在晶格位置并完全对齐，如图 1.7(a) 所示。在这种态下，存在完全的位置序和指向序。在液态下，分子位置和指向都是随机的 (图 1.7(d))。在液晶态中，分子的序介于这两者之间。

图 1.7(b) 显示了液晶的一类 —— 向列型液晶。这里分子保持了指向序，却没有位置序。向列型液晶是一种拥有空间各向异性的液体：当容器倾斜时会流动，而这种流体是各向异性的，会显示双折射。图 1.7(c) 显示另一类液晶 —— 近晶相液晶。这里，除了有指向序外，还有一种部分位置序：分子规则地沿某一特定方向摆放 (图 1.7(c) 的 z 轴)，然而它们在 xy 平面内的位置是随机的。

向列型液晶由于其光学特性容易通过电场控制，被广泛用于显示器件。液晶光学特性的变化也可以用在传感器上。高强度纤维 (用于防弹夹克) 是由液晶聚合物制成的，因为液晶中聚合物链具有很强的指向序。

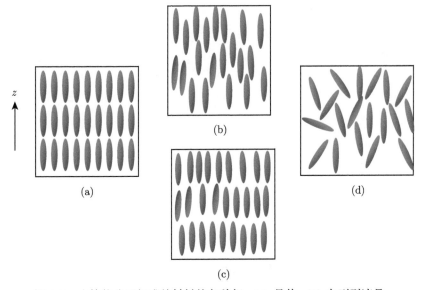

图 1.7　由棒状分子组成的材料的各种相：(a) 晶体；(b) 向列型液晶；
(c) 近晶相液晶；(d) 液体

1.5　软物质的共性是什么？

正如我们所看到的，软物质是一大类材料[①]。一个自然的问题是：这些材料的共性是什么？为何在软物质的框架下讨论？

上述材料的共性是它们都由比原子大得多的结构单元构成。聚合物分子一般包含几百万个原子，直径为 0.1μm 的胶体颗粒内含几十亿个原子。构成表面活性剂和液晶的分子不是非常大 (仅包含几万个原子)，但是它们能形成有序结构，并且以一个大的单元一起移动：表面活性剂分子形成胶束，以一个整体移动，液晶分子以一个整体转动。

软物质由整体移动的大分子或分子集团构成的事实给予了软物质两个性质。

(a) 大的非线性响应。软物质对弱作用力具有大响应。由成千上万个原子组成的聚合物分子很容易变形，这给予了橡胶和凝胶柔软性。胶体颗粒形成了很软的固体，应用于化妆品和油漆。正像我们所看到的，液晶的光学性质很容易因电场而改变。这样大的响应不能用力和响应的线性关系来刻画。例如，橡胶可以被拉长成初始长度的百分之几百，它们的力学响应不能由应力和应变之间的线性关系来描述。软物质中非线性响应非常重要。

(b) 缓慢非平衡响应。软物质的集体行为减缓了它们的动力学。简单流体的响应时间是纳秒量级，然而在聚合物和胶体溶液响应时间可以增长几十亿倍，所以非平衡态的性质或者非平衡态动力学在软物质中的作用很重要。

这些特征是软物质的基本结构单元非常大这个事实带来的结果，其中原因可以通过下列例子来理解。

考虑一个管子，里面装有溶液，溶质的密度比溶剂稍大。如果管子像图 1.8 一样旋转，溶质就会被离心力推向外侧。这个效应由溶质分子的势能来表示：

$$U\left(x\right) = -\frac{1}{2}m\omega^2 x^2 \tag{1.1}$$

这里，m 是溶质分子的有效质量[②]，ω 是溶质分子的角速度，x 是溶质分子距离旋转中心的距离。在平衡状态，在 x 处发现粒子的概率由玻尔兹曼分布给定：

$$P\left(x\right) \propto \exp\left(-\frac{U\left(x\right)}{k_{\mathrm{B}}T}\right) \propto \exp\left(\frac{m\omega^2 x^2}{2k_{\mathrm{B}}T}\right) \tag{1.2}$$

[①] 这里讨论的材料没有覆盖所有的软物质类型。其他材料，如软物质经常包含的颗粒物质和玻璃态物质并没有在本书中讨论。

[②] m 可以表示为 $m = \Delta\rho v$，这里 $\Delta\rho$ 是溶液和溶剂的密度差，v 是溶质分子的体积。方程 (1.1) 由作用在 x 位置粒子上的离心力 $m\omega^2 x$ 导出。

对于小的溶质分子, 因子 $m\omega^2 x^2/k_B T$ 小, 因此容器中的溶液保持均匀状态。现在假设单体转化为包含 N 个单体的聚合物。由于聚合物的质量是 Nm, 概率变为

$$P'(x) \propto \exp\left(\frac{Nm\omega^2 x^2}{2k_B T}\right) \tag{1.3}$$

对于大的 N, 因子 $Nm\omega^2 x^2/k_B T$ 变成不可忽略, 因而聚合物移到管子外侧端口。确实, 聚合物分子经常通过离心力从聚合物溶液中分离。这种办法对单体溶液并不实用, 因为分离单体所需的角速度很大。

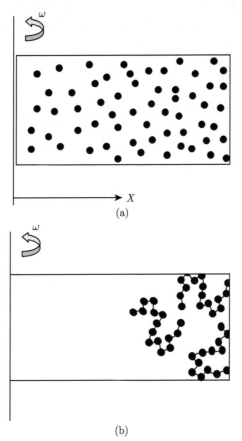

图 1.8 当一支装有溶液的管子旋转时, 重的成分 (假设是溶质) 被离心力推向外侧, 浓度变得不均匀。(a) 在单体溶液中, 浓度变化小; (b) 如果这些单体互相连接成聚合物, 就会形成一个大的浓度梯度

同样的思考方式适用于控制液晶的分子指向。组成液晶的分子指向可以用电场或磁场来控制。在各向同性相, 改变分子指向所需的场很大, 但是在液晶相, 所需场变小了, 因为液晶相中的分子是整体一起转动的。

在下面的章节中, 我们首先讨论几种特征软物质体系 (聚合物、胶体、表面活性剂、液晶) 的平衡性质; 其次, 讨论非平衡现象, 如弛豫、扩散、渗透、流动和变形; 最后研究离子软物质。通过这些讨论, 我们想证实物理原理适用于这些看似复杂的系统。

1.6   小   结

软物质包括一大类材料 (聚合物、胶体、表面活性剂和液晶等), 这些材料的共同特征是它们都由大的结构单元组成。这给了软物质两大特点:

(1) 大的非线性响应;

(2) 慢的非平衡响应。

延 展 阅 读

(1) Fragile Objects: Soft Matter, Hard Science and the Thrill of Discovery, Pierre Gilles de Gennes, Jacques Badoz, translated by Axel Reisinger, Copernicus (1996).

(2) Introduction to Soft Matter: Synthetic and Biological Self-Assembling Materials, Ian W. Hamley, Wiley (2007).

(3) Soft Condensed Matter, Richard A. L. Jones, Oxford University Press (2002).

第 2 章 软物质溶液

许多软物质体系以溶液方式存在。溶液是在液体中溶解一种材料制成的。被溶解的材料叫溶质，液体叫溶剂。虽然溶液中的主角是溶质，但是溶剂也起着重要的作用。溶质分子之间的有效相互作用可以受溶剂控制：溶质分子互相吸引或者排斥取决于溶剂。通过适当改变溶剂条件 (如改变溶剂的温度或者组分)，可以诱发溶质分子的各种序 (结晶、相变)。

本章首先讨论溶液的热力学，总结概述溶液的基本概念，如混合自由能、渗透压、化学势等，并讨论这些量如何与溶质和溶剂的混合性关联；然后讨论两种软物质溶液：聚合物溶液和胶体溶液。这些溶液的基本特征是溶质分子比溶剂分子大得多。这里的基本议题是尺度如何影响溶液的性质。

2.1 溶液热力学

2.1.1 溶液的自由能

考虑一个由两组分溶质和溶剂组成的均匀溶液。这样一个两组分溶液的热力学状态可以由四个参数来刻画：温度 T，压力 P，以及两个标定溶液中溶质和溶剂量的参数 (一个自然的选择是分别为溶质分子和溶剂分子的数目 N_p 和 N_s[①])，因此溶液的吉布斯自由能可写成

$$G = G(N_p, N_s, T, P) \tag{2.1}$$

溶液的状态可以用其他参数来说明，如溶液的体积 V 和溶质浓度。

表达溶质浓度的方式有多种，一个常用的量是质量浓度，即单位体积溶质分子的质量 (一般单位为 kg/m^3)

$$c = \frac{m_p N_p}{V} \tag{2.2}$$

这里，m_p 是溶质分子质量。溶质浓度可以用溶质的摩尔分数 x_m 或者质量分数 ϕ_m 来表示，分别定义如下

$$x_m = \frac{N_p}{N_p + N_s} \tag{2.3}$$

$$\phi_m = \frac{m_p N_p}{m_p N_p + m_s N_s} \tag{2.4}$$

---

① 本书中用符号 p 表示溶质 (聚合物或颗粒的意思)，符号 s 表示溶剂。

在关于软物质文献中, 溶质浓度经常由体积分数 ϕ 表示, 定义为

$$\phi = \frac{v_p N_p}{v_p N_p + v_s N_s} \tag{2.5}$$

这里 v_p 和 v_s 是比容, 定义为

$$v_p = \left(\frac{\partial V}{\partial N_p}\right)_{T,P,N_s}, \quad v_s = \left(\frac{\partial V}{\partial N_s}\right)_{T,P,N_p} \tag{2.6}$$

比容满足下列方程[①]

$$V = v_p N_p + v_s N_s \tag{2.8}$$

方程 (2.8) 表明, v_p 和 v_s 分别对应溶质分子和溶剂分子的体积。

一般说来, v_p 和 v_s 是 T、P 和溶质浓度的函数。然而, 在许多软物质溶液 (特别是在有机溶剂) 中, v_p 和 v_s 随这些参数变化很小。因此, 在本书中, 我们假设 v_p 和 v_s 为常数[②]。这样一种溶液叫做不可压缩溶液。在不可压缩溶液中, c 和 ϕ 由下列式子关联:

$$c = \frac{m_p}{v_p}\phi = \rho_p \phi \tag{2.9}$$

这里 $\rho_p = m_p/v_p$ 是纯溶质的密度。

给定吉布斯自由能 $G(N_p, N_s, T, P)$, 溶液的体积表达为

$$V = \frac{\partial G}{\partial P} \tag{2.10}$$

由于 V 为常数, $G(N_p, N_s, T, P)$ 可以写成

$$G(N_p, N_s, T, P) = PV + F(N_p, N_s, T) \tag{2.11}$$

函数 $F(N_p, N_s, T)$ 表示溶液的亥姆霍兹自由能。通常亥姆霍兹自由能写成 N_p, N_s, T 和 V 的函数。然而在不可压缩溶液中, V 由方程 (2.8) 表示, 不可能是一个独立变量。

---

① 方程 (2.8) 是这样得到的: 如果 N_p 和 N_s 在恒定 T 和 P 下以倍数 α 增加, 体系的体积也以倍数 α 增加。因此

$$V(\alpha N_p, \alpha N_s, T, P) = \alpha V(N_p, N_s, T, P) \tag{2.7}$$

把式 (2.7) 两端对 α 微分, 并运用式 (2.6), 就有式 (2.8)。

② 如果用质量分数 ϕ_m 代替体积分数 ϕ, 就不需要恒定 v_p 和 v_s 的假设, 因为 m_p 和 m_s 就是常数。这里用体积分数 ϕ 来保持整本书中符号的一致性。

亥姆霍兹自由能 $F(N_\mathrm{p}, N_\mathrm{s}, T)$ 是一个广延量, 因而对于任意数 α 必须满足标度关系 $F(\alpha N_\mathrm{p}, \alpha N_\mathrm{s}, T) = \alpha F(N_\mathrm{p}, N_\mathrm{s}, T)$。因此 $F(N_\mathrm{p}, N_\mathrm{s}, T)$ 写为[①]

$$F(N_\mathrm{p}, N_\mathrm{s}, T) = V f(\phi, T) \tag{2.14}$$

这里 $f(\phi, T)$ 代表溶液单位体积的亥姆霍兹自由能, 也叫亥姆霍兹自由能密度。由式 (2.11), 吉布斯自由能写为

$$G(N_\mathrm{p}, N_\mathrm{s}, T, P) = V[P + f(\phi, T)] \tag{2.15}$$

在方程 (2.14) 和 (2.15) 中, V 和 ϕ 利用方程 (2.8) 和 (2.5) 可以用 N_p 和 N_s 表示。

2.1.2 混合准则

如果将一滴苯与大量的水混合, 苯会完全溶解在水中。如果水量不够, 混合是不完全的, 未溶解的苯液滴仍然存在于溶液中。液体 1 和液体 2 是否完全混合 (例如, 形成均匀溶液) 取决于它们的体积和温度。如果知道自由能密度 $f(\phi, T)$ 的话, 就可以讨论液体的混合行为。

假设拥有体积和浓度 (V_1, ϕ_1) 的溶液与另一溶液 (V_2, ϕ_2) 混合, 得到一个均匀溶液 (图 2.1(a))。

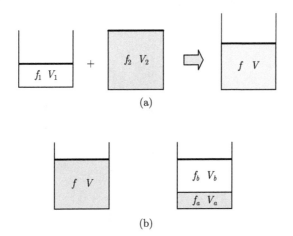

(a)

(b)

图 2.1　(a) 混合情形: 浓度分别为 ϕ_1 和 ϕ_2 的两种溶液混合成一种浓度为 ϕ 的均匀溶液; (b) 反混合情形: 一个浓度为 ϕ 的均匀溶液分成浓度为 ϕ_1 和 ϕ_2 的两种溶液

---

① 在方程 $F(\alpha N_\mathrm{p}, \alpha N_\mathrm{s}, T) = \alpha F(N_\mathrm{p}, N_\mathrm{s}, T)$ 中令 $\alpha = v_\mathrm{p}/V$, 我们得到

$$F\left(\frac{v_\mathrm{p} N_\mathrm{p}}{V}, \frac{v_\mathrm{p} N_\mathrm{s}}{V}, T\right) = \frac{v_\mathrm{p}}{V} F(N_\mathrm{p}, N_\mathrm{s}, T) \tag{2.12}$$

因此

$$F(N_\mathrm{p}, N_\mathrm{s}, T) = \frac{V}{v_\mathrm{p}} F\left(\frac{v_\mathrm{p} N_\mathrm{p}}{V}, \frac{v_\mathrm{p} N_\mathrm{s}}{V}, T\right) = \frac{V}{v_\mathrm{p}} F\left(\phi, \frac{v_\mathrm{p}}{v_\mathrm{s}}(1-\phi), T\right) \tag{2.13}$$

右侧可以写成式 (2.14) 的形式。

如果两个溶液完全混合，最后溶液拥有体积 $V_1 + V_2$，并且体积分数

$$\phi = \frac{\phi_1 V_1 + \phi_2 V_2}{V_1 + V_2} = x\phi_1 + (1-x)\,\phi_2 \tag{2.16}$$

这里 x 定义为

$$x = \frac{V_1}{V_1 + V_2} \tag{2.17}$$

混合之前，系统的自由能等于 $V_1 f(\phi_1) + V_2 f(\phi_2)$ (这里为了简单起见省略了关于 T 的讨论)。另一方面，最后溶液的自由能为 $(V_1 + V_2)f(\phi)$。为了得到一个均匀的溶液，混合后的自由能必须小于混合前的自由能，即

$$(V_1 + V_2)f(\phi) < V_1 f(\phi_1) + V_2 f(\phi_2) \tag{2.18}$$

或者

$$f(x\phi_1 + (1-x)\phi_2) < x f(\phi_1) + (1-x)f(\phi_2) \tag{2.19}$$

如果两种溶液在任何体积比 V_1/V_2 下都均匀混合，方程 (2.19) 必须在区间 $0 \leqslant x \leqslant 1$ 得到满足。这个条件等效于 $f(\phi)$ 在区间 $\phi_1 < \phi < \phi_2$ 是开口朝上的曲线 (图 2.2(a))，即

$$\frac{\partial^2 f}{\partial \phi^2} > 0, \quad \phi_1 < \phi < \phi_2 \tag{2.20}$$

另一方面，如果 $f(\phi)$ 在 ϕ_1 与 ϕ_2 之间有峰值 (图 2.2(a))，溶液就不再是均匀的。正如图 2.2 图解所说，系统可以通过分成浓度为 ϕ_a 和 ϕ_b 的两种溶液以降低它的自由能。这种现象叫做反混合或者相分离，在后续的章节中还会进一步讨论。

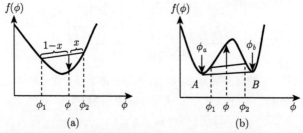

图 2.2　一个均匀溶液的自由能画成溶质浓度的函数。(a) 溶质和溶剂可以在任何组分下混合的情形。(b) 相分离发生的情形。如果一个浓度为 ϕ_1 的溶液与浓度为 ϕ_2 的溶液以比例 $x:(1-x)$ 混合形成均匀溶液，系统自由能从 $x f(\phi_1) + (1-x)\, f(\phi_2)$ 变为 $f(x\phi_1 + (1-x)\phi_2)$。自由能的变化由图中箭头标出。(a) 情形自由能减少，(b) 情形自由能增加

2.1.3 渗透压

倾向于把溶质和溶剂混合的热力学力可以用渗透压来衡量。当一个溶液与一个纯溶剂通过一个半渗透的膜接触时，显现出来的力就是渗透压 (图 2.3)。半渗透性的薄膜允许溶剂通过，不允许溶质通过。当溶质和溶剂混合系统自由能降低时，溶剂分子倾向于流入溶液。如果半渗透膜能自由移动，所有的溶剂分子会移动到溶液中，推动半渗透膜向右移动，形成一个均匀溶液。为了防止此事的发生，需要对半渗透膜施加一个力，如图 2.3 所示。渗透压 Π 是为了让溶液体积固定半渗透膜单位面积下受到的力。

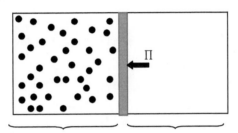

图 2.3 渗透压的定义。当一个溶液与一个纯溶剂通过一个半渗透的膜接触时，溶剂倾向于移动到溶液一方，增加溶液体积。为了维持溶液体积在一个固定值 V，需要对膜施加一个力，膜上单位面积受到的力就是溶液的渗透压 $\Pi(V)$

设 $F_{\text{tot}}(V)$ 是包含溶液 (体积 V) 和纯溶剂 (体积 $V_{\text{tot}} - V$) 的整个体系的自由能。如果移动半渗透膜改变溶液体积 dV，就对系统做功 $-\Pi dV$。因此 Π 表示为

$$\Pi = -\frac{\partial F_{\text{tot}}(V)}{\partial V} \tag{2.21}$$

另一方面，$F_{\text{tot}}(V)$ 可以用自由能密度 $f(\phi)$ 表示为

$$F_{\text{tot}} = V f(\phi) + (V_{\text{tot}} - V) f(0) \tag{2.22}$$

从方程 (2.21) 和方程 (2.22)，得到[①]

$$\Pi(\phi) = -f(\phi) + \phi f'(\phi) + f(0) \tag{2.23}$$

这里 $f'(\phi)$ 代表 $\partial f / \partial \phi$。

渗透压表示溶质和溶剂混合的倾向性程度。如果渗透压大，溶剂倾向于渗透到溶液中，或者等效地，溶质倾向于扩散到溶剂中。如第 7 章和第 8 章所示，渗透压是溶质和溶剂混合现象 (如扩散和渗透) 的驱动力。

---

① 这里利用了方程 $\phi = N_{\text{p}} v_{\text{p}} / V$ 和 $\partial \phi / \partial V = -\phi / V$。

2.1.4 化学势

混合的热力学力也可以用化学势表示。溶质的化学势 μ_p 和溶剂的化学势 μ_s 定义为

$$\mu_\mathrm{p} = \left(\frac{\partial G}{\partial N_\mathrm{p}}\right)_{N_\mathrm{s},T,P}, \quad \mu_\mathrm{s} = \left(\frac{\partial G}{\partial N_\mathrm{s}}\right)_{N_\mathrm{p},T,P} \tag{2.24}$$

运用 $G = (N_\mathrm{p}v_\mathrm{p} + N_\mathrm{s}v_\mathrm{s})\left[P + f(\phi,T)\right]$ 和 $\phi = N_\mathrm{p}v_\mathrm{p}/(N_\mathrm{p}v_\mathrm{p} + N_\mathrm{s}v_\mathrm{s})$，$\mu_\mathrm{p}$ (计算后) 可写为

$$\mu_\mathrm{p}(\phi,T,P) = v_\mathrm{p}\left[P + f(\phi,T) + (1-\phi)f'(\phi,T)\right] \tag{2.25}$$

类似地

$$\mu_\mathrm{s}(\phi,T,P) = v_\mathrm{s}\left[P + f(\phi,T) + (1-\phi)f'(\phi,T)\right] \tag{2.26}$$

利用方程 (2.23)，方程 (2.26) 可以写成

$$\mu_\mathrm{s}(\phi,T,P) = v_\mathrm{s}\left[P - \Pi(\phi,T) + f(0,T)\right] = v_\mathrm{s}\left[P - \Pi(\phi,T)\right] + \mu_\mathrm{s}^{(0)}(T) \tag{2.27}$$

这里，$\mu_\mathrm{s}^{(0)}(T)$ 仅仅是温度的函数。

如果把式 (2.25) 及式 (2.26) 对 ϕ 进行微分，得到

$$\frac{\partial \mu_\mathrm{p}}{\partial \phi} = v_\mathrm{p}(1-\phi)\frac{\partial^2 f}{\partial \phi^2}, \quad \frac{\partial \mu_\mathrm{s}}{\partial \phi} = -v_\mathrm{s}\phi\frac{\partial^2 f}{\partial \phi^2} \tag{2.28}$$

因此，在一个方程 (2.20) 满足的均匀溶液中，$\partial\mu_\mathrm{p}/\partial\phi$ 永远为正，溶质的化学势随着溶质浓度的增加而增加。另一方面，溶剂的化学势随着溶质浓度的增加而降低。一般说来，分子会从高化学势区域迁移到低化学势区域。因此，如果有溶质浓度梯度，溶质分子倾向于从高浓度区域迁移到低浓度区域。另外，溶剂分子从低溶质浓度区域移动到高浓度区域。两种迁移都是为了减少浓度梯度，使得溶液更加均匀。这是在溶液中发生的扩散现象的热力学根源。

2.1.5 稀溶液

当溶质浓度足够低时，溶质分子间的相互作用可以忽略，渗透压由范霍夫理论给定：渗透压正比于溶质分子数密度 $n = N_\mathrm{p}/V = \phi/v_\mathrm{p}$：

$$\Pi = \frac{N_\mathrm{p}k_\mathrm{B}T}{V} = \frac{\phi k_\mathrm{B}T}{v_\mathrm{p}} \tag{2.29}$$

溶质分子间的相互作用给出了范霍夫理论的修正项。在低浓度下，修正项可以写成 ϕ 的多项式：

$$\Pi = \frac{\phi k_\mathrm{B}T}{v_\mathrm{p}} + A_2\phi^2 + A_3\phi^3 + \cdots \tag{2.30}$$

系数 A_2 和 A_3 分别叫做第二和第三维里系数。维里系数可以用溶质分子的有效相互作用势表示。如果相互作用势是排斥的，A_2 是正的，而如果相互作用是吸引的，A_2 是负的。

如果渗透压 $\Pi(\phi)$ 已知并是 ϕ 的函数，可以计算自由能 $f(\phi)$。方程 (2.23) 写成

$$\Pi = \phi^2 \frac{\partial}{\partial \phi}\left(\frac{f}{\phi}\right) + f(0) \tag{2.31}$$

$f(\phi)$ 可以通过积分 (2.31) 得到。如果用方程 (2.30) 求得 $\Pi(\phi)$，则最后得到

$$f(\phi) = f_0 + k_0\phi + \frac{k_B T}{v_p}\phi \ln\phi + A_2\phi^2 + \frac{1}{2}A_3\phi^3 + \cdots \tag{2.32}$$

这里 f_0 代表 $f(0)$，k_0 是一个独立于 ϕ 的常数。注意到系数 f_0, k_0, A_2 和 A_3 是温度 T 的函数。利用方程 (2.26) 和 (2.27)，溶剂和溶质的化学势可写为

$$\mu_s(\phi) = \mu_s^0 + Pv_s - \frac{v_s}{v_p}k_B T\phi - v_s\left(A_2\phi^2 + A_3\phi^3 + \cdots\right) \tag{2.33}$$

$$\mu_p(\phi) = \mu_p^0 + Pv_p + k_B T\ln\phi + v_p\left[\left(2A_2 - \frac{k_B T}{v_p}\right)\phi + \left(\frac{3}{2}A_3 - A_2\right)\phi^2 + \cdots\right] \tag{2.34}$$

2.2 相 分 离

2.2.1 两相共存

正如 2.1.2 节所讨论的，如果自由能密度 $f(\phi)$ 有一个凸出部分满足 $\partial^2 f/\partial\phi^2 < 0$，均匀溶液不会稳定。假设外部参数 (如温度和压力) 发生变化，这个状态下会带来均匀的溶液。溶液会分为两个区域，即一个高密度区域和一个低密度区域，高密度区域称为浓相，低密度区域称为稀相，这个现象称为相分离。

溶液中的相分离与单组分体系中气液相变现象相似。例如，如果水蒸气冷却，一部分水凝聚形成液相 (高密度相)，其余的保持着气相 (低密度相)。同样地，溶液的相分离导致了浓相和稀相的共存：气液相变的密度和压力分别对应于溶液相分离的浓度和渗透压。

和混合的判据一样，相分离的热力学判据也可以同样方法得到。假设一个体积为 V、浓度为 ϕ 的均匀溶液分离成两个溶液：一个体积为 V_1、浓度为 ϕ_1，另一个体积为 V_2、浓度为 ϕ_2。体积 V_1 和 V_2 受溶液体积守恒 $V = V_1 + V_2$ 和溶质体积守恒 $\phi V = \phi_1 V_1 + \phi_2 V_2$ 限制。这给出了

$$V_1 = \frac{\phi_2 - \phi}{\phi_2 - \phi_1}V, \quad V_2 = \frac{\phi - \phi_1}{\phi_2 - \phi_1}V \tag{2.35}$$

因此相分离态的自由能表示为

$$F = V_1 f(\phi_1) + V_2 f(\phi_2) = V\left[\frac{\phi_2 - \phi}{\phi_2 - \phi_1} f(\phi_1) + \frac{\phi - \phi_1}{\phi_2 - \phi_1} f(\phi_2)\right] \qquad (2.36)$$

正如图 2.2(a) 所示,括弧 [ ] 中的表达式对应于自由能曲线中连接两点 $P_1(\phi_1, f(\phi_1))$ 和 $P_2(\phi_2, f(\phi_2))$ 的直线。因此为了把 (2.36) 最小化,需要找到曲线 $f(\phi)$ 上的两个点 P_1 和 P_2 以使直线 $P_1 P_2$ 在 ϕ 的高度最小。这样一条直线由曲线 $f(\phi)$ 的共同切线决定 (图 2.4(a))。设 ϕ_a 和 ϕ_b 是切线点的浓度。一个浓度为 $\phi(\phi_a < \phi < \phi_b)$ 的均匀溶液,分离成浓度分别为 ϕ_a 和 ϕ_b 的两个溶液时最稳定 (自由能最小)。

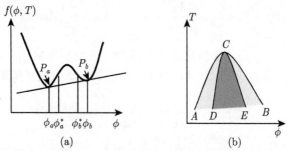

(a)　　　　　　　　　　　　　(b)

图 2.4　自由能和溶液相变曲线。(a) ϕ_a 和 ϕ_b 是切线 $P_a P_b$ 对应的两切点 P_a 和 P_b 的浓度。ϕ_a^* 和 ϕ_b^* 分别是 $\partial^2 f(\phi)/\partial \phi^2$ 变成零时对应的浓度。浓度为 $\phi(\phi_a < \phi < \phi_b)$ 的溶液可以通过自由能最小化相分离成浓度分别为 ϕ_a 和 ϕ_b 两个溶液。如果 $\phi_a^* < \phi < \phi_b^*$,则溶液是不稳定的,如果 $\phi_a < \phi < \phi_a^*$ 或 $\phi_b^* < \phi < \phi_b$,则溶液是局域稳定的。(b) 通过把 ϕ_a, ϕ_b, ϕ_a^*, ϕ_b^* 画成温度的函数,得到相图。深灰色区域中的溶液是不稳定的,浅灰色区域中的溶液是亚稳定的

直线 $P_a P_b$ 是曲线的共同切线的条件是

$$f'(\phi_a) = f'(\phi_b), \quad f(\phi_a) - f'(\phi_a)\phi_a = f(\phi_b) - f'(\phi_b)\phi_b \qquad (2.37)$$

很容易确认方程 (2.37) 等价于溶质溶剂的浓相化学势和稀相化学势彼此相等,即 $(\mu_p(\phi_a) = \mu_p(\phi_b)$ 和 $\mu_s(\phi_a) = \mu_s(\phi_b))$。在这个条件下,两相的渗透压也相等 $(\Pi(\phi_a) = \Pi(\phi_b))$。

2.2.2　相图

浓度区间 $\phi_a < \phi < \phi_b$ 可以进一步被分解成两个区域 (图 2.4)。如果 $\partial^2 f/\partial \phi^2 < 0$,溶液是不稳定的。图 2.2 的图形构建显示了任何偏离均匀态将降低自由能,因此体系是不均匀的。另一方面,如果 $\partial^2 f/\partial \phi^2 > 0$,任何偏离均匀态将导致自由能的增加。换句话说,只要从原来状态的偏离是小的,体系将保持均匀。这样一个状态叫做局域稳定或者亚稳定。设 ϕ_a^* 和 ϕ_b^* 为 $\partial^2 f/\partial \phi^2$ 为零时的浓度,它们对应于图形 $f(\phi)$ 的零曲率点。在 $\phi_a^* < \phi < \phi_b^*$ 时溶液是不稳定的,在 $\phi_a < \phi < \phi_a^*$ 和 $\phi_b^* < \phi < \phi_b$ 时溶液是亚稳定的。

由于 ϕ_a, ϕ_b, ϕ_a^*, ϕ_b^* 是温度的函数, 所以可以把它们画在 ϕ-T 平面上。图 2.4(b) 给出了一个例子。曲线 AC 和 BC 代表 $\phi_a(T)$ 和 $\phi_b(T)$, 曲线 DC 和 EC 代表 $\phi_a^*(T)$ 和 $\phi_b^*(T)$。连接 A、C 和 B 的曲线称为共存曲线或者双节线, 处在这条曲线下面状态的溶液可以相分离成浓度分别为 ϕ_a 和 ϕ_b 的两个相。另一方面, 连接 D、C、E 的曲线代表亚稳态和不稳定态之间的边界, 称为稳定边界或者双节线。

双节线的顶点称为临界点。由于两个浓度 $\phi_a^*(T)$ 和 $\phi_b^*(T)$ 满足 $\partial^2 f/\partial \phi^2 = 0$, 又交于临界点, $\partial^3 f/\partial \phi^3$ 必须在该点为零。因此, 临界点 C 由下列两个方程决定

$$\frac{\partial^2 f}{\partial \phi^2} = 0, \quad \frac{\partial^3 f}{\partial \phi^3} = 0, \quad \text{在临界点} \tag{2.38}$$

共存线和双节线汇合 (具有相同切线) 在临界点。

2.3 格 点 模 型

2.3.1 格点上的分子

自由能曲线 $f(\phi)$ 可以从实验上得到 (例如用方程 (2.31))。作为替代, 如果系统的哈密顿量已知, $f(\phi)$ 也可以通过理论计算。本节会用一个叫做格点模型的简单模型来展示这种计算, 如图 2.5(a) 所示。这里溶液中分子的微观构造用一个放在格点点阵上的红白圆圈的排列来表示: 黑圆圈代表溶质分子, 而白圆圈代表溶剂分子。

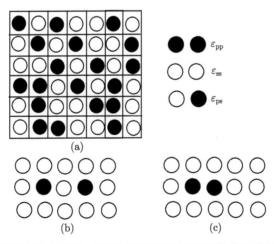

$\varepsilon_{\mathrm{pp}}$

$\varepsilon_{\mathrm{ss}}$

$\varepsilon_{\mathrm{ps}}$

(a)

(b)　　　　　　　　(c)

图 2.5　对称溶液的格点模型。溶质分子和溶剂分子分别用黑圆圈和白圆圈表示

简单起见, 我们假设溶质分子和溶剂分子具有相同的体积 v_c, 每个格点点阵单元要么被一个溶质分子占据, 要么被一个溶剂分子占据。溶液体积 V 和溶质体

积分数 ϕ 可表示为

$$V = v_c N_{\text{tot}}, \quad \phi = \frac{N_p}{N_{\text{tot}}} \tag{2.39}$$

这里 $N_{\text{tot}} = N_p + N_s$ 是单元总数。

为了考虑分子间相互作用, 我们假设相邻分子间存在一个相互作用能。设 ε_{pp}、ε_{ss}、ε_{ps} 分别是在格点模型格点位置上相邻溶质和溶质间、溶剂和溶剂间、溶质和溶剂间的相互作用能。因为相邻分子一般通过范德瓦耳斯力相互吸引, 所以 ε_{pp}、ε_{ss}、ε_{ps} 一般为负。系统的总能由所有能量的总和给出, 某一个构造 i 的能量 E_i 可计算为

$$E_i = \varepsilon_{\text{pp}} N_i^{(\text{pp})} + \varepsilon_{\text{ss}} N_i^{(\text{ss})} + \varepsilon_{\text{ps}} N_i^{(\text{ps})} \tag{2.40}$$

这里, $N_i^{(\text{pp})}$ 代表构造 i 相邻溶质–溶质对的个数, $N_i^{(\text{ss})}$ 和 $N_i^{(\text{ps})}$ 也有类似的定义。

系统的配分函数为

$$Z = \sum_i \exp\left(-E_i/k_B T\right) \tag{2.41}$$

这里的求和是针对所有可能的构造。自由能密度 $f(\phi, T)$ 为

$$f(\phi, T) = -\frac{k_B T}{V} \ln Z \tag{2.42}$$

2.3.2 溶质分子间的有效相互作用

严格计算方程 (2.41) 的求和是困难的。作为近似, 我们用平均值 $\bar{E}$ 来代替求和中的 E_i, 称为平均场近似。在这个近似中, 求和中的所有项均为不依赖于 i 的常数, 因此求和变为

$$Z \cong W \exp\left(-\bar{E}/k_B T\right) \tag{2.43}$$

这里 W 是求和的项数, 等于把 N_p 个分子放到 $N_{\text{tot}} = N_p + N_s$ 个单元的方法总数, 可表示为

$$W = \frac{(N_p + N_s)!}{N_p! N_s!} \tag{2.44}$$

平均能量 $\bar{E}$ 可以如下估算: 晶格中的每个单元有 z 个临近单元 (z 称为配位数), 在 z 个单元中, 平均有 $z\phi$ 个单元由溶质分子占据, 剩下的 $z(1-\phi)$ 个单元由溶剂分子占据。因此平均相邻溶质分子对估算为

$$\overline{N}_{\text{pp}} = \left(\frac{1}{2}\right) z\phi N_p = z N_{\text{tot}} \phi^2/2 \tag{2.45}$$

同样地, N_{ss} 和 N_{ps} 的平均数表示为

$$\overline{N}_{\text{ss}} = z N_{\text{tot}} (1-\phi)^2/2 \tag{2.46}$$

$$\overline{N}_{\text{ps}} = z N_{\text{tot}} \phi (1 - \phi) / 2 \tag{2.47}$$

结果, 平均能量 $\bar{E}$ 为

$$\begin{aligned}
\bar{E} &= \varepsilon_{\text{pp}} \overline{N}_{\text{pp}} + \varepsilon_{\text{ps}} \overline{N}_{\text{ps}} + \varepsilon_{\text{ss}} \overline{N}_{\text{ss}} \\
&= \frac{1}{2} N_{\text{tot}} z \left[\varepsilon_{\text{pp}} \phi^2 + 2 \varepsilon_{\text{ps}} \phi (1 - \phi) + \varepsilon_{\text{ss}} (1 - \phi)^2 \right] \\
&= \frac{1}{2} N_{\text{tot}} z \Delta \varepsilon \phi^2 + C_0 + C_1 \phi
\end{aligned} \tag{2.48}$$

这里

$$\Delta \varepsilon = \varepsilon_{\text{pp}} + \varepsilon_{\text{ss}} - 2 \varepsilon_{\text{ps}} \tag{2.49}$$

并且 C_0 和 C_1 是与 ϕ 无关的常数。

能量 $\Delta \varepsilon$ 代表溶液中溶质分子之间的有效相互作用。注意到这个能量依赖于所有对相互作用 (种类)。其原因在图 2.5(b) 和 (c) 中有解释。假设一对溶质分子分开放置于溶剂分子的 "海洋" 中 (图 2.5(b)),当这对分子如图 2.5(c) 所示拉近接触到一起时,两对溶质–溶剂分子消失,两对新的 (一对溶质–溶质和一对溶剂–溶剂)分子出现。与这种重组相联系的能量变化是 $\Delta \varepsilon$。

上面的讨论显示溶质分子在溶液中是否互相喜欢并不单独由 ε_{pp} 决定,也依赖于其他的对相互作用。例如,在真空中互相吸引的溶质分子对 (即 ε_{pp} 是负的),如果溶质分子和溶剂分子间的吸引相互作用强于溶质分子间的吸引相互作用,就可能在溶液中互相排斥。溶质分子间的有效相互作用由 $\Delta \varepsilon$ 决定。如果 ΔE 是正的 $(\Delta \varepsilon > 0)$,溶质分子倾向于互相疏远,溶液是均匀的;如果 $\Delta \varepsilon$ 是负的 $(\Delta \varepsilon < 0)$,溶质分子互相吸引,如果相互作用足够强,相分离就会发生。

上面的讨论可以用另一种方式阐述。能量 $\Delta \varepsilon$ 可以代表溶质和溶剂的亲和度。如果 $\Delta \varepsilon$ 是正的,溶质、溶剂互相吸引,因此它们倾向于混合;如果 $\Delta \varepsilon$ 是负的,溶质、溶剂互相排斥;如果 $\Delta \varepsilon$ 是负的,而且绝对值大,则相分离发生。

2.3.3 自由能

利用方程 (2.43)~(2.48),溶液的自由能为

$$F = -k_{\text{B}} T \ln Z = -k_{\text{B}} T \ln W + \bar{E} \tag{2.50}$$

右边第一项代表熵的贡献。混合熵写为

$$S_{\text{mix}} = k_{\text{B}} \ln W = k_{\text{B}} \left[\ln (N_{\text{p}} + N_{\text{s}})! - \ln N_{\text{p}}! - \ln N_{\text{s}}! \right] \tag{2.51}$$

利用斯特林公式 $(\ln N! = N \ln N - N)$,上式可改写为

$$S_{\text{mix}} = k_{\text{B}} \left[(N_{\text{p}} + N_{\text{s}}) \ln (N_{\text{p}} + N_{\text{s}}) - N_{\text{p}} \ln N_{\text{p}} - N_{\text{s}} \ln N_{\text{s}} \right]$$

$$= k_{\mathrm{B}}\left[-N_{\mathrm{p}}\ln\left(\frac{N_{\mathrm{p}}}{N_{\mathrm{p}}+N_{\mathrm{s}}}\right)-N_{\mathrm{s}}\ln\left(\frac{N_{\mathrm{s}}}{N_{\mathrm{p}}+N_{\mathrm{s}}}\right)\right]$$

$$= k_{\mathrm{B}}N_{\mathrm{tot}}\left[-\phi\ln\phi-(1-\phi)\ln(1-\phi)\right] \tag{2.52}$$

因此溶液的自由能表达式为

$$F = N_{\mathrm{tot}}\left\{k_{\mathrm{B}}T\left[\phi\ln\phi+(1-\phi)\ln(1-\phi)\right]+\frac{1}{2}z\Delta\varepsilon^2\phi^2\right\} \tag{2.53}$$

这里去掉了 ϕ 的线性项 (比如 $C_0+C_1\phi$ 和 PV)，因为它们不影响溶液是否是均匀或相分离[①]。因此自由能密度 $f(\phi)=F/V$ 表示为

$$f(\phi) = \frac{1}{v_{\mathrm{c}}}\left\{k_{\mathrm{B}}T\left[\phi\ln\phi+(1-\phi)\ln(1-\phi)\right]+\frac{1}{2}z\Delta\varepsilon^2\phi^2\right\} \tag{2.54}$$

这个式子经常写成如下形式：

$$f(\phi) = \frac{k_{\mathrm{B}}T}{v_{\mathrm{c}}}\left[\phi\ln\phi+(1-\phi)\ln(1-\phi)+\chi\phi(1-\phi)\right] \tag{2.55}$$

其中 χ 定义为

$$\chi = -\frac{z}{2k_{\mathrm{B}}T}\Delta\varepsilon \tag{2.56}$$

从方程 (2.54) 到方程 (2.55)，添加了一个 ϕ 的线性项，这是为了方便后续分析。由方程 (2.55) 定义的函数 $f(\phi)$ 以轴 $\phi=1/2$ 为中心有一个镜像对称。

溶液的渗透压由方程 (2.33) 计算得到

$$\Pi = -f(\phi)+\phi f'(\phi)+f(0) = \frac{k_{\mathrm{B}}T}{v_{\mathrm{c}}}[-\ln(1-\phi)-\chi\phi^2] \tag{2.57}$$

在稀溶液中 ($\phi\ll1$)，这个式子可改写为

$$\Pi = \frac{k_{\mathrm{B}}T}{v_{\mathrm{c}}}\left[\phi+\left(\frac{1}{2}-\chi\right)\phi^2\right] \tag{2.58}$$

第一项对应于范霍夫理论，第二项对应于方程 (2.30) 的第二维里系数 A_2。

第二维里系数 A_2 表示溶质分子之间的有效相互作用。若 A_2 是正的，净相互作用是排斥的；若 A_2 是负的，净相互作用就是吸引的。注意到在格点模型中，考虑了两种相互作用：一种是体积排斥相互作用，来自溶质分子不能占据相同格点位置的约束，这给出了排斥势贡献，在 (2.58) 中用正 1/2 表示；另一种是相邻分子间的相互作用，可以是吸引或排斥，取决于 $\Delta\varepsilon$ 或 χ 的符号。当 $\Delta\varepsilon<0$ 或者 $\chi>0$ 时是吸引。第二维里系数代表了溶质分子在这两种效应总和下的吸引或排斥。

[①] 溶液是否保持均匀由方程 (2.19) 左右两侧自由能的差决定，即 $\Delta f = f(x\phi_1+(1-x)\phi_2)-xf(\phi_1)-(1-x)f(\phi_2)$。$f(\phi)$ 的线性项对 Δf 的值没有影响。

2.3.4 相分离

图 2.6(a) 给出了自由能函数 $f(\phi)$ 在不用 χ 下的大概形状。$f(\phi)$ 在线 $\phi = 1/2$ 下具有镜像对称。如果 χ 小于一个临界值 χ_c，$f(\phi)$ 只有一个极小值在 $\phi = 1/2$，而如果 χ 大于 χ_c，$f(\phi)$ 有两个局部最小，χ_c 的值由在 $\phi = 1/2$ 曲率变号的条件决定，也就是 $\phi = 1/2$ 时，$\partial^2 f/\partial \phi^2 = 0$。这个条件给出了临界点

$$\chi_c = 2, \quad \phi_c = \frac{1}{2} \tag{2.59}$$

旋节线由 $\partial^2 f/\partial \phi^2 = 0$ 决定，可表达成

$$\chi = \frac{1}{2} \frac{1}{\phi(1-\phi)} \tag{2.60}$$

共存曲线可以通过 2.3.4 节构筑共同切线得到。由于自由能曲线 $f(\phi)$ 相对于 $\phi = 1/2$ 有一个镜像对称，共同切线由 $f(\phi)$ 两个局域最小值的连线给出，因此共存区域的浓度 $\phi_a(T)$ 和 $\phi_b(T)$ 由方程 $\partial f/\partial \phi = 0$ 的两个解给出。根据方程 (2.55)，得到

$$\chi = \frac{1}{1-2\phi} \ln \left(\frac{1-\phi}{\phi} \right) \tag{2.61}$$

图 2.6(b) 显示了作为 ϕ 的函数的渗透压。对 $\chi > \chi_c$，曲线有一部分满足 $\partial \Pi/\partial \phi < 0$，对应于不稳定区域。图 2.6(c) 是对称溶液的简略相图。

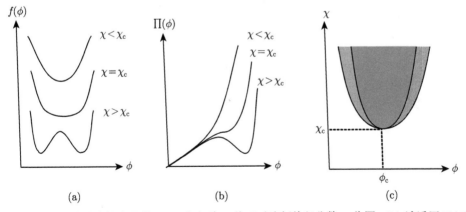

图 2.6　(a) 对称溶液的自由能 $f(\phi)$ 在各种 χ 值下对溶剂体积分数 ϕ 作图；(b) 渗透压 $\Pi(\phi)$ 对 ϕ 作图；(c) 溶液的相图，深色区域是不稳定区域，浅色区域是亚稳态区域

2.4 聚合物溶液

2.4.1 聚合物溶液的格点模型

在 2.3 节中，假设溶质分子和溶剂分子具有相同大小。在软物质溶液中，例如聚合物溶液和胶体溶液，溶质分子 (或颗粒) 远比溶剂分子大。现在让我们来考虑尺寸的不对称性如何影响溶液性质。

聚合物溶液的尺度效应可以用图 2.7 所示的格点模型来讨论，这里一个聚合物分子用 N 个由键连接的片段 (用黑圆圈表示) 表示，片段对应于聚合反应之前的单体。为了简便，假设片段和溶剂分子具有相同大小。对于这样一个模型，自由能密度可表示为

$$f(\phi) = \frac{k_{\mathrm{B}}T}{v_{\mathrm{c}}}\left[\frac{1}{N}\phi\ln\phi + (1-\phi)\ln(1-\phi) + \chi\phi(1-\phi)\right] \tag{2.62}$$

方程 (2.62) 和方程 (2.55) 的区别在于 $\phi\ln\phi$ 前面的因子 $1/N$。这个因子来自这样的事实，即聚合物分子的每个片段的混合熵现在表示成 $\phi\ln\phi/N$，因为 N 个片段是相连的，不能被独立搬移。

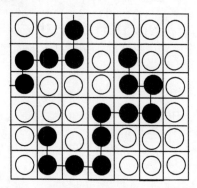

图 2.7 聚合物溶液的格点模型。一个聚合物分子由 N 个连接的黑圆圈表示。构筑的聚合物团 (如黑点) 称为片段

对于自由能 (2.62)，渗透压可表示为

$$\Pi = \frac{k_{\mathrm{B}}T}{v_{\mathrm{c}}}\left[\frac{\phi}{N} - \ln(1-\phi) - \phi - \chi\phi^2\right] \tag{2.63}$$

对于 $\phi \ll 1$，上式可写成

$$\Pi = \frac{k_{\mathrm{B}}T}{v_{\mathrm{c}}}\left[\frac{\phi}{N} + \left(\frac{1}{2} - \chi\right)\phi^2\right] \tag{2.64}$$

在极限 $\phi \to 0$ 下，方程 (2.64) 给出了范霍夫理论 $\Pi = k_B T \phi/(N v_c)$。然而，要观察到这个行为，ϕ 需非常小。由于因子 $1/N$，通常第一项和第二项相比小到可以忽略不计。因此一个聚合物溶液的渗透压通常写成

$$\Pi = A_2 \phi^2 \tag{2.65}$$

图 2.8(a) 显示了作为 ϕ 的函数的渗透压简略曲线。

聚合物的尺度效应也在相图中以非对称形状显示出来。旋节线由 $\partial^2 f/\partial \phi^2 = 0$ 计算得出

$$\chi = \frac{1}{2}\left[\frac{1}{1-\phi} + \frac{1}{N\phi}\right] \tag{2.66}$$

见图 2.8(b)。旋节线的底部给出了临界点 (ϕ_c, χ_c)，表示为

$$\phi_c = \frac{1}{1+\sqrt{N}}, \quad \chi_c = \frac{1}{2}\left(1 + \frac{1}{\sqrt{N}}\right)^2 \tag{2.67}$$

对于大的 N，χ_c 等于 $1/2$，这是当第二维里系数 A_2 从正变到负时的 χ 值。

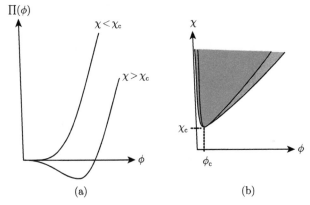

图 2.8　(a) 聚合物溶液渗透压对 ϕ 作图；(b) 聚合物溶液相图，深色区域是不稳定区域，浅色区域是亚稳态区域

对于对称溶液情形，相变不会发生在第二维里系数 A_2 变为 0 时的 χ 值位置，这是因为混合会有熵的增加。当溶质和溶剂相互混合时，系统熵增加，即使有效相互作用 A_2 为 0，自由能也会增加。在聚合物溶液中，熵的影响较小，因此一旦第二维里系数变为负数，相分离就发生。

2.4.2　聚合物溶液的关联效应

上面呈现的理论忽略了聚合物溶液的一个非常重要的效应，即片段密度的关联效应。上述理论在系统中片段密度被假设成均匀的 (例如这个假设被用来估算平均场 E)。在现实中，这种假设是不对的。

　　图 2.9 给出了一个聚合物溶液的简图。在一个非常稀的溶液中 (图 2.9(a))，聚合物链互相离得很远：每条链占据一个半径为 R_{ge} 的区域，在这种情况下，聚合物片段的密度不是均匀的。在聚合物绕线的区域密度是高的 (数量级 N/R_g^3)，但是在此区域之外为 0。当质量浓度满足[①]

$$\frac{4\pi}{3}R_g^3\frac{c}{m_p}<1 \tag{2.68}$$

时这样一个稀溶液就能实现。当这个方程左边超过 1 时，聚合物绕线开始互相重叠，

$$c^*=\frac{m_p}{\dfrac{4\pi}{3}R_g^3} \tag{2.69}$$

称为重叠浓度。

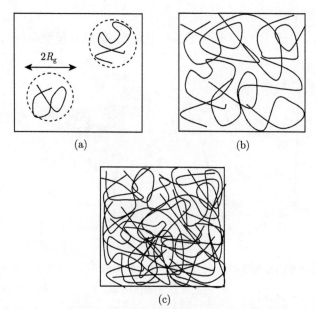

图 2.9　各种浓度下的聚合物溶液：(a) 在很稀的溶液中，聚合物互相分离，片段密度强关联；(b) 当浓度增加时，聚合物开始重叠，但是关联仍存在；(c) 在高浓度，关联效应变弱，片段密度几近均匀

　　在重叠浓度 c^* 以下或者接近 c^*，片段分布强关联：围绕一个片段周围的片段浓度高于平均值。已经证实的是，如果聚合物很大 (例如，如果 $N \gg 1$)，这种关联效应就很重要，会带来理论结果本质上的变化。例如，在 $\chi < \chi_c$ 的稀溶液中，渗透压并不像式 (2.65) 那样与 ϕ^2 成正比，而是与高阶次幂 ϕ^α 成正比，指数 α 介于

[①] 注意到 c/m_p 代表聚合物绕线的数密度。

2.2 与 2.3 之间[1]。当聚合物浓度上升时，关联效应变得不重要，超过一定浓度时 (比如 $\phi > 0.25$)，聚合物溶液可以用 2.4.1 节讨论的平均场理论描述。

2.4.3 聚合物混合物

在溶质和溶剂都是聚合物的情形下，尺度效应更加明显。考虑一个两种聚合物 A 和 B 的混合物，设 N_A 和 N_B 分别为各自聚合物的片段数目，这个混合物的自由能密度可以写成 A 片段体积分数 ϕ 的函数

$$f(\phi) = \frac{k_B T}{v_c} \left[\frac{\phi}{N_A} \ln \phi + \frac{1 - \phi}{N_B} \ln(1 - \phi) + \chi \phi (1 - \phi) \right] \quad (2.70)$$

这个混合物的旋节线现在表示为

$$\chi = \frac{1}{2} \left[\frac{1}{\phi N_A} + \frac{1}{(1 - \phi) N_B} \right] \quad (2.71)$$

对于大的聚合物 $N_A \gg 1$ 和 $N_B \gg 1$，方程 (2.71) 的右侧很小。在这种情况下，方程 (2.71) 等价于条件 $\chi < 0$ 或 $\Delta > 0$。或者说，两种聚合物 A 和 B 要混合在一起，片段 A 和 B 必须要互相吸引。这个条件只有对非常特殊的聚合物对才满足。通常不同的聚合物不混合，因为聚合物由混合带来的熵增很小。

2.5 胶体溶液

2.5.1 胶体颗粒间的势

在胶体溶液中尺度效应同样重要。混合熵效介于每个颗粒 $k_B T$ 数量级，与颗粒大小无关，而颗粒相互作用随着颗粒尺寸的增加而增加。因此颗粒均匀分散与否主要由胶体颗粒的相互作用决定。

考虑放置于溶剂中的两个胶体颗粒。粒子间的有效相互作用能 $U(r)$ 定义为把颗粒从无穷远搬到中心距离为 r 的位置时所做的功。或者 $U(r)$ 可以定义为两个态的自由能之差，一个是距离为 r 的状态，另一个是距离无穷远的状态。

能量 $U(r)$ 表示包含溶剂效应后的溶质间的有效相互作用。对于溶液中的任何物体 (分子、分子基团、颗粒) 都可以定义这样一个能量，称为平均力势。2.3 节的有效作用能 Δ 对应于邻近溶质分子间的 $U(r)$。

2.5.2 胶体溶液的特性

理论上，如果给定了 $U(r)$，就可以用像小分子溶液一样的理论框架来讨论胶体溶液。但是，在胶体科学中这种方法通常不被采纳，因为胶体颗粒的相互作用势 $U(r)$ 与小分子的相互作用势有明显的区别，是量上的区别，但是值得注意。

---

[1] 看延展阅读 de Gennes 的书, *Scaling Concepts in Polymer Physics*。

(a) 相互作用范围: 在小分子溶液中, 相互作用范围和分子大小可比, 而在胶体溶液中相互作用范围比颗粒尺寸小得多 (典型范围是 $0.1\mu m$)。由于相互作用势在比颗粒半径 R 小得多的尺度下急剧变化, 胶体颗粒的相互作用势 U 通常表达成间隙距离 $h = r - 2R$, 而不是 r 的函数 (图 2.10)。

(b) 相互作用大小: 在小分子溶液中, 相互作用能比 k_BT 小, 而在胶体溶液中, 相互作用能通常比 k_BT 大得多 (一般是 k_BT 的几十倍), 因为有许多原子参与。

胶体相互作用势的一个例子如图 2.10(b) 所示, 这里能量表示成间隙距离 $h = r - 2R$ 的函数。势 $U(h)$ 由于范德瓦耳斯吸引在很小的 h 处有一个很强的吸引项, 吸引深度通常比 k_BT 大得多。因此, 如果把两个颗粒靠在一起, 它们就不能分开。如果相互作用势只有一个吸引项, 溶液中的颗粒就会迅速聚集。为了使溶液稳定, 相互作用势会有一个排斥项, 如图 2.10(b) 所示。

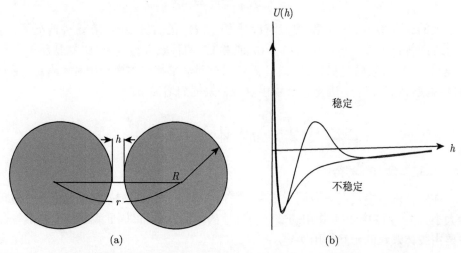

图 2.10　(a) 两个胶体颗粒之间的相互作用; (b) 胶体颗粒之间的有效相互作用势例子。这里 "不稳定" 暗示着不稳定分散势, 颗粒迅速集聚, "稳定" 意味着稳定分散势, 集聚很慢, 分散看起来稳定

为了修正溶液中稳定胶体分散的颗粒相互作用势, 人们发展了各种方法。事实上, 相互作用势的形式是胶体科学中的核心问题, 这个问题在第 4 章中有更详细的讨论。

如果体系处于平衡态, 用与相分离一样的理论框架来讨论胶体溶液的稳定性是可能的。但是在胶体科学中并不常采用这种方法, 其原因是胶体溶液通常并不是真的处于平衡态[1]。考虑一个胶体溶液, 颗粒之间通过图 2.10 表示的稳定势进行

---

[1] 如果相互作用势没有吸引项, 胶体分散平衡态就可以实现。实际上, 胶体分散被用于硬球或硬棒系统的模型。

相互作用。由于最近邻的深势能谷的原因，通过这一势能进行相互作用的颗粒的第二维里系数是负数，因此如果我们运用热力学判据来处理胶体分散的稳定性，就会发现大多数胶体分散是不稳定的。

为了实用目的，胶体溶液是否是热力学稳定 (如绝对稳定) 并不重要，只要胶体分散在被耗光之前保持均匀，就可以认为胶体分散是稳定的。因此，胶体分散稳定性的讨论通常是以聚集速度或者相互作用势的方式来进行的。这是溶液理论和胶体分散理论文化上隔阂的一个例子。

关于胶体分散的稳定性的进一步讨论在第 4 章中会呈现。

2.6 多组分溶液

到目前为止，我们已经考虑了两组分体系，也就是溶液由一个溶质和一个溶剂组成。然而，软物质溶液通常有许多组分。例如，在简单聚合物溶液中，比如以苯为溶剂的聚苯乙烯溶液中，聚苯乙烯分子并不具有相同的分子量，因此它们应被当作不同的组分。此外，混合溶剂，如人们经常用的水和丙酮混合物。进一步地，在电解质溶液中总是涉及许多离子组分。

另外，这些溶液的多组分特征经常被忽视。例如，处于某个溶剂中的聚苯乙烯溶液经常被当作两组分溶液，包含单分散的聚苯乙烯和溶剂，而均匀混合的两组分溶剂经常被认为是单组分溶剂。虽然这种简化对于进化我们的思维是有用和必要的，但记住这些仅仅是对实际的近似非常重要。

多组分溶液的热力学方程可以像两组分的溶液一样得到 (看问题 (2.4) 和 (2.7))。这里我们提一下软物质特有的一个方面：通常情况下，如果一个混合溶剂是用来溶解大的溶质 (聚合物或胶体)，那么它们的成分会随着空间位置变化。例如，在稀的聚合物溶液中，聚合物绕线区域中的溶剂成分一般会与外部区域不同，因为有些 (溶剂组分) 喜欢待在里面，有些喜欢远离聚合物待在外面。这个效应可以从宏观尺度上看得到。如果将一个聚合物网络 (如聚合物凝胶) 放入一个混合溶剂中，凝胶会吸收偏爱的溶剂，导致凝胶内部的组分和外部不一样。第 10 章还会有关于这方面的进一步讨论。

2.7 小 结

如果混合态的自由能比非混合态的自由能小，溶质和溶剂就会混合成为一种均匀的溶液。混合行为特征可以用表达成溶质浓度 (或者溶质体积分数 ϕ) 函数的自由能密度 $f(\phi, T)$ 来完全刻画。$f(\phi, T)$ 由渗透压 $\Pi(\phi, T)$ 或化学势 $\mu_\mathrm{p}(\phi, T)$ 或 $\mu_\mathrm{s}(\phi, T)$ 得到。

混合的热力学力有两个源头: 一个是熵特性的, 永远偏爱混合; 另一个是内能的, 一般不喜欢混合。

在小分子的溶液中, 溶质和溶剂即便不喜爱对方, 也会由于熵的效应而混合。另一方面, 在典型性的软物质溶液中 (聚合物溶液和胶体分散液), 溶质比溶剂大得多, 因此熵效应可以忽略, 内能起主导作用。因此, 聚合物和胶体在溶剂中难溶解得多。

延 展 阅 读

(1) Introduction to Polymer Physics, Masao Doi, Oxford University Press (1996).

(2) Scaling Concepts in Polymer Physics, Pierre-Gilles Gennes, Cornell University Press (1979).

(3) Polymer Physics, Michael Rubinstein and Ralph H. Colby, Oxford University Press (2003).

练 习

2.1 10g 糖溶解于 200ml 水, 假设糖由分子量为 500g/mol 的分子组成, 回答下列问题:

(a) 计算溶液中糖的质量浓度 $c[\text{g/cm}^3]$、质量分数 ϕ_m 和摩尔分数 x_m。

(b) 估算溶液的渗透压 Π。

2.2 苯中分子量为 $3 \times 10^7 \text{g/mol}$ 的聚苯乙烯的回旋半径 R_g 约为 100nm, 回答下列问题:

(a) 估算聚合物分子开始互相重叠时的重叠浓度。

(b) 估算重叠浓度时的渗透压。

2.3 一个溶液装于一个柱体容器中, 用两个活塞封住, 被一层半穿透性薄膜分为两个腔室 (图 2.11), 起初两个腔室的浓度一样, 都是数密度 n_0, 体积也一样, 都是 hA(h 和 A 分别是腔室的高和横截面积)。一重物 W 置于圆柱顶部, 促使活塞向下运动。假设溶液是理想的, 回答如下问题:

(a) 计算平衡态时活塞的位移 x, 忽略溶液的密度。

(b) 计算平衡态时活塞的位移 x, 考虑溶液的密度 ρ。

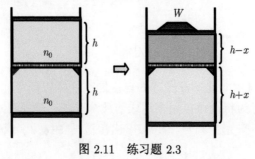

图 2.11 练习题 2.3

2.4　考虑一个 $(n+1)$-组分溶液, 设 N_i 为溶液中组分 $i(i = 0, 1, 2, \cdots, n)$ 的分子数, v_i 为组分 i 的分子体积。溶液的总体积表示为

$$V = \sum_{i=0}^{n} v_i N_i \tag{2.72}$$

假设 v_i 都是常数, 回答下列问题:

(a) 证明溶液的吉布斯自由能为

$$G(N_0, \cdots, N_n, T, P) = PV + V f(\phi_1, \phi_2, \cdots, \phi_n, T) \tag{2.73}$$

这里 $\phi_i = v_i N_i / V$ 是组分 i 的体积分数。

(b) 证明允许组分 0 通过半渗透薄膜的渗透压 Π 是

$$\Pi = -f + \sum_{i=1}^{n} \phi_i \frac{\partial f}{\partial \phi_i} + f(0) \tag{2.74}$$

也证明组分 i 的化学势为

$$\begin{aligned}
\mu_i &= v_i \left[P + f + \sum_{j=1}^{n} (\delta_{ij} - \phi_j) \frac{\partial f}{\partial \phi_j} \right] \\
&= v_i \left[\frac{\partial f}{\partial \phi_i} + P - \Pi + f(0) \right], \quad i = 1, \cdots, n
\end{aligned} \tag{2.75}$$

$$\mu_0 = v_0 [P - \Pi + f(0)] \tag{2.76}$$

(c) 证明化学势 $\mu_i (i = 0, 1, \cdots, n)$ 满足下列等式:

$$\sum_{i=0}^{n} \frac{\phi_i}{v_i} \mu_i = f + P \tag{2.77}$$

(d) 考虑体积分数 $\phi_i (i = 1, 2, \cdots, n)$ 比 ϕ_0 小得多的情形, 渗透压可写成

$$\Pi = \sum_{i=1}^{n} \frac{\phi_i}{v_i} k_B T + \sum_{i=1}^{n} \sum_{j=1}^{n} A_{ij} \phi_i \phi_j \tag{2.78}$$

证明小组分 $(i = 1, 2, \cdots, n)$ 的化学势为

$$\begin{aligned}
\mu_i &= \mu_i^0(T) + P v_i + k_B T \ln \phi_i \\
&+ \sum_{j=1}^{n} \left(2 v_i A_{ij} - \frac{v_i}{v_j} k_B T \right) \phi_j
\end{aligned} \tag{2.79}$$

而大组分的化学势为

$$\mu_0 = \mu_0^0(T) + v_0 [P - \Pi] \tag{2.80}$$

2.5　关于格点模型的渗透压 (方程 (2.57)), 回答下列问题:

(a) $\Pi(\phi)$ 作为 ϕ 函数画图, $\chi = 0, 1, 2, 4$。

(b) 在 ϕ-χ 平面内画旋节线，并指出临界点。

(c) 在 ϕ-χ 平面内画双节线。

2.6   针对聚合物溶液的自由能表达式 (方程 (2.62))，回答下列问题:

(a) $f(\phi)$ 作为 ϕ 的函数画图，$\chi = 0.4, 0.5, 0.6$，$N = 100$。

(b) 在 ϕ-χ 平面内画旋节线，并指出临界点。

(c) 证明对于大的正的 χ，双节线近似表示成 $\phi_a = \mathrm{e}^{-N(\chi-1)}$，以及 $\phi_b = 1 - \mathrm{e}^{-(\chi+1)}$。

2.7*   (a) 考虑 $(n+1)$-组分溶液，自由能密度由 $f(\phi_1, \phi_2, \cdots, \phi_n)$ 表示，这里 ϕ_i 是组分 i 的体积分数。证明旋节线，即稳定区域和不稳定区域的边界，可表示成

$$\det\left(\frac{\partial^2 f}{\partial \phi_i \partial \phi_j}\right) = 0 \tag{2.81}$$

(b) 考虑一个聚合物溶液，包含由相同片段组成的聚合物，但是有不同的数量 N_1 和 N_2，体系的自由能写为

$$f(\phi) = \frac{k_{\mathrm{B}}T}{v_{\mathrm{c}}}\left[(1-\phi)\ln(1-\phi) + \sum_{i=1,2}\frac{1}{N_i}\phi_i\ln\phi_i - \chi\left(\sum_{i=1,2}\phi_i\right)^2\right] \tag{2.82}$$

证明这个溶液的旋节线可表示成

$$\chi = \frac{1}{2}\left(\frac{1}{1-\phi} + \frac{1}{N_{\mathrm{w}}\phi}\right) \tag{2.83}$$

这里

$$\phi = \sum_{i=1,2}\phi_i \tag{2.84}$$

是聚合物的体积分数，N_{w} 定义为

$$N_{\mathrm{w}} = \frac{1}{\phi}\sum_{i=1,2}\phi_i N_i \tag{2.85}$$

第3章　弹性软物质

弹性软物质在我们的日常生活中随处可见，例如大家所熟悉的橡胶和凝胶，它们都是由网络聚合物组成的，如图 1.2(c) 所示。橡胶中通常不含溶剂，而凝胶中含有溶剂[①]。这些材料的基本特征是具有明确的、固定的形状。当施加外力时它们会产生变形，但当外力移除时它们会恢复原始形状。这与液态不同，液体不具有自己的形状，并且可以在没有任何外力做功的情况下发生变形。

具有各自形状的材料称为弹性材料。金属和玻璃是典型的硬弹性材料，而橡胶和凝胶是软弹性材料。橡胶和凝胶虽然归类为弹性材料，但具有与金属和玻璃完全不同的独特性质，即它们可以在不破坏的情况下产生本身几分之一亦或是几倍的变形量。这种差异源于其分子结构。

金属和玻璃的弹性来自这样一个事实，即材料中的原子被困在局部能量最小的状态，并抵抗来自状态的任何变化。从原子正在剧烈运动的角度上来看，橡胶和凝胶与这些材料不同，非常像流体状态 (聚合物熔体和聚合物溶液)。橡胶和凝胶是通过在聚合物的流体状态下产生交联而形成的，交联的比例通常很小 (小于百分之几)，并且大多数材料保持与流体相同的状态。然而，少量的交联通常足以将流体变成弹性材料。在本章中，我们将讨论这类独特材料的平衡特性。

3.1　弹性软物质

3.1.1　聚合物溶液与聚合物凝胶

图 3.1 显示了聚合物的流体状态 (溶液) 和弹性状态 (凝胶) 之间的区别与对比。在聚合物溶液中，长链状分子彼此缠结，因此，聚合物溶液是黏性材料。它是一种抵抗流动的材料，但却具有一定的流动性。实际上，如果给出足够的时间，可以将容器中的聚合物溶液倒在桌子上。另一方面，在聚合物凝胶中，聚合物是化学交联的并形成大分子网络。这种材料不能流动，也不能浇注：如果容器倒置，材料可能会掉出来，但不会在桌子上蔓延。

---

① 在本书中，我们将含有溶剂的聚合物网络称为凝胶，而不含溶剂的聚合物称为橡胶。有些橡胶含有溶剂 (或小分子的添加剂)。橡胶和凝胶之间的区分尚不明确。区别似乎不在于材料的结构，相反，是在于材料的使用，如果使用材料的机械性能，则将其称为橡胶，如果利用将流体保持在弹性状态的能力，则将其称为凝胶。用于其他材料中的凝胶具有不同的定义。例如，在胶体科学中，凝胶定义为没有流动性的胶体分散体的无序状态 (见 1.2 节)。

 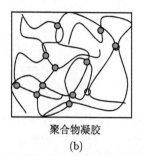

聚合物溶液   聚合物凝胶
(a)   (b)

图 3.1 聚合物材料在流体状态 (a) 以及弹性状态 (b) 中具有不同的结构

流体不具有明确的形状，并且可以无限地变形。另一方面，弹性材料具有其自身的形状并且可以可逆地变形到有限的程度。虽然这种区别看起来非常清楚，但在许多软物质系统中却并非如此。

例如制作明胶果冻，首先将明胶 (天然聚合物) 溶解在热水中，然后放在冰箱中冷却。聚合物在冰箱中形成网络并固化。如果冰箱中的冷却时间不充分，则会得到黏性流体，随着时间的推移，黏度增加，最后得到凝胶，但是准确地说出聚合物溶液何时从流体变为弹性是不明显的。

软物质的机械性质通常非常复杂，是流变学的议题，这个议题将在第 9 章中讨论。这里简要介绍关于弹性软物质平衡特性的一些概念。

3.1.2 黏度与弹性

无论是流体材料还是弹性材料都可以使用图 3.2(a) 所示的实验装置研究。在这里，样品设置在两个水平板之间，底板固定，而顶板水平移动拉弦。假设在时间 $t = 0$ 时在弦上悬挂重物，并且在稍后的时间 t_0 切断弦。该操作在顶板上 0 到 t_0 时间之间施加恒定的力 F。材料的机械性能可以通过顶板的位移行为 $d(t)$ 来表征。如果材料是流体，则只要施加力，顶板就会保持移动，并且当力设定为零时，顶板将保持在从原来位置位移后的位置。然而，如果材料是弹性的，则顶板移动到机械平衡位置，并且当力设定为零时返回到原始位置。

为了分析结果，我们定义了两个量：剪切应力 σ 和剪切应变 γ。剪切应力 σ 是单位面积样品表面的剪切力。对于图 3.2(a) 所示的几何体，σ 由下式给出：

$$\sigma = \frac{F}{S} \tag{3.1}$$

S 为材料的表面积，剪切应变 γ 可由下式得出：

$$\gamma = \frac{d}{h} \tag{3.2}$$

h 为板块之间的距离，若为均匀材料，则 σ 与 γ 之间的关系与样品大小无关[①]。

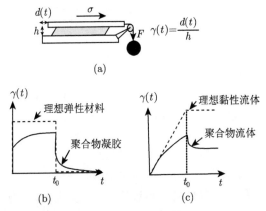

图 3.2 (a) 用于测试材料机械性能的实验装置。将样品设置在两个平行板之间，并且当在时间 $t=0$ 在顶板上施加恒定力 F 时测量顶板的水平位移，并且在时间 t_0 处移除；(b) 类固体材料响应；(c) 类流体材料响应

若材料为理想弹性体 (又称胡克弹性体)，则其剪切应力与剪切应变成正比，可写为

$$\sigma = G\gamma \tag{3.3}$$

此处 G 为物质常数，称为剪切模量，对理想弹性体而言剪切应变 $\gamma(t)$ 遵循虚线所示图像，见图 3.2(b)。例如，当 $t < t_0$ 时，$\gamma(t)$ 等于 σ/G，而当 $t > t_0$ 时 $\gamma(t)$ 等于零。

另一方面，如果材料是理想的黏性流体 (通常称为牛顿流体)，则剪切应力与剪切应变的时间导数成正比：

$$\sigma = \eta\dot{\gamma} \tag{3.4}$$

其中，$\dot{\gamma}$ 代表 $\gamma(t)$ 的时间导数，η 是另一种称为黏度 (或剪切黏度) 的材料常数。对于这样的材料，剪切应变的响应由图 3.2(c) 中的虚线表示，即对于 $t < t_0$，$\gamma(t)$ 随时间增加为 $(\sigma/\eta)t$，并且在 $t > t_0$ 保持常数值。

对于聚合物材料，$\gamma(t)$ 的时间依赖性更复杂，如图 3.2(b) 和 (c) 所示。聚合物材料通常具有长弛豫时间，并且在达到稳态之前表现出复杂的瞬态行为。材料的复杂时间依赖性被称为黏弹性。本议题将在第 9 章中讨论。在本章中，我们将讨论局限于弹性材料的平衡状态。在这种情况下，我们可以用自由能方式广泛地讨论材料的机械性能。

---

① 剪切应力是应力张量的特定组成部分。同样，剪切应变是应变张量的特定组分。材料机械性能的完全表征通常需要得出这两种张量之间的关系，附录 A 给出了详细的讨论。在这里，我们仅限于讨论剪切变形。

3.1.3　弹性常数

如果弹性材料的变形小，则应力和应变之间的关系是线性的，并且材料的机械性能完全由弹性常数表征。对于各向同性材料，有两个弹性常数：一个是上面定义的剪切模量 G，另一个是下面定义的体积模量 K。

假设材料通过额外的压力 ΔP 各向同性地被压缩，并且作为响应，材料的体积从 V 变为 $V + \Delta V$。(注意：$\Delta V < 0$，如果 $\Delta P > 0$，见图 3.3(a)) 对于小体积变化，ΔP 与比值 $\Delta V/V$ 成比例，称为体积应变，并写为

$$\Delta P = -K\frac{\Delta V}{V} \tag{3.5}$$

常数 K 称为体积模量。定义式 (3.5) 中包含减号，以使 K 为正。

其他类型变形的材料的弹性常数可以用 K 和 G 表示。例如，考虑沿 z 方向均匀拉伸的矩形材料，如图 3.3(c) 所示。设 λ 是拉伸比，即 $\lambda = L_z'/L_z$，其中 L_z 和 L_z' 是变形前后 z 方向上材料的长度。拉伸应变 ε 定义为

$$\varepsilon = \lambda - 1 \tag{3.6}$$

在上表面上单位面积作用的力称为拉伸应力。拉伸应力 σ 与拉伸应变 ε 之间的比率称为杨氏模量 E：

$$\sigma = E\varepsilon \tag{3.7}$$

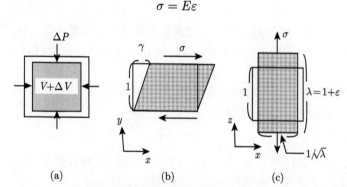

(a)　　　　　　　　(b)　　　　　　　　(c)

图 3.3　通过各种变形获得的弹性常数。(a) 体积模量；(b) 剪切模量；
(c) 伸长模量 (杨氏模量)

如附录 A 所示，杨氏模量用 K 和 G 表示为

$$E = \frac{9KG}{3K + G} \tag{3.8}$$

如果材料在 z 方向上伸长，则它通常在 x 方向和 y 方向上收缩。x 方向的应变由 $\varepsilon_x = L_x/L_{x-1}$ 定义，比率 $\varepsilon_x/\varepsilon$ 用来定义泊松比 ν：

$$\nu = -\frac{\varepsilon_x}{\varepsilon} \tag{3.9}$$

ν 可由 K 和 G 表示为

$$\nu = \frac{3K - 2G}{2(3K + G)} \tag{3.10}$$

附录 A 给出了这些方程的推导过程 (另见问题 (3.2))。

体积模量表示各向同性压缩材料的恢复力，并且它可以为流体材料和弹性材料定义。体积模量的大小基本上由材料的密度决定，并且其数值大小在流体材料和弹性材料之间不会显著变化。例如，橡胶和聚合物熔体的体积模量约为 1GPa，与金属的体积模量大致相同。

另一方面，剪切模量表示变形材料的恢复力，其趋于恢复其自身形状。这种力不存在于流体中，但确实存在于弹性材料中。当将交联引入聚合物流体时，剪切模量开始偏离零，并且随着交联反应的进行而增加。

必须注意的是，软物质的柔软性是由于剪切模量较小：软物质的体积模量与金属的体积模量相同，并且远大于剪切模量。因此，在讨论软物质的变形时，我们可以假设体积模量 K 无限大，即当材料因外力而变形时不会发生体积变化。这称为不可压缩假设，对于软物质的流体和弹性状态下的典型应力水平 (小于 10MPa) 都是有效的。在本书中，我们将做出这个假设。对于不可压缩材料，方程 (3.8) 变为

$$E = 3G \tag{3.11}$$

3.1.4 弹性材料的连续介质力学

1. 自由能量密度变形

现在让我们考虑一下弹性材料在外力作用下是如何变形的。只要系统处于平衡状态，材料的机械性能就完全以变形自由能的函数来表征。为此，我们选择材料的平衡状态，去除所有外力，并将其定义为参考状态；然后，我们将变形自由能定义为变形状态和参考状态之间的自由能差。参考状态下单位体积的变形自由能称为变形自由能密度。

在讨论变形自由能的明确形式之前，我们首先考虑如何指定材料的变形。

2. 正交变形

变形的一个简单例子是图 3.4(a) 所示的正交变形，其中立方体材料沿三个正交方向被拉伸了因子 λ_1，λ_2 和 λ_3[①]。变形使变形前位于 (r_x, r_y, r_z) 的点移到该位置

$$r'_x = \lambda_1 r_x, \quad r'_y = \lambda_2 r_y, \quad r'_z = \lambda_3 r_z \tag{3.12}$$

---

① 对于不可压缩材料，λ_i 必须满足条件 $\lambda_1 \lambda_2 \lambda_3 = 1$，这里我们考虑体积模量大但有限的情况。

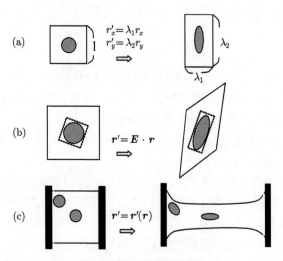

图 3.4　弹性材料的变形

(a) 正交变形：材料沿三个正交方向拉伸 (或压缩)；(b) 均匀变形：从 r 到 r' 的映射是线性的，该变形表示为旋转和正交变形的组合；(c) 一般变形：从 r 到 r' 的映射是非线性的。然而，在局部范围内，映射 $r \to r'(r)$ 可以视为线性映射 $r \to r' = E \cdot r$

设 $f(\lambda_1,\ \lambda_2,\ \lambda_3)$ 为该变形的变形自由能密度。为简单起见，我们用 $f(\lambda_i)$ 表示 $f(\lambda_1,\ \lambda_2,\ \lambda_3)$。正如我们在下面所示，在各向同性材料中，$f(\lambda_i)$ 是我们需要知道的关于材料在外力作用下计算材料变形的唯一数量。

3. 均匀变形

弹性材料的变形可以通过映射 $r \to r'(r)$ 来描述，其中 r 和 r' 分别是变形之前和变形之后的材料点 (与材料一起移动的点) 的位置。如果 r' 是 r 的线性变换，即如果 r' 写成

$$r' = E \cdot r \tag{3.13}$$

在具有恒定张量 E 的情况下，变形是均匀的，因为材料中的所有体积元素以相同的方式变形。

在本书中，我们将用希腊字母 α，β，$\cdots$ 表示向量和张量的 x，y，z 分量，并使用爱因斯坦符号对在一个项中出现两次的索引求和。在这种表示方法中，方程 (3.13) 可写成

$$r'_\alpha = E_{\alpha\beta} r_\beta \tag{3.14}$$

这个等式的右边与 $\sum E_{\alpha\beta} r_\beta$ 是相同的。方程 (3.14) 中的张量 E 称为变形梯度张

量，因为 $E_{\alpha\beta}$ 写为

$$E_{\alpha\beta} = \frac{\partial r'_\alpha}{\partial r_\beta} \tag{3.15}$$

变形 E 的自由能 $f(E)$ 可以用 $f(\lambda_i)$ 表示。原因如下：如果材料均匀变形，则将球体映射到椭圆体，如图 3.4(b) 所示。因此，球体沿三个正交方向伸长。在数学上，可以证明任何张量 E 可以写为 $E = Q \cdot L \cdot q$，其中 L 是对角张量，Q 和 q 是正交张量 (满足 $Q_{\alpha\gamma}Q_{\beta\gamma} = \delta_{\alpha\beta}$ 的张量)[①]。在物理上，这意味着任何均匀变形等同于正交拉伸 (由 L 表示) 和旋转 (由 Q 和 q 表示，参见图 3.4(b)) 的组合。令 $\lambda_i(i=1,2,3)$ 为张量 L 的对角元素的值，可以证明 λ_i^2 是对称张量的特征值，

$$B_{\alpha\beta} = E_{\alpha\mu}E_{\beta\mu} \tag{3.18}$$

并满足以下等式 (见问题 (3.3))

$$\lambda_1^2 + \lambda_2^2 + \lambda_3^2 = E_{\alpha\beta}^2 = B_{\alpha\alpha} \tag{3.19}$$

$$\lambda_1\lambda_2\lambda_3 = \det(E) \tag{3.20}$$

因此 $f(E)$ 从 $f(\lambda_i)$ 获得。

4. 一般变形

一般变形的变形自由能可以从 $f(E)$ 计算。如图 3.4(c) 所示，在任何变形中 $r \to r' = r'(r)$，局部变形总是均匀的，因为一个小的矢量 $\mathrm{d}r_\alpha$ 映射到 $\mathrm{d}r'_\alpha = (\partial r'_\alpha/\partial r_\beta)\,\mathrm{d}r_\beta$ 是由变形引起的。点 r 处的变形梯度张量由 $E_{\alpha\beta}(r) = \partial r'_\alpha/\partial r_\beta$ 给出。因此，变形的总自由能由下式给出

$$F_{\mathrm{tot}} = \int \mathrm{d}r \mathrm{f}(E(r)) \tag{3.21}$$

通过在适当的边界条件下最小化 F_{tot} 来给出材料的平衡状态。稍后将给出示例。

通过考虑材料中的力平衡也可以获得平衡状态。这种方法更为通用，因为它可以解释不能从自由能中获得的黏性应力。该议题将在第 9 章和附录 A 中讨论。

---

① 由于张量 $B = E \cdot E^t$ 是对称张量，它可以用适当的正交张量对角化 λ_i ($i = 1, 2, 3$)，

$$L^2 = Q^t \cdot B \cdot Q \tag{3.16}$$

所以

$$Q \cdot L^2 \cdot Q^t = B = E \cdot E^t \tag{3.17}$$

因此 E 写成 $Q \cdot L$。

3.2　聚合物链的弹性

3.2.1　自由连接链模型

上文从宏观的角度讨论了材料的弹性，我们现在从分子的角度讨论弹性。橡胶和凝胶的弹性来自聚合物分子的弹性。

聚合物是柔性分子，并且可以通过弱力很容易地拉伸。这可以通过图 3.5(a) 中所示的简单聚合物模型来证明，其中聚合物分子由具有恒定长度 b 的 N 个链段表示。这些链段通过柔性接头连接，并且可以独立于其他段指向任何方向。这种模型称为自由连接链。

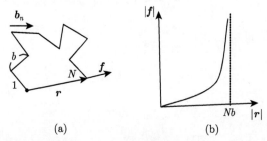

| (a) | (b) |

图 3.5　(a) 聚合物的自由连接链模型；(b) 聚合物端到端距离 $|r|$ 与延展链所需的力 $|f|$ 之间的关系

为了讨论自由连接链的弹性，我们将考虑连接链两端的向量 r 与作用于链端的力 f 之间的关系。在研究这个问题之前，我们首先研究 $f = 0$ 的情况，即当没有外力作用在链端时。

如果没有外力作用在链端，则矢量 r 的分布是各向同性的，所以平均 $\langle r \rangle$ 等于零。因此，我们考虑平均值 $\langle r^2 \rangle$。

设 $b_n (n = 1, 2, \cdots, N)$ 是第 n 个段的端到端矢量，然后将 r 写成

$$r = \sum_{n=1}^{N} b_n \tag{3.22}$$

因此，r 的均方计算为

$$\langle r^2 \rangle = \sum_{n=1}^{N} \sum_{m=1}^{N} \langle b_n \cdot b_m \rangle \tag{3.23}$$

对于片段的随机分布，b_n 彼此独立，从而

$$\langle b_n \cdot b_m \rangle = \delta_{nm} b^2 \tag{3.24}$$

因此

$$\langle r^2 \rangle = \sum_{n=1}^{N} \langle b_n^2 \rangle = Nb^2 \tag{3.25}$$

无力状态下聚合物的平均尺寸可以通过 $\bar{r} = \sqrt{\langle r^2 \rangle}$ 估算，等于 $\sqrt{N}b$。另一方面，自由连接链的端到端距离 r 的最大值是 $r_{\max} = Nb$，因此聚合物链可以延长，平均系数 $r_{\max}/\bar{r} = \sqrt{N}$。由于 N 很大 ($N = 10^2 \sim 10^6$)，聚合物分子非常易拉伸。

3.2.2 端到端向量的平衡分布

让我们考虑无力状态下 r 的统计分布。由于 r 表示为自变量之和，因此其分布由高斯分布给出，这是统计中的中心极限定理的结果。根据中心极限定理，如果 $x_n \, (n = 1, 2, \cdots, N)$ 是彼此独立的统计变量且服从相同的分布，总的分布为 $X = \sum_{n=1}^{N} x_n$，对于 $N \gg 1$：

$$P(X) = \frac{1}{(2\pi N\sigma^2)^{1/2}} \exp\left[-\frac{(X - N\bar{x})^2}{2N\sigma^2}\right] \tag{3.26}$$

其中 $\bar{x}$ 和 σ 是 x 的平均值和方差

$$\bar{x} = \langle x \rangle, \quad \sigma^2 = \langle (x - \bar{x})^2 \rangle \tag{3.27}$$

在本问题中，x_n 对应于向量 b_n 的 x，y，z 分量。$b_{n\alpha}$ 的平均值等于零，方差由下式给出

$$\langle b_{nx}^2 \rangle = \langle b_{ny}^2 \rangle = \langle b_{nz}^2 \rangle = \frac{b^2}{3} \tag{3.28}$$

因此，r 的分布由下式给出

$$P(r) = \left(\frac{3}{2\pi Nb^2}\right)^{3/2} \exp\left(-\frac{3r^2}{2Nb^2}\right) \tag{3.29}$$

3.2.3 聚合物链的弹性

现在让我们研究自由连接链的弹性。为此，我们假设链的端到端向量固定为 r，$U(r)$ 为这种链的自由能[①]，给定 $U(r)$，我们需要在链端施加用以固定位置的平均力 f，计算如下。如果我们将端到端矢量从 r 更改为 $r + dr$，就可对链进行 $f \cdot dr$ 变换，这项变换等于 $U(r)$ 的变化，因此 $dU = f \cdot dr$，或

$$f = \frac{\partial U(r)}{\partial r} \tag{3.30}$$

---

① $U(r)$ 是链的自由能，受到端到端矢量固定在 r 的约束。这种自由能通常称为受限制的自由能。关于限制自由能的一般性讨论见附录 B。

现在，如果链末端不固定，则端到端向量 r 可以取多种值。r 的分布通过玻尔兹曼分布可知与 $U(r)$ 相关

$$P\left(\boldsymbol{r}\right) \propto \exp\left[-\frac{U\left(\boldsymbol{r}\right)}{k_{\mathrm{B}}T}\right] \tag{3.31}$$

另一方面，自由链的 r 的分布由方程 (3.29) 给出。比较方程 (3.29) 与方程 (3.31)，我们有

$$U\left(\boldsymbol{r}\right) = \frac{3k_{\mathrm{B}}T}{2Nb^2}r^2 \tag{3.32}$$

其中不依赖于 r 的项已被删除。

由方程 (3.30) 和 (3.32) 可得，作用在链端的力由下式给出

$$\boldsymbol{f} = \frac{3k_{\mathrm{B}}T}{Nb^2}\boldsymbol{r} \tag{3.33}$$

式 (3.33) 表明，就端到端矢量 r 和力 f 之间的关系而言，聚合物分子被认为是具有弹簧常数 $k = 3k_{\mathrm{B}}T/Nb^2$ 的分子弹簧，随着 N 的增加，弹簧常数减小，即聚合物链变得更柔软。

重要的是弹簧力的起源是链条的热运动。在温度 T 下，聚合物链随机移动。力 f 表示将端到端矢量固定在 r 处所需的力，该力与气体压力的起源相同。气体的压力是将气体分子保持在固定体积内所需的力。更准确地说，聚合物链中的力 f 和气体中的压力都起源于熵变。当链被拉伸时，链的熵减小。同样，当压缩气体时，气体的熵降低。两种力都来自熵的变化。这种熵源力 (或熵力) 的特征是它们与绝对温度 T 成比例。这确实可见于聚合物链的力 f 和气体的压力。

根据方程 (3.33)，端到端向量 r 随着 f 的增加可以无限增加。对于自由连接链，情况并非如此：自由连接链的最大 $|r|$ 值是 Nb。实际上方程 (3.33) 仅对 $|r|/Nb \ll 1$ 或 $fb/k_{\mathrm{B}}T \ll 1$ 的情况有效。f 和 r 之间的确切关系可以计算如下。

假设在链端施加外力 f，端到端矢量 r 的平均值不为零。我们将在这种情况下计算 r 的平均值，并获得 f 和 r 之间的关系。

在外力 f 下，链具有势能

$$U_f\left(\{\boldsymbol{b}_n\}\right) = -\boldsymbol{f}\cdot\boldsymbol{r} = -\boldsymbol{f}\cdot\sum_n \boldsymbol{b}_n \tag{3.34}$$

在结构 $\{\boldsymbol{b}_n\} = (\boldsymbol{b}_1, \boldsymbol{b}_2, \cdots, \boldsymbol{b}_N)$ 中找到链的概率由下式给出

$$P\left(\{\boldsymbol{b}_n\}\right) \propto \mathrm{e}^{-\beta U_f} = \prod_{n=1}^{N}\mathrm{e}^{\beta \boldsymbol{f}\cdot\boldsymbol{b}_n} \tag{3.35}$$

其中 $\beta = 1/k_B T$。因此 b_n 的分布彼此独立，b_n 的平均值计算如下：

$$\langle \boldsymbol{b}_n \rangle = \frac{\int_{|\boldsymbol{b}|=b} \mathrm{d}\boldsymbol{b} \boldsymbol{b} \mathrm{e}^{\beta \boldsymbol{f} \cdot \boldsymbol{b}}}{\int_{|\boldsymbol{b}|=b} \mathrm{d}\boldsymbol{b} \mathrm{e}^{\beta \boldsymbol{f} \cdot \boldsymbol{b}}} \tag{3.36}$$

下标 $|\boldsymbol{b}| = b$ 附加到积分意味着积分取自半径为 b 的球面。积分可以解析进行，其结果为[1]

$$\langle \boldsymbol{b}_n \rangle = b \frac{\boldsymbol{f}}{|\boldsymbol{f}|} \left[\coth(\xi) - \frac{1}{\xi} \right] \tag{3.37}$$

其中

$$\xi = \frac{|\boldsymbol{f}| b}{k_B T} \tag{3.38}$$

因此，端到端向量由以下公式给出[2]

$$\boldsymbol{r} = N\langle \boldsymbol{b}_n \rangle = Nb \frac{\boldsymbol{f}}{|\boldsymbol{f}|} \left[\coth(\xi) - \frac{1}{\xi} \right] \tag{3.39}$$

$\boldsymbol{r}$ 和 $\boldsymbol{f}$ 之间的关系绘制在图 3.5(b) 中。

在弱力极限 ($\xi \ll 1$) 中，方程 (3.39) 减少到

$$\boldsymbol{r} = Nb \frac{\boldsymbol{f}}{|\boldsymbol{f}|} \frac{\xi}{3} = \frac{Nb^2}{3k_B T} \boldsymbol{f} \tag{3.40}$$

这符合方程 (3.33)。另一方面，在强力极限 ($\xi \gg 1$) 中，方程 (3.39) 给出

$$\boldsymbol{r} = Nb \frac{\boldsymbol{f}}{|\boldsymbol{f}|} \left(1 - \frac{1}{\xi} \right) \tag{3.41}$$

或

$$|\boldsymbol{f}| = \frac{k_B T}{b} \frac{1}{1 - \frac{|\boldsymbol{r}|}{Nb}} \tag{3.42}$$

因此，力发散为 $|\boldsymbol{r}|$，接近最大长度 Nb。

---

① 设 θ 是向量 $\boldsymbol{b}$ 对 $\boldsymbol{f}$ 的角度，其中分母积分可写为 $\int_{|\boldsymbol{b}|=b} \mathrm{d}\boldsymbol{b} \mathrm{e}^{\beta \boldsymbol{f} \cdot \boldsymbol{b}} = b^2 \int_0^{\pi} \mathrm{d}\theta 2\pi \sin\theta \mathrm{e}^{\xi \cos\theta}$, $= 4\pi b^2 \sinh\xi/\xi$, 对 (3.36) 分子类似的计算给出方程 (3.37)。

② 方程 (3.39) 的左侧实际上是平均值 $\langle \boldsymbol{r} \rangle$，但是符号 $\langle \cdots \rangle$ 省略了，因为在外力 $\boldsymbol{f}$ 下，$\boldsymbol{r}$ 与 $\langle \boldsymbol{r} \rangle$ 的偏差对 $N \gg 1$ 来说可以忽略不计。

3.3   橡胶弹性的库恩理论

3.3.1   变形橡胶的自由能

我们已经了解了聚合物链的弹性，现在考虑聚合物网络即橡胶的弹性。考虑图 3.6 所示的模型，聚合物网络由交联 (用实心圆圈表示) 和连接它们的聚合物链组成。我们将相邻交叉链接之间的聚合物链称为子链。

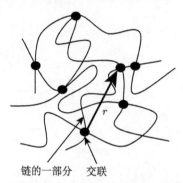

链的一部分   交联

图 3.6   橡胶中的聚合物网络

现在假设橡胶处于参考状态。正如我们在 3.2.3 节中看到的，如果子链由 N 个片段组成且其端到端向量为 r，则其自由能贡献由 $(3k_BT/2Nb^2)\,r^2$ 给出。如果忽略子链之间的相互作用，聚合物网络的自由能 (单位体积) 可以写成这些子链的总体上的积分：

$$\widetilde{f}_0 = n_c \int \mathrm{d}r \int_0^\infty \mathrm{d}N \Psi_0\left(r, N\right) \frac{3k_BT}{2Nb^2} r^2 \tag{3.43}$$

其中，n_c 是单位体积中子链的数量；$\Psi_0\left(r, N\right)$ 是子链含有 N 个片段且在参考状态中具有端到端向量 r 的概率。

概率分布函数 $\Psi_0(r, N)$ 取决于聚合物如何交联。在这里，我们进行一个简单的假设。我们假设参与状态下子链的端到端向量 r 的分布与平衡时自由链的分布相同：如果链由 N 个片段组成，则 r 的分布由等式 (3.29) 给出，因此

$$\Psi_0\left(r, N\right) = \left(\frac{3}{2\pi Nb^2}\right)^{3/2} \exp\left(-\frac{3r^2}{2Nb^2}\right) \Phi_0\left(N\right) \tag{3.44}$$

其中，$\Phi_0\left(N\right)$ 表示 N 的分布，并且满足

$$\int_0^\infty \mathrm{d}N \Phi_0\left(N\right) = 1 \tag{3.45}$$

现在假设聚合物网络均匀变形，并且每个材料点从 r 移位到 $r' = E \cdot r$。我们假设当网络变形时，子链的末端矢量 r 以与物质点相同的方式改变，即端到端矢

量从 r 变为 $E \cdot r$。然后可以将变形的自由能写成

$$f(\boldsymbol{E}) = \tilde{f}(\boldsymbol{E}) - \tilde{f} = n_{\mathrm{c}} \int \mathrm{d}\boldsymbol{r} \int_0^\infty \mathrm{d}N \Psi_0(\boldsymbol{r}, N) \frac{3k_{\mathrm{B}}T}{2Nb^2}[(\boldsymbol{E} \cdot \boldsymbol{r})^2 - \boldsymbol{r}^2] \qquad (3.46)$$

右边的积分可以计算为

$$\int \mathrm{d}\boldsymbol{r} \Psi_0(\boldsymbol{r}, N)(\boldsymbol{E} \cdot \boldsymbol{r})^2 = E_{\alpha\beta} E_{\alpha\gamma} \int \mathrm{d}\boldsymbol{r} \Psi_0(\boldsymbol{r}, N) r_\beta r_\gamma = E_{\alpha\beta} E_{\alpha\gamma} \frac{Nb^2}{3} \delta_{\beta\gamma} \Phi_0(N)$$
$$(3.47)$$

使用方程 (3.47)、(3.45) 和 (3.46)，我们最终得到了变形自由能的表达式

$$f(\boldsymbol{E}) = \frac{1}{2} n_{\mathrm{c}} k_{\mathrm{B}} T[(E_{\alpha\beta})^2 - 3] \qquad (3.48)$$

这可以通过使用方程 (3.19) 来重写

$$f(\lambda_i) = \frac{1}{2} n_{\mathrm{c}} k_{\mathrm{B}} T \left(\sum_i \lambda_i^2 - 3 \right) \qquad (3.49)$$

该模型描述的材料称为新胡克型 (neo-Hookean) 材料。

3.3.2 典型变形的应力－应变关系

1. 剪切变形

现在让我们研究橡胶对典型变形的机械响应。

首先，让我们考虑图 3.3(b) 所示的剪切变形。在该变形中，位于 (x, y, z) 的材料点移位到

$$x' = x + \gamma y, \ y' = y, \ z' = z \qquad (3.50)$$

现在给出变形梯度张量

$$(E_{\alpha\beta}) = \begin{pmatrix} 1 & \gamma & 0 \\ 0 & 1 & 0 \\ 0 & 0 & 1 \end{pmatrix} \qquad (3.51)$$

因此，变形的弹性能量由方程 (3.48) 计算

$$f(\gamma) = \frac{1}{2} n_{\mathrm{c}} k_{\mathrm{B}} T \gamma^2 \qquad (3.52)$$

为了计算剪切应力 σ，我们考虑剪切应变从 γ 增加到 $\gamma + \mathrm{d}\gamma$，对单位体积材料所做的应变是 $\sigma \mathrm{d}\gamma$。这项工作等于变形自由能密度 $\mathrm{d}f$ 的变化。因此剪切应力由下式给出

$$\sigma = \frac{\partial f}{\partial \gamma} \qquad (3.53)$$

对于方程 (3.52)，这给出了

$$\sigma = n_c k_B T \gamma \tag{3.54}$$

因此，剪切模量 G 由下式给出

$$G = n_c k_B T \tag{3.55}$$

子链 n_c 的数密度通过使用交联 M_x 之间的平均分子量表示为 $n_c = \rho / (M_x / N_{Av})$，其中 ρ 是橡胶的密度，N_{Av} 是阿伏伽德罗常量。因此方程 (3.55) 被改写为

$$G = \frac{\rho N_{Av} k_B T}{M_x} = \frac{\rho R_G T}{M_x} \tag{3.56}$$

其中 $R_G = N_{Av} k_B$ 是气体常数。

式 (3.56) 与理想气体的体积模量具有相同的形式：

$$K_{gas} = n k_B T = \frac{\rho R_G T}{M} \tag{3.57}$$

其中，n 是气体分子的数密度，M 是气体分子的分子量。橡胶的剪切模量与具有与子链相同的分子数密度的气体的体积模量相同。这样就可以理解为什么橡胶是柔软的。在气态的情况下，体积模量小，因为密度 ρ 小。在橡胶的情况下，剪切模量小，因为 M_x 大。只要聚合物保持网络结构，降低交联密度可以使 M_x 非常大。例如，对于 $M_x = 10^4$，G 约为 0.25MPa，这与空气的体积模量大致相同。原则上，我们可以制造具有几乎零剪切模量的弹性材料。

2. 单轴伸长率

接下来，让我们考虑图 3.3(c) 所示的拉伸变形。如果不可压缩样品在 z 方向上拉伸因子为 λ，则样品将在 x 和 y 方向上收缩 $1/\sqrt{\lambda}$，以保持体积恒定。因此，变形梯度张量由下式给出

$$(E_{\alpha\beta}) = \begin{pmatrix} 1/\sqrt{\lambda} & 0 & 0 \\ 0 & 1/\sqrt{\lambda} & 0 \\ 0 & 0 & \lambda \end{pmatrix} \tag{3.58}$$

变形的弹性能量变为

$$f(\lambda) = \frac{1}{2} n_c k_B T \left(\lambda^2 + \frac{2}{\lambda} - 3 \right) = \frac{1}{2} G \left(\lambda^2 + \frac{2}{\lambda} - 3 \right) \tag{3.59}$$

考虑在 z 方向上拉伸至 λ 的橡胶 (单位体积) 的立方体样品。令 $\sigma(\lambda)$ 为该变形的应力 (即作用于垂直于 z 轴的样品表面的单位面积上的力)。由于表面积现在是

$1/\lambda$，作用在样品表面上的总力是 $\sigma(\lambda)/\lambda$，并且将样品进一步拉伸 $d\lambda$ 所需的功是 $\sigma(\lambda)d\lambda/\lambda$，与自由能的变化量 df 相同，因此我们可得出[①]

$$\sigma = \lambda \frac{\partial f}{\partial \lambda} \qquad (3.60)$$

由方程 (3.59) 可得

$$\sigma = G\left(\lambda^2 - \frac{1}{\lambda}\right) \qquad (3.61)$$

对于较小变形，λ 可写为 $\lambda = 1 + \varepsilon\,(\varepsilon \ll 1)$，然后可得

$$\sigma = 3G\varepsilon \qquad (3.62)$$

因此，杨氏模量 E 由 $3G$ 给出，这是不可压缩材料的一般结果 (方程 (3.11))。

根据方程 (3.60)，随着 σ 的增加，λ 无限增加。对于真正的橡胶来说，情况并非如此，即不能超过某个最大值 $\lambda_{\max}$。这是由于聚合物分子的有限延展性。根据自由连接链模型，子链的端到端距离的最大值是 Nb，因此 $\lambda_{\max}$ 估计为 $Nb/\sqrt{N}b = \sqrt{N}$。

我们计算了两种变形即剪切和伸长的应力。一般变形的应力张量可以从 $f(E)$ 计算，这在附录 A 中有讨论 (见方程 (A.24))。

3.3.3 气球膨胀

作为橡胶变形的非线性分析的一个例子，我们考虑橡胶气球的膨胀 (图 3.7(a))。我们假设气球是一个薄膜，排列成球壳。令 h 为膜的厚度，并且令 R 为无力状态下的球体半径。假设我们给气球充气并使气球内的压力高于外部压力 ΔP。我们将计算气球半径 R' 作为 ΔP 的函数。

如果半径改变因子为 $\lambda = R'/R$，橡胶膜在平面上的每个正交方向上被拉伸因子为 λ，并且由于不可压缩条件而沿着垂直于平面的方向被压缩因子为 λ^{-2}。因此，单位体积变形的自由能为 $(G/2)(2\lambda^2 + \lambda^{-4} - 3)$，系统的总自由能由下式给出：

$$F_{\text{tot}} = 4\pi R^2 h \frac{1}{2} G\left(2\lambda^2 + \frac{1}{\lambda^4} - 3\right) - \frac{4\pi}{3} R^3 \Delta P\left(\lambda^3 - 1\right) \qquad (3.63)$$

第二项表示改变气球中的气体体积所需的功。λ 的平衡值由条件 $\partial F_{\text{tot}}/\partial\lambda = 0$ 给出。这给出了

$$4\pi R^2 h \frac{1}{2} G\left(4\lambda - \frac{4}{\lambda^5}\right) - \frac{4\pi}{3} R^3 \Delta P 3\lambda^2 = 0 \qquad (3.64)$$

---

① 应力 $\sigma(\lambda)$ 表示当前状态的单位面积的力。另一方面，参考状态的单位面积的力 $\sigma_{\text{E}} = \partial f/\partial \lambda$ 给出，其通常被称为工程应力。

或

$$\frac{R\Delta P}{Gh} = 2\left(\frac{1}{\lambda} - \frac{1}{\lambda^7}\right) \tag{3.65}$$

图 3.7(b) 显示了 λ 和 ΔP 之间的关系, 等式 (3.65) 由图中的曲线 (i) 表示。根据该等式, ΔP 在 $\lambda_c = 7^{1/6} \cong 1.38$ 处取最大值 ΔP_c。如果 ΔP 小于 ΔP_c, 则 λ 随着 ΔP 的增加而增加。但是, 如果 ΔP 超过 ΔP_c, 则没有解决方案。如果施加高于 ΔP_c 的压力, 则球囊将无限膨胀并且破裂。在真正的橡胶中, 由于链的有限延伸性, 不会出现这种现象。如果考虑有限延展性的影响, 则 λ 和 ΔP 之间的关系变为图 3.7(b) 中的曲线 (ii) 或 (iii)。在 (ii) 情况下, 球囊半径在一定压力下不连续地变化。在 (iii) 情况下, 没有不连续性, 但球囊半径在一定压力下急剧变化。在真实气球中确实可以看到这种现象。

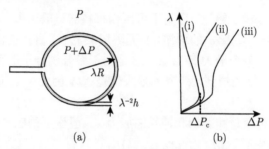

图 3.7   (a) 给橡胶气球充气; (b) 气球的膨胀 λ 与施加压力 ΔP 之间的关系

3.4 聚合物凝胶

3.4.1 变形自由能

聚合物凝胶是聚合物网络和溶剂的混合物。这种凝胶像橡胶一样具有弹性, 但与橡胶不同, 凝胶可以通过吸入 (或排出) 溶剂来改变体积。例如, 当将干燥的凝胶置于溶剂中时, 凝胶通过从周围环境吸收溶剂而溶胀, 这种现象称为肿胀。相反, 如果将凝胶置于空气中, 则溶剂蒸发, 凝胶收缩。凝胶的体积变化也可以由外力引起。如果将重物置于凝胶顶部, 则溶剂从凝胶中挤出, 凝胶收缩。

为了讨论平衡状态, 我们定义了凝胶的变形自由能 f 凝胶 $f_{gel}(\lambda_i)$。定义如下: 我们考虑在参考状态下具有体积 V_{g0} 的立方体形状的凝胶 (图 3.8(a))。假设将该凝胶浸入体积为 V_{s0} 的纯溶剂中, 并沿着三个正交方向拉伸因子 λ_1、λ_2 和 λ_3 (图 3.8(b))。凝胶的体积现在为 $\lambda_1\lambda_2\lambda_3 V_{g0}$, 系统的总体积为 $V_{g0} + V_{s0}$。变形自由能密度 $f_{gel}(\lambda_i)$ 定义为两个状态 (b) 和 (a) 之间的自由能之差除以 V_{g0}。例如在橡胶的情况下, 如果已知 $f_{gel}(\lambda_i)$, 则可以计算外力下凝胶的平衡状态。

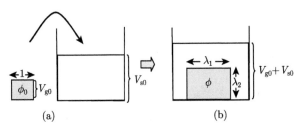

图 3.8　凝胶的变形自由能密度的定义。(a) 变形前的状态，即参考状态；(b) 变形后的状态。变形自由能密度定义为两个状态之间的自由能之差除以 V_{g0}

让我们考虑凝胶的实际形式 $f_{\text{gel}}(\lambda_i)$，凝胶的变形自由能由两部分组成：一个是弹性能 $f_{\text{ela}}(\lambda_i)$，即使聚合物网络变形所需的能量；另一个是混合能 $f_{\text{mix}}(\lambda_i)$，即混合聚合物和溶剂所需的能量：

$$f_{\text{gel}}(\lambda_i) = f_{\text{ela}}(\lambda_i) + f_{\text{mix}}(\lambda_i) \tag{3.66}$$

弹性能 $f_{\text{ela}}(\lambda_i)$ 与橡胶的起因相同，可以写成

$$f_{\text{ela}}(\lambda_i) = \frac{G_0}{2}\left(\lambda_1^2 + \lambda_2^2 + \lambda_3^2 - 3\right) \tag{3.67}$$

其中，G_0 是参考状态下凝胶的剪切模量。

混合能 $f_{\text{mix}}(\lambda_i)$ 与 2.4 节中讨论的聚合物溶液有相同的来源，并且可以以相同的形式书写。如果参考状态下聚合物的体积分数是 ϕ_0，则当前状态下的体积分数是

$$\phi = \frac{\phi_0}{\lambda_1 \lambda_2 \lambda_3} \tag{3.68}$$

当体积分数从 ϕ_0 变为 ϕ 时，浓度为 ϕ_0 且体积为 V_{g0} 的聚合物溶液与体积为 $(\lambda_1\lambda_2\lambda_3 - 1)V_{g0}$ 的纯溶剂混合，成为浓度为 ϕ 的溶液，体积为 $\lambda_1\lambda_2\lambda_3 V_{g0}$。该操作的自由能变化由下式给出

$$V_{g0} f_{\text{mix}}(\lambda_i) = \lambda_1 \lambda_2 \lambda_3 V_{g0} f_{\text{sol}}(\phi) - V_{g0} f_{\text{sol}}(\phi_0) - (\lambda_1 \lambda_2 \lambda_3 - 1) V_{g0} f_{\text{sol}}(0) \tag{3.69}$$

其中，$f_{\text{sol}}(\phi)$ 是浓度为 ϕ 的聚合物溶液的自由能密度。通过使用等式 (3.68) 来改写等式 (3.69)：

$$f_{\text{mix}}(\lambda_i) = \frac{\phi_0}{\phi}\left[f_{\text{sol}}(\phi) - f_{\text{sol}}(0)\right] - \left[f_{\text{sol}}(\phi_0) - f_{\text{sol}}(0)\right] \tag{3.70}$$

最后一项不依赖于 λ_i，并将在随后的计算中去掉。

聚合物溶液 $f_{\text{sol}}(\phi)$ 的自由能由式 (2.62) 给出。由于聚合物网络中的聚合物链段的数量 N 被认为是无穷大的，因此可以将 $f_{\text{sol}}(\phi)$ 写为

$$f_{\text{sol}}(\phi) = \frac{k_B T}{v_c}\left[(1-\phi)\ln(1-\phi) + \chi\phi(1-\phi)\right] \tag{3.71}$$

因此，凝胶的自由能密度由下式给出

$$f_{\text{gel}}\left(\lambda_i\right) = \frac{G_0}{2}\left(\lambda_1^2 + \lambda_2^2 + \lambda_3^2 - 3\right) + \frac{\phi_0}{\phi}f_{\text{sol}}\left(\phi\right) \tag{3.72}$$

这里我们使用了 $f_{\text{sol}}\left(0\right) = 0$ 来表示式 (3.71)。

我们现在使用该表达式研究凝胶的平衡状态。

3.4.2 溶胀平衡

考虑图 3.8 中所示凝胶的平衡状态。如果没有力作用在凝胶上，则凝胶各向同性地膨胀，因此我们可以设定 $\lambda_1 = \lambda_2 = \lambda_3 = \lambda$。现在 λ 可以用 ϕ 和 ϕ_0 表示为 $\lambda = (\phi_0/\phi)^{1/3}$。因此，由等式 (3.72) 给出

$$f_{\text{gel}}\left(\phi\right) = \frac{3G_0}{2}\left[\left(\frac{\phi_0}{\phi}\right)^{2/3} - 1\right] + \frac{\phi_0}{\phi}f_{\text{sol}}\left(\phi\right) \tag{3.73}$$

通过对 ϕ 最小化方程 (3.73) 可获得凝胶的平衡状态。条件 $\partial f_{\text{gel}}/\partial\phi = 0$ 给出

$$G_0\left(\frac{\phi}{\phi_0}\right)^{1/3} = \phi f'_{\text{sol}} - f_{\text{sol}} \tag{3.74}$$

等式的右侧等于浓度为 ϕ 的聚合物溶液的渗透压 Π 溶胶 $\Pi_{\text{sol}}\left(\phi\right)$。因此，方程 (3.74) 可以改写为

$$\Pi_{\text{sol}}\left(\phi\right) = G_0\left(\frac{\phi}{\phi_0}\right)^{1/3} \tag{3.75}$$

等式的左侧表示驱动聚合物膨胀并与溶剂混合的力，而右侧表示阻止膨胀的聚合物网络的弹性恢复力。凝胶的平衡体积由这两种力的平衡决定。

如果混合自由能 f_{sol} 由方程 (3.71) 给出，则渗透压 Π 由下式给出

$$\Pi_{\text{sol}}\left(\phi\right) = \frac{k_{\text{B}}T}{v_c}\left[-\ln\left(1 - \phi\right) - \phi - \chi\phi^2\right] \tag{3.76}$$

等式右侧的参数 χ 是温度 T 的函数。因此，在下文中，我们将讨论当 χ 改变时凝胶的体积变化。

图 3.9(a) 给出了方程 (3.75) 的图形解，并显示了方程 (3.75) 的右侧和左侧，作为各种 χ 值的 ϕ 的函数。方程 (3.75) 的解由两条曲线的交点给出。图 3.9(b) 显示了作为 χ 的函数的解 ϕ。随着 χ 的增加，即随着聚合物和溶剂之间的亲和力降低，聚合物浓度 ϕ 增加，凝胶收缩。

在 $\phi \ll 1$ 的情况下可以得到方程 (3.75) 的解析解，$\Pi_{\text{sol}}\left(\phi\right)$ 可以近似为

$$\Pi_{\text{sol}}\left(\phi\right) = \frac{k_{\text{B}}T}{v_c}\left(\frac{1}{2} - \chi\right)\phi^2 \tag{3.77}$$

而方程 (3.75) 则可求解为

$$\phi = \phi_0 \left[\frac{G_0 v_c}{k_B T \phi_0^2} \frac{1}{(1/2 - \chi)} \right]^{3/5} \tag{3.78}$$

如果 $1/2 - \chi$ 大，则 ϕ 小，即凝胶溶胀。当 χ 接近 $1/2$ 时，凝胶开始迅速收缩。注意，临界 χ 值 $\chi_c = 1/2$ 等于聚合物溶液中的临界值 χ (参见方程 (2.67))。在聚合物溶液的情况下，如果聚合物和溶剂之间的亲和力变差，则发生相分离。在凝胶的情况下，发生凝胶的快速收缩。

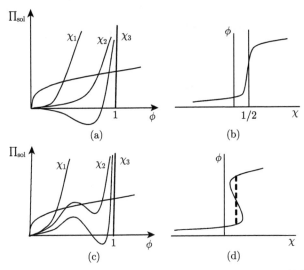

图 3.9 (a) 方程 (3.75) 的图形解，其中 $\chi_1 < \chi_2 < \chi_3$。(b) 方程 (3.75) 的解：ϕ 对 χ 的关系图。在这种情况下，凝胶的平衡体积作为 χ 的函数连续变化。对于 $\Pi_{sol}(\phi)$ 具有局部最大值和最小值的情况，在 (c) 和 (d) 中示出了类似的图。在这种情况下，凝胶的平衡体积在一定的 χ 值下不连续地变化

3.4.3 体积相变

当溶液中发生相分离时，$\Pi_{sol}(\phi)$ 具有局部最大值和局部最小值，如图 2.6(b) 所示。$\Pi_{sol}(\phi)$ 具有这种形式，使得凝胶的平衡体积可以不连续地变化，如图 3.9(c) 和 (d) 所示。这种现象实际上是在离子凝胶中观察到的 (第 10 章)，称为体积相变。

凝胶的体积相变是类似于简单液体的气–液转变的现象：液体的体积在沸腾温度下不连续地变化。但是，这两种现象之间存在本质区别，不同之处在于，通常的气液相变是在流体中发生的现象，而凝胶的体积相变是在弹性材料中发生的现象，可以在相变发生的瞬态中看到差异。

当材料从液相转变为气相时，存在两相共存的中间状态 (图 3.10)。在这种状态

下，两相共存存在自由能的成本。在流体的情况下，这个成本是界面能 (与界面面积成比例的能量，见图 3.10(b))，与体积自由能相比，这个能量可以忽略不计。另一方面，在凝胶的情况下，共存的成本是材料的弹性能量。例如，考虑凝胶的溶胀阶段与收缩阶段共存的情况 (参见图 3.10(c))。由于凝胶是连续体，因此不能在保持其形状处于无力的状态下两相共存；两相必须从无力状态变形，如图 3.10(c) 所示。该成本是变形的弹性能量，并且与材料的体积成比例。因此，在弹性材料的情况下，共存的成本不容忽视，这会影响相变行为。例如，即使在特定温度下，溶胀凝胶的体积自由能等于收缩凝胶的体积自由能，也不会发生相变，因为发生转变需要大的自由能成本。结果，收缩相变为溶胀相的温度不同于溶胀相变为收缩相的温度。因此，凝胶的体积转变显示出强烈的滞后现象。

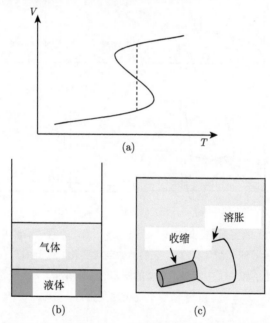

图 3.10　(a) 体积相变的材料的平衡体积与温度的关系；(b) 流体中的共存状态，气相和液相可以共存，而自由能的成本可以忽略不计；(c) 圆柱形凝胶中的共存状态。当收缩的凝胶的一部分变成溶胀相时，溶胀相和收缩相都变形。结果是共存的自由能成本很高

3.4.4　压缩体积变化

接下来我们考虑外力作用下凝胶的体积变化。假设在时间 $t = 0$ 时将重物置于浸入溶剂中的立方体凝胶 (图 3.11) 的顶部，这引起垂直方向的压缩，并且在水平方向上拉伸凝胶。令 λ_z 和 λ_x 分别是垂直方向和水平方向上的伸长比 ($\lambda_z < 1$ 且 $\lambda_x > 1$)。注意，λ_z 和 λ_x 表示相对于膨胀平衡状态的伸长率。

在放置重物之后，凝胶立即变形，保持其体积恒定，因为凝胶中的溶剂没有时间移出凝胶。因此，凝胶在时间 $t = 0$ 时的水平伸长率由下式给出

$$\lambda_{x0} = \frac{1}{\sqrt{\lambda_z}} \tag{3.79}$$

随着时间的推移，溶剂渗透凝胶并移出凝胶，因此，凝胶的体积随时间减小。让我们考虑凝胶的平衡状态。令 ϕ_1 为放置重物之前平衡时聚合物体积分数，由等式 (3.75) 给出。如果我们分别在垂直和水平方向上按因子 λ_z 和 λ_x 将该凝胶拉伸，则变形相对于参考状态的伸长比为 $(\phi_0/\phi_1)^{1/3}\lambda_z$ 和 $(\phi_0/\phi_1)^{1/3}\lambda_x$。因此，凝胶的自由能由下式给出

$$f_{\text{gel}} = \frac{G_0}{2} \left[\left(\frac{\phi_0}{\phi_1} \right)^{2/3} \left(\lambda_z^2 + 2\lambda_x^2 \right) - 3 \right] + \frac{\phi_0}{\phi} f_{\text{sol}} (\phi) \tag{3.80}$$

聚合物体积的守恒给出 $\phi = \phi_1/\lambda_z\lambda_x^2$。因此 λ_x 表示为

$$\lambda_x = \left(\frac{\phi_1}{\lambda_z\phi} \right)^{1/2} \tag{3.81}$$

来自方程 (3.80) 和 (3.81)，紧接着

$$f_{\text{gel}} = \frac{G_0}{2} \left[\left(\frac{\phi_0}{\phi_1} \right)^{2/3} \left(\lambda_z^2 + \frac{2\phi_1}{\lambda_z\phi} \right) - 3 \right] + \frac{\phi_0}{\phi} f_{\text{sol}} (\phi) \tag{3.82}$$

给定 λ_z 的值，平衡体积分数 ϕ 由条件 $\partial f_{\text{gel}}/\partial \phi = 0$ 确定。这给出了关于 ϕ 的等式：

$$G_0 \left(\frac{\phi_1}{\phi_0} \right)^{1/3} \frac{1}{\lambda_z} = \Pi_{\text{sol}} (\phi) \tag{3.83}$$

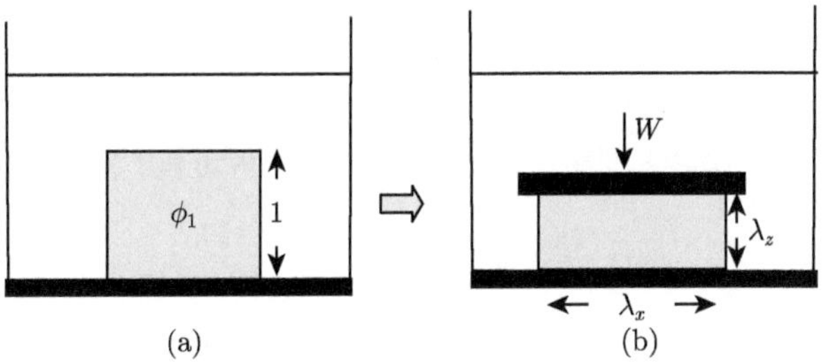

图 3.11 (a) 凝胶在溶剂中的平衡状态；(b) 由重物压缩的凝胶的平衡状态

等式 (3.83) 确定给定 λ_z 的 ϕ 的平衡值。如果 $\lambda_z = 1$，那么方程 (3.83) 退化到方程 (3.75)，解是 $\phi = \phi_1$。如果 $\lambda_z > 1$，则方程 (3.83) 的解大于 ϕ_1，因为在热力学稳定的系统中 $\partial \Pi_{\text{sol}}/\partial \phi > 0$。因此，当在某个方向上压缩时，凝胶的平衡体积减小。这当然是我们的经验，可以知道从压缩凝胶中会流出液体。

3.5 小   结

当去除所有外力时，弹性材料具有独特的平衡形状。该性质的特征在于非零的剪切模量。聚合物流体 (聚合物熔体和聚合物溶液) 可以通过交联聚合物链形成聚合物网络而制成弹性材料 (橡胶和凝胶)。所得材料 (橡胶) 具有小的剪切模量 (它们的形状可以容易地改变)，但具有大的体积模量 (它们的体积不能改变)。弹性特性完全由变形自由能密度 $f(E)$ 表征。

橡胶的弹性源于聚合物链的弹性。橡胶的剪切模量基本上由子链的数密度 (或交联的数密度) 决定。

凝胶是聚合物网络和溶剂的混合物，可以认为是弹性聚合物溶液。与橡胶不同，凝胶可以通过吸入 (或吸出) 溶剂来改变其体积。这种行为再次以变形自由能密度 $f_{\text{gel}}(E)$ 为特征。溶液中的相分离现象被视为凝胶中的体积相变。

延 展 阅 读

(1) Introduction to Polymer Physics, Masao Doi, Oxford University Press (1996).

(2) The Structure and Rheology of Complex Fluids, Ronald G. Larson, Oxford University Press (1999).

(3) Polymer Physics, Michael Rubinstein and Ralph H.Colby, Oxford University Press (2003).

练   习

3.1 回答下列问题：

(a) 证明理想气体的体积模量由下式给出，其中 n 是系统中分子的数密度。

$$K = nk_{\text{B}}T \tag{3.84}$$

(b) 假设等式 (3.84) 在液态水中也是有效的，估算水的体积模量。假设水分子是直径为 0.3nm 的球体，将该值与实际的水体积模量进行比较 (2GPa)。

(c) 估算橡胶的剪切模量 (密度 1g/cm^3，其由分子量为 10^4g/mol 的子链组成)。

3.2 考虑各向同性弹性材料的正交变形。如果变形小，则变形的自由能被写为拉伸应变 $\varepsilon_\alpha = \lambda_\alpha - 1\,(\alpha = x, y, z)$ 的二次函数，并且通常可以写成

$$f(\varepsilon_x, \varepsilon_y, \varepsilon_z) = \frac{K}{2}(\varepsilon_x + \varepsilon_y + \varepsilon_z)^2 + \frac{G}{3}[(\varepsilon_x - \varepsilon_y)^2 + (\varepsilon_y - \varepsilon_z)^2 + (\varepsilon_z - \varepsilon_x)^2] \tag{3.85}$$

其中 K 和 G 分别是体积模量和剪切模量。如果材料在 z 方向上被应力 σ 拉伸，则系统的总自由能被写为

$$f_{\text{tot}} = f\left(\varepsilon_x, \varepsilon_y, \varepsilon_z\right) - \sigma \varepsilon_z \tag{3.86}$$

回答下列问题：

(a) 均衡值 $\varepsilon_x, \varepsilon_y$ 和 ε_z 由 f_{tot} 在平衡时的最小值的条件确定。证明均衡值由下式给出

$$\varepsilon_z = \frac{\sigma}{E}, \quad \varepsilon_x = \varepsilon_y = -\nu \varepsilon_z \tag{3.87}$$

以及

$$E = \frac{9KG}{3K+G}, \quad \nu = \frac{3K-2G}{2\left(3K+G\right)} \tag{3.88}$$

(b) 证明材料的体积变化为

$$\frac{\Delta V}{V} = \frac{\sigma}{3K} \tag{3.89}$$

3.3　令 $\lambda_i^2\,(i=1,2,3)$ 为张量 $\boldsymbol{B} = \boldsymbol{E} \cdot \boldsymbol{E}^t$ 的特征值。

(a) 利用 $\lambda_i^2\,(i=1,2,3)$ 是特征值方程 $\det(\boldsymbol{B} - \lambda^2 \boldsymbol{I}) = 0$（$\boldsymbol{I}$ 是单位张量）的解，证明以下关系：

$$\lambda_1^2 + \lambda_2^2 + \lambda_3^2 = B_{\alpha\alpha} = E_{\alpha\beta}^2 \tag{3.90}$$

$$\lambda_1^2 \lambda_2^2 \lambda_3^2 = \det\left(\boldsymbol{B}\right) \tag{3.91}$$

(b) 证明下式

$$\lambda_1^{-2} + \lambda_2^{-2} + \lambda_3^{-2} = \left(\boldsymbol{B}^{-1}\right)_{\alpha\alpha} \tag{3.92}$$

(c) 证明不可压缩各向同性材料的变形自由能可写为 $\mathrm{Tr}\boldsymbol{B}$ 和 $\mathrm{Tr}\boldsymbol{B}^{-1}$ 的函数。

3.4　获得剪切变形的主伸长比 λ_1、λ_2、λ_3 (3.51)，并表明对于小 γ，它们由下式给出：

$$\lambda_1 = 1 + \gamma/2, \quad \lambda_2 = 1 - \gamma/2, \quad \lambda_3 = 1 \tag{3.93}$$

3.5　橡胶的弹性变形自由能密度通常表示为

$$f(E) = \frac{1}{2}C_1\left(\mathrm{Tr}\boldsymbol{B} - 3\right) + \frac{1}{2}C_2\left(\mathrm{Tr}\boldsymbol{B}^{-1} - 3\right) \tag{3.94}$$

其中 C_1 和 C_2 是常数。回答下列问题：

(a) 求这种橡胶的单轴伸长率中的应力 σ 作为拉伸比 λ 的函数。

(b) 求作为剪切应变 γ 的函数的剪切应力 σ。

(c) 讨论由这种橡胶制成的气球的膨胀并画出如图 3.7 所示的曲线。

3.6*　当给管状橡胶气球充气时，经常会看到图 3.12 所示的情况：膨胀强烈的部分与膨胀较弱的部分共存。回答下列问题。

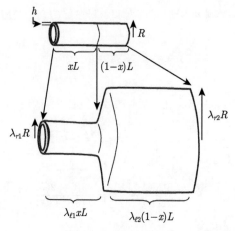

图 3.12 练习题 3.6

(a) 橡胶的变形自由能密度可以表示为 $f(\lambda_r, \lambda_\ell)$，其中 λ_r 和 λ_ℓ 是径向和轴向的伸长比。设 h、R 和 L 分别为管状气球的初始厚度、半径和轴向长度。假设部分 (x) 弱膨胀，剩余部分 $(1-x)$ 强烈膨胀。系统的总自由能可写为

$$F_{\text{tot}} = 2\pi RLh\left[xf(\lambda_{r1}, \lambda_{\ell 1}) + (1-x)f(\lambda_{r2}, \lambda_{\ell 2})\right] - \pi R^2 L\Delta P\left[x\lambda_{r1}^2\lambda_{\ell 1} + (1-x)\lambda_{r2}^2\lambda_{\ell 2} - 1\right] \tag{3.95}$$

其中 ΔP 是气球中的额外压力。平衡状态由以下方程组确定：

对于 $i = 1, 2$， $\dfrac{\partial f}{\partial \lambda_{ri}} = 2p\lambda_{ri}\lambda_{\ell i}$ (3.96)

对于 $i = 1, 2$， $\dfrac{\partial f}{\partial \lambda_{\ell i}} = p\lambda_{ri}^2$ (3.97)

并有

$$f(\lambda_{r1}, \lambda_{\ell 1}) - f(\lambda_{r2}, \lambda_{\ell 2}) = p\left(\lambda_{r1}^2\lambda_{\ell 1} + \lambda_{r2}^2\lambda_{\ell 2}\right) \tag{3.98}$$

其中

$$p = \frac{R\Delta P}{2h} \tag{3.99}$$

(b) 讨论对于由方程 (3.59) 给出的变形自由能是否可能存在这种共存。

3.7 凝胶在良溶剂中处于平衡状态。假设将构成凝胶的聚合物加入外部溶剂中 (图 3.13)，证明凝胶收缩，平衡体积分数 ϕ 由以下方程确定

$$G_0\left(\frac{\phi}{\phi_0}\right)^{1/3} = \Pi_{\text{sol}}(\phi) - \Pi_{\text{sol}}(\phi_{\text{sol}}) \tag{3.100}$$

其中 ϕ_{sol} 是外部溶液中聚合物的体积分数。假设溶液中的聚合物不能进入凝胶。

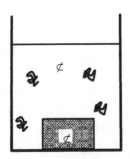

图 3.13　练习题 3.7

3.8　对于由重量 W 压缩的凝胶 (图 3.11)，求重量 W 和垂直收缩 λ_z 之间的关系。

第 4 章　表面和表面活性剂

本章中我们会讨论与材料表面相关的一些现象。表面，或者更广泛地来说界面，它们在软物质研究中占据着重要地位有两个原因：首先，与表面相关的弱作用力，如表面张力和表面力，在软物质的流动和变形中扮演着重要角色，例如表面张力就是能控制液滴行为的力；此外，许多软物质体系尤其是胶体分散体系，大多存在着各种不同的相，并且在材料内部有着巨大的界面区域，比如在 2.5 章节就已经讨论的，胶体分散体系的稳定与否是由界面力决定的。

本章的内容安排如下，首先从液体表面开始讨论我们日常可见的一些现象；接着讨论表面活性剂，即一种能有效改变表面性能的材料；最后讨论近距离表面之间的相互作用，它在薄膜和胶态分散体的研究中具有重要意义。

4.1　表　面　张　力

4.1.1　流体的平衡形状

上文已经讨论过，流体本身并没有自己的形状，因此流体的自由能与形状无关。但是在日常生活中，我们看到的很多现象都说明流体是有一些倾向性形状的。比如，处在板子上小的液滴一般呈球冠状或者煎饼状 (图 4.1(a))。如果将板子倾斜，液滴形状就会改变，但将板子重新放平，液滴也会恢复原来形状。这个现象说明板子上的液滴是存在一个平衡形状的。

这个给予流体平衡形状的力是与流体表面相关的。表面是分子构成流体的特殊场所，而流体中的分子通常相互吸引。如果一个分子位于内部区域 (远离表面的区域)，则它具有负势能 $-z\epsilon$，其中 z 是配位数，$-\epsilon$ 是相邻分子之间的范德瓦耳斯能 (见 2.3.2 节)。另一种情况是，如果这个分子是在表面，如图 4.1(b) 所示，将会减少大概一半的相邻分子，所以它的势能为 $-z\epsilon/2$。因此表面的分子势能比内部大概大了 $z\epsilon/2$。

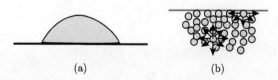

(a)　　　　　　　　　(b)

图 4.1　(a) 表面张力影响例子：在基底上的液滴呈球冠状；(b) 表面张力的分子根源

与表面相关的过剩能量称为表面能 (更确切地说，应该称为表面自由能，其定义将在后面给出)。表面能与流体的表面积成正比，表面上单位面积的能量称为表面能密度 (或表面张力)，用 γ 表示。

由于流体的表面区域取决于流体形状，故流体的平衡形状由系统的最小自由能唯一确定。如果没有其他作用力作用于流体，流体会呈球形，使得在给定体积下液滴的表面积最小。

4.1.2 表面张力

流体的表面能可以通过图 4.2 所示的实验方法获得。

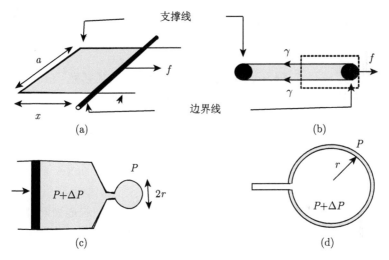

图 4.2 (a) 测量表面张力的实验方法，液体被限制在 U 形支撑线和直线金属丝包围区域内，作用在边界线上的力为 $2\gamma A$；(b) 方程 (4.2) 的推导，虚线区域内的液体一方面由于施加在边界线上的力 f 被向右拉，另一方面在表面张力 $2\gamma A$ 作用下被向左拉，根据力的平衡得到方程 (4.2)；(c) Laplace 压力；为了使液体通过注射器注入液体，必须施加额外的压力 ΔP，平衡时的过剩压力就是 Laplace 压力，对于半径为 r 的液滴，Laplace 压力为 $\Delta P = 2\gamma/r$；(d) 吹肥皂泡所需的过剩压力由公式 $\Delta P = 4\gamma/r$ 给出

在图 4.2(a) 中，一段直线金属丝 (作为边界线) 放置在一个 U 形金属支撑线上，然后在这两段金属丝包围中制造一个液体膜，面积为 $2ax$，a 和 x 已经在图中给出了定义，而系数 2 则代表液膜具有上下两面，故流体表面能可以定义为 $G_A = 2ax\gamma$。为了使得表面能最小，需使液膜趋于收缩。为了保持表面积恒定，必须向边界线施加一个力 f。移动边界金属丝一小段距离 $\mathrm{d}x$ 做功 $f\mathrm{d}x$，等于表面自由能的变化，所

以我们得到[①]

$$f\mathrm{d}x = 2\gamma a\mathrm{d}x \qquad (4.1)$$

或者

$$f = 2a\gamma \qquad (4.2)$$

方程 (4.2) 表明 γ 是作用在流体表面上的力的量度。流体的表面积趋于减小，这表明在流体表面上有拉力的作用，γ 等于单位长度的张力。由于这个原因，γ 又称为表面张力。见图 4.2(b), 方程 (4.2) 可以通过作用在流体单元上力的平衡来导出。

图 4.2(c) 展示了另一种测量表面张力的方法。为了从注射器中挤出流体，必须施加额外的压力 ΔP，因为流体趋向于返回到主体以降低表面能。这个额外压力 ΔP 在平衡时和表面能 γ 相关

$$\Delta P = 2\gamma/r \qquad (4.3)$$

这里 r 代表液滴半径。方程 (4.3) 推导如下，如果轻轻推压活塞，液体体积 V 将变化 δV，我们对流体做功 $\Delta P\delta V$。在平衡时，这和自由能的变化相等，即

$$\Delta P\delta V = \gamma\delta A \qquad (4.4)$$

其中 A 是液滴的表面积。因为 δV 和 δA 可以写为 $\delta V = 4\pi r^2\delta r$ 和 $\delta A = 8\pi r\delta r$，由方程 (4.4) 可以推导出方程 (4.3)。

由表面张力产生的过剩压力 ΔP 称为 Laplace 压力，这是我们制造肥皂泡需要施加的压力。在肥皂泡中，要产生半径为 r 的气泡，其过剩压力为 $4\gamma/r$，系数 4 表示肥皂泡有两个表面，即外表面和内表面 (图 4.2(d))。

4.1.3　巨正则自由能

现在我们需要用更严格的方式来定义表面自由能，因此使用巨正则自由能是很方便的。

巨正则自由能应用于体积为 V 的材料与它周围材料进行能量和分子交换的系统。环境温度用 T 表示，μ_i 表示第 i 个组成部分分子的化学势。巨正则自由能可以写成

$$G(V, T, \mu_i) = F - \sum_{i=1}^{p} N_i\mu_i \qquad (4.5)$$

---

① 这里我们假设 γ 与表面积无关。该假设对于平衡时的表面是合理的，具体可以在 4.1.4 节看到。如果表面中存在不溶于或者缓慢溶解在流体中的表面活性剂，那么 γ 会变成表面积的函数 (见 4.3.5 节)。对于这样的系统，方程 (4.1) 应该写成 $f = \partial G_A/\partial x$。

其中 F 是亥姆霍兹自由能, 而 N_i 是第 i 个成分的分子数。(注意, 本章中, G 代表巨正则自由能, 而不是吉布斯自由能。)

对于给定的 T 和 μ_i 值, 自由能 G 与系统体积 V 成正比。因此 G 可以写成

$$G(V, T) = Vg(T, \mu_i) \tag{4.6}$$

现在可以证明 $g(T, \mu_i)$ 等于负压 p, 即

$$G(V, T, \mu_i) = -VP(T, \mu_i) \tag{4.7}$$

亥姆霍兹自由能总微分可以写为

$$\mathrm{d}F = -S\mathrm{d}T - P\mathrm{d}V + \sum_i \mu_i \mathrm{d}N_i \tag{4.8}$$

其中 S 是系统的熵。从方程 (4.5) 和 (4.8), 可以得到

$$\mathrm{d}G = -S\mathrm{d}T - P\mathrm{d}V - \sum_i N_i \mathrm{d}\mu_i \tag{4.9}$$

另一方面, 通过方程 (4.6) 可得到

$$\mathrm{d}G = g\mathrm{d}V + V\frac{\partial g}{\partial T}\mathrm{d}T + V\sum_i \frac{\partial g}{\partial \mu_i}\mathrm{d}\mu_i \tag{4.10}$$

比较方程 (4.9) 和 (4.10), 我们有

$$g = -P, \quad \left(\frac{\partial g}{\partial T}\right)_{\mu_i} = -\frac{S}{V}, \quad \left(\frac{\partial g}{\partial \mu_i}\right)_T = -\frac{N_i}{V} \tag{4.11}$$

方程组 (4.11) 的第一个方程给出等式 (4.7)。方程组 (4.11) 也给出 Gibbs–Duhem 方程

$$V\mathrm{d}P = S\mathrm{d}T + \sum_i N_i \mathrm{d}\mu_i \tag{4.12}$$

4.1.4 界面自由能

现在我们来定义界面自由能。考虑图 4.3 所示的情况, 相 I 和相 II 两个相共存并处于平衡状态, 温度 T 和化学势 μ_i 在这两个相中是通用的。这个系统的总巨正则自由能可以写成

$$G = G_{\mathrm{I}} + G_{\mathrm{II}} + G_{\mathrm{A}} \tag{4.13}$$

其中, G_{I} 和 G_{II} 分别代表相 I 和相 II 的巨正则自由能, 而 G_{A} 代表界面的巨正则自由能。G_{I} 和 G_{II} 与各相体积 V_{I} 和 V_{II} 成比例, G_{A} 与界面面积 A 成比例, 即

$$G_{\mathrm{I}} = V_{\mathrm{I}}g_{\mathrm{I}}(T, \mu_i), \quad G_{\mathrm{II}} = V_{\mathrm{II}}g_{\mathrm{II}}(T, \mu_i) \tag{4.14}$$

和

$$G_A = A\gamma(T, \mu_i) \tag{4.15}$$

方程 (4.13)~(4.15) 定义了界面自由能。该定义的基础是假设系统的自由能是各个体积部分 (与体积成比例的部分) 和界面部分 (与界面面积成比例的部分) 自由能的总和。

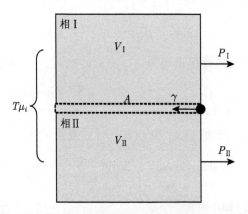

图 4.3 定义两个共存相 I 和相 II 热力学状态的参数，其中 V_I、V_{II} 和 A 分别是相 I 的体积和相 II 的体积、界面面积。温度 T 与化学分子 μ_i 的势是通用的。作为这些参数的函数的系统自由能是唯一确定的

正如我们已经看到的，单位体积的巨正则自由能 g_I 等于体积中作用在单位面积上的力，负压力 P_I。同样地，单位表面积上巨正则自由能 γ 等于界面上作用在单位长度上的力 f_l，其证明方式和 g_I 的证明方式相同。如果界面面积改变 $\mathrm{d}A$，则对系统做功为 $f_l\mathrm{d}A$。因此，G_A 的总微分为

$$\mathrm{d}G_A = S_A\mathrm{d}T + f_l\mathrm{d}A - \sum_i N_{Ai}\mathrm{d}\mu_i \tag{4.16}$$

其中，S_A 是表面的熵，而 N_{Ai} 是表面上第 i 个组分的分子数目。另一方面，由方程 (4.15) 可以得到

$$\mathrm{d}G_A = \gamma\mathrm{d}V + A\frac{\partial\gamma}{\partial T}\mathrm{d}T + A\sum_i\frac{\partial\gamma}{\partial\mu_i}\mathrm{d}\mu_i \tag{4.17}$$

方程 (4.16) 和 (4.17) 给出了 $f_l = \gamma$，那么表面的 Gibbs-Duhem 方程为

$$A\mathrm{d}\gamma = -S_A\mathrm{d}T - \sum_i N_{Ai}\mathrm{d}\mu_i \tag{4.18}$$

4.1.5 表面过剩

表面上单位面积的分子数为

$$\Gamma_i = \frac{N_{\mathrm{A}i}}{A} \tag{4.19}$$

Γ_i 称为表面过剩或表面吸附量。尽管被称为 "过剩"，但它是可正可负的。在图 4.4 中解释了 Γ_i 的含义。其中以界面法向轴为坐标，绘制出第 i 组分分子数密度 $n_i(z)$ 分布的曲线。在左侧，$n_i(z)$ 接近相 I 体密度 $n_{\mathrm{I}i}$，右侧接近 $n_{\mathrm{II}i}$。在界面处，$n_i(z)$ 和两者都不同。图 4.4 显示了第 i 组分被界面吸引的情况。因此 Γ_i 可以定义为[①]

$$\Gamma_i = \int_{-\infty}^{0} \mathrm{d}z[n_i(z) - n_{\mathrm{I}i}] + \int_{0}^{\infty} \mathrm{d}z[n_i(z) - n_{\mathrm{II}i}] \tag{4.20}$$

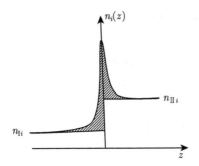

图 4.4　表面过剩 Γ_i 的定义。这里 $n_i(z)$ 表示在垂直界面方向坐标 z 位置上组分 i 的分子密度。图中阴影区域的面积即为表面过剩，N_{I} 和 N_{II} 代表极限 $z \to \infty$ 和 $z \to -\infty$ 时 $n_i(z)$ 的渐近值

如果成分 i 亲近表面，Γ_i 就是正的。表面活性剂分子非常亲近表面，所以 Γ_i 可以看成吸附在单位面积上表面活性剂分子数。另一方面，离子更喜欢停留在本体而不是表面，因此它们的表面过剩 Γ_i 是负的。

4.2　浸　润

4.2.1 浸润的热力学驱动力

将一滴液滴放置在基板上时，液滴会在基板表面上铺展开来，这种现象称为浸润 (润湿)。浸润也会在多孔材料 (海绵、纺织品、沙子等) 中发生，其中液体会在本体材料的内表面铺展。

---

① 方程 (4.20) 的积分值取决于界面的位置，即 z 坐标上原点的位置。习惯性的位置选取是保证溶剂 (或主要成分) 的零过剩。

　　浸润的驱动力是固液之间的界面能。如果液体在固体表面展开，那么固体和空气之间的界面就会被两个界面 —— 固体–液体界面和液体–空气界面所取代。在下文中，我们将气相称为蒸汽相，因为在一个单组分系统中气相已经被液体蒸汽充满了。

　　用 γ_{SL} 和 γ_{SV} 代表固体–液体界面能和固体–蒸汽界面能，然后当液体形成区域为 A 的膜时，界面能从 $A\gamma_{SV}$ 变为 $A(\gamma + \gamma_{SL})$，差异在于 A 的系数

$$\gamma_S = \gamma_{SV} - (\gamma + \gamma_{SL}) \tag{4.21}$$

A 称为铺展系数。如果 γ_S 是正的，界面能随着 A 的增加而减少，在这种情况下，浸润加剧并且最后整个固体表面完全润湿，称为完全浸润。另一方面，如果 γ_S 是负的，则部分固体表面被液体润湿，在基底上形成一定的平衡构象，如图 4.5 所示，称为不完全浸润。

　　浸润区域的外沿线称为接触线，也称为三相线，因为在这条线上，固液汽三相共存。

　　液体表面相对于基底产生的角度称为接触角，如果接触线可以在基板上自由移动，则接触角 θ 值是恒定的，与液滴尺寸和形状无关 (图 4.5)。下面对此进行解释，先考虑靠近表面的流体的楔形区域 (图 4.6)。现在假设接触线在衬底上从 B 变成到 B'，这样固体–蒸汽界面区域的 δx 被固体–液体界面取代，且液体界面区域增加 $\delta x \cos\theta$。因此，接触线位移引起界面能的变化 $(\gamma_{SL} - \gamma_{SV})\delta x + \gamma\delta x \cos\theta$。在平衡时，它必须等于零，所以，

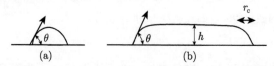

图 4.5　(a) 小液滴在基底上的形状；(b) 大液滴在基底上的形状。两个液滴的接触角是相同的。r_c 代表毛细管长度

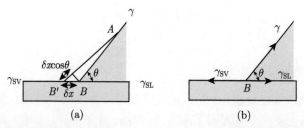

图 4.6　(a) 从能量最低原理推导 Young-Dupre 方程。这里 A 是在远离接触线足够远的界面上取的一个点。(b) 通过力的平衡来推导 Young-Dupre 方程。根据作用在 B 点 x 轴方向上力的平衡可以给出 Young-Dupre 方程

$$\gamma_{\mathrm{SL}} - \gamma_{\mathrm{SV}} + \gamma \cos\theta = 0 \tag{4.22}$$

方程 (4.22) 称为 Young-Dupre 方程。根据此方程可以看出，接触角 θ 只由界面能决定，与液滴大小和其他体积力无关。Young-Dupre 方程也可以由图 4.6(b) 中力的平衡来解释。

4.2.2 固体表面的液滴

1. 毛细长度

我们现在考虑一个滴在固体表面的液滴的平衡形状 (图 4.5)。

液滴的平衡形状是通过总自由能最小化确定的。液滴的体积自由能与液滴形状无关，但界面自由能和重力势能依赖于液滴形状。

考虑一个体积为 V 的液滴，其特征长度为 $r \simeq V^{1/3}$。现在液滴的界面能大约为 γr^2，而重力势能大约为 $\rho g V r \simeq \rho g r^4$，这里 ρ 是液体的密度。如果 r 很小，则后者效应可以忽略，液滴的形状仅由界面能决定。另一方面，如果 r 很大，则重力占主导地位。区分这两种情况的是特征长度

$$r_{\mathrm{c}} = \sqrt{\frac{\gamma}{\rho g}} \tag{4.23}$$

叫做毛细管长度。常温下水的毛细长度为 1.4mm。

如果液滴尺寸远小于 r_{c}，则液滴会变成如图 4.5(a) 所示的球形帽的形状。球面的半径是由液滴的体积和接触角 θ 决定的。另一方面，如果液滴尺寸远大于 r_{c}，则液滴呈扁平的薄饼状，边缘为圆形，如图 4.5(b) 所示。

2. 平衡膜厚

让我们考虑一下如图 4.5(b) 所示的液膜厚度。如果液体体积是 V，厚度为 h，则重力势能是 $\rho g V h/2$。另一方面，总界面能 G_{A} 是由液体接触面积 $A = V/h$ 和铺展系数 γ_{S} 给出的，$G_{\mathrm{A}} = -\gamma_{\mathrm{S}} V/h$ (注意这种情况下 $\gamma_{\mathrm{S}} < 0$)。因此总能量为

$$G_{\mathrm{tot}} = \frac{1}{2}\rho g V h - \frac{\gamma_{\mathrm{S}} V}{h} \tag{4.24}$$

以 h 为变量做最小化能量，得到最小厚度

$$h = \sqrt{\frac{-2\gamma_{\mathrm{S}}}{\rho g}} \tag{4.25}$$

使用等式 (4.22)，γ_{S} 可以写成

$$\gamma_{\mathrm{S}} = -\gamma(1 - \cos\theta) \tag{4.26}$$

因此平衡膜厚可以写为

$$h = \sqrt{\frac{2\gamma(1-\cos\theta)}{\rho g}} = 2r_{\mathrm{c}}\sin\left(\frac{\theta}{2}\right) \tag{4.27}$$

根据等式 (4.27)，当 h 为零时是完全润湿。但是实际上，h 不可能变成 0，即使是在完全润湿的情况下。这是因为受固相和气相之间的范德瓦耳斯力作用的影响，其原理会在后续 4.4.7 节讲述。

4.2.3　毛细管内液面上升

由表面张力引起的另一种常见现象是毛细管中的弯液面上升 (图 4.7)。如果在半径为 a 的毛细管中液面上升到 h，面积为 $2\pi a$ 的毛细管壁干燥表面 (即固体-蒸汽界面) 被固体-液体界面取代。因此，总能量变化是

$$G_{\mathrm{tot}} = 2\pi a h\left(\gamma_{\mathrm{SL}} - \gamma_{\mathrm{SV}}\right) + \frac{1}{2}\rho g\pi a^2 h^2 \tag{4.28}$$

以 h 为变量求等式 (4.28) 极小值，得到

$$h = \frac{2\left(\gamma_{\mathrm{SV}} - \gamma_{\mathrm{SL}}\right)}{\rho g a} \tag{4.29}$$

利用方程 (4.22)，上式可重写为

$$h = \frac{2\cos\theta}{\rho g a} = \frac{2r_{\mathrm{c}}^2}{a}\cos\theta \tag{4.30}$$

如果接触角 $\theta < \pi/2$，液面会上升 ($h > 0$)；反之，如果 $\theta > \pi/2$，液面会下降 ($h < 0$)。

注意，将等式 (4.29) 改写为等式 (4.30) 仅对部分润湿的情况，即 $\gamma_{\mathrm{S}} < 0$ 时有效。在完全润湿情况下，毛细管壁已经被流体润湿，并且单位面积表面能为 $\gamma_{\mathrm{SL}} + \gamma$。当液面上升时，这会被表面能为 γ_{SL} 的流体取代，因此单位面积获得的表面能是 γ。液面上升高度可由等式 (4.30) 在 $\theta = 0$ 的情况下给出。因此等式 (4.30) 对于 $\gamma_{\mathrm{S}} < 0$ 和 $\gamma_{\mathrm{S}} > 0$ 均有效。

方程 (4.30) 表明，随着毛细管半径 a 的减小，液面的高度上升。这是因为对于较小的毛细血管，表面影响力增强。如图 4.7(b) 所示，在不减少毛细管半径的情况下，通过在毛细管中填充玻璃珠子同样能增强表面效应。如果珠子的半径为 b，填充珠子到高度为 h 的毛细管区域表面积为 $\pi a^2 h/b$，因此毛细管高度增加了一个因子 a/b。这就是干砂或纺织品能被强烈润湿 (或去湿) 的原因。

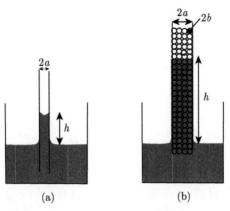

图 4.7　(a) 弯曲液面在毛细管中的上升; (b) 液面在填充半径为 b 的玻璃珠子的毛细管中的上升

4.2.4　液体上的液滴

从一个刚性基底, 即不变形的基底, 我们推导出了 Young-Dupre 方程 (方程 (4.22))。若基底是软弹性材料或者是流体, 当液滴滴在上面时, 基底会发生变形。如将一滴油滴在水面上, 就会形成一个如图 4.8(a) 所示的类似透镜的形状, 其中 A、B 和 C 分别代表空气、水和油。在平衡时, 作用在接触线上的力必须平衡, 如图 4.8(b) 和 (c) 所示, 故

$$\gamma_{AB} + \gamma_{BC} + \gamma_{CA} = 0 \tag{4.31}$$

其中, γ_{XY} (X 和 Y 代表 A、B、C 中的一个) 代表作用在 X-Y 界面上的界面力矢量。方程 (4.31) 是矢量 γ_{AB}、γ_{BC} 和 γ_{CA} 形成三角形的条件, 是 Young-Dupre 方程条件的一般化, 称为诺伊曼条件。使用诺伊曼条件时, 如图 4.8(c) 所示, 可以通过构筑界面能 γ_{AB}、γ_{BC} 和 γ_{CA} 三角结构 (称为诺伊曼三角) 来表示接触角 θ_A、θ_B 和 θ_C。

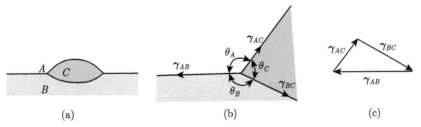

图 4.8　(a) 油滴滴在水面上; (b) A、B 和 C 三相线周围的接触角; (c) 诺伊曼三角代表三相线上力的平衡

诺伊曼三角形并不总能被构造。例如, 当 $\gamma_{AB} > \gamma_{BC} + \gamma_{CA}$ 时就无法构造。

这时 C 相发生完全润湿，即液体 C 在液体 A 和液体 B 之间形成一层薄膜。

4.3   表面活性剂

4.3.1   表面活性剂分子

如第 1.3 节所讨论的，表面活性剂分子包含一个亲水部分和一个疏水部分。这种分子在水或油中都不是完全快乐的：在水中，疏水部分与水的接触在能量上是不利的；同样地，在油中，亲水部分与油的接触在能量上是不利的。然而，表面活性剂分子是完全乐于处在油–水界面的，因为亲水性部分可以坐落水中，而疏水部分可以坐落油中。

如果表面活性剂分子添加到油和水的混合物中，分子倾向于增加油和水之间的界面面积。因此，在存在表面活性剂的情况下，系统的自由能随着油–水界面面积的增加而减小。在极端情况下，水中的油滴被分解成更小的油滴并分散在水中，这种现象称为自发乳化。

4.3.2   表面活性剂溶液的表面张力

如果将表面活性剂加入水中，表面活性剂分子会聚集在表面，因为表面活性剂分子的疏水部分相对于水更乐于待在空气中。当这种情况发生时，表面能量损耗降低，即含表面活性剂的水溶液表面张力比纯水小。

表面活性剂表面张力的降低可以通过图 4.9 所示的实验设置观察到。充满水的水槽通过柔性膜分散在两个腔室中，该膜固定在水槽底部并且另一端连接一个浮动条。在左边腔室中加入表面活性剂，左边腔室中的表面张力降低，因此浮动条向右移动。单位长度上作用在浮动条上的力称为表面压力，记作

$$\Pi_A = \gamma_0 - \gamma \tag{4.32}$$

其中，γ_0 代表最开始液体的表面张力。

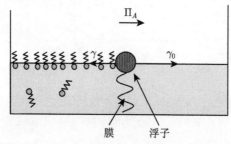

图 4.9   测量由于添加表面活性剂而引起表面张力变化的实验装置

另一种观察这种现象的方法如下。表面活性剂分子聚集在表面，并趋向于扩大以浮动条为边界的面积。这种机制类似于渗透压：受半透膜限制的溶质分子倾向于增加渗透压力。同样，受浮动条限制的表面活性剂分子产生表面压力。

上面的例子表明，如果表面张力不是恒定的，对于在表面上的流体，表面张力梯度在表面会对流体单元施加一个净力，诱导宏观流动，这种效应称为 Marangoni 效应。

Marangoni 效应在日常生活中随处可见。如果将一滴液体洗涤剂滴在水面上，漂浮在水上的尘埃颗粒会被推离放置洗涤剂的地方。在这个例子中，Marangoni 效应是由表面活性剂的浓度梯度引起的，也可以由温度梯度引起。表面张力是温度的函数 (表面张力通常随着温度的升高而减小)，所以如果在表面存在温度梯度，流体将从高温区流向低温区。

4.3.3 表面吸附与表面张力

如果我们添加的材料更趋于待在表面而不是内部，则流体的表面张力会降低。表面上的这种效应可以用 Gibbs-Duhem 方程来证明。从等式 (4.18) 出发得到

$$\left(\frac{\partial \gamma}{\partial \mu_i}\right)_T = -\frac{N_{Ai}}{A} = -\Gamma_i \tag{4.33}$$

为了简化符号，我们只考虑包含表面活性剂和溶剂的双组分系统，忽略下标 i。因此方程 (4.33) 可以简化为

$$\left(\frac{\partial \gamma}{\partial \mu}\right)_T = -\frac{N_A}{A} = -\Gamma \tag{4.34}$$

其中 $\Gamma = N_A/A$ 代表单位表面上吸附的表面活性分子数。

表面活性剂的化学势 μ 是表面活性剂浓度的函数。将 n 记为本体表面活性剂分子数密度。在表面活性剂的稀溶液中，μ 可以写为

$$\mu(T, n) = \mu_0(T) + K_B T \ln n \tag{4.35}$$

在这种情况下，由表面活性剂浓度变化 $(\partial \gamma/\partial n)_T$ 引起的表面张力的变化可计算为

$$\left(\frac{\partial \gamma}{\partial n}\right)_T = \left(\frac{\partial \gamma}{\partial \mu}\right)_T \left(\frac{\partial \mu}{\partial n}\right)_T = -k_B T \frac{\Gamma}{n} \tag{4.36}$$

由于 Γ 是正的，因此方程 (4.36) 表示液体的表面张力随着表面活性剂浓度的增加而降低。

注意到等式 (4.36) 对任何添加剂都有效。因此，如果我们加入负表面过剩材料 ($\Gamma < 0$)，表面张力会随着添加剂的增加而增大。

n (本体的添加剂数密度) 和 Γ (吸附到表面的添加剂数密度) 之间的关系称为吸附方程。一个典型的吸附方程是 Langmuir 方程

$$\Gamma = \frac{n\Gamma_{\mathrm{s}}}{n_{\mathrm{s}} + n} \tag{4.37}$$

其中，Γ_{s} 和 n_{s} 为常数。方程 (4.37) 描述了图 4.10 展示的行为：当 $n < n_{\mathrm{s}}$ 时，Γ 随着 n 呈线性增加；当 $n > n_{\mathrm{s}}$ 时，Γ 开始饱和，随 n 趋于无穷大时趋向于 Γ_{s}。

方程 (4.36) 和 (4.37) 可给出如下微分方程

$$\frac{\partial \gamma}{\partial n} = -k_{\mathrm{B}}T \frac{\Gamma_{\mathrm{s}}}{n_{\mathrm{s}} + n} \tag{4.38}$$

方程 (4.38) 的解为

$$\gamma = \gamma_0 - \Gamma_{\mathrm{s}} k_{\mathrm{B}} T \ln\left(1 + \frac{n}{n_{\mathrm{s}}}\right) \tag{4.39}$$

表面张力 γ 也在图 4.10 中示出。当表面活性剂浓度增加时，γ 先迅速下降，其中 $\gamma_0 - \gamma$ 和 n 成正比，但很快 γ 开始缓慢下降，其中 $\gamma_0 - \gamma$ 和 $\ln n$ 成正比。这是因为 Γ 很快饱和。

根据方程 (4.39)，以表面活性剂浓度 n 为变量的函数中表面张力 γ 持续下降。在实际中，如图 4.10 所示，表面张力在某个浓度 n_{cmc} 时停止下降，该浓度称为临界胶束浓度。如果超过这个浓度，即使加入更多的表面活性剂，表面张力也不会进一步降低。这是因为如果超过浓度 n_{cmc}，任何添加的表面活性剂被用来形成胶束了。该内容将在下节讨论。

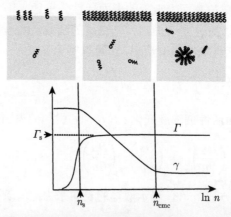

图 4.10　以本体内部表面活性剂的数密度为横轴画出表面张力 γ 和表面过剩 Γ。n_{s} 是表面活性剂饱和时的浓度，n_{cmc} 是胶束形成时的浓度

4.3.4 胶束

在浓度高于 n_{cmc} 时，表面活性剂分子聚集在一起形成一种叫胶束的结构。图 1.5 展示了已知的各种类型胶束。一旦胶束形成，任何加入体系中的表面活性剂分子都会被引入胶束中，因此表面张力不再减小。这可以从下面的分析中看出来。

我们考虑简单的情况，例如在水中形成球状胶束。在这种情况下，胶束的外壳是由亲水基团组成的，并且内部是由疏水基团组成的。这种结构需要胶束中包含适宜数量的表面活性剂分子：如果数量太小，一些疏水基团暴露于水中；如果数量太大，一些亲水基团则不能接触到水。因此，球形胶束具有最适宜尺寸。我们假设所有胶束具有相同的最适宜尺寸并且均包含 m 个表面活性剂分子：也就是说，我们假设表面活性剂分子既可以作为单分子存在 (称为单聚体)，也可以作为大小为 m 的胶束中的一个成员。n_1 和 n_m 为单位体积内单聚体和胶束数量，故

$$n_1 + mn_m = n \tag{4.40}$$

其中，n 代表单位体积溶液内所有表面活性剂数量。单聚体和胶束的化学势分别为

$$\mu_1 = \mu_1^0 + k_{\mathrm{B}}T \ln n_1, \quad \mu_{m1} = \mu_m^0 + k_{\mathrm{B}}T \ln n_m \tag{4.41}$$

因为 m 个单体可以形成胶束，反之亦然，所以在平衡时有

$$m\mu_1 = \mu_m \tag{4.42}$$

从等式 (4.41) 和 (4.42)，可以得到

$$n_m = n_1^m \exp\left[\left(m\mu_1^0 - \mu_m^0\right)/k_{\mathrm{B}}T\right] = n_{\mathrm{c}}\left(\frac{n_1}{n_{\mathrm{c}}}\right)^m \tag{4.43}$$

其中 n_{c} 定义为

$$\exp\left[\left(m\mu_1^0 - \mu_m^0\right)/k_{\mathrm{B}}T\right] = n_{\mathrm{c}}^{-(m-1)} \tag{4.44}$$

等式 (4.40) 可以写为

$$\frac{n_1}{n_{\mathrm{c}}} + m\left(\frac{n_1}{n_{\mathrm{c}}}\right)^m = \frac{n}{n_{\mathrm{c}}} \tag{4.45}$$

由于 m 是一个很大的数 (通常为 $30 \sim 100$)，所以等式 (4.45) 左边第二项是关于 n_1/n_{c} 变化非常明显的函数：如果 $n_1/n_{\mathrm{c}} < 1$，与第一项相比它可以忽略不计；如果 $n_1/n_{\mathrm{c}} > 1$，则变得比第一项大得多。因此，方程 (4.45) 的解为

$$n_1 = \begin{cases} n, & n < n_{\mathrm{c}} \\ n_{\mathrm{c}}\left(\dfrac{n}{mn_{\mathrm{c}}}\right)^{1/m}, & n > n_{\mathrm{c}} \end{cases} \tag{4.46}$$

因此，如果 $n < n_c$，所有表面活性剂都作为单聚体存在。另一方面，如果 $n > n_c$，n_1 随 n 变化不大，因为指数 $1/m$ 很小。从物理上来说，n_1 变化不大的原因是加入的表面活性剂分子被带到胶束中，并不能保持为单聚体。从方程 (4.43) 和 (4.46) 可以看到，胶束的数密度 n_m 在 $n < n_c$ 时基本上为零，在 $n > n_c$ 时等于 n/m。因此胶束开始形成时 n_c 和 n_{cmc} 相同。因为在 $n_c > n_{cmc}$ 时，随着 n 变化，单聚体化学势 μ_1 变化很小，所以表面张力 γ 不再因进一步添加表面活性剂而下降。

如图 4.10 所示，已经发展了统计力学理论解释其他类型的胶束 (圆柱状、层状) 并讨论尺寸分布和 n_{cmc}。

4.3.5   Gibbs 单分子膜与 Langmuir 单分子膜

在上面的讨论中，我们已经假设在表面上的表面活性剂分子可以溶解在液体中，反过来，液体中的表面活性剂也可以吸附在表面上。在这种情况下，表面上表面活性剂分子的数密度 Γ 是由表面活性剂在表面的化学势与本体的化学势相等决定的。

如果表面活性剂分子有一个大的疏水基团 (比如说烷基的数目大于 15)，它们就不再能溶解在水中。在这种情况下，Γ 是由表面活性剂添加到系统的量决定的，即 $\Gamma = N/A$，其中 N 是表面活性剂分子添加到系统中的数目，A 是表面积。

在表面形成的不溶性表面活性剂层称为 Langmuir 单分子膜。相对地，我们一直讨论的表面活性剂层是 Gibbs 单分子膜。在 Gibbs 单分子膜中，表面压力 Π_A (或表面张力 γ) 是作为本体内部表面活性剂浓度 n 为自变量的函数来研究的，而在 Langmuir 单分子膜中 Π_A 则是以表面积 A 为自变量来讨论的。

Langmuir 单分子膜中的表面压力 Π_A 与表面积 A 的关系很像在简单流体中压力 P 和体积 V 的关系。在这种情况下，Π_A-A 关系可以用流体的二维模型来描述。当 A 很大时，系统处于气相，Π_A 和 A 成反比；当 A 减小时，系统变为凝聚态 (液相或固相)，Π_A 开始迅速增加。

Langmuir 单分子膜可以转移到一个固体衬底上，并以此制成分子垂直于层的多层材料。在固体表面上形成的 Langmuir 单分子膜有多种应用，因为它改变了材料的表面性质 (机械、电学和光学等)。为了使单分子层牢固附着于固体表面，经常需要利用化学反应，这样制造出来的单层称为自组装单分子膜 (SAM)。

4.4   表面间势

4.4.1   表面间的相互作用

现在我们考虑表面之间的相互作用。如图 4.11 所示，如果两个材料的表面 I 和 II 彼此接近，表面之间的相互作用变得不可忽略，系统的自由能就变成了表面

间距 h 的函数。表面之间的相互作用可以用表面间势 $W(h)$ 来定义，它是指把材料 I 和 II 构成的两个平行板从无穷远处移动到相距为 h 时所做的功。等价地，$W(h)$ 可以定义为两种情况下的自由能差，一种是两板以间隙距离 h 彼此平行放置，另一种是两板相隔无穷远。

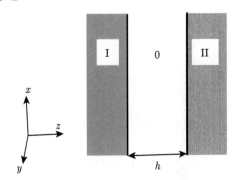

图 4.11 两个界面 I/0 和 II/0 间的表面间势

对于大的表面来说，$W(h)$ 与表面积 A 成正比。单位面积上的表面间势 $w(h) = W(h)/A$ 称为界面势密度。

4.4.2 表面间势和胶体颗粒的相互作用

表面间势在大尺寸胶体颗粒的相互作用中有着重要作用。正如第 2.5 节所讨论的，只有当两个胶体颗粒互相靠近时，相互作用力才起作用。因此，当力起作用时，两个颗粒表面几乎是相互平行的。在这种情况下，颗粒之间的相互作用能 $U(h)$ 可以由 $w(h)$ 计算得来。

考虑两个半径为 R、间隙距离为 h 的球状颗粒 (图 4.12)。图 4.12 中的 $\tilde{h}(\rho)$ 表示沿着距离颗粒中心连接线 ρ 的平行线方向两个平行面间的距离。当 $\rho \ll R$ 时，$\tilde{h}(\rho)$ 接近于

$$\tilde{h}(\rho) = h + 2(R - \sqrt{R^2 - \rho^2}) \approx h + \frac{\rho^2}{R} \tag{4.47}$$

考虑在颗粒表面由半径为 ρ 和 $\rho+\mathrm{d}\rho$ 的两个圆柱所包围的环形区域。如果 $\rho \ll R$，则环的面积为 $2\pi\rho\mathrm{d}\rho$，相互作用能为 $w\left(\tilde{h}\right)2\pi\rho\mathrm{d}\rho$。对 ρ 进行积分，就可以得到颗粒间的相互作用势

$$U(h) = \int_0^R w\left(\tilde{h}\right) 2\pi\rho\mathrm{d}\rho \tag{4.48}$$

通过使用一个新的变量 $x = h + \rho^2/R$，等式右侧可以重写为

$$U(h) = \pi R \int_h^\infty w(x)\,\mathrm{d}x \tag{4.49}$$

其中积分上限被 ∞ 取代。如果球体有不同的半径，记作 R_1 和 R_2，那么 $U(h)$ 为

$$U(h) = 2\pi \frac{R_1 + R_2}{R_1 R_2} \int_h^\infty w(x)\,\mathrm{d}x \tag{4.50}$$

方程 (4.49) 和 (4.50) 叫做 Derjaguin 近似，当 $w(h)$ 在 $h \simeq R$ 小到可以忽略时可以视为有效。

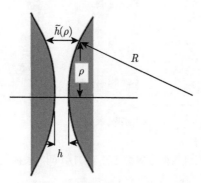

图 4.12　Derjaguin 近似采用的坐标

我们现在用这种近似来讨论胶体颗粒间的相互作用势。

4.4.3　范德瓦耳斯力

表面之间最常见的相互作用是范德瓦耳斯相互作用，这与原子 (或分子) 之间范德瓦耳斯作用力有相同的起源，但严格的理论计算会变得相当复杂 (参见列在延展阅读中 Jacob N. Israelachrili 著的 *Intermolecular and Surface Forces*)。这里我们使用一个简单的近似处理。

作用在两个相距为 r 的原子间的范德瓦耳斯势为

$$u_{\mathrm{atom}}(r) = -C\left(\frac{a_0}{r}\right)^6 \tag{4.51}$$

其中，a_0 是原子半径；C 是常数，大小为 $k_{\mathrm{B}}T$。我们假设图 4.11 中材料 I 和 II 是由通过势 (4.51) 相互作用的原子构成的，那么材料总的相互作用能为

$$W(h) = -\int_{r_1 \in V_{\mathrm{I}}} \mathrm{d}r_1 \int_{r_2 \in V_{\mathrm{II}}} \mathrm{d}r_2 n^2 \frac{Ca_0^6}{|r_1 - r_2|^6} \tag{4.52}$$

其中，n 是壁材料中原子的数密度，$r_1 \in V_{\mathrm{I}}$ 表示 r_1 的积分是针对材料 I 占据的区域实施的。如果我们首先在 r_2 上做积分，则结果与 x_1 和 y_1 无关。因此，$W(h)$ 与界面面积 A 成正比，单位面积的能量为

$$w(h) = -\int_{z_1 \in V_{\mathrm{I}}} \mathrm{d}z_1 \int_{r_2 \in V_{\mathrm{II}}} \mathrm{d}r_2 n^2 \frac{Ca_0^6}{|r_1 - r_2|^6} \tag{4.53}$$

通过量纲分析，很容易看出等式 (4.53) 右侧正比于 h^{-2}。积分可解析计算得出，习惯上把这个结果写成如下形式：

$$w(h) = -\frac{A_H}{12\pi h^2} \tag{4.54}$$

其中 A_H 定义为 $n^2 C a_0^6 \pi^2$，称作 Hamaker 常数[①]。

作用在两个半径为 R 的球形颗粒的相互作用势可以通过方程 (4.49) 和 (4.54) 计算得出

$$U(h) = -\frac{A_H}{12}\frac{R}{h} \tag{4.56}$$

Hamaker 常数的大小接近 $k_B T$。因此，当 $R = 0.5\mu m$ 和 $h = 0.5nm$ 时，相互作用势大约是 $100 k_B T$。有这样一个大的吸引能，胶体颗粒将聚集，并随后沉淀 (或形成凝胶)。为了得到稳定的胶体分散，必须对胶体颗粒表面进行改性使其包含一定的排斥力。

可以用两种策略来产生这种排斥力。一种是制造如图 4.13(a) 所示的带电表面，另一个种是在表面覆盖如图 4.13(b) 所示的聚合物。这两个表面之间的相互作用将在下面的章节中讨论。

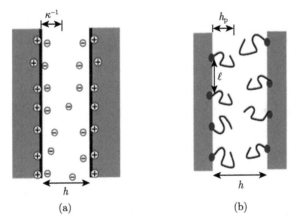

(a)　　　　　　　　　(b)

图 4.13　表面修饰以产生表面间的排斥力：(a) 在表面上附着电荷；(b) 在表面上覆盖聚合物

4.4.4　带电表面

如果相同电荷的离子基团吸附在壁上，由于库仑排斥力，壁相互排斥。虽然这种表述在真空中是正确的，但在溶液是值得商榷的，因为在溶液中壁周围会漂浮

[①] 方程 (4.53) 写为

$$w(h) = -\int_{-\infty}^{0} dz_1 \int_{h}^{\infty} dz_2 \int_{0}^{\infty} d\rho 2\pi\rho \frac{n^2 C a_0^6}{\left[(z_1 - z_2)^2 + \rho^2\right]^3} \tag{4.55}$$

积分结果给出方程 (4.54)。

有自由离子。事实上，分析溶液中的力需要慎重考虑。关于这个力的详细讨论将在 10.3.6 节中给出。这里我们总结一下主要结果。

如果将带电的壁插入电解质溶液中，反离子 (带有与壁相反电荷的离子) 将聚集在其周围，掩盖壁电荷。因此，壁电荷的影响随离壁距离 x 呈指数衰减。例如，电势 $\psi(x)$ 衰减为

$$\psi \propto e^{-\kappa x} \tag{4.57}$$

$1/\kappa$ 称为德拜长度。一个电解质溶液若由带有电荷 e_0 和 $-e_0$ 的单价离子组成，则 κ 为

$$\kappa = \left(\frac{2n_s e_0^2}{\varepsilon k_B T} \right)^{1/2} \tag{4.58}$$

其中，n_s 是溶液中离子的数密度；ε 是溶剂的介电常数 (通常是水)。

当离子浓度 n_s 较小时，带电壁之间的排斥力是强的，但随着 n_s 的增加而迅速降低。举个例子说明带电粒子间势，如图 2.10(b) 所示，当离子浓度较小时，由于带电表面的原因，排斥力占主导，颗粒不会聚集，如果加入盐，则范德瓦耳斯相互作用变为主导，颗粒开始聚集。

4.4.5 聚合物接枝表面

通过表面电荷稳定胶体分散在高盐浓度或在有机溶剂中不起作用。另一种稳定胶体颗粒方式是用聚合物包裹颗粒。如果加入对溶剂有良好亲和力的聚合物，聚合物形成厚层 (图 4.13(b))，防止颗粒直接接触，阻碍聚集。附着的聚合物叫做接枝聚合物。

假设 Γ_p 是结合到单位表面面积上聚合物链的数目，相邻结合位点之间的平均距离为 $\ell = \Gamma_p^{-1/2}$。如果 ℓ 比聚合物线团的平均尺寸 R_g 小得多，聚合物在表面形成致密的均匀层。在该层内，聚合物链被拉伸到表面，这种层叫做高分子刷。

决定高分子刷厚度的物理和决定凝胶溶胀的物理是相同的，也就是说，混合能和聚合物链的弹性能发生竞争。如果高分子刷厚度为 h_p，高分子链在体积 $\ell^2 h_p$ 中占据体积 $N v_c$，其中 v_c 是一个链段的体积，N 是聚合物链中的链段数目，所以高分子刷中聚合物体积百分比 ϕ 为

$$\phi = \frac{N v_c}{\ell^2 h_p} = v_c \frac{\Gamma_p N}{h_p} \tag{4.59}$$

表面接枝聚合物单位面积的自由能为

$$u(h_p) = \Gamma_p \frac{3k_B T}{2Nb^2} h_p^2 + h_p f_{\text{mix}}(\phi) \tag{4.60}$$

第一项代表聚合物链的弹性能, 第二项是聚合物与溶剂的混合能。如果我们使用晶格模型, 则混合自由能密度为

$$f_{\mathrm{mix}}(\phi) = \frac{k_{\mathrm{B}}T}{v_{\mathrm{c}}} \left[(1-\phi)\ln(1-\phi) + \chi\phi(1-\phi) \right]$$
$$\approx \frac{k_{\mathrm{B}}T}{v_{\mathrm{c}}} \left[(\chi-1)\phi + \left(\frac{1}{2}-\chi\right)\phi^2 \right] \tag{4.61}$$

这里我们把 $f_{\mathrm{mix}}(\phi)$ 相对于 ϕ 进行了展开。

把方程 (4.60) 对 h_{p} 求极小值, 我们得到高分子刷的平衡厚度

$$h_{\mathrm{p}}^{\mathrm{eq}} = N\Gamma_{\mathrm{P}}^{1/3} \left[\frac{v_{\mathrm{c}}b^2}{3} \left(\frac{1}{2}-\chi \right) \right]^{1/3} \tag{4.62}$$

高分子刷的平衡厚度和 N 成正比。因此, 刷子中的聚合物链相对于自然状态尺寸 $\sqrt{N}b$ 被强烈拉伸。高分子刷的厚度随接枝密度 Γ_{p} 的增加而增加。

方程 (4.62) 代表了一层高分子刷的厚度。如果两个聚合物接枝表面间的距离小于 $2h_{\mathrm{p}}^{\mathrm{eq}}$, 高分子刷会被压缩, 界面间能量增加。由于高分子刷的厚度现在为 $h/2$, 因此表面间势能为

$$w(h) = 2\left[u\left(\frac{h}{2}\right) - u\left(h_{\mathrm{p}}^{\mathrm{eq}}\right) \right], \quad h < 2h_{\mathrm{p}} \tag{4.63}$$

右侧可以相对于 $h-2h_{\mathrm{p}}^{\mathrm{eq}}$ 进行展开, 结果可以重写为

$$w(h) = \frac{1}{2}k_{\mathrm{brush}}\left(h - 2h_{\mathrm{p}}^{\mathrm{eq}}\right)^2 \tag{4.64}$$

同时

$$k_{\mathrm{brush}} = \left. \frac{\partial^2 w(h)}{\partial h^2} \right|_{h=2h_{\mathrm{p}}^{\mathrm{eq}}} = \frac{9k_{\mathrm{B}}T}{Nb^2}\Gamma_{\mathrm{p}} \tag{4.65}$$

排斥力也随着接枝密度 Γ_{p} 的增大而增大。

4.4.6 非接枝聚合物效应

接枝聚合物为表面间势能提供排斥作用, 并稳定胶体分散。但如果聚合物没有接枝 (在表面上), 则情况完全不同。如果均聚物 (只由一种单体聚成的聚合物) 被添加到胶体分散体中, 无论聚合物是被表面吸引还是排斥, 它总是为表面间势能提供吸引力。原因将在下文给出。

1. 聚合物被表面吸引

如果聚合物与表面之间的相互作用是吸引的, 聚合物会吸附在表面上, 形成吸附层。和高分子刷不同, 吸附层在表面之间提供了吸引作用。原因是单个聚合物可

以同时吸附两个表面并在两个表面之间形成桥梁。当两个表面接近彼此时,会产生更多的桥梁,系统的自由能降低[①] (图 4.14(a))。因此,表面间势场变为吸引。

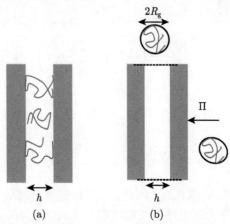

图 4.14 （a）如果聚合物被吸引到表面上,它在表面之间创建了桥梁,在表面间提供吸引力；(b)如果聚合物被表面排斥,它被排除在表面间隙区域之外,这种效果也为界面间作用力贡献了吸引力

2. 聚合物被表面排斥

在相反的情况下,聚合物被表面排斥,人们可能觉得聚合物会在界面间提供排斥作用。但事实上,这种聚合物依然贡献吸引力。这种令人惊讶的效果被称为 Askura-Oosawa 效应或耗散效应。

为了看到吸引力的源头,让我们假设聚合物分子占据半径为 R_g 的球形区域,并且分子中心不允许进入距离表面 R_g 的区域内 (图 4.14(b))。

现在假设表面之间的距离 $h < 2R_g$。在这种情况下,聚合物分子不能进入表面间间隙。这相当于表面间的间隙区域用半透膜密封上了,阻止了聚合物分子进入该区域。因为聚合物分子不能进入缝隙区域,间隙内部渗透压小于区域外部。在一个稀溶液中,溶液的渗透压为 $\Pi = n_p k_B T$,这里 n_p 是聚合物分子在外部溶液中的数密度。因此,表面被单位面积力 Π 向内推,换言之,在颗粒之间存在吸引力。因为吸引力是来自于聚合物分子在表面的耗散,故称为耗散力。

耗散力的表面间势场可以写为

$$w_{\text{depletion}}(h) = \begin{cases} 0, & h > 2R_g \\ n_p k_B T (h - 2R_g), & h < 2R_g \end{cases} \tag{4.66}$$

---

① 这里假设吸附层处于平衡态。在非平衡态中,吸附层可能贡献排斥作用,就像保险杠一样 (图 4.14(a))。

耗散力可以通过稍微不同的论证得到。因为聚合物与表面之间的排斥作用，在表面附近出现了聚合物的耗散区域。当 $h < R_g$ 时，耗散区域体积减小，导致的熵增量提供了耗散力。方程 (4.66) 可沿这个思路推导出 (见问题 4.6)。

4.4.7 分离压

表面间势场在薄膜中也很重要。如果图 4.11 中的材料 0 的厚度非常小，则表面自由能应该写为

$$G_A = A[\gamma_I + \gamma_{II} + w(h)] \tag{4.67}$$

其中，γ_I 和 γ_{II} 分别代表 I/0 和 II/0 界面的界面能。当 h 很大时，G_A 有一个多出来的表面间势场贡献 $w(h)$，它是可以忽略的，但是当 h 很小时，它就变得相当重要了。在极限 $h \to 0$ 下，G_A/A 趋向于 I 和 II 的界面能 $\gamma_{I,II}$。因此

$$w(0) = \gamma_{I,II} - \gamma_I - \gamma_{II} \tag{4.68}$$

这和铺展系数 γ_s 相等。

如图 4.11 所示，作用在表面间的范德瓦耳斯力取决于三种材料：材料 I、材料 II 和占据两者之间空间的材料 0。如果材料 I 和 II 一样，范德瓦耳斯力总是吸引力。另一方面，如果材料 I 和 II 是不同的，范德瓦耳斯力可以是排斥力。

作为一个好的近似，Hamaker 常数 A_H 和 $(\alpha_I - \alpha_0)(\alpha_{II} - \alpha_0)$ 是成正比的，其中 $\alpha_i (i = I, II, 0)$ 是材料 i 的极化率。如果 $\alpha_I = \alpha_{II}$，A_H 总是正的，范德瓦耳斯力为吸引力。另一方面，如果 $\alpha_I > \alpha_0 > \alpha_{II}$，则范德瓦耳斯力为排斥力。在固体基质上的薄液膜中，材料 I、0 和 II 分别对应于固体、液体膜和空气。在这种情况下，满足条件 $\alpha_I > \alpha_0 > \alpha_{II}$，范德瓦耳斯力变为排斥力，即它起到增加厚度的作用。作用在薄液膜上的排斥范德瓦耳斯力称为分离压力。

分离压力 P_d 可以由范德瓦耳斯势方程 (4.54) 推导出的力给出

$$P_d = -\frac{\partial w}{\partial h} = -\frac{A_H}{6\pi h^3} \tag{4.69}$$

其中 A_H 为负。

在薄液膜中，分离压力变得非常重要。根据 4.2.2 节的推理，如果铺展系数 γ_S 是正的，液体会一直在表面上扩散，最后薄膜厚度变为零。但实际上，液体的铺展 (即液膜减薄) 会因为分离压力的存在而在一定厚度时停止。

考虑体积为 V 的液体膜润湿基底表面面积 A 的区域，衬底的薄膜的厚度为 $h = V/A$。接着可以通过最小自由能来确定厚度

$$F = -\gamma_S A + w(h) A = V \left[-\frac{\gamma_S}{h} + \frac{w(h)}{h} \right] \tag{4.70}$$

这给出了关于平衡厚度 h_e 的方程

$$\gamma_S = w(h_e) - h_e w'(h_e) \tag{4.71}$$

h_e 通常不到几十纳米。如果膜厚比这个数值大得多，则分离压力可以忽略不计。

4.5 小　　结

液体的表面张力被定义为液体表面单位面积的自由能，也可以定义为作用于表面单位长度的力。液体的平衡形状，比如说液滴落在表面上的形状，是通过表面张力的总自由能最小化来获得的。

表面活性剂由疏水部分和亲水部分组成。当其加入到液体中时，它们在表面聚集并减少表面张力。但是，当液体表面活性剂浓度达到临界胶束浓度 c_{cmc} 时，表面张力停止降低；当浓度超过 c_{cmc} 时，添加的表面活性剂进入本体形成胶束，不影响表面性质。

如果两个表面相互靠近，则表面间的相互作用变得重要。由于相互作用引起的单位面积上的过剩能量称为表面间势能。表面间势能在胶体颗粒的分散中起着重要作用。胶体颗粒通常由于范德瓦耳斯力而相互吸引。为了稳定分散，必须要加入一个排斥力。这可以通过表面上附着电荷或聚合物来实现。另一方面，如果均聚物被添加到溶液中，它们会产生吸引力并引起颗粒的凝结。作用在衬底上的薄液膜的界面势是排斥力，称为分离压力。

延 展 阅 读

(1) An Introduction to Interfaces and Colloids: The Bridge to Nanoscience, John C. Berg, World Scientific (2009).

(2) Capillarity and Wetting Phenomena, Pierre-Gilles De Gennes, Francoise Brochard-Wyart, David Quere, Springer (2012).

(3) Intermolecular and Surface Forces, Jacob N. Israelachvili, 3rd edition, Academic Press (2010).

练 　 习

4.1　两个一侧接触的玻璃板，夹角为 $\theta(\theta \ll 1)$，将它们垂直插入水中 (图 4.15)。由于毛细作用，水在板隙中有所上升。证明润湿面的轮廓线可以写为 $y = C/x$，并用材料的参数和 θ 来表达 C。假设玻璃面是完全润湿的。

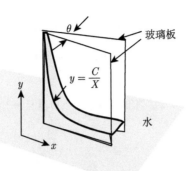

图 4.15　练习题 4.1

4.2　体积为 V 的液滴加在两片玻璃板之间，其间距为 h（图 4.16）。计算作用在板上的毛细作用力。假设润湿区域面积半径 r 远大于间距 h，同时水在玻璃板上的接触角为 θ。

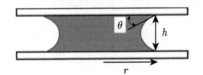

图 4.16　练习题 4.2

4.3　见图 4.17，一油滴 A 置于水面 B 上，计算大液滴的平衡厚度 $h = h_1 + h_2$。假设油和水的表面张力及油水界面的界面张力分别为 γ_A、γ_B 和 γ_{AB}，油和水的密度分别为 ρ_A 和 ρ_B。

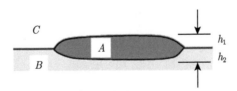

图 4.17　练习题 4.3

4.4　假设水的表面张力为 70mN/m，回答下列问题：

(a) 计算一个大气压力下悬浮在空气中的半径为 1μm 的水滴的内压。

(b) 证明不可压缩的纯流体，其一个流体分子化学势可以写成

$$\mu\left(T, P\right) = \mu_0\left(T\right) + vP \tag{4.72}$$

其中，v 是分子的比容，P 是压力。

(c) 本体水在温度 20℃下蒸气压为 0.02atm。计算一个半径为 1μm 的水滴蒸气压。水的摩尔体积为 18cm^3/mol。

4.5　由 m 个表面活性剂分子组成的棒状胶束的化学势写为

$$\mu_m = \mu_m^0 + k_\mathrm{B}T \ln n_m, \quad \mu_m^0 = a + mb \tag{4.73}$$

其中 a, b 是和 m 无关的常数。回答下列问题：

(a) 证明：含 m 个分子的胶束的平衡数密度可以写为

$$n_m = n_\mathrm{c} \left(\frac{n_1}{n_\mathrm{c}} \right)^m \tag{4.74}$$

并写出 n_c 的表达式。

(b) n_m 满足方程

$$\sum_{m=1}^{\infty} m n_m = n \tag{4.75}$$

其中 n 是溶液中表面活性剂数密度，写出 n_1 关于 n 的表达式。

(c) 写出表面张力关于表面活性剂数密度 n 的函数，并解释 n_c 的含义。

4.6　在 4.4.6 节中讨论的耗散力可以通过下面方法推导。考虑半径为 a 的刚性气体球形分子被限制在体积 V 区域内。如果如图 4.18 所示，引入两个间隙距离为 h，半径为 R 的刚性球系统，则每个分子都被排除在图 4.18 虚线区域外。设 $\Delta V(h)$ 为虚线区域的体积。回答以下问题。

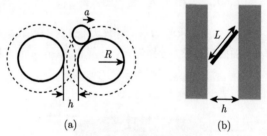

图 4.18　练习题 4.6

(a) 通过考虑颗粒的自由能，证明作用在球体上的平均力为

$$F = -nV k_\mathrm{B}T \frac{\partial \ln [V - \Delta V(h)]}{\partial h} = n k_\mathrm{B}T \frac{\partial \Delta V(h)}{\partial h} \tag{4.76}$$

其中 n 是分子的数密度。

(b) 计算 F 关于 h 的函数。

(c) 证明以上结果在极限 $R \gg h$ 时与方程 (4.66) 相符。

4.7*　计算由于棒状分子耗散效应所产生的表面间力 (图 4.18(b))。

第5章 液　　晶

液晶是一种介于液体和晶体的中间序的物质状态。虽然具有流体的特性，液晶在分子取向上具有序。由于这种序，液晶的分子取向很容易通过相当弱的外力来调控，比如电场。对于一般的液体，需要非常大的电场 (MV/mm 的数量级) 来使那些由热运动引起的剧烈运动的分子有序排列。一旦材料处于晶体状态，分子的取向可由数十伏特每毫米 (V/mm) 的场强来控制。这种类型的液晶被广泛地应用于显示设备。

液晶是一种表现出由相变引起的软物质集体属性的例子。组成液晶的分子并不大 (它们的尺寸约为 1nm)，但是处于液晶态的分子有序排列，并且集体运动。

本章中我们将讨论在材料中分子间的相互作用如何产生自发的有序取向。这个现象一般称为有序–无序相变。从一般液体到液晶的转变是有序–无序相变的一个很好的例子。

5.1　向列型液晶

5.1.1　双折射液体

自然界存在许多类型的液晶序，但是我们关注的是一种特殊的类型，即向列型液晶。向列型液晶是最简单的一类液晶，但却是应用最广泛的一类。

向列相由棒状的分子组成 (图 5.1)。在高温下，这些分子的取向是完全随机的，系统变成各向同性的液体 (图 5.1(a))。随着温度的降低，这些分子开始朝一个方向有序排列并形成向列相，如图 5.1(b) 所示。向列相液体是一种各向异性的液体，其光学、电学和磁学性质像晶体一样各向异性，但是系统仍然处于液态并且可以流动。

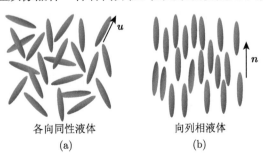

各向同性液体　　　　　　向列相液体
(a)　　　　　　　　　(b)

图 5.1　由椭球分子组成的液体的各向同性状态 (a) 和向列相状态 (b)

除了一些特例，向列型液晶是单轴对称的，即绕特定的轴体系具有旋转对称性。n 的定义在后面给出：n 定义为沿着由式 (5.6) 定义的张量序参数 Q 主轴的单位矢量。

向列型液晶最显著的特征是双折射现象，即在光的传播中呈现各向异性。考虑如图 5.2 所示的装置。一个向列型液晶样品夹在两块偏振片 (偏振片和检偏片) 之间，它们的极轴相互垂直放置，并且入射光垂直指向偏振片。如果样品是各向同性的液体，由于两块偏振片的极轴是相互垂直的，输出光的强度为零。然而，如果样品是向列型液晶，则一定量的入射光将会被传播。传播的光强是指向 n 和极轴之间的夹角 θ 的函数。当 θ 等于 0 或 $\pi/2$ 时，传播的光强为 0，当 $\theta = \pi/4$ 时达到最大值[①]。由于指向 n 可以通过电场来改变，光的传播可以很容易地被调控。这就是向列型液晶在显示设备上工作的原理。

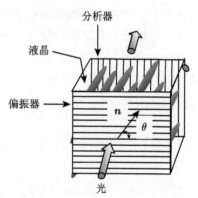

图 5.2   液晶器件的光学单元的原理：向列型液晶夹在两块垂直的偏振片之间。传播的光强依
赖于向列相指向 n 和偏振片极轴之间的夹角 θ

5.1.2   取向分布函数

为了区分向列相和各向同性相，让我们考虑分子取向的分布。令 u 为分子长轴方向的单位矢量 (图 5.1(a))。在各向同性相，u 均匀分布于单位球 $|u| = 1$。在向列相，u 的分布在单位球内变得不均匀。令 $\psi(u)$ 为单位球内 u 的分布函数，它的归一化为

$$\int du\psi(u) = 1 \tag{5.1}$$

其中 du 代表单位球 $|u| = 1$ 的面元，积分遍及整个球面。

在各向同性相，$\psi(u)$ 为常数，不依赖于 u，因此

$$\psi(u) = \frac{1}{4\pi} \tag{5.2}$$

---

① 传播的光强正比于 $\sin^2(2\theta)$。

相反, 在向列相, $\psi(\boldsymbol{u})$ 将沿着指向 $\boldsymbol{n}$ 的方向, 因此 $\psi(\boldsymbol{u})$ 变为各向异性。

5.1.3 向列型液晶的序参数

让我们考虑一个参数来描述处于向列相时 $\psi(\boldsymbol{u})$ 的各向异性。很明显一阶矩量 $\langle u_\alpha \rangle \, (\alpha = x, y, z)$ 是这个参数的很好的候选者, 其中 $\langle \cdots \rangle$ 表示分布函数 $\psi(\boldsymbol{u})$ 的平均, 即

$$\langle \cdots \rangle = \int \mathrm{d}\boldsymbol{u} \cdots \psi(\boldsymbol{u}) \tag{5.3}$$

然而, 对于图 5.1(a) 所示的对称的椭球分子, 由于由 $\boldsymbol{u}$ 和 $-\boldsymbol{u}$ 描述的状态是等价的, $\langle \boldsymbol{u}_\alpha \rangle$ 总是等于零, 因此 $\psi(\boldsymbol{u})$ 具有反对称性 $\psi(\boldsymbol{u}) = \psi(-\boldsymbol{u})$。

因此, 让我们考虑二阶矩量 $\langle u_\alpha u_\beta \rangle$。对于各向同性状态[1],

$$\langle u_\alpha u_\beta \rangle = \frac{1}{3} \delta_{\alpha\beta} \tag{5.4}$$

另一方面, 如果 $\boldsymbol{u}$ 是完全沿着 $\boldsymbol{n}$ 方向,

$$\langle u_\alpha u_\beta \rangle = n_\alpha n_\beta \tag{5.5}$$

我们就考虑参数

$$Q_{\alpha\beta} = \left\langle u_\alpha u_\beta - \frac{1}{3}\delta_{\alpha\beta} \right\rangle \tag{5.6}$$

$Q_{\alpha\beta}$ 表示在向列相中分子的取向序, 称为序参数。各向同性相的序参数为零, 向列相为非零。

如果分布函数 $\boldsymbol{u}$ 绕 $\boldsymbol{n}$ 轴具有单轴对称性, $Q_{\alpha\beta}$ 可以写为[2]

$$Q_{\alpha\beta} = S\left(n_\alpha n_\beta - \frac{1}{3}\delta_{\alpha\beta}\right) \tag{5.7}$$

其中, S 是一个描述分子与 $\boldsymbol{n}$ 对齐程度的参数。如果分子完全沿着 $\boldsymbol{n}$ 方向, 则 S 等于 1; 如果完全不对齐, 则 S 等于 0。因此, S 还表示向列相中的有序程度, 并称为标量序参数。为了和 S 避免混淆, $Q_{\alpha\beta}$ 通常称为张量序参数。

张量序参数包含两方面信息: 一方面是分子的有序排列程度, 这由标量序参数 S 来表示; 另一方面是分子的排列取向, 这由指向 $\boldsymbol{n}$ 来表示。利用式 (5.6) 有,

---

[1] 可见, 对于各向同性状态, $\langle u_x^2 \rangle = \langle u_y^2 \rangle = \langle u_z^2 \rangle$, 以及 $\langle u_x u_y \rangle = \langle u_y u_z \rangle = \langle u_z u_x \rangle = 0$, 因此 $\langle u_\alpha u_\beta \rangle$ 可写为 $\langle u_\alpha u_\beta \rangle = A\delta_{\alpha\beta}$。由于 $u_x^2 + u_y^2 + u_z^2 = 1$, A 等于 $1/3$。

[2] 绕着 $\boldsymbol{n}$ 方向具有单轴对称性的系统的二阶张量总可以写为 $An_\alpha n_\beta + B\delta_{\alpha\beta}$。由于 $Q_{\alpha\alpha} = 0$, 我们得到式 (5.7)。

$$\left\langle (\boldsymbol{u} \cdot \boldsymbol{n})^2 - \frac{1}{3} \right\rangle = n_\alpha n_\beta Q_{\alpha\beta} \tag{5.8}$$

利用式 (5.7)，上式右边等于 $(2/3)S$，因此 S 表示为

$$S = \frac{3}{2} \left\langle (\boldsymbol{u} \cdot \boldsymbol{n})^2 - \frac{1}{3} \right\rangle \tag{5.9}$$

5.2 各向同性–向列型相变的平均场理论

5.2.1 取向分布函数的自由能函数

现在让我们来研究从各向同性状态到向列型状态的相变。相变的理论通常包含一些平均场近似。对于棒状分子的各向同性–向列型相变这种情况，Onsager 指出在大长宽比的限制下，严格的理论可以被建立起来。这个漂亮的理论是为溶致液晶 (通过改变浓度在溶液中形成的液晶) 中的相变建立起来的。这将在本章末尾讨论。这里我们介绍由 Maier 和 Saupe 提出的经典理论，是一个适用于热致液晶 (通过改变温度而形成的液晶) 的平均场理论。

Maier-Saupe 理论的基本假设是形成向列型的分子具有一个相互作用势，这个相互作用势迫使这些分子朝同一个方向排列。令 $w(\boldsymbol{u}, \boldsymbol{u}')$ 为指向分别为 $\boldsymbol{u}$ 和 $\boldsymbol{u}'$ 的两个相邻分子之间的相互作用势[①]。相互作用势 $w(\boldsymbol{u}, \boldsymbol{u}')$ 具有如下性质：它随着 $\boldsymbol{u}$ 和 $\boldsymbol{u}'$ 之间的夹角 Θ 的减小而降低，当两个分子沿同一方向排列时降到最小。对于非极性分子 (如椭球或棒状分子)，相互作用势在变换 $\boldsymbol{u} \to -\boldsymbol{u}$ 下不应改变。这样的一个相互作用势的简单形式为

$$w(\boldsymbol{u}, \boldsymbol{u}') = -\tilde{U}(\boldsymbol{u} \cdot \boldsymbol{u}')^2 \tag{5.10}$$

其中 $\tilde{U}$ 是一个正常数。

如果系统由 N 个这样的分子组成，并且它们的取向分布由 $\psi(\boldsymbol{u})$ 给出，则系统的平均能量为

$$E[\psi] = \frac{zN}{2} \int \mathrm{d}\boldsymbol{u} \int \mathrm{d}\boldsymbol{u}' w(\boldsymbol{u}, \boldsymbol{u}') \psi(\boldsymbol{u}) \psi(\boldsymbol{u}') \tag{5.11}$$

其中，z 为近邻分子的平均数 (即 2.3.2 节引进的配位数)。

---

① 相互作用势一般不仅仅依赖于取向矢量 $\boldsymbol{u}$ 和 $\boldsymbol{u}'$，同样取决于连接两个分子中心的矢量 $\boldsymbol{r}$。这里 $w(\boldsymbol{u}, \boldsymbol{u}')$ 表示有效势，其中已经取了 $\boldsymbol{r}$ 的平均。

　　相互作用势趋向于使分子沿着相同的方向排列, 但是热运动则相反, 趋向于随机化分子取向。对于一个给定的取向分布 $\psi(\boldsymbol{u})$, 取向熵为[①]

$$S\left[\psi\right] = -Nk_{\mathrm{B}} \int \mathrm{d}\boldsymbol{u}\,\psi(\boldsymbol{u}) \ln \psi(\boldsymbol{u}) \tag{5.13}$$

因此系统的自由能为

$$\begin{aligned} F\left[\psi\right] &= E\left[\psi\right] - TS\left[\psi\right] \\ &= N\left[k_{\mathrm{B}}T \int \mathrm{d}\boldsymbol{u}\,\psi(\boldsymbol{u}) \ln \psi(\boldsymbol{u}) - \frac{U}{2} \int \mathrm{d}\boldsymbol{u} \int \mathrm{d}\boldsymbol{u}'(\boldsymbol{u} \cdot \boldsymbol{u}')^2 \psi(\boldsymbol{u}) \psi(\boldsymbol{u}')\right] \end{aligned} \tag{5.14}$$

其中 $U = z\tilde{U}$。

　　平衡态的取向分布取决于方程 (5.14) 对 $\psi(\boldsymbol{u})$ 取最小值时的条件, 即

$$\frac{\delta}{\delta\psi}\left[F\left[\psi\right] - \lambda \int \mathrm{d}\boldsymbol{u}\,\psi(\boldsymbol{u})\right] = 0 \tag{5.15}$$

其中 $\delta\cdots/\delta\psi$ 表示对 ψ 的泛函微分[②]。式 (5.15) 左边的第二项被引入来解释 ψ (式 (5.1)) 的归一化条件。

　　对于由式 (5.14) 给出的 $F\left[\psi\right]$, 根据式 (5.15) 得

$$k_{\mathrm{B}}T\left[\ln \psi(\boldsymbol{u}) + 1\right] - U \int \mathrm{d}\boldsymbol{u}'(\boldsymbol{u} \cdot \boldsymbol{u}')^2 \psi(\boldsymbol{u}') - \lambda = 0 \tag{5.16}$$

由此得出

$$\psi(\boldsymbol{u}) = C \exp\left[-\beta w_{\mathrm{mf}}(\boldsymbol{u})\right] \tag{5.17}$$

其中 $\beta = 1/k_{\mathrm{B}}T$, C 是归一化常数, $w_{\mathrm{mf}}(\boldsymbol{u})$ 由下式给出

$$w_{\mathrm{mf}}(\boldsymbol{u}) = -U \int \mathrm{d}\boldsymbol{u}'(\boldsymbol{u} \cdot \boldsymbol{u}')^2 \psi(\boldsymbol{u}') \tag{5.18}$$

方程 (5.17) 表明在平衡态时, $\boldsymbol{u}$ 的分布由处于平均场势 $w_{\mathrm{mf}}(\boldsymbol{u})$ 的玻尔兹曼分布给出。式 (5.17) 和式 (5.18) 构成了 $\psi(\boldsymbol{u})$ 的积分方程。我们将在下一节看到, 这个积分方程可被严格地求解出来。

---

　　① 这个式子的推导如下。让我们想象单位球 $|\boldsymbol{u}| = 1$ 的表面被分成 M 个面积为 $\mathrm{d}\boldsymbol{u} = 4\pi/M$ 的小单元, 每一个的指向为 $\boldsymbol{u}_i$ $(i = 1, 2, \cdots, M)$。如果它们的取向分布函数为 $\psi(\boldsymbol{u})$, 在区域 i 的分子数为 $N_i = N\psi(\boldsymbol{u}_i)\mathrm{d}\boldsymbol{u}$ (N 为系统的总分子数)。将分子放在这样一个状态的方式有 $W = N!/(N_1! N_2! \cdots ! N_M!)$ 种, 因此熵为

$$S = k_{\mathrm{B}} \ln W = k_{\mathrm{B}}\left[N(\ln N - 1) - \sum_i N_i(\ln N_i - 1)\right] = -Nk_{\mathrm{B}} \sum_i (N_i/N) \ln(N_i/N) \tag{5.12}$$

其中用到了 $N = \sum_i N_i$。由方程 (5.12) 给出了方程 (5.13)。

　　② 泛函微分的定义由附录 C 给出。

5.2.2　自洽方程

方程 (5.18) 的平均场势可写为

$$w_{\mathrm{mf}}(\boldsymbol{u}) = -U u_\alpha u_\beta \left\langle u'_\alpha u'_\beta \right\rangle = -U u_\alpha u_\beta \left\langle u_\alpha u_\beta \right\rangle \tag{5.19}$$

其中我们使用了 $\boldsymbol{u}'$ 和 $\boldsymbol{u}$ 具有相同分布的事实。式 (5.19) 中的平均可以用标量序参数 S 来描述。设 z 轴沿着 $\boldsymbol{n}$ 方向，则式 (5.9) 可写为

$$S = \frac{3}{2} \left\langle u_z^2 - \frac{1}{3} \right\rangle \tag{5.20}$$

由于 $\boldsymbol{u}$ 的分布绕 z 轴具有单轴对称性，$\langle u_\alpha u_\beta \rangle$ 对 $\alpha \neq \beta$ 为零，其他分量可由式 (5.20) 计算为

$$\left\langle u_z^2 \right\rangle = \frac{1}{3} \left(2S + 1 \right) \tag{5.21}$$

$$\left\langle u_x^2 \right\rangle = \left\langle u_y^2 \right\rangle = \frac{1}{2} \left(1 - \left\langle u_z^2 \right\rangle \right) = \frac{1}{3} \left(-S + 1 \right) \tag{5.22}$$

因此平均势 (5.19) 计算为

$$
\begin{aligned}
w_{\mathrm{mf}}(\boldsymbol{u}) &= -U \left[u_x^2 \left\langle u_x^2 \right\rangle + u_y^2 \left\langle u_y^2 \right\rangle + u_z^2 \left\langle u_z^2 \right\rangle \right] \\
&= -U \left[\frac{1}{3} \left(-S + 1 \right) \left(u_x^2 + u_y^2 \right) + \frac{1}{3} \left(2S + 1 \right) u_z^2 \right] \\
&= -U \left[\frac{1}{3} \left(-S + 1 \right) \left(1 - u_z^2 \right) + \frac{1}{3} \left(2S + 1 \right) u_z^2 \right] = -U S u_z^2 + \mathrm{const}
\end{aligned} \tag{5.23}
$$

因此，平衡分布函数为

$$\psi(\boldsymbol{u}) = C e^{\beta U S u_z^2} \tag{5.24}$$

结合式 (5.20) 和式 (5.24) 得出 S 的自洽方程为

$$S = \frac{\displaystyle\int \mathrm{d}\boldsymbol{u} \, \frac{3}{2} \left(u_z^2 - \frac{1}{3} \right) e^{\beta U S u_z^2}}{\displaystyle\int \mathrm{d}\boldsymbol{u} \, e^{\beta U S u_z^2}} \tag{5.25}$$

我们引进参数 $x = \beta U S$，则式 (5.25) 可写为

$$\frac{k_{\mathrm{B}} T}{U} x = I(x) \tag{5.26}$$

其中

$$I(x) = \frac{\displaystyle\int_0^1 \mathrm{d}t \, \frac{3}{2} \left(t^2 - \frac{1}{3} \right) e^{x t^2}}{\displaystyle\int_0^1 \mathrm{d}t \, e^{x t^2}} \tag{5.27}$$

式 (5.26) 可由图像法解得, 即直线 $y = (k_B T/U)\,x$ 与曲线 $y = I(x)$ 的交点给出了式 (5.26) 的解。这由图 5.3(a) 给出。在高温时, 仅有一个解在 $x = 0$ 处, 对应着各向同性相 ($S = 0$)。随着温度的降低, 两个非零解出现在低于图 5.3(a) 定义的温度 T_{c1}。

随着温度的进一步降低, 一个解增大, 而另一个解降低, 在温度 T_{c2} 时与零点相交。图 5.3(b) 总结了解 S 随着温度 T 变化的行为图像。

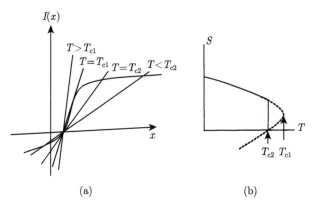

图 5.3 (a) 式 (5.26) 的图像解。T_{c1} 为直线 $y = (k_B T/U)\,x$ 与曲线 $y = I(x)$ 在某个正值 x 处相交时对应的温度。T_{c2} 为直线 $y = (k_B T/U)\,x$ 在 $x = 0$ 处与曲线 $y = I(x)$ 相交时对应的温度。(b) 标量序参数 S 随温度的变化图像。实线代表温度连续降低时系统遵循的轨迹

以上分析表明向列相可以随着温度的降低而出现, 但并不显示实际相变发生点。这将在下节讨论。

5.2.3 序参数的自由能函数

为了确定相变温度, 对于给定一个数值的序参数 S, 我们考虑系统的自由能 $F(S; T)$。$F(S; T)$ 表示系统的自由能, 其序参数假设被限制为 S。如果系统由 N 个分子组成, 每个分子的指向为 $\boldsymbol{u}_i\,(i = 1, 2, \cdots, N)$, $F(S; T)$ 被定义为在限制条件下

$$\frac{1}{N} \sum_i \frac{3}{2} \left(u_{iz}^2 - \frac{1}{3} \right) = S \tag{5.28}$$

系统的自由能。一般地, 在特定限制条件下的自由能称为受限自由能。$F(S; T)$ 为受限自由能的一个例子。对受限自由能的一般讨论由附录 B 给出。

如果自由能 $F(S; T)$ 已知, S 的平衡态数值由在平衡态时 $F(S; T)$ 达到最小值的条件决定, 即

$$\frac{\partial F}{\partial S} = 0 \tag{5.29}$$

在平均场近似中，$F(S;T)$ 可通过自由能泛函 (5.14) 式对 ψ 的最小化计算出，受以下限制

$$\int \mathrm{d}\boldsymbol{u}\,\psi(\boldsymbol{u})\frac{3}{2}\left(u_z^2 - \frac{1}{3}\right) = S \tag{5.30}$$

用这种方法，式 (5.25) 也是由 (5.29) 推导的 (见问题 (5.3))。

同样地，如果式 (5.29) 的解的温度依赖性已知，则 $F(S;T)$ 的定量形式可以推导出，从图 5.4 可看出，式 (5.59) 的解对应着函数 $F(S;T)$ 的极值。例如，由于对 $T > T_{c1}$ 在 $S = 0$ 仅有一个解，这时 $F(S;T)$ 应只有一个最小值在 $S = 0$，这对应着图 5.4 中的曲线 (i)。温度低于 T_{c1} 时，方程 $\partial F/\partial S = 0$ 有三个解，这对应着两个局部最小值和一个局部最大值。其中 $S = 0$ 的解对应着各向同性状态，其余的解对应着向列相状态。因此，温度低于 T_{c1} 时，$F(S;T)$ 的图像如图 5.4 中的曲线 (iii) 所示。在温度 T_{c2} 时，$S = 0$ 处的局部最小值变为局部最大值，即各向同性状态变成不稳定态，因此，$F(S;T)$ 的图像如图 5.4 中的曲线 (vii) 所示。在介于 T_{c1} 和 T_{c2} 之间的某个特定温度 T_e 时，各向同性状态和向列相状态的自由能相等，温度 T_e 对应着平衡态转变温度。

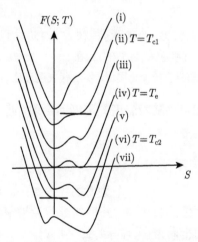

图 5.4　图 5.3(b) 中所示曲线 $S(T)$ 的自由能曲线 $F(S;T)$ 的温度依赖性

5.3　Landau-de Gennes 理论

5.3.1　临近相变点的自由能表达式

涉及分子 (或原子) 取向改变的相变一般称为有序–无序相变。有序–无序相变由序参数描述，序参数等于零时为无序状态，序参数不等于零时为有序状态。各向同性–向列型相变是有序–无序相变的一个例子。磁相变是有序–无序相变的另一个

例子。在特定温度 T_c 下，铁磁体的磁性状态从有序变成无序。低于温度 T_c 时，原子的磁矩是有序的，并具有自发磁矩 M；高于温度 T_c 时，原子的磁矩变得无序，自发磁矩 M 消失。因此，在磁相变中磁矩 M 可看作序参数。

尽管向列型相变和磁相变看起来相似，但存在着本质的区别。区别是存在于临近相变点处序参数的行为不一样。在磁相变的情形下，磁矩 M 随着温度的改变连续变化，如图 5.5(a) 所示。温度高于 T_c 时磁矩为零，温度低于 T_c 时磁矩为非零，但是其在 T_c 处连续变化。相反，对于向列型相变的情形，序参数 S 在 T_c 处的变化不连续。

在相变点处序参数不连续变化的有序–无序相变称为不连续相变或一阶相变；相反，在相变点处序参数连续变化的有序–无序相变称为连续相变或二阶相变。

朗道指出，这些相变之间的区别都有它们取向特征的根源。为了看出这一点，考虑一个由单个序参数 x 描述的有序–无序相变的简单例子。假设温度高于 T_c 时系统处于无序相，因此温度大于 T_c 时 x 的平衡值为零，温度低于 T_c 时 x 的平衡值为非零。另外，$F(x;T)$ 为给定序参数 x 在温度 T 时的自由能 (更确切地说为受限自由能)。对于小量 x，$F(x;T)$ 可展开为 x 的级数形式：

$$F(x;T) = a_0(T) + a_1(T)x + a_2(T)x^2 + a_3(T)x^3 + a_4(T)x^4 + \cdots \tag{5.31}$$

现在由于在温度 T_c 时无序状态变得不稳定，$x=0$ 的状态 $F(x;T)$ 的局部最小值变成局部最大值。为了让这种情况发生，$a_1(T)$ 必须等于零，以及 $a_2(T)$ 必须具有 $a_{2T}(T) = A(T-T_c)$ 的形式，其中 A 为正常数。

由于关键点为在温度 T_c 时 $a_2(T)$ 的符号变化，我们可以假设 a_3 和 a_4 为不依赖于温度的常数。因此

$$F(x;T) = A(T-T_c)x^2 + a_3x^3 + a_4x^4 + \cdots \tag{5.32}$$

其中常数项 a_0 由于不影响相变的行为被忽略了。

在磁相变的情形中，由于 $-M$ 的状态是将系统旋转 $180°$ 得到的，它必须与 M 态具有相同的自由能 (在没有磁场的条件下)，所以自由能为 M 的偶函数，因此系数 a_3 必须为零。在这种情况下，自由能的温度依赖性如图 5.5(b) 所示。当温度高于 T_c 时，$F(M;T)$ 在 $M=0$ 处有最小值，当温度低于 T_c 时，自由能的最小值在 $M = \pm\sqrt{A(T_c-T)/2a_4}$ 处取得。序参数在 T_c 处连续变化，因此相变也是连续的。

另一方面，对于向列型相变的情形，$-S$ 态不同于 S 态。对于 $S>0$ 的状态，分子排列沿着 z 方向，然而对于 $S<0$ 的状态，分子排列垂直于 z 轴，因此 a_3 不等于零。在这种情况下，自由能函数 $F(S;T)$ 的变化如图 5.4 所示，相变变得不连续。

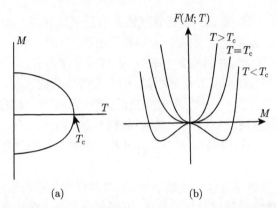

图 5.5   (a) 铁磁体的磁矩 M 的温度依赖性；(b) (a) 中所示曲线的自由能曲线 $F(M;T)$ 的温度依赖性

如果我们回到序参数的定义，以上的讨论可以变得更清晰。向列相的序参数是张量 Q，然而自由能是一个标量。如果自由能表达为张量 Q 的级数形式，则系数必须满足一定的限制。例如，我们可以很快看出在 $F(Q;T)$ 中没有线性项是由于从对称张量 Q 形成的唯一标量为 $\mathrm{Tr}Q$，但是根据式 (5.6) 的定义 $\mathrm{Tr}Q$ 为零。根据相同的原因，我们得出 $F(Q;T)$ 必须具有如下的形式

$$F(Q;T) = a_2(T)\,\mathrm{Tr}\left(Q^2\right) + a_3\mathrm{Tr}\left(Q^3\right) + a_4\mathrm{Tr}\left(Q^4\right) + \cdots \tag{5.33}$$

在这种情况下，在 Q 中存在三阶项。如果 Q 用式 (5.7) 来表示，式 (5.33) 可化为

$$F(Q;T) = \frac{2}{3}a_2(T)S^2 + \frac{2}{9}a_3S^3 + \frac{2}{9}a_4S^4 + \cdots \tag{5.34}$$

自由能依赖于 S，但是不依赖于 n，这是因为自由能应该依赖于分子沿着 n 方向的排列程度，但是不依赖于 n 的指向。

由式 (5.34)，$F(Q;T)$ 可表达为

$$F(Q;T) = \frac{1}{2}A(T-T_\mathrm{c})S^2 - \frac{1}{3}BS^3 + \frac{1}{4}CS^4 \tag{5.35}$$

其中 A,B,C 为不依赖于温度的正数[1]。对于向列型形成的材料，式 (5.33) 或式 (5.35) 的自由能称为 Landau-de Gennes 自由能，它代表了各向同性–向列型相变的本质特征，并且常被用来作为相变的模型自由能。

系数 A,B,C 可通过平均场理论计算出来，且结果为 (见附录 B)

$$A \approx Nk_\mathrm{B}, \quad B \approx Nk_\mathrm{B}T_\mathrm{c}, \quad C \approx Nk_\mathrm{B}T_\mathrm{c} \tag{5.36}$$

[1] 这里的温度 T_c 对应上一节的温度 $T_{\mathrm{c}2}$。

5.3.2 磁场调控的向列型分子排列

利用 Landau-de Gennes 自由能能够方便地看出系统在相变温度附近的特征行为。例如，考虑磁场对分子取向的影响。

当一个磁场 $\boldsymbol{H}$ 作用于向列型液晶分子上时，分子中会产生一个诱导磁矩 $\boldsymbol{m}$，它依赖于分子长轴 $\boldsymbol{u}$ 和磁场 $\boldsymbol{H}$ 之间的夹角 (图 5.6)。当磁场 $\boldsymbol{H}$ 方向平行 (或垂直) 作用于分子长轴 $\boldsymbol{u}$ 时，令 $\alpha_{||}$ (和 $\alpha_{\perp}$) 为分子的磁导率。如果一个磁场 $\boldsymbol{H}$ 作用于一个指向为 $\boldsymbol{u}$ 的分子上，这个分子将会有一个磁矩 $\boldsymbol{m}_{||} = \alpha_{||} \left(\boldsymbol{H} \cdot \boldsymbol{u}\right)\boldsymbol{u}$ 沿着 $\boldsymbol{u}$ 方向，另一个磁矩 $\boldsymbol{m}_{\perp} = \alpha_{\perp}\left[\boldsymbol{H} - \left(\boldsymbol{H} \cdot \boldsymbol{u}\right)\boldsymbol{u}\right]$ 垂直于 $\boldsymbol{u}$ 方向 (图 5.6)。因此这个分子受到一个势能

$$
\begin{aligned}
w_{\mathrm{H}}\left(\boldsymbol{u}\right) &= -\frac{1}{2}\alpha_{||}\left(\boldsymbol{H} \cdot \boldsymbol{u}\right)^2 - \frac{1}{2}\alpha_{\perp}\left[\boldsymbol{H} - \left(\boldsymbol{H} \cdot \boldsymbol{u}\right)\boldsymbol{u}\right]^2 \\
&= -\frac{1}{2}\alpha_{||}\left(\boldsymbol{H} \cdot \boldsymbol{u}\right)^2 + \frac{1}{2}\alpha_{\perp}\left(\boldsymbol{H} \cdot \boldsymbol{u}\right)^2 + \text{独立于 } \boldsymbol{u} \text{ 的项} \\
&= -\frac{1}{2}\alpha_{\mathrm{d}}\left(\boldsymbol{H} \cdot \boldsymbol{u}\right)^2 + \text{独立于 } \boldsymbol{u} \text{ 的项}
\end{aligned}
\tag{5.37}
$$

其中 $\alpha_{\mathrm{d}} = \alpha_{||} - \alpha_{\perp}$。如果 $\alpha_{\mathrm{d}} > 0$，磁场趋向于使分子沿着 $\boldsymbol{H}$ 方向排列；如果 $\alpha_{\mathrm{d}} < 0$，磁场趋向于将分子旋转到垂直于 $\boldsymbol{H}$ 的方向。接下来我们假设 $\alpha_{\mathrm{d}} > 0$。

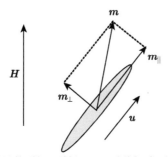

图 5.6 椭球分子中磁场 $\boldsymbol{H}$ 诱导的磁矩。磁场 $\boldsymbol{H}$ 可以分解为平行和垂直于分子轴 $\boldsymbol{u}$ 的两个分量: $\boldsymbol{H}_{||} = \left(\boldsymbol{H} \cdot \boldsymbol{u}\right)\boldsymbol{u}$ 和 $\boldsymbol{H}_{\perp} = \boldsymbol{H} - \boldsymbol{H}_{||}$。每个分量在分子中产生的诱导磁矩为 $\boldsymbol{m}_{||} = \alpha_{||}\boldsymbol{H}_{||}$ 和 $\boldsymbol{m}_{\perp} = \alpha_{\perp}\boldsymbol{H}_{\perp}$，分子中总的诱导磁矩为两个分诱导磁矩之和: $\boldsymbol{m} = \boldsymbol{m}_{||} + \boldsymbol{m}_{\perp}$

如果系统由 N 个分子组成，由磁场引起的总势能为

$$
F_{\mathrm{H}} = -\frac{N}{2}\alpha_{\mathrm{d}}\left\langle\left(\boldsymbol{H} \cdot \boldsymbol{u}\right)^2\right\rangle
\tag{5.38}
$$

利用 $\boldsymbol{Q}$ 的定义式 (式 (5.6))，总势能可写为

$$
F_{\mathrm{H}} = -\frac{N}{2}\alpha_{\mathrm{d}}\boldsymbol{H} \cdot \boldsymbol{Q} \cdot \boldsymbol{H} = -\frac{N}{2}\alpha_{\mathrm{d}}S\left(\boldsymbol{H} \cdot \boldsymbol{n}\right)^2
\tag{5.39}
$$

其中我们利用了式 (5.7) 并忽略了不依赖于 $\boldsymbol{Q}$ 的项。因此，系统总自由能为

$$
F\left(\boldsymbol{Q}; T\right) = \frac{1}{2}A\left(T - T_{\mathrm{c}}\right)S^2 - \frac{1}{3}BS^3 + \frac{1}{4}CS^4 - \frac{SN}{2}\alpha_{\mathrm{d}}\left(\boldsymbol{H} \cdot \boldsymbol{n}\right)^2
\tag{5.40}
$$

在磁场中序参数 $\boldsymbol{Q}$ 通过最小化式 (5.40) 由 S 和 $\boldsymbol{n}$ 给出。在无序相和有序相中 $\boldsymbol{Q}$ 对磁场的响应是不一样的。

1. 无序相中的响应

在无序相中，当没有磁场时，序参数 S 为零；当施加磁场时，S 不为零，但是很小。因此我们可以将式 (5.40) 近似为

$$F\left(\boldsymbol{Q};T\right) = \frac{1}{2}A\left(T - T_{\mathrm{c}}\right)S^2 - \frac{SN}{2}\alpha_{\mathrm{d}}\boldsymbol{H}^2 \tag{5.41}$$

其中我们已经假设 $\boldsymbol{n}$ 平行于 $\boldsymbol{H}$。将上式对 S 进行最小化得到

$$S = \frac{N\alpha_{\mathrm{d}}\boldsymbol{H}^2}{2A\left(T - T_{\mathrm{c}}\right)} \tag{5.42}$$

式 (5.42) 表明，当温度趋近 T_{c} 时，序参数 S 增大，并在 $T = T_{\mathrm{c}}$ 处发散。

在 T_{c} 处 S 的发散行为是由于在无序相中一些局部有序区域的出现。在无序相中没有宏观的取向，但是当 T 趋近 T_{c} 时相邻分子沿着同一方向排列的趋势增加。因此，当温度在 T_{c} 附近时，系统出现分子沿同一方向排列的区域，这种分子有序排列的区域面积随着 T 趋近 T_{c} 而增大，因此 S 在 T_{c} 处发散。

在有序–无序相变中，这种无序相中在 T_{c} 处发散的对外场响应现象似乎十分普遍，因此被称为临界现象[1]。在连续相变中，这种发散现象总是可以见到，因为只要 T 大于 T_{c}，系统总保持无序相。在不连续相变中，这种发散现象可能见不到，因为从无序到有序的相变可以发生在因子 $1/(T - T_{\mathrm{c}})$ 起主要作用之前。在各向同性–向列型相变中，温度 $T_{\mathrm{c}1}$、T_{e} 和 $T_{\mathrm{c}2}$ 彼此相互接近，因此已经观察到发散现象了。

2. 有序相中的响应

在有序相中，当没有磁场时，S 是一个非零值 S_{eq}；如果加上磁场，S 会稍微偏离 S_{eq} 一点，但是差值 $S - S_{\mathrm{eq}}$ 非常小 (是 $\alpha_{\mathrm{d}}H^2/k_{\mathrm{B}}T_{\mathrm{c}}$ 的数量级)。因此，磁场对标量序参数 S 只有一点影响。然而，磁场对张量序参数 $\boldsymbol{Q}$ 却有重要的影响，是由于指向 $\boldsymbol{n}$ 受到磁场的强烈影响。

在无序相中，分子的旋转在本质上是相互独立的。因此，若想要让分子排列有序，需要施加一个非常大的磁场，满足 $\alpha_{\mathrm{d}}H^2 > k_{\mathrm{B}}T$；相反，在有序相中，$N$ 个分子作为一个整体一起运动。因此，如果施加一个磁场满足 $S_{\mathrm{eq}}N\alpha_{\mathrm{d}}H^2 > k_{\mathrm{B}}T$，就可以旋转系统中所有的分子。由于 N 是一个宏观数 ($N \approx 10^{20}$)，所以需要的磁场非常小。这是 1.5 节讨论的原理的又一个例子，即分子集体对外场产生一个非常强的响应。

---

[1] 临界现象在气–液相变和溶液相分离的临界点附近同样可以见到。

5.4 向列序的空间梯度效应

5.4.1 非均匀序状态的自由能泛函

到目前为止, 我们已经假设了序参数不依赖于位置, 即系统是空间均匀的。现在让我们考虑序参数 $\boldsymbol{Q}$ 随位置变化的情况。这种情况在实际中十分重要, 是由于被约束在一个单元中的向列型液晶的序参数受到由单元边界所施加的约束的强烈影响。

为了讨论一个非均匀有序状态的平衡, 我们考虑系统的自由能泛函 $F_{\text{tot}}[\boldsymbol{Q}(\boldsymbol{r})]$, 其在位置 $\boldsymbol{r}$ 处的序参数为 $\boldsymbol{Q}(\boldsymbol{r})$。

如果没有外场和边界, 平衡态应该是一个均匀态, 序参数 $\boldsymbol{Q}(\boldsymbol{r})$ 不依赖于位置 $\boldsymbol{r}$。如果序参数随位置而改变, 系统的自由能必须大于均匀态的自由能。因此 $F_{\text{tot}}[\boldsymbol{Q}(\boldsymbol{r})]$ 应该写成如下形式

$$F_{\text{tot}} = \int \mathrm{d}\boldsymbol{r} \left[f(\boldsymbol{Q}(\boldsymbol{r})) + f_{\text{el}}(\boldsymbol{Q}, \nabla\boldsymbol{Q}) \right] \tag{5.43}$$

其中, 第一项 $f(\boldsymbol{Q})$ 为均匀系统的自由能密度, 与式 (5.40) 给出的在本质上是一样的 (小写字母 f 是用来强调这是单位体积的自由能), 第二项 $f_{\text{el}}(\boldsymbol{Q}, \nabla\boldsymbol{Q})$ 为由于 $\boldsymbol{Q}$ 的空间梯度而多出的自由能。如果 $\nabla\boldsymbol{Q}$ 很小, f_{el} 可以展开为 $\nabla\boldsymbol{Q}$ 的级数形式。由于在均匀态下自由能是一个最小值 ($\nabla\boldsymbol{Q} = 0$ 的状态), 最低阶项必须写为

$$f_{\text{el}}(\boldsymbol{Q}, \nabla\boldsymbol{Q}) = \frac{1}{2} K_{\alpha\beta\gamma,\alpha'\beta'\gamma'} \nabla_\alpha Q_{\beta\gamma} \nabla_{\alpha'} Q_{\beta'\gamma'} \tag{5.44}$$

由于这是对 $\nabla\boldsymbol{Q}$ 的展开, 系数 $K_{\alpha\beta\gamma,\alpha'\beta'\gamma'}$ 不依赖于 $\nabla\boldsymbol{Q}$, 但是依赖于 $\boldsymbol{Q}$。这代表了一个正定对称张量的部分。我们现在将讨论各向同性和向列相状态下 $f_{\text{el}}(\boldsymbol{Q}, \nabla\boldsymbol{Q})$ 的确切表达式。

5.4.2 无序相中的梯度项效应

在各向同性的状态下, 我们可以假设 $K_{\alpha\beta\gamma,\alpha'\beta'\gamma'}$ 不依赖于 $\boldsymbol{Q}$, 由于在各向同性的状态下 $\boldsymbol{Q}$ 很小, 因此 f_{el} 是一个由 $\nabla\boldsymbol{Q}$ 构成的二次方形式的标量。利用 $Q_{\alpha\beta} = Q_{\beta\alpha}$ 和 $Q_{\alpha\alpha} = 0$ 的性质, 我们可以将 f_{el} 写成如下形式[①]:

$$f_{\text{el}} = \frac{1}{2} K_1 \nabla_\alpha Q_{\beta\gamma} \nabla_\alpha Q_{\beta\gamma} + \frac{1}{2} K_2 \nabla_\alpha Q_{\alpha\gamma} \nabla_\beta Q_{\beta\gamma} \tag{5.45}$$

其中 K_1 和 K_2 是正常数。因此各向同性状态下的自由能函数为

$$F_{\text{tot}} = \int \mathrm{d}\boldsymbol{r} \left[\frac{1}{2} A(T - T_{\text{c}}) S^2 + \frac{1}{2} K_1 \nabla_\alpha Q_{\beta\gamma} \nabla_\alpha Q_{\beta\gamma} + \frac{1}{2} K_2 \nabla_\alpha Q_{\alpha\gamma} \nabla_\beta Q_{\beta\gamma} \right] \tag{5.46}$$

---

① 式 (5.45) 中不包含标量 $\nabla_\alpha Q_{\beta\gamma} \nabla_\beta Q_{\gamma\alpha}$, 因为通过分部积分已将它转化为式 (5.45) 右边第二项。

其中我们忽略了 Q 的高阶项。

作为式 (5.46) 的一个应用，我们考虑由一块固态基底平面诱导的局部排列。靠近平面的分子受到平面的势场，以至于即使是处于各向同性状态，它们的取向分布也不是各向同性的。考虑如图 5.7(a) 所示的情形，分子趋向于垂直于壁的方向排列。如果我们采用图 5.7(a) 中所示的 x, y, z 坐标，序参数 $Q_{\alpha\beta}(x)$ 可以写成如下形式：

$$Q_{xx} = \frac{2}{3}S, \ Q_{yy} = Q_{zz} = -\frac{1}{3}S, \ Q_{xy} = Q_{yz} = Q_{zx} = 0 \tag{5.47}$$

将它们代入式 (5.46) 中，我们得到

$$\begin{aligned} F_{\text{tot}} &= \int \mathrm{d}\boldsymbol{x} \left[\frac{1}{2} A(T - T_{\text{c}}) S^2 + \frac{1}{3} K_1 \left(\frac{\mathrm{d}S}{\mathrm{d}x} \right)^2 + \frac{2}{9} K_2 \left(\frac{\mathrm{d}S}{\mathrm{d}x} \right)^2 \right] \\ &= \frac{1}{2} A(T - T_{\text{c}}) \int \mathrm{d}\boldsymbol{x} \left[S^2 + \xi^2 \left(\frac{\mathrm{d}S}{\mathrm{d}x} \right)^2 \right] \end{aligned} \tag{5.48}$$

其中 ξ 定义为

$$\xi = \sqrt{\frac{2(3K_1 + 2K_2)}{9A(T - T_{\text{c}})}} \tag{5.49}$$

对方程 (5.48) 运用条件 $\delta F_{\text{tot}}/\delta S = 0$ 得出

$$\xi^2 \frac{\mathrm{d}^2 S}{\mathrm{d}x^2} = S \tag{5.50}$$

所以

$$S = S_0 \mathrm{e}^{-x/\xi} \tag{5.51}$$

其中 S_0 是 S 在壁上的值。

方程 (5.51) 表明，壁对分子取向的影响可以达到离壁 ξ 的距离。注意，壁的影响在本质上是短程的，只有靠近壁的分子才会感受到壁的势场。然而，由于局部分子有序排列的倾向，壁产生的影响会传播到单元内部的液晶分子。长度 ξ 表示这种效应能维持多远，称为关联长度。关联长度可以看成在无序相中局部有序区域的大小。方程 (5.49) 表明，当 T 接近 T_{c} 时 ξ 发散。因此，在相变温度附近，大量的分子集体运动。这就是序参数的响应在相变温度 T_{c} 处发散的原因 (参见式 (5.42))。

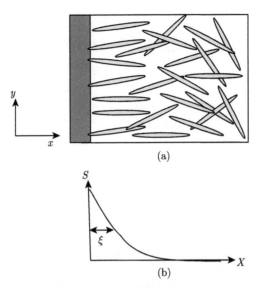

图 5.7　(a) 各向同性状态下壁诱导的形成向列型的分子有序化，假设壁上的分子垂直于壁沿 x 方向排列；(b) 序参数随离壁的距离的变化图，ξ 为关联长度

5.4.3　有序相中的梯度项效应

正如 5.3.2 节中讨论的，当有外场施加到有序相中时，标量序参数 S 变化一点，然而指向 n 却显著改变。因此我们假设在有序相中张量序参数 Q 可以写成

$$Q\left(r\right) = S_{\mathrm{eq}}\left[n\left(r\right)n\left(r\right) - \frac{1}{3}I\right] \tag{5.52}$$

其中，S_{eq} 为没有外场时 S 的平衡值。

如果用式 (5.52) 替换式 (5.43) 中的 Q，$f\left(Q\right)$ 变为常数，在接下来的计算中可以去掉。另一方面，f_{el} 可以写成 ∇n 的二次形式。系数 $K_{\alpha\beta\gamma,\alpha'\beta'\gamma'}$ 可依赖于 n。重复上一节中同样的分析，可以将 f_{el} 写成如下的形式：

$$f_{\mathrm{el}} = \frac{1}{2}K_1\left(\nabla \cdot n\right)^2 + \frac{1}{2}K_2\left(n \cdot \nabla \times n\right)^2 + \frac{1}{2}K_3\left(n \times \nabla \times n\right)^2 \tag{5.53}$$

其中，K_1, K_2, K_3 为常数，单位为 J/m，称为 Frank 弹性常数。如图 5.8 所示，每一个常数代表向列型液晶对 n 的空间变化的抵抗。K_1, K_2 和 K_3 分别称为斜展常数、扭转常数和弯曲常数。

如果加上磁场，则应在式 (5.53) 中加上如下一项：

$$f_{\mathrm{H}} = -\frac{1}{2}\Delta\chi(H \cdot n)^2 + \text{独立于 } n \text{ 的项} \tag{5.54}$$

其中，$\Delta\chi = \alpha_{\mathrm{d}}n_{\mathrm{p}}S_{\mathrm{eq}}$，$n_{\mathrm{p}}$ 为单位体积内向列型液晶分子的数目。

壁效应由 n 的边界条件来描述。通过适当的表面修饰，可以让 n 在壁平面内沿着特定的方向排列，或者沿着垂直平面的方向排列。

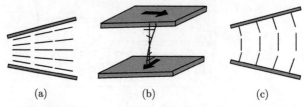

(a)   (b)   (c)

图 5.8   指向矢 n 空间变化的例子，n 的空间变化给出了式 (5.53) 表示的 Frank 弹性能。

(a) 斜展能 ($\nabla \cdot n \neq 0$)；(b) 扭转能 ($\nabla \times n \neq 0$)；(c) 弯曲能 ($n \times (\nabla \times n)) \neq 0$)

5.4.4   Freedericksz 相变

作为以上理论的一个应用，让我们考虑如图 5.9(a) 所示的问题。两块平行板之间夹着向列型液晶。我们取 z 轴垂直于平板，在平板壁上，假设液晶指向沿着 x 方向。假设在 z 方向上施加一个磁场 H，则这些液晶分子趋向于沿着 z 方向排列，但是这和在 $x = 0$ 和 $x = L$ 处的边界条件不相容。那么这种情况下的平衡构象会是什么呢？

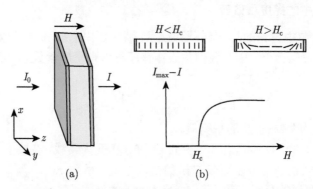

(a)   (b)

图 5.9   (a) 一个利用 Freedericksz 相变的光转换单元。如图 5.2 所示，当偏振片的方向与 x-y 平面内的 x 轴成 45° 角时，光在单元中传播。这个单元由两个偏振平面和一层向列型液晶层组成。在单元壁上，指向矢 n 被固定在 x 方向上。一旦加上磁场，向列型液晶分子趋向于沿着 z 方向排列。(b) 如果 H 小于临界磁场 H_{c}，液晶分子仍然沿 x 方向排列，并且光可在其中传播。如果 H 大于 H_{c}，液晶分子开始沿 z 方向排列，并且光不传播。被传播的光强在 H_{c} 处迅速改变

根据问题的对称性，可以假设 n 在 x-z 平面内，并且只依赖于 z 坐标。因此 n 的 x, y, z 分量可写为

$$n_x(z) = \cos\theta(z), \quad n_y(z) = 0, \quad n_z(z) = \sin\theta(z) \tag{5.55}$$

在这种情况下，$\nabla \cdot \boldsymbol{n}$ 和 $\nabla \times \boldsymbol{n}$ 分别为

$$\nabla \cdot \boldsymbol{n} = \frac{\partial n_z}{\partial z} = \cos\theta \frac{\mathrm{d}\theta}{\mathrm{d}z} \tag{5.56}$$

$$\nabla \times \boldsymbol{n} = \left(0, \frac{\partial n_x}{\partial z}, 0\right) = \left(0, -\sin\theta\frac{\mathrm{d}\theta}{\mathrm{d}z}, 0\right) \tag{5.57}$$

利用这些关系式，自由能可写为

$$\begin{aligned} F_{\text{tot}} &= \int \mathrm{d}z \, (f_{\text{el}} + f_{\text{H}}) \\ &= \int \mathrm{d}z \left[\frac{1}{2}K_1\cos^2\theta\left(\frac{\mathrm{d}\theta}{\mathrm{d}z}\right)^2 + \frac{1}{2}K_3\sin^2\theta\left(\frac{\mathrm{d}\theta}{\mathrm{d}z}\right)^2 - \frac{1}{2}\Delta\chi H^2\sin^2\theta\right] \end{aligned} \tag{5.58}$$

$\theta(z)$ 必须满足下面的边界条件

$$\theta(0) = \theta(L) = 0 \tag{5.59}$$

在式 (5.59) 的条件下，通过对表达式 (5.58) 进行最小化，平衡态解由 $\theta(z)$ 给出。如果磁场 H 很弱，则解由 $\theta(z) = 0$ 给出。随着磁场的增强，解开始变得不稳定，并且新的解出现。因此，这个问题的结构和有序–无序相变中的是一样的。为了探求这个相似性，我们假设解具有如下函数形式:

$$\theta(z) = \theta_0 \sin\left(\frac{\pi z}{L}\right) \tag{5.60}$$

并将自由能 F_{tot} 表达成 θ_0 的函数。如果 θ_0 很小，F_{tot} 可以解析地计算出来，并写为

$$F_{\text{tot}} = \frac{1}{4}\left[\frac{K_1\pi^2}{L} - \Delta\chi H^2 L\right]\theta_0^2 = \frac{1}{4}\Delta\chi L\left(H_{\text{c}}^2 - H^2\right)\theta_0^2 \tag{5.61}$$

其中

$$H_{\text{c}} = \sqrt{\frac{K_1\pi^2}{\Delta\chi L^2}} \tag{5.62}$$

因此，如果 $H < H_{\text{c}}$，解 $\theta_0 = 0$ 是稳定的; 如果 $H > H_{\text{c}}$，解是不稳定的。注意发生在 H_{c} 处的相变是连续的，是由于自由能是 θ_0 的一个偶函数。这个相变称为 Freedericksz 相变。

Freedericksz 相变在向列型液晶显示器的应用中非常重要，是由于光在传播过程中通过向列型液晶层时在临界场处会迅速改变。

5.5 棒状粒子各向同性–向列型相变的 Onsager 理论

Onsager 预测高于一定浓度时棒状粒子的解形成向列型液晶相[1]。令 L 和 D 为粒子的长度和直径，假设粒子的长宽比非常大。在 $L/D \to \infty$ 的极限下，相变的 Onsager 理论变得非常严格。

现在考虑两个棒状粒子 1 和 2，分别指向 u 和 u'。由于这些粒子不可以相互重叠在一起，因此如果棒 1 的位置被固定了，则棒 2 的质心不可以进入如图 5.10 所示的特定区域。这块区域的体积称为排斥体积，它是 u 和 u' 之间夹角 Θ 的函数。如图 5.10 所示，排斥体积的表达式为

$$v_{\mathrm{ex}}(\boldsymbol{u},\boldsymbol{u}') = 2DL^2 \sin\Theta = 2DL^2 |\boldsymbol{u} \times \boldsymbol{u}'| \tag{5.63}$$

其中我们忽略了阶数小于式 (5.63) 的 D/L 的小项。式 (5.63) 表明，排斥体积随着 Θ 的减小而减小。因此，如果棒 2 绕着棒 1 运动且保持指向 u' 不变，棒 2 所允许的区域随着 Θ 的减小而增加。因此，以小的 Θ 成对的棒 1 和棒 2 比以大的 Θ 成对从熵的角度更有利，且棒状粒子倾向于沿相同的方向排列。这就是棒状粒子在高浓度倾向于形成向列相的原因。

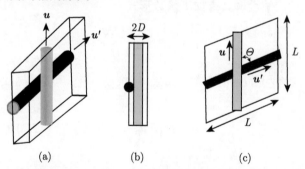

(a)   (b)   (c)

图 5.10 棒状粒子的排斥体积。(a) 当一个指向 u 的粒子固定，另一个质心指向 u' 的粒子不能进入如本图中所示的平行六面体区域；(b) 从 u' 方向看过去的平行六面体；(c) 从 $u \times u'$ 方向看过去的平行六面体。这个平行六面体的菱形底面积为 $L^2 \sin\Theta$ 和厚度为 $2D$

让我们考虑一个体积为 V 的由 N 个棒状粒子组成的溶液。我们考虑一个特定的粒子，比如粒子 1 以概率 $\psi(\boldsymbol{u})$ 指向 $\boldsymbol{u}$ 方向。根据等概率原理，$\psi(\boldsymbol{u})$ 正比于所有其他粒子 $2,3,\cdots,N$ 不与粒子 1 重叠的概率。由于粒子 j 与粒子 1 不重叠的

---

[1] 这里解释的理论，对溶质分子而言，溶剂被当成一个连续的背景，并且不被显式考虑。

概率等于 $1 - v_{\mathrm{ex}}(\boldsymbol{u}, \boldsymbol{u}_j)/V$，$\psi(\boldsymbol{u})$ 表示为

$$\psi(\boldsymbol{u}) \propto \prod_{j=2}^{N} \left[1 - \frac{v_{\mathrm{ex}}(u, u_j)}{V}\right] = \exp\left[-\sum_{j=2}^{N} \frac{v_{\mathrm{ex}}(u, u_j)}{V}\right] \tag{5.64}$$

指数上的求和可写为

$$\sum_{j=2}^{N} \frac{v_{\mathrm{ex}}(u, u_j)}{V} = n \int \mathrm{d}\boldsymbol{u}' v_{\mathrm{ex}}(\boldsymbol{u}, \boldsymbol{u}') \psi(\boldsymbol{u}') \tag{5.65}$$

其中，$n = N/V$ 为粒子数密度，并且还运用了其他粒子的取向分布函数也是由 $\psi(\boldsymbol{u})$ 给出的事实。由式 (5.64) 和式 (5.65) 可以得出 $\psi(\boldsymbol{u})$ 的自洽方程：

$$\psi(\boldsymbol{u}) = C \exp\left[-n \int \mathrm{d}\boldsymbol{u}' v_{\mathrm{ex}}(\boldsymbol{u}, \boldsymbol{u}') \psi(\boldsymbol{u}')\right] \tag{5.66}$$

式 (5.66) 和式 (5.17) 具有相同的形式。将相互作用势 $w(\boldsymbol{u}, \boldsymbol{u}')$ 替换为

$$w_{\mathrm{eff}}(\boldsymbol{u}, \boldsymbol{u}') = n k_{\mathrm{B}} T v_{\mathrm{ex}}(\boldsymbol{u}, \boldsymbol{u}') = 2 n D L^2 k_{\mathrm{B}} T |\boldsymbol{u} \times \boldsymbol{u}'| \tag{5.67}$$

当 $\boldsymbol{u}$ 和 $\boldsymbol{u}'$ 相互平行 (或反平行) 时势能 $w_{\mathrm{eff}}(\boldsymbol{u}, \boldsymbol{u}')$ 取得最小值。相互作用的强度现在由 nDL^2 描述，因此如果 nDL^2 超过一个特定临界值，各向同性状态变得不稳定，而向列相状态出现。

式 (5.66) 的数值解表明，当 $nDL^2 > 5.1$ 时各向同性状态变得不稳定。在这个密度下体积部分为

$$\phi_{\mathrm{c}2} = \frac{5.1\pi}{4} \frac{D}{L} \approx 4 \frac{D}{L} \tag{5.68}$$

超过这个浓度，各向同性状态不稳定，系统变成向列相状态。

在式 (5.66) 的推导中，我们忽略了粒子 $2, 3, \cdots, N$ 的分子构象的关联。对于具有大长宽比的粒子，这个假设是合理的，因为对于大的长宽比，体积分数 $\phi_{\mathrm{c}2}$ 变得非常小。在大长宽比 $L/D \to \infty$ 的极限下，$\phi_{\mathrm{c}2}$ 变为零，Onsager 理论成为一个精确的理论。

在溶致液晶的情形下，从各向同性状态到向列相状态的相变伴随着相分离，即当向列相出现时，溶液分离成两种，一种是浓度为 ϕ_A 的各向同性溶液，另一种是浓度为 ϕ_B 的向列型溶液。ϕ_A 和 ϕ_B 与 $\phi_{\mathrm{c}2}$ 具有相同的数量级，即 $\phi_A \approx \phi_B \approx D/L$。

5.6　小　　结

液晶是一种各向异性流体。在向列型液晶中，分子自发地沿着一个特定的方向排列。这个特定的方向由单位矢量 $\boldsymbol{n}$ 表示，称为方向矢。分子的有序度由标量序参数 S 或者张量序参数 $\boldsymbol{Q}$ 来描述。张量序参数 $\boldsymbol{Q}$ 包含了 $\boldsymbol{n}$ 和 S 的信息。

从各向同性状态到向列相状态的相变可以通过考虑在平均场中分子取向的平衡分布的分子平均场理论 (如 Maier-Saupe 理论，或者 Onsager 理论) 来讨论。同样，相变可以通过对于给定的序参数 S 或 Q 考虑系统的自由能的唯象理论 (如 Landau-de Gennes 理论) 来讨论。这种唯象理论描述的是系统在相变温度附近的行为。

外场 (如磁场 H) 可以使分子沿着外场的方向排列 (如果 $\alpha_d > 0$)，改变序参数 Q 的值。当温度 T 高于相变温度 T_c 时，序参数的变化非常小；当温度 T 趋于 T_c 时，分子倾向于集体运动，因而对外场产生了一个大的响应，特别地，当 $1/(T - T_c)$ 大于 T_c 时，标量序参数发生变化；当温度 T 低于 T_c 时，标量序参数变化很小，但是指向矢 n 变化显著。这些行为可用 Landau-de Gennes 理论来讨论。

延 展 阅 读

(1) Principles of Condensed Matter Physics, Paul M. Chaikin and Tom C. Lubensky, Cambridge University Press (1997).

(2) Liquid Crystals, 2nd edition, Sivaramakrishna Chandrasekher, Cambridge University Press (1992).

(3) The Physics of Liquid Crystals, 2nd edition, Pierre-Gilles de Gennes and Jacques Prost, Oxford University Press (1995).

练   习

5.1 假设单位矢量 u 是各向同性地分布在单位球 $|u| = 1$ 内。令 $\langle \cdots \rangle_0$ 是这个各向同性分布的平均

$$\langle \cdots \rangle_0 = \frac{1}{4\pi} \int \mathrm{d}u \tag{5.69}$$

回答下面的问题。

(a) 推导下列等式：

$$\langle u_z^2 \rangle_0 = \frac{1}{3}, \quad \langle u_z^4 \rangle_0 = \frac{1}{5}, \quad \langle u_z^{2m} \rangle_0 = \frac{1}{2m+1}$$

(b) 推导下列等式：

$$\langle u_\alpha u_\beta \rangle_0 = \frac{1}{3}\delta_{\alpha\beta}, \quad \langle u_\alpha u_\beta u_\mu u_\nu \rangle_0 = \frac{1}{15}\left(\delta_{\alpha\beta}\delta_{\mu\nu} + \delta_{\alpha\mu}\delta_{\beta\nu} + \delta_{\alpha\nu}\delta_{\beta\mu}\right)$$

5.2 平均场理论预测平衡态时的标量序参数 S 由方程 (5.26) 的解并用等式 $S = x/\beta U$ 给出。回答下列问题。

(a) 当 x 很小时，将函数 $I(x)$ 展开为 x 级数，最高阶展开到 x^3 项。

(b) 在各向同性相变得不稳定时求解温度 T_{c2}。

5.3　在标量序参数 S 固定在

$$S = \int \mathrm{d}\boldsymbol{u}\,\frac{3}{2}\left(u_z^2 - \frac{1}{3}\right)\psi(\boldsymbol{u}) \tag{5.70}$$

的限制条件下，对式 (5.14) 的自由能泛函 $F(\psi)$ 进行最小化，并证明平衡分布函数由方程 (5.24) 和 (5.25) 给出。

5.4　假设由极性分子组成的流体的自由能可写成如下形式：

$$F[\psi] = N\left[k_{\mathrm{B}}T\int \mathrm{d}\boldsymbol{u}\psi(\boldsymbol{u})\ln\psi(\boldsymbol{u}) - \frac{U}{2}\int \mathrm{d}\boldsymbol{u}\int \mathrm{d}\boldsymbol{u}'\,(\boldsymbol{u}\cdot\boldsymbol{u}')^2\,\psi(\boldsymbol{u})\,\psi(\boldsymbol{u}')\right] \tag{5.71}$$

注意，分别平行于 $\boldsymbol{u}$ 和 $\boldsymbol{u}'$ 的分子间的相互作用能正比于 $\boldsymbol{u}\cdot\boldsymbol{u}'$（而不是 $(\boldsymbol{u}\cdot\boldsymbol{u}')^2$）。回答下列问题。

(a) 证明将式 (5.71) 进行最小化得到的分布函数可写成

$$\psi(\boldsymbol{u}) = C\exp(\beta U\boldsymbol{P}\cdot\boldsymbol{u}) \tag{5.72}$$

其中 $\boldsymbol{P}$ 定义为

$$\boldsymbol{P} = \langle\boldsymbol{u}\rangle \tag{5.73}$$

(b) 证明当 $x = \beta U|\boldsymbol{P}|$ 时，由式 (5.72) 和式 (5.73) 可推出

$$\frac{k_{\mathrm{B}}T}{U}x = \coth x - \frac{1}{x} \tag{5.74}$$

(c) 证明式 (5.74) $x = 0$ 对于 $T > T_{\mathrm{c}}$ 只有一个解，对于 $T < T_{\mathrm{c}}$ 有三个解，并讨论系统的相变，其中 $T_{\mathrm{c}} = U/3k_{\mathrm{B}}$。

5.5　由式 (5.13) 给出的熵 $\boldsymbol{S}$ 可以表达成序参数的一个函数。假设 $\psi(\boldsymbol{u})$ 满足限制条件

$$P = \int \mathrm{d}\boldsymbol{u}u_z\psi(\boldsymbol{u}) \tag{5.75}$$

在这个限制条件下熵 $\boldsymbol{S}[\psi(\boldsymbol{u})]$ 的最大值可以写成 P 的函数。定义熵 $\boldsymbol{S}(P)$ 为序参数 P 的一个函数。回答下列问题。

(a) 求解 $\boldsymbol{S}(P)$ 通过最大化泛函

$$\tilde{\boldsymbol{S}} = -Nk_{\mathrm{B}}\left[\int \mathrm{d}\boldsymbol{u}\psi(\boldsymbol{u})\ln\psi(\boldsymbol{u}) - \lambda\int \mathrm{d}\boldsymbol{u}\psi(\boldsymbol{u})(u_z - P)\right] \tag{5.76}$$

并证明 $\boldsymbol{S}(P)$ 由 ψ 给出，ψ 满足

$$\psi(\boldsymbol{u}) = C\mathrm{e}^{\lambda u_z} \tag{5.77}$$

其中 C 为归一化常数，λ 由式 (5.75) 和式 (5.77) 决定。

(b) 当 P 很小时，证明 λ 由下式给出

$$\lambda = 3P \tag{5.78}$$

熵 $\boldsymbol{S}(P)$ 的表达式为

$$\boldsymbol{S}(P) = \text{const} - \frac{3}{2}k_{\mathrm{B}}P^2 \tag{5.79}$$

(c) 以上的过程使我们可以将自由能写成一个序参数的函数。对由式 (5.71) 给出的自由能，证明自由能 $F(P)$ 可由下式表示

$$F(P;T) = \frac{3}{2}k_{\mathrm{B}}TP^2 - \frac{U}{2}P^2 \tag{5.80}$$

求临界温度 T_{c}。

第6章　布朗运动和热涨落

在上文中，我们已经讨论了平衡态下的软物质，在本章和接下来的章节中，我们将考虑在非平衡态下的软物质。我们将讨论软物质如何从非平衡态达到平衡态，以及当外界条件改变时系统如何随时间演化。

在本章中，我们将讨论发生在平衡态或准平衡态下的时间依赖现象。

平衡态是一种稳定状态，因此宏观的物理性质 (如压强和浓度) 不应依赖于时间。然而，如果我们对微观系统测量这些性质，它们的数值会随时间涨落。例如，(i) 作用在一个大小为 $(10\text{nm})^3$ 的立方盒子的壁上的压强会随时间涨落；(ii) 在一个大小为 $(10\text{nm})^3$ 区域内的溶质分子数目也会随时间涨落。这些涨落是由组成系统的分子的随机热运动引起的。本章的目标就是讨论这种涨落的时间依赖性。

涨落在布朗运动中最常见，布朗运动即小粒子悬浮在液体中且做随机运动。爱因斯坦的研究表明这种运动是分子热运动的一种表现，因此，这种运动将我们的宏观世界与分子的微观世界联系在一起。爱因斯坦的布朗运动理论指出在平衡态下的微观涨落与受外力作用的系统的宏观响应有关，称为涨落–耗散定理，并引出了重要的昂萨格 (Onsager) 原理。在接下来的章节中我们将会看到 Onsager 原理为软物质动力学提供了共同基础。

6.1　小粒子的随机运动

6.1.1　时间关联函数

小粒子 (尺寸小于 $1\mu\text{m}$) 悬浮在液体中会经历随机的无规则运动，如图 6.1(a) 所示，小球颗粒随机地改变它们的位置，如图 6.1(b) 所示，棒状颗粒随机地改变它们的位置和取向，这种随机运动就叫做布朗运动。

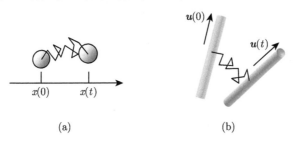

(a)　　　　　　　　　　(b)

图 6.1　(a) 小球颗粒的布朗运动；(b) 棒状颗粒的布朗运动

布朗运动是分子热运动的一种表现。根据统计力学，任何质量为 m 的粒子被放在温度为 T 的环境中，将以 $\sqrt{k_\mathrm{B}T/m}$ 数量级的速度随机运动。对于一个大小为 1cm 和质量为 1g 的宏观粒子，它的运动速度的数量级为 1nm/s，并且几乎难以观察到。另一方面，对于一个大小为 1μm 和质量为 10^{-12}g 的胶体粒子，它的运动速度大约为 1mm/s，并且在显微镜下变得可观测。经历布朗运动的粒子被称为布朗粒子。

如果记录布朗粒子的具体物理量 $x_i(i = 1, 2, \cdots)$ 的数值，比如粒子的位置或取向的角度，将会得到一系列随时间随机变化的数据 $x_i(t)$，如图 6.2(a) 所示。如果我们对平衡状态下的大量系统做这样的一个测量，就可以定义一个平均 $\langle \cdots \rangle$[①]。对一个处于平衡态下的布朗粒子，平均值 $\langle x_i(t) \rangle$ 是不依赖于时间的，并可以写成 $\bar{x}_i$：

$$\bar{x}_i = \langle x_i(t) \rangle \tag{6.1}$$

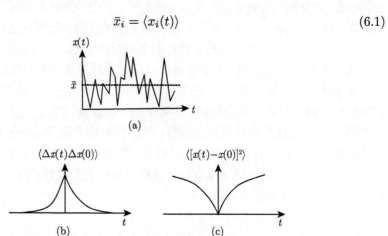

图 6.2 (a) 随机变量 $x(t)$ 的时间依赖性例子；(b) 偏离平均值 $\Delta x(t) = x(t) - \bar{x}$ 的关联函数 $\langle \Delta x(t) \Delta x(0) \rangle$ 的时间依赖性；(c) 均方偏差 $\langle [x(t) - x(0)]^2 \rangle$ 的时间依赖性

令 $\Delta x_i(t)$ 为 $x_i(t)$ 相对于平均值的偏离量，即

$$\Delta x_i(t) = x_i(t) - \bar{x}_i \tag{6.2}$$

$\Delta x_i(t)$ 和 $\Delta x_j(t)$ 在不同时间 t_1 和 t_2 的相关性为 $\langle \Delta x_i(t_1) \Delta x_j(t_2) \rangle$，称为时间关联函数。相同物理量之间的时间关联函数 $\langle \Delta x_i(t_1) \Delta x_i(t_2) \rangle$ 称为自关联函数；反之，不同物理量之间的时间关联函数 $\langle \Delta x_i(t_1) \Delta x_j(t_2) \rangle$ $(i \neq j)$ 称为交叉关联函数。

在平衡态下，时间关联函数 $\langle \Delta x_i(t_1) \Delta x_j(t_2) \rangle$ 不依赖于起始时间，而是依赖于时间差 $t_1 - t_2$。因此，时间关联函数具有如下性质：

---

① 这里的平均 $\langle \cdots \rangle$ 被定义为系综的平均，即对大量等价系统的平均。在实际情况中，对于一个特定的系统，平均 $\langle \cdots \rangle$ 是通过对大量的实验结果进行平均得到的。在后面的情况中，要为每个实验定义时间的起点。

$$\langle \Delta x_i(t_1)\Delta x_j(t_2)\rangle = \langle \Delta x_i(t_1-t_2)\Delta x_j(0)\rangle = \langle \Delta x_i(0)\Delta x_j(t_2-t_1)\rangle \quad (6.3)$$

这个性质称为时间平移不变性。

方程 (6.3) 表明自关联函数是一个关于时间的偶函数:

$$\langle \Delta x_i(t)\Delta x_i(0)\rangle = \langle \Delta x_i(0)\Delta x_i(-t)\rangle = \langle \Delta x_i(-t)\Delta x_i(0)\rangle \quad (6.4)$$

6.1.2 时间关联函数的对称性

Onsager 指出,如果 $x_i(i=1,2,\cdots)$ 是代表粒子构象 (位置和取向) 或函数 (如偶极矩) 的物理量,则交叉关联函数同样是时间的偶函数,即

$$\langle \Delta x_i(t)\Delta x_j(0)\rangle = \langle \Delta x_i(-t)\Delta x_j(0)\rangle \quad (6.5)$$

这个简单的关系是由基本的物理定律即平衡态下涨落中的时间反演对称性推导出来的。

假设一个布朗运动的视频被记录下来并以反演的模式向我们播放。时间反演对称性告诉我们,只要这个视频是在平衡态下记录下来的,我们就不能区分这个视频是以反演的模式还是正常的模式向我们展示的。这是因为这个事件以反演的模式展示在物理上是可能的,并且发生的概率和事件按正常模式播放是一样的。这是遵循统计力学规律的结果。

从分子的角度来看,布朗运动是一个确定性的过程。如果我们仅仅关注布朗粒子的运动,它看起来像是一个随机的过程,但是如果我们将布朗粒子及其周围的液体分子的运动联系起来观察,这个过程是具有确定性的,且由力学中的哈密顿运动方程决定。假设 $q_1,q_2,\cdots,q_f$ 和 $p_1,p_2,\cdots,p_f$ 是组成系统中的所有粒子的一组坐标和动量。我们用符号 Γ 表示整组变量,即 $\Gamma=(q_1,q_2,\cdots,q_f,p_1,p_2,\cdots,p_f)$,以及用 $H(\Gamma)$ 表示系统的哈密顿量。在时间反演的情形中,状态 Γ 变为 $(q_1,q_2,\cdots,q_f,-p_1,-p_2,\cdots,-p_f)$,时间 t 变成 $-t$。我们将状态 $(q_1,q_2,\cdots,q_f,-p_1,-p_2,\cdots,-p_f)$ 表示为 $-\Gamma$。由于哈密顿量具有对称性 $H(\Gamma)=H(-\Gamma)$,在平衡态下状态 Γ 和 $-\Gamma$ 是等概率的,即发现系统处于状态 Γ 的可能性和处于状态 $-\Gamma$ 的可能性是一样的。同样地,正常模式的时间演化和反演模式的时间演化在哈密顿运动方程中都是被允许的,也就是说在时间 t 内由状态 Γ_1 演化到 Γ_2,则在时间 t 内可由状态 $-\Gamma_2$ 演化到 $-\Gamma_1$。这就是方程 (6.5) 成立的原因。

任何观察的物理量 x_i 可以表示为 Γ 的函数,如 $\hat{x}_i(\Gamma)$。当 Γ 被 $-\Gamma$ 替换,函数 $\hat{x}_i(\Gamma)$ 通常保持不变或改变符号。因此我们可以定义

$$\hat{x}_i(-\Gamma) = \varepsilon_i \hat{x}_i(\Gamma) \quad (6.6)$$

其中 ε_i 的取值为 1 或 -1,$\varepsilon_i=1$ 表示的物理量为粒子坐标或者能量,$\varepsilon_i=-1$ 表示的物理量为速度或者角动量。则关系式 (6.5) 可以被写为

$$\langle \Delta x_i(t)\Delta x_j(0)\rangle = \varepsilon_i\varepsilon_j \langle \Delta x_i(-t)\Delta x_j(0)\rangle \quad (6.7)$$

在接下来的讨论中，我们主要考虑 $\varepsilon_i = 1$ 和使用式 (6.5)。

利用时间平移不变性，关系式 (6.5) 可以写成

$$\langle \Delta x_i(t) \Delta x_j(0) \rangle = \langle \Delta x_i(-t) \Delta x_j(0) \rangle$$
$$= \langle \Delta x_j(0) \Delta x_i(-t) \rangle = \langle \Delta x_j(t) \Delta x_i(0) \rangle \tag{6.8}$$

即时间关联函数 $\langle \Delta x_i(t) \Delta x_j(0) \rangle$ 对于 i 和 j 互换是对称的。

对于特定的物理量，比如自由布朗粒子的位置，考虑它的时间关联函数 $\langle \Delta x_i(t) \Delta x_j(0) \rangle$ 是不方便的，是由于其平均 $\bar{x}_i$ 和 $\bar{x}_j$ 没有被定义。对于这样的物理量，考虑位移的关联 $x_i(t) - x_i(0)$ 更方便，比如 $\langle [x_i(t) - x_i(0)] [x_j(t) - x_j(0)] \rangle$。如果 $\langle \Delta x(0)^2 \rangle$ 是有限的，这两个关联函数彼此有关。这可由以下式子表明：

$$\langle [x_i(t) - x_i(0)] [x_j(t) - x_j(0)] \rangle = \langle [\Delta x_i(t) - \Delta x_i(0)] [\Delta x_j(t) - \Delta x_j(0)] \rangle$$
$$= \langle \Delta x_i(t) \Delta x_j(t) \rangle - \langle \Delta x_i(t) \Delta x_j(0) \rangle$$
$$- \langle \Delta x_i(0) \Delta x_j(t) \rangle + \langle \Delta x_i(0) \Delta x_j(0) \rangle \tag{6.9}$$

通过式 (6.3) 和式 (6.5)，上式可写为

$$\langle [x_i(t) - x_i(0)] [x_j(t) - x_j(0)] \rangle = 2 [\langle \Delta x_i(0) \Delta x_j(0) \rangle - \langle \Delta x_i(t) \Delta x_j(0) \rangle] \tag{6.10}$$

因此，涨落的动力学可以由差值 $\Delta x_i(t) = x_i(t) - \bar{x}_i$ 的时间关联函数或者位移 $x_i(t) - x_i(0)$ 的关联来描述。

6.1.3 速度关联函数

记 $\dot{x}_i(t)$ 为 $x_i(t)$ 的时间导数，即 $\dot{x}_i(t) = \mathrm{d}x_i(t)/\mathrm{d}t$。我们也可以称 $\dot{x}_i(t)$ 为 $x_i(t)$ 的速度。速度 $\dot{x}_i(t)$ 的时间关联函数是由 $x_i(t)$ 的时间关联函数得到的。

$$\langle \dot{x}_i(t) \dot{x}_j(t') \rangle = \frac{\partial^2}{\partial t \partial t'} \langle \Delta x_i(t) \Delta x_j(t') \rangle = \frac{\partial^2}{\partial t \partial t'} \langle \Delta x_i(t - t') \Delta x_j(0) \rangle$$
$$= -\frac{\partial^2}{\partial t^2} \langle \Delta x_i(t - t') \Delta x_j(0) \rangle \tag{6.11}$$

因此

$$\langle \dot{x}_i(t) \dot{x}_j(0) \rangle = -\frac{\partial^2}{\partial t^2} \langle \Delta x_i(t) \Delta x_j(0) \rangle = \frac{1}{2} \frac{\partial^2}{\partial t^2} \langle [x_i(t) - x_i(0)][x_j(t) - x_j(0)] \rangle \tag{6.12}$$

这里使用了式 (6.10)。因此速度关联是通过位移关联得到的。相反，位移关联亦可由速度关联得到，如下式所示：

$$\langle [x_i(t) - x_i(0)][x_j(t) - x_j(0)] \rangle = 2 \int_0^t \mathrm{d}t_1 \int_0^{t_1} \mathrm{d}t_2 \langle \dot{x}_i(t_2) \dot{x}_j(0) \rangle \tag{6.13}$$

6.2 自由粒子的布朗运动

6.2.1 粒子速度的朗之万方程

现在让我们考虑一个点粒子在自由空间的布朗运动。记 $x(t)$ 为粒子在 t 时刻位置 x 的坐标。如果粒子是宏观的，则 $x(t)$ 的时间演化由常见的力学运动方程来描述。

当一个粒子以速度 $v = \dot{x}$ 在一种黏性的流体中运动，它将受到来自流体的阻力 F_f。Stokes 指出，对于小速度，F_f 与粒子的速度 v 成比例：

$$F_f = -\zeta v \tag{6.14}$$

其中，ζ 称为摩擦常数。对于一个半径为 a 的球形粒子，ζ 可由下式给出：

$$\zeta = 6\pi\eta a \tag{6.15}$$

其中 η 为流体的黏度。式 (6.15) 由流体静力学推导出 (见附录 A)。因此，对于一个宏观的自由粒子，运动方程变为

$$m\frac{\mathrm{d}v}{\mathrm{d}t} = -\zeta v \tag{6.16}$$

这里 m 为粒子的质量。根据式 (6.16)，粒子的速度随时间降至零，由下式给出

$$v(t) = v_0 \mathrm{e}^{-t/\tau_v} \tag{6.17}$$

其中

$$\tau_v = m/\zeta \tag{6.18}$$

式 (6.16) 不适用于描述进行布朗运动的小粒子的运动。根据式 (6.16)，粒子最终会停止运动，但是实际上布朗粒子是一直保持运动状态。为了描述布朗运动，我们必须考虑作用在粒子上的力的涨落。

包围在粒子周围的流体是由小分子组成的，这些小分子和粒子碰撞产生随机的涨落力。这个效应可由下面的模型方程来表示：

$$m\frac{\mathrm{d}v}{\mathrm{d}t} = -\zeta v + F_r(t) \tag{6.19}$$

其中 $F_r(t)$ 表示流体作用在粒子上的涨落力。

方程 (6.19) 是一个包含随机变量 $F_r(t)$ 的微分方程，称为朗之万方程。为了定义朗之万方程，我们需要具体阐述随机变量 $F_r(t)$ 的统计性质。下一节将做这件事。

6.2.2　随机力的时间关联

为了具体化随机力 $F_r(t)$ 的统计性质，我们考虑随机力的平均 $\langle F_r(t) \rangle$ 和时间关联 $\langle F_r(t)F_r(t') \rangle$。很自然地，可以假设随机力的平均为零，即

$$\langle F_r(t) \rangle = 0 \tag{6.20}$$

式 (6.20) 是式 (6.19) 成立的必要条件；如果式 (6.20) 没有被满足，则式 (6.19) 将给出错误的结果，即自由粒子的平均速度 $\langle v(t) \rangle$ 不为零。

接下来，让我们考虑随机力的时间关联。随机力 $F_r(t)$ 是流体分子与布朗粒子的随机碰撞产生的。因此，随机力的关联预计减小得非常快；关联时间的数量级为分子的碰撞时间，即皮秒。因此，在宏观时间尺度，我们可以将时间关联函数假设为如下形式：

$$\langle F_r(t_1)F_r(t_2) \rangle = A\delta(t_1 - t_2) \tag{6.21}$$

其中 A 为待定常数。

为了确定 A，我们先通过式 (6.19) 计算 $\langle v(t)^2 \rangle$，再利用平衡态下它必须等于 $k_B T/m$ 的条件，通过式 (6.19) 求解得到 $v(t)$ 的形式为

$$v(t) = v(t_0)\,e^{-(t-t_0)/\tau_v} + \frac{1}{m}\int_{t_0}^{t} dt_1 F_r(t_1)e^{-(t-t_1)/\tau_v} \tag{6.22}$$

因此，$\langle v(t)^2 \rangle$ 可计算为

$$\begin{aligned}
\langle v(t)^2 \rangle &= \frac{1}{m^2}\left\langle \int_{-\infty}^{t} dt_1 e^{-(t-t_1)/\tau_v} F_r(t_1) \int_{-\infty}^{t} dt_2 e^{-(t-t_2)/\tau_v} F_r(t_2) \right\rangle \\
&= \frac{1}{m^2}\int_{-\infty}^{t} dt_1 \int_{-\infty}^{t} dt_2 e^{-(t-t_1)/\tau_v} e^{-(t-t_2)/\tau_v} \langle F_r(t_1)F_r(t_2) \rangle
\end{aligned} \tag{6.23}$$

式 (6.23) 中的最后一个积分可通过式 (6.21) 计算为

$$\langle v(t)^2 \rangle = \frac{A}{m^2}\int_{-\infty}^{t} dt_1 e^{-2(t-t_1)/\tau_v} = \frac{A\tau_v}{2m^2} \tag{6.24}$$

因此，条件 $\langle v(t)^2 \rangle = k_B T/m$ 给出了

$$A = \frac{2mk_B T}{\tau_v} = 2\zeta k_B T \tag{6.25}$$

因此，式 (6.21) 可以改写为

$$\langle F_r(t_1)F_r(t_2) \rangle = 2\zeta k_B T\delta(t_1 - t_2) \tag{6.26}$$

式 (6.26) 表明，流体作用在粒子上的力的涨落可由 ζ 表示，参数 ζ 代表流体作用于粒子上的耗散力。这样的关系式普遍存在，称为涨落–耗散关系，在本章后面部分我们将进一步讨论。

值得注意的是，$F_r(t)$ 的时间关联不依赖于粒子的质量 m。这是合理的，由于 $F_r(t)$ 仅由流体分子决定，因此它的统计性质不依赖于粒子的质量。

式 (6.20) 和式 (6.26) 不足以完全详述随机力的统计性质。为了对其进行充分说明，我们需要做进一步的假设。由于随机力是由粒子附近大量流体分子施加的力之和，它的分布是高斯型的[①]。因此，我们可以假设 $F_r(t)$ 是一个高斯随机变量，其平均和变化由式 (6.20) 和式 (6.26) 给出。这样就完成了 $F_r(t)$ 的规范并定义了朗之万方程。

6.2.3 爱因斯坦关系

接下来，我们来计算粒子速度的时间关联 $\langle v(t)v(t')\rangle$。利用式 (6.22) 和式 (6.26) 可以得到

$$\langle v(t)v(t')\rangle = \frac{1}{m^2} \int_{-\infty}^{t} dt_1 \int_{-\infty}^{t'} dt_2 e^{-(t-t_1)/\tau_v} e^{-(t'-t_2)/\tau_v} 2\zeta k_B T \delta(t_1 - t_2) \quad (6.27)$$

这个积分需分开计算，且计算结果取决于 t 是否大于 t'。如果 $t > t'$，先计算对 t_2 的积分，结果为

$$\langle v(t)v(t')\rangle = \frac{1}{m^2} \int_{-\infty}^{t} dt_1 e^{-(t-t_1)/\tau_v} e^{-(t'-t_1)/\tau_v} 2\zeta k_B T = \frac{k_B T}{m} e^{-(t-t')/\tau_v} \quad (6.28)$$

如果 $t < t'$，先计算对 t_1 的积分，最终结果为

$$\langle v(t)v(t')\rangle = \frac{k_B T}{m} e^{-|t-t'|/\tau_v} \quad (6.29)$$

注意到方程 (6.29) 满足自关联函数为时间的偶函数的一般条件。

均方位移 $\langle [x(t) - x(0)]^2 \rangle$ 可通过式 (6.13) 求出

$$\langle [x(t) - x(0)]^2 \rangle = 2 \int_{0}^{t} dt_1 \int_{0}^{t_1} dt_2 \, \langle v(t_2)v(0)\rangle \quad (6.30)$$

通过使用式子 (6.29)，上式右边可轻易解出。为了简化计算，在考虑的时间尺度内，我们考虑速度关联时间 τ_v 是可忽略的小量情况，即 $\tau_v \ll t$。在这种情况下，式 (6.30) 中 t_1 的特征值远大于 τ_v。因此，对式 (6.30) 中 t_2 的积分可近似为

$$\int_{0}^{t_1} dt_2 \, \langle v(t_2)v(0)\rangle \approx \int_{0}^{\infty} dt_2 \, \langle v(t_2)v(0)\rangle \quad (6.31)$$

---

① 这是 3.2.2 节讨论过的中心极限定理的结果。

上式右边是一个常数，可写为

$$D = \int_0^\infty \mathrm{d}t \, \langle v(t)v(0) \rangle \tag{6.32}$$

根据式 (6.30) 和式 (6.31)，对于 $|t| \geqslant \tau_v$，均方位移可计算为

$$\langle [x(t) - x(0)]^2 \rangle = 2D \, |t|, \quad |t| \geqslant \tau_v \tag{6.33}$$

常数 D 称为自扩散常数[①]。

从式 (6.29) 和式 (6.32) 我们可以得到

$$D = \frac{k_\mathrm{B}T}{m} \tau_v \tag{6.34}$$

或由式 (6.18) 得到

$$D = \frac{k_\mathrm{B}T}{\zeta} \tag{6.35}$$

式 (6.35) 称为爱因斯坦关系，是涨落–耗散关系的另一个例子。在这种情况下，由 D 表示的粒子位置的涨落和摩擦常数 ζ 有关。一般形式的爱因斯坦关系由 6.5.3 节给出。

在上面的讨论中，我们做了假设 $t \gg \tau_v$。这个假设在软物质中通常会满足。与软物质的时间尺度相比，速度关联时间 τ_v 非常短。例如，对一个半径为 $a = 0.1\mu\mathrm{m}$ 的典型胶体粒子，τ_v 大约为 10ns，然而胶体粒子的特征弛豫时间为毫秒数量级。因此在接下来的讨论中，我们假设 τ_v 是无限小。在这个限制下，速度关联函数可写为

$$\langle v(t)v(t') \rangle = 2D\delta(t - t') \tag{6.36}$$

根据式 (6.32)，δ 函数的系数必须等于 $2D$[②]。

6.3 势场中的布朗运动

6.3.1 粒子坐标的朗之万方程

到目前为止，我们考虑了一个自由粒子的布朗运动。现在让我们考虑一个粒子在势场 $U(x)$ 中的布朗运动。由于粒子受到势场力 $-\partial U/\partial x$，朗之万方程应改写为

$$m\ddot{x} = -\zeta\dot{x} - \frac{\partial U}{\partial x} + F_\mathrm{r}(t) \tag{6.37}$$

---

① 自扩散常数不同于出现在粒子浓度扩散方程中的普通扩散系数。在稀浓液中，后者 (也叫集体扩散系数) 与自扩散系数一致，但是一般情况下与自扩散系数不一样。在第 7 章中将会对其进行更详细地讨论。

② 由于 δ 函数是一个偶函数，则有 $\displaystyle\int_0^\infty \mathrm{d}t\delta(t) = \frac{1}{2} \int_{-\infty}^\infty \mathrm{d}t\delta(t) = \frac{1}{2}$。

对于自由粒子，我们假设随机力是由与自由粒子同样的高斯变量给出的。这是因为随机力是由流体分子的热涨落决定的，而不受作用在粒子上的势场 $U(x)$ 的影响。

如上所述，与布朗粒子的特征时间相比，时间 $\tau_v = m/\zeta$ 是非常短的。因此我们将考虑极限 $\tau_v \to 0$ 的情况。在这个极限下，我们可以忽略惯性项 $m\ddot{x}$，并将式 (6.37) 写为

$$-\zeta \dot{x} - \frac{\partial U}{\partial x} + F_r(t) = 0 \tag{6.38}$$

或

$$\frac{\mathrm{d}x}{\mathrm{d}t} = -\frac{1}{\zeta}\frac{\partial U}{\partial x} + v_r(t) \tag{6.39}$$

其中 $v_r(t) = F_r(t)/\zeta$ 为随机速度。$v_r(t)$ 的时间关联函数由下式计算：

$$\langle v_r(t)v_r(t')\rangle = \frac{1}{\zeta^2}\langle F_r(t)F_r(t')\rangle = \frac{2k_BT}{\zeta}\delta(t-t') = 2D\delta(t-t') \tag{6.40}$$

其中使用了式 (6.26) 和式 (6.35)。因此式 (6.39) 中的 $v_r(t)$ 是一个高斯随机变量，由下式表示

$$\langle v_r(t)\rangle = 0, \quad \langle v_r(t)v_r(t')\rangle = 2D\delta(t-t') \tag{6.41}$$

速度涨落 $v_r(t)$ 的关联等于自由粒子的速度 $v(t)$ 的关联 (见式 (6.36))。这是必然的，由于速度涨落一定不依赖于势场 $U(x)$，并且对 $U=0$ 的情形式 (6.39) 必须成立。

接下来，我们将使用由式 (6.39) 和式 (6.41) 定义的朗之万方程。

6.3.2 简谐势中的布朗运动

作为朗之万方程的一个应用，我们讨论一个束缚在简谐势中的粒子的布朗运动。

$$U(x) = \frac{1}{2}kx^2 \tag{6.42}$$

朗之万方程 (6.39) 则变为

$$\frac{\mathrm{d}x}{\mathrm{d}t} = -\frac{k}{\zeta}x + v_r(t) = -\frac{x}{\tau} + v_r(t) \tag{6.43}$$

其中

$$\tau = \frac{\zeta}{k} \tag{6.44}$$

由于 $x(t)$ 的朗之万方程 (6.43) 与速度 $v(t)$ 的朗之万方程 (参见式 6.19) 具有相同的结构，因此可以用与得到 $\langle v(t)v(0)\rangle$ 相同的方式获得时间关联函数 $\langle x(t)x(0)\rangle$。这里我们为后者展示一个稍微不同的推导过程。

令 x_0 为粒子在 $t=0$ 时刻的位置，即

$$x_0 = \int_{-\infty}^{0} \mathrm{d}t_1 e^{t_1/\tau} v_r(t_1) \tag{6.45}$$

则方程 (6.43) 的解为

$$x(t) = x_0 e^{-t/\tau} + \int_0^t dt_1 e^{-(t-t_1)/\tau} v_r(t_1) \tag{6.46}$$

用 x_0 同乘式 (6.46) 的两边并取平均, 我们得到

$$\langle x(t)x(0) \rangle = \langle x_0^2 \rangle e^{-t/\tau} + \int_0^t dt_1 e^{-(t-t_1)/\tau} \langle x_0 v_r(t_1) \rangle \tag{6.47}$$

上式右边第二项等于零, 是由于式 (6.41) 和式 (6.45)。x_0 的分布由玻尔兹曼分布给出, 且与 $\exp(-kx_0^2/2k_B T)$ 成比例, 因此

$$\langle x_0^2 \rangle = \frac{k_B T}{k} \tag{6.48}$$

由式 (6.47) 和式 (6.48) 得出

$$\langle x(t)x(0) \rangle = \frac{k_B T}{k} e^{-|t|/\tau} \tag{6.49}$$

这里我们用 $|t|$ 代替 t 来解释 $t < 0$ 的情况。

根据式 (6.49), 粒子的均方位移可计算为

$$\langle [x(t) - x(0)]^2 \rangle = 2 \left[\langle x(0)^2 \rangle - \langle x(t)x(0) \rangle \right] = \frac{2k_B T}{k} (1 - e^{-|t|/\tau}) \tag{6.50}$$

利用式 (6.12), 速度关联函数 $\langle \dot{x}(t)\dot{x}(0) \rangle$ 的计算结果为[①]

$$\langle \dot{x}(t)\dot{x}(0) \rangle = 2D\delta(t) - \frac{D}{\tau} e^{-|t|/\tau} \tag{6.52}$$

均方位移 $\langle [x(t) - x(0)]^2 \rangle$ 和速度关联函数 $\langle \dot{x}(t)\dot{x}(0) \rangle$ 的图像分别如图 6.3(a) 和 (b) 所示。在 $t = 0$ 时刻速度关联函数 $\langle \dot{x}(t)\dot{x}(0) \rangle$ 存在一个尖峰 (由 δ 函数表示), 接着是一个缓慢降低的负关联。尖峰是由朗之万方程中的噪声项引起的, 缓慢下降部分是简谐弹簧中储存力的结果。值得注意的是, 对于自由布朗粒子, 时间关联函数 $\langle [x(t) - x(0)]^2 \rangle$ 和 $\langle \dot{x}(t)\dot{x}(0) \rangle$ 的短时行为是一样的。对于短暂的时间, 式 (6.50) 和式 (6.52) 可近似为

$$\langle [x(t) - x(0)]^2 \rangle = 2D|t|, \quad \langle \dot{x}(t)\dot{x}(0) \rangle = 2D\delta(t), \quad t \ll \tau \tag{6.53}$$

这些方程分别等于式 (6.33) 和式 (6.36)。这再次表明, 短时行为由式 (6.39) 中的随机项 $v_r(t)$ 控制, 且不依赖于势场 $U(x)$。

---

① 为了得到这个结果, 利用阶跃函数 $\Theta(t)$ 来描写 $e^{-|t|/\tau}$ 是方便的,

$$e^{-|t|/\tau} = e^{t/\tau}\Theta(-t) + e^{-t/\tau}\Theta(t) \tag{6.51}$$

其中, 对于 $t > 0$, $\Theta(t) = 1$, 对于 $t < 0$, $\Theta(t) = 0$, 这个表达式的推导可通过 $d\Theta(t)dt = \delta(t)$ 来计算。

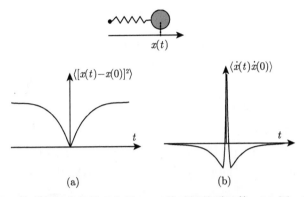

图 6.3 (a) 束缚于简谐势的布朗粒子位置 $x(t)$ 的时间关联函数；(b) 同一粒子的速度 $\dot{x}(t)$ 的时间关联函数。这里，在中心非常狭窄的尖峰由 δ 函数 $2D\delta(t)$ 或更精确地由 $(k_{\mathrm{B}}T/m)\mathrm{e}^{-|t|/\tau_v}$ 给出

6.4 一般形状粒子的布朗运动

6.4.1 粒子构象的朗之万方程

让我们考虑一般形状粒子的布朗运动 (如图 6.1(b) 中展示的棒状粒子)，或者这种粒子的聚集。这种系统的构象由一组广义坐标 $x = (x_1, x_2, \cdots, x_f)$ 来表示。例如，一个刚体粒子的构象由六个坐标来描述，三个表示位置，三个表示取向。

假设这些粒子在势场 $U(x)$ 中运动。这种情况下的朗之万方程可通过将前一节的讨论进行一般化得到。朗之万方程 (6.38) 代表三个力的平衡，势场力 $F_{\mathrm{p}} = -\partial U/\partial x$，摩擦力 $F_{\mathrm{f}} = -\zeta \dot{x}$，以及随机力 $F_{\mathrm{r}}(t)$。

在一般情况下，势场力定义为在粒子移动 $\mathrm{d}x_i$ 时势场 $U(x)$ 的变化

$$\mathrm{d}U = -\sum_i F_{\mathrm{p}i}\mathrm{d}x_i \tag{6.54}$$

因此

$$F_{\mathrm{p}i} = -\frac{\partial U}{\partial x_i} \tag{6.55}$$

$F_{\mathrm{p}i}$ 为与 x_i 共轭的一般势场力。注意，$F_{\mathrm{p}i}$ 表示依赖于 x_i 的各种力。如果 x_i 代表粒子的位置矢量，$F_{\mathrm{p}i}$ 则表示作用在粒子上的通常力。另一方面，如果 x_i 代表粒子的角坐标，$F_{\mathrm{p}i}$ 则表示力矩。

同样地，摩擦力 $F_{\mathrm{f}i}$ 一般定义为当粒子以速度 $\dot{x} = (\dot{x}_1, \dot{x}_2, \cdots)$ 运动时，单位时间内作用于流体的不可逆功 W_{irr}：

$$W_{\mathrm{irr}} = \sum_i F_{\mathrm{f}i}\dot{x}_i \tag{6.56}$$

如附录 D.1 所示，$\boldsymbol{F}_{\text{f}_i}$ 是 $\dot{x}_i$ 的线性函数，并写为

$$F_{\text{f}_i} = -\sum_j \zeta_{ij}(x)\dot{x}_j \tag{6.57}$$

其中 $\zeta_{ij}(x)$ 为广义摩擦常数。注意：与 x_i 共轭的摩擦力一般依赖于其他坐标的速度 $\dot{x}_j$。这从图 6.4(a) 的例子中可以看出。当一个豆状粒子沿 x 方向运动时，摩擦力 $\boldsymbol{F}_{\text{f}}$ 并不平行于速度矢量 $\boldsymbol{V}$：沿 x 方向的运动诱导了沿 y 方向和 z 方向的摩擦力。同时，这样一个粒子的平移还诱导了力矩 $\boldsymbol{T}_{\text{f}}$。这些摩擦力和力矩可由流体动力学计算出，并由式 (6.57) 的形式给出。计算 F_{f_i} 的详细讨论由附录 D.1 给出。

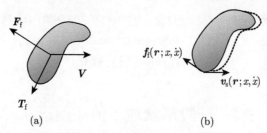

图 6.4　(a) 作用在黏性流体中以速度 $\boldsymbol{V}$ 运动的粒子上的摩擦力 $\boldsymbol{F}_{\text{f}}$ 和力矩 $\boldsymbol{T}_{\text{f}}$；(b) 当粒子的一般化坐标以速率 $\dot{x}$ 改变时，在粒子表面上的点 $\boldsymbol{r}$ 以特定的速度 $\boldsymbol{v}_{\text{s}}(\boldsymbol{r};x,\dot{x})$ 运动，作用在这一点 (单位面积) 上的流体静力学力 $\boldsymbol{f}_{\text{f}}(\boldsymbol{r};x,\dot{x})$ 可通过求解 Stokes 方程计算，合力 $\boldsymbol{F}_{\text{f}}$ 和力矩 $\boldsymbol{T}_{\text{f}}$ 通过 $\boldsymbol{f}_{\text{f}}(\boldsymbol{r};x,\dot{x})$ 算出

因此，粒子一般化坐标的朗之万方程由下式给出：

$$-\sum_j \zeta_{ij}\dot{x}_j - \frac{\partial U}{\partial x_i} + F_{\text{r}i}(t) = 0 \tag{6.58}$$

式 (6.58) 左边最后一项表示随机力。在点粒子的情形中，随机力 $F_{\text{r}i}(t)$ 满足下列方程：

$$\langle F_{\text{r}i}(t)\rangle = 0, \quad \langle F_{\text{r}i}(t)F_{\text{r}j}(t')\rangle = 2\zeta_{ij}k_{\text{B}}T\delta(t-t') \tag{6.59}$$

这个式子是式 (6.26) 的一般化。这些式子的推导过程由附录 D.3 给出。

6.4.2　倒易关系

上面定义的摩擦常数 $\zeta_{ij}(x)$ 具有如下性质:

(i) $\zeta_{ij}(x)$ 是对称的

$$\zeta_{ij}(x) = \zeta_{ji}(x) \tag{6.60}$$

(ii) 矩阵 $\zeta_{ij}(x)$ 是正定的，即对任意 $\dot{x}_i$，

$$\sum_{ij} \zeta_{ij}(x)\dot{x}_i\dot{x}_j \geqslant 0 \tag{6.61}$$

在流体动力学中，式 (6.60) 是著名的洛伦兹倒易关系。这并不是可有可无的一个关系。例如，考虑图 6.5 显示的情况，当一个粒子以速度 v_x 沿 x 方向运动时，流体静力学阻力一般包含 y 分量 $F_{\mathrm{f}y}$ (图 6.5(a))；当粒子以速度 v_y 沿 y 方向运动时，流体静力学阻力包含 x 分量 $F_{\mathrm{f}x}$ (图 6.5(b))。倒易关系给出一个重要的结果，即 $F_{\mathrm{f}y}/V_x$ 等于 $F_{\mathrm{f}x}/V_y$。一个更显著的例子可由一个螺旋状粒子看出。对于这样的一个粒子，平移速度 V 会产生一个力矩 T_{f} (图 6.5(c))，旋转角速度 ω 产生一个摩擦力 F_{f}。倒易关系同样给出一个非常重要的等式 $T_{\mathrm{f}}/V = F_{\mathrm{f}}/\omega$。

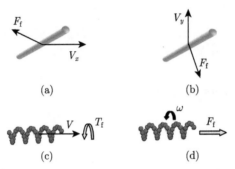

图 6.5 流体动力学对易关系 (解释见文中)

倒易关系可以利用摩擦力矩阵的定义 (见附录 D.1)，通过流体动力学证明。

Onsager 指出倒易关系可以在不援引流体动力学的情况下被证明[1]。其证明的关键点是在平衡态下 (式 (6.5)) 时间关联函数是时间反演对称的。由于摩擦常数 ζ_{ij} 仅依赖于粒子的构象 x，不依赖于势场 $U(x)$，我们可以考虑一种特殊情形，即粒子受到简谐势

$$U(x) = \frac{1}{2} \sum_i k_i (x_i - x_i^0)^2 \tag{6.62}$$

以及粒子构象不显著偏离平衡构象 $x^0 = (x_1^0, x_2^0, \cdots)$。在这种情况下，对于偏差 $\xi_i(t) = x_i(t) - x_i^0$，方程 (6.58) 可以被解出。时间关联函数 $\langle \xi_i(t)\xi_j(0) \rangle$ 在 i 和 j 的交换下具有对称性的要求给出了对易关系 (6.60)。详细的诠释见附录 D.3。

6.5 涨落–耗散定理

6.5.1 涨落和物质参数

我们已经看到平衡态下随机力的时间关联用摩擦常数 (式 (6.26) 和式 (6.59)) 来描述。当系统处于平衡态时，随机力是流体作用于粒子上的力的涨落部分；当

---

[1] Onsager 实际上推导了不可逆热动力学中的动力学系数倒易关系，但是他的证明过程的本质和这里给出的是一致的。这里他的证明过程以适用于布朗粒子的形式给出。

粒子处于运动状态时，摩擦常数代表流体作用于粒子上的平均力。在一般情况下，发生在平衡态的涨落可能与外参量改变时系统的响应有关。这种关系通常称为涨落–耗散关系，这个关系的存在称为涨落–耗散定理。

涨落–耗散关系是统计力学中的一个一般结果，并且可以从分子系统中运动的哈密顿方程开始进行证明。实际上式 (6.26) 和式 (6.35) 是这个一般关系的特例。本节中我们将解释涨落–耗散关系的一般形式，并在布朗运动的理论中讨论其相关性。

6.5.2　随机力的时间关联

统计力学将任何系统当成由分子组成的遵循运动哈密顿方程的动力学系统。如果我们知道系统的哈密顿量，系统的时间演化可通过求解运动的哈密顿方程来计算。

系统的哈密顿量可以写为 $H(\Gamma; x)$，其中 Γ 表示系统中所有分子具体位置和动量的坐标集合，$x = (x_1, x_2, \cdots, x_n)$ 表示外参量，为出现在哈密顿量中的参数 (因此影响分子的运动，但是可由外界控制)。

涨落–耗散定理可由 x 的一般定义来描述。然而，为了使这个定理的相关性更加清晰，我们用布朗粒子组成的系统来对其进行解释。

我们考虑放在流体中的一个大粒子 (或一些粒子)，把 Γ 当成描述流体分子的位置和动量坐标，把 $x = (x_1, x_2, \cdots, x_f)$ 看成描述布朗粒子的构象的参数 (图 6.6)。注意，我们考虑系统仅由流体分子组成，而对于流体分子，布朗粒子的构象参量 x 被看成哈密顿量中的外参量。

此时，作用于布朗粒子上的力由下式给出：

$$\hat{F}_i(\Gamma; x) = -\frac{\partial H(\Gamma; x)}{\partial x_i} \tag{6.63}$$

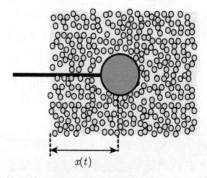

图 6.6　如果放在流体中大粒子的位置可由外界控制，对于流体分子而言，粒子的位置坐标 x
　　　　可看成外参量

$\hat{F}_i(\Gamma; x)$ 表示处于微观状态 Γ 的流体分子作用在粒子上的瞬间力[1]。在时刻 t 宏观力为 $\hat{F}_i(\Gamma; x)$ 对于分布函数 $\psi(\Gamma; x, t)$ 的平均

$$\langle F_i(t) \rangle = \int d\Gamma \hat{F}_i(\Gamma; x) \psi(\Gamma; x, t) \tag{6.64}$$

对于一个给定的数值 x，流体分子均处于平衡态，平均力可通过下式计算：

$$\langle F_i \rangle_{\text{eq},x} = \int d\Gamma \hat{F}_i(\Gamma; x) \psi_{\text{eq}}(\Gamma; x) \tag{6.65}$$

其中，ψ_{eq} 为流体分子的平衡分布函数，由正则分布给出：

$$\psi_{\text{eq}}(\Gamma; x) = \frac{e^{-\beta H(\Gamma; x)}}{\int d\Gamma e^{-\beta H(\Gamma; x)}} \tag{6.66}$$

很容易看出 $\langle F_i \rangle_{\text{eq},x}$ 由自由能

$$A(x) = -k_{\text{B}} T \ln \int d\Gamma e^{-\beta H(\Gamma; x)} \tag{6.67}$$

的偏导给出[2]

$$\langle F_i \rangle_{\text{eq},x} = -\frac{\partial A(x)}{\partial x_i} \tag{6.68}$$

现在考虑 $t = 0$ 时刻，对于一个给定数值的外参量 $x(0)$，系统处于平衡态，而对于 $t > 0$，$x(t)$ 随速度 $\dot{x}_i(t)$ 缓慢变化。在时刻 t 作用在粒子上的平均力 $\langle F_i(t) \rangle_{x+\delta x}$ 可通过求解分布函数 $\psi(\Gamma; x, t)$ 的时间演化方程计算出来 (如统计力学中的 Liouville 方程)。如果偏差 $\delta x_i(t) = x_i(t) - x_i(0)$ 很小，结果可以写成如下的形式 (见附录 E)：

$$\langle F_i(t) \rangle_{x+\delta x} = -\frac{\partial A(x)}{\partial x_i} - \int_0^t dt' \sum_j \alpha_{ij}(x; t - t') \dot{x}_j(t') \tag{6.69}$$

右边第一项代表当 x_i 固定在 $x_i(0)$ 时的平衡力 F_{eq}，第二项表示由于 $x_i(t)$ 的时间依赖性引起的一阶修正。可以证明函数 $\alpha_{ij}(x; t)$ 与初始平衡态涨落力 $\hat{F}_{\text{r}i}(t)$ 的时间关联函数有关，这里 $x(t)$ 固定在初始值 $x(0)$，也就是

$$\alpha_{ij}(x; t) = \frac{1}{k_{\text{B}} T} \langle F_{\text{r}i}(t) F_{\text{r}j}(0) \rangle_{\text{eq},x} \tag{6.70}$$

---

[1] 例如，在图 6.6 所示的例子中，哈密顿量包含布朗粒子 (位于 $\boldsymbol{R}$) 和流体分子 (位于 $\{r_i\} = (r_1, r_2, \cdots)$) 的相互作用势 $U_{\text{B}}(\boldsymbol{R}, \{r_i\})$。在这种情况下，$-\partial H/\partial \boldsymbol{R} = \partial U_{\text{B}}/\partial \boldsymbol{R}$ 表示流体分子作用在布朗粒子上的力。

[2] $\langle F_i \rangle_{\text{eq},x}$ 的一个例子是作用在粒子上的浮力。

和

$$F_{\mathrm{r}i}(t) = \hat{F}_i(\Gamma_t; x) - \langle F_i \rangle_{\mathrm{eq},x} = \hat{F}_i(\Gamma_t; x) + \frac{\partial A(x)}{\partial x_i} \tag{6.71}$$

其中，Γ_t 是微观状态变量 Γ 在时刻 t 的数值。

注意到，由于 Γ_t 随时间改变，$F_{\mathrm{r}i}(t)$ 也随时间变化[①]。

式 (6.70) 是式 (6.26) 的一般形式。假设一个放在黏性流体中的粒子在 $t = 0$ 时刻以恒定的速度 v 开始运动 (图 6.7(a))，则式 (6.69) 表明，作用在粒子上的平均力为

$$\langle F(t) \rangle_{x+\delta x} = -\int_0^t \mathrm{d}t' \alpha(x; t - t')v = -v \int_0^t \mathrm{d}t' \alpha(x; t') \tag{6.72}$$

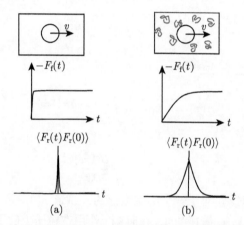

图 6.7   (a) 如果一个粒子在黏性介质中以恒定速度 v 开始运动，摩擦力立即达到稳定值 $-\zeta v$。因此随机力的时间关联函数具有 δ 函数的形式；(b) 如果粒子在聚合物溶液中运动，由于聚合物溶液的黏弹性，摩擦力表现出暂态行为。据此，在聚合物溶液中随机力的时间关联函数存在有限的关联时间

(注意流体的自由能不依赖于 x，因此 $\partial A/\partial x$ 等于零。) 另一方面，唯象摩擦定律表明作用在粒子上的黏性力 F_{f} 可表示为 $-\zeta v$。将其和式 (6.72) 进行对比，得到对于 $t > 0$ 有

$$\int_0^t \mathrm{d}t' \alpha(x; t') = \zeta(x) \tag{6.73}$$

为了使这个式子对任意时刻 t 都成立，$\alpha(t)$ 必须写成

$$\alpha(x; t) = 2\zeta(x)\delta(t) \tag{6.74}$$

[①] 根据附录 E 中的推导，式 (6.71) 和式 (6.75) 中的 x 必须为 $x(0)$，也就是在 $t = 0$ 时刻的外参量。然而，由于变化量 $x(t) - x(0)$ 很小，x 可以理解为在时刻 t 的外参量 $x(t)$。

因此，式 (6.70) 给出关系

$$\langle F_{\mathrm{r}}(t)F_{\mathrm{r}}(0)\rangle_{\mathrm{eq},x} = 2\zeta(x)k_{\mathrm{B}}T\delta(t) \tag{6.75}$$

上式和式 (6.26) 等价。

如果粒子周围的流体为黏弹性流体，如聚合物溶液，摩擦力 $F_{\mathrm{f}}(t)$ 的行为如图 6.7(b) 所示，即 $F_{\mathrm{f}}(t)$ 通过一段时间延迟达到稳定态。在这种情况下，$\alpha(t)$ 同样有时间延迟。式 (6.70) 则表明作用于粒子上的涨落力存在有限的关联时间，如图 6.7(b) 所示。

6.5.3 广义爱因斯坦关系

我们现在讨论涨落–耗散关系的一个特例。这给出了爱因斯坦关系的一般形式，并把涨落的时间关联函数与外场引起的系统响应联系起来。

为了推导这样一个关系，现在将布朗粒子看成系统的一部分，因此，此时 Γ 表示流体分子和布朗粒子的位置和动量。假设 $t > 0$ 时对系统施加外场的作用，因此 $t > 0$ 时系统的哈密顿量为

$$H(\Gamma;h) = H_0(\Gamma) - \sum_i h_i(t)\hat{M}_i(\Gamma) \tag{6.76}$$

这里我们改变了符号标识，外参量由 $h_i(t)$ 表示，对应的共轭量由 $\hat{M}_i(\Gamma)$ 表示：

$$\hat{M}_i(\Gamma) = -\frac{\partial H}{\partial h_i} \tag{6.77}$$

这样使得 $h_i(t)$ 和 $\hat{M}_i(\Gamma)$ 的含义更清晰。通常，$h_i(t)$ 表示一些外力，$\hat{M}_i(\Gamma)$ 表示与 h_i 共轭的量。例如，如果一个外力 $F^{(\mathrm{e})}$ 作用在一个粒子上 (图 6.8)，粒子的势能将包含 $-xF^{(\mathrm{e})}$ 项，其中 x 为粒子的坐标。在这种情况下，h_i 和 $\hat{M}_i(\Gamma)$ 对应于 $F^{(\mathrm{e})}$

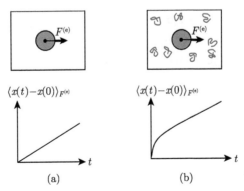

图 6.8 (a) 上：一个恒外力 $F^{(\mathrm{e})}$ 开始作用于处于牛顿流体中的粒子；下：由力引起的粒子位移。(b) 和左边情形的相同，但是粒子是中聚合物溶液中运动。由于聚合物溶液的黏弹性，可观测到粒子的位移暂态行为

和 x。另一个例子为，一个磁场 H 作用于一个具有永久磁矩 μ_m 的磁性粒子上 (图 6.9)。这个磁场将产生一个势能 $-\mu_\mathrm{m}H\cos\theta$，$\theta$ 为磁矩和磁场之间的夹角。在这种情况下，h_i 和 $\hat{M}_i(\Gamma)$ 分别与 H 和 $\mu_\mathrm{m}\cos\theta$ 对应。

和前一节一样，我们考虑系统在 $t = 0$ 时刻处于平衡态、没有外场的情况，并在 $t \geqslant \varepsilon$ (ε 为大于零的小时间) 加上阶梯场 h_i，即

$$h_i(t) = h_i\Theta(t - \varepsilon) \quad \text{或} \quad \dot{h}_i(t) = h_i\delta(t - \varepsilon) \tag{6.78}$$

这种情况下我们定义响应函数 $\chi_{ij}(t)$：

$$\langle M_i(t) - M_i(0)\rangle_h = \sum_j \chi_{ij}(t)h_j \tag{6.79}$$

可以证明响应函数 $\chi_{ij}(t)$ 和位移的关联函数有关 (见附录 E)

$$\chi_{ij}(t) = \frac{1}{2k_\mathrm{B}T}\langle[M_i(t) - M_i(0)][M_j(t) - M_j(0)]\rangle_{\mathrm{eq},0} \tag{6.80}$$

方程 (6.79) 和 (6.80) 给出了爱因斯坦关系的一般形式。假设在 $t = 0$ 时刻一个恒定力 $F^{(\mathrm{e})}$ 作用于溶液中的一个布朗粒子，然后粒子开始以常速 $v = F^{(\mathrm{e})}/\zeta$ 运动。因此粒子的平均位移 $\langle x(t) - x(0)\rangle_{F^{(\mathrm{e})}}$ 由 $F^{(\mathrm{e})}t/\zeta$ 和 $\chi(t) = t/\zeta$ 给出 (图 6.8(a))。因此，式 (6.80) 表明

$$\frac{t}{\zeta} = \frac{1}{2k_\mathrm{B}T}\langle[x(t) - x(0)]^2\rangle_{\mathrm{eq},0} \tag{6.81}$$

另一方面，式 (6.81) 右边的平均可由自扩散常数 D 表示为

$$\langle[x(t) - x(0)]^2\rangle_{\mathrm{eq},0} = 2Dt \tag{6.82}$$

式 (6.82) 和式 (6.82) 给出了爱因斯坦关系 (6.35)。

如果粒子在聚合物溶液中运动，响应函数将由图 6.8(b) 展示：粒子先是快速运动然后再慢慢减速下来，据此粒子的均方位移行为如图 6.8(b) 的下图所示。因此，式 (6.80) 是爱因斯坦关系的一般形式。

对于图 6.9 中的棒状粒子的响应，相似的关系式同样成立，这种情形的分析将由第 7 章给出。

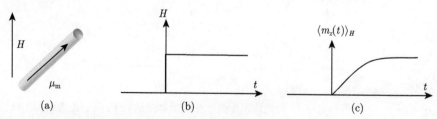

图 6.9　(a) 将一个拥有永久磁矩 μ_m 的棒状粒子置于磁场中；(b) 当 $t > 0$ 时加上一个恒定磁场时，(c) 平均磁矩的变化

6.6　小　　结

从分子尺度的角度来看，在流体中小粒子的布朗运动是物理量涨落的一种表现。平衡态时涨落的时间关联函数具有方程 (6.7) 描述的时间反演对称性。

粒子的布朗运动可以用包含涨落力 $F_{ri}(t)$ 的朗之万方程 (6.58) 来描述。涨落力的时间关联函数与摩擦常数矩阵 ζ_{ij} 有关。这样的关系称为涨落–耗散关系。

当与任何物理量 F_i 共轭的外部参数变化时，平衡态时 F_i 的时间关联函数与 F_i 平均值的变化之间一般存在涨落–耗散关系，称为涨落–耗散定理。该定理的一个特例是把扩散系数 (表示粒子位置涨落的物理量) 和摩擦常数 (表示当有外力作用时粒子位置变化的物理量) 联系在一起的爱因斯坦关系。

涨落–耗散定理的一个重要结论是摩擦常数矩阵 ζ_{ij} 一般为对称矩阵。这是基于第 7 章将讨论的变分原理得出的。

延 展 阅 读

(1) Low Reynolds Number Hydrodynamics, John Happel and Howard Brenner, Springer (1983).

(2) Reciprocal relations in irreversible processes I, II, Onsager L. Phys. Rev. **37**, 405–426 (1931), **38** 2265–2279 (1931).

练　　习

6.1　考虑一个半径为 $0.1\mu m$、密度为 $2g \cdot cm^{-3}$ 的胶体粒子在水 (密度为 $1g \cdot cm^{-3}$，黏度为 $1mPa \cdot s$) 中运动。回答下列问题。

(a) 计算粒子在水中的沉降速度 V_s。

(b) 计算粒子的扩散常数 D。

(c) 计算时间 t 内粒子移动的平均距离 $V_s t$，以及 $t = 1ms, 1s, 1h, 1d$ 时粒子的涨落 $\sqrt{(Dt)}$，并讨论在何时需要考虑布朗运动。

6.2　利用式 (6.29) 和式 (6.30) 计算自由布朗粒子的均方位移，并证明当 $t \gg \tau_v$ 时式 (6.33) 是正确的。

6.3　在简谐势 (6.43) 中布朗粒子的朗之万方程的解 $x(t)$ 表达为

$$x(t) = \int_{-\infty}^{t} dt_1 e^{-(t-t_1)/\tau} v_r(t_1) \tag{6.83}$$

回答下列问题。

(a) 利用式 (6.40) 和式 (6.83) 计算 $\langle x^2(t) \rangle$，并证明它等于 $k_B T/k$。

(b) 分别计算当 $t > t'$ 和 $t < t'$ 时的时间关联函数 $\langle x(t) x(t') \rangle$。

(c) 分别计算当 $t > 0$, $t = 0$ 和 $t < 0$ 时的 $\langle x(t) v_{\mathrm{r}}(0) \rangle$。(注意：时间关联函数 $\langle x(t) v_{\mathrm{r}}(0) \rangle$ 不满足式 (6.7) 的时间反演对称性，因为 $v_{\mathrm{r}}(t) = \dot{x} + (kx/\zeta)$ 不满足关系式 (6.6)。)

(d) 利用式 (6.43) 计算 $\langle \dot{x}(t) \dot{x}(0) \rangle$，并证明可由式 (6.52) 得出。

6.4* 棒状粒子的摩擦常数不是各向同性的。如果棒状粒子沿平行于轴的方向运动，摩擦常数为 $\zeta_{\parallel}$，如果棒状粒子沿垂直于轴的方向运动，摩擦常数为 $\zeta_{\perp}$ (图 6.10)。令 $\boldsymbol{u}$ 为平行于轴的单位矢量。回答下列问题。

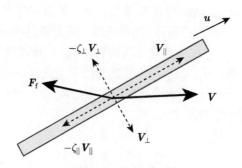

图 6.10　练习题 6.4

(a) 流体作用于以速度 V_{α} 运动的棒状粒子上的摩擦力为 $F_{\mathrm{f}\alpha}$ $(\alpha = x, y, z)$，摩擦力可写为

$$F_{\mathrm{f}\alpha} = -\zeta_{\alpha\beta} V_{\beta} \tag{6.84}$$

用 $\zeta_{\parallel}$, $\zeta_{\perp}$ 和 $\boldsymbol{u}$ 表示 $\zeta_{\alpha\beta}$，并证明摩擦张量 $\zeta_{\alpha\beta}$ 是对称的。

(提示：利用摩擦力由 $-\zeta_{\parallel} \boldsymbol{V}_{\parallel} - \zeta_{\perp} \boldsymbol{V}_{\perp}$ 得出，其中 $\boldsymbol{V}_{\parallel}$ 和 $\boldsymbol{V}_{\perp}$ 为图 6.10 中定义的 $\boldsymbol{V}$ 的平行分量和垂直分量。)

(b) 用 $\zeta_{\parallel}$, $\zeta_{\perp}$ 和 u_{α} 表示矩阵 $\zeta_{\alpha\beta}$ 的逆矩阵 $(\zeta^{-1})_{\alpha\beta}$。

(c) 令 $x_{\alpha}(t)$ 为棒状粒子质心的位置矢量的 α 分量，则式 (6.58) 可以写成

$$-\zeta_{\alpha\beta} \frac{\mathrm{d}x_{\beta}}{\mathrm{d}t} + F_{\mathrm{r}\alpha} = 0 \tag{6.85}$$

证明这个方程可以写成

$$\frac{\mathrm{d}x_{\alpha}}{\mathrm{d}t} = v_{\mathrm{r}\alpha}(t) \tag{6.86}$$

其中 $v_{\mathrm{r}\alpha}(t) = (\zeta^{-1})_{\alpha\beta} F_{\mathrm{r}\beta}$。并计算时间关联函数 $\langle v_{\mathrm{r}\alpha}(t) v_{\mathrm{r}\beta}(t') \rangle$。

(d) 证明如果棒状粒子的角分布函数是各向同性的，则质心的均方位移为

$$\langle [x(t) - x(0)]^2 \rangle = 2k_{\mathrm{B}}T \left(\frac{1}{\zeta_{\parallel}} + \frac{2}{\zeta_{\perp}} \right) t \tag{6.87}$$

(e) 计算倾向沿 z 方向取向，序参数为 $S = (3/2)(\langle u_z^2 \rangle - 1/3)$ 的棒状粒子的均方位移 $\langle [x(t) - x(0)]^2 \rangle$。

6.5　考虑如图 6.11(a) 所示的由电阻 (阻值为 R) 和电容器 (电容为 C) 组成的电路。储存在电容器上的平均电荷量 Q 为零，但是由于电流载流子的热涨落，可正可负。回答下列问题。

(a) $Q(t)$ 的涨落由下面的方程来描述：

$$R\dot{Q} + \frac{Q}{C} - \psi_r(t) = 0 \tag{6.88}$$

其中 $\psi_r(t)$ 为涨落电压。比较式 (6.88) 和式 (6.58)，证明涨落电压满足下面的关系式 (Nyquist 定理)

$$\langle \psi_r(t)\psi_r(0)\rangle = 2Rk_BT\delta(t) \tag{6.89}$$

(b) 计算时间关联函数 $\langle Q(t)Q(0)\rangle$ 和 $\langle I(t)I(0)\rangle$，其中 $I(t) = \dot{Q}(t)$ 是流过电阻的电流。

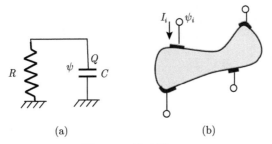

图 6.11　练习题 6.5

6.6　考虑一个如图 6.11(b) 所示表面连接着许多电极的欧姆材料。令 ψ_i 为电极 i 上的电压，流过电极 i 上的电阻的电流为 I_i。ψ_i 和 I_i 之间的关系推导如下：令 $\psi(r)$ 为电阻中 r 处的电势；电流密度 $j(r)$ 由 $j = -\sigma\nabla\psi$ 给出，其中 $\sigma(r)$ 为 r 处的电导率。由于电流密度必须满足电荷守恒方程 $\nabla \cdot j = 0$，因此电势 $\psi(r)$ 须满足如下的方程：

$$\nabla \cdot (\sigma\nabla\psi) = 0 \tag{6.90}$$

如果在边界条件

$$\psi(r) = \psi_i, \quad i = 1, 2, \cdots \tag{6.91}$$

下解出这个方程，则电流 I_i 可求得为

$$I_i = \int_{\text{电极 } i} dS\, n \cdot \sigma\nabla\psi \tag{6.92}$$

其中，n 为垂直于表面的单位矢量。回答下列的问题。(提示：参考附录 D.1 的讨论。)

(a) 证明 ψ_i 和 J_i 满足下面的线性关系：

$$\psi_i = \sum_j R_{ij}J_j \tag{6.93}$$

矩阵 R_{ij} 称为电阻矩阵。

(b) 证明矩阵 R_{ij} 是对称的和正定的。

6.7　考虑包含惯性项的布朗粒子的运动方程：

$$m\frac{\mathrm{d}^2 x}{\mathrm{d}t^2} = -\zeta\frac{\mathrm{d}x}{\mathrm{d}t} + F_{\mathrm{r}}(t) + F^{(\mathrm{e})}(t) \tag{6.94}$$

其中，$F_{\mathrm{r}}(t)$ 和 $F^{(\mathrm{e})}(t)$ 分别为随机力和外力。回答下列问题。

(a) 在 $t=0$ 时刻，当受到阶梯型的外力作用时，即 $F^{(\mathrm{e})}(t)=F^{(\mathrm{e})}\Theta(t)$，计算粒子的平均位移 $\langle x(t)-x(0)\rangle_{F^{(\mathrm{e})}}$。

(b) 利用广义爱因斯坦关系，计算粒子的均方位移 $\langle [x(t)-x(0)]^2\rangle_{\mathrm{eq},0}$。

(c) 计算平衡态时的速度关联函数 $\langle \dot{x}(t)\dot{x}(0)\rangle_{\mathrm{eq},0}$，并证明它与式 (6.29) 一致。

6.8　考虑由一个简谐弹簧连接的两个布朗粒子 (图 6.12(a))。它们在位置 x_1 和 x_2 的朗之万方程为

$$\zeta\frac{\mathrm{d}x_1}{\mathrm{d}t} = -k(x_1-x_2) + F_{\mathrm{r}1}(t) \tag{6.95}$$

$$\zeta\frac{\mathrm{d}x_2}{\mathrm{d}t} = -k(x_2-x_1) + F_{\mathrm{r}2}(t) \tag{6.96}$$

回答下列问题。

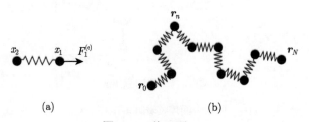

图 6.12　练习题 6.8

(a) 当 $t>0$ 时，假设一个恒力 $F_1^{(\mathrm{e})}$ 作用于粒子 1 上。计算这种情况下两个粒子的平均位移 $\langle x_1(t)-x_1(0)\rangle_{F_1^{(\mathrm{e})}}$ 和 $\langle x_2(t)-x_2(0)\rangle_{F_1^{(\mathrm{e})}}$。

(b) 利用涨落–耗散定理计算时间关联函数 $\langle [x_1(t)-x_1(0)]^2\rangle$ 和 $\langle [x_1(t)-x_1(0)]\cdot[x_2(t)-x_2(0)]\rangle$。

(c) 讨论 $\langle [x_1(t)-x_1(0)]^2\rangle$ 在短时间内 $t\ll\zeta/k$ 和长时间内 $t\gg\zeta/k$ 的行为。

6.9*　图 6.12(b) 显示了聚合物链的一个简单模型。这条聚合物链是由弹簧将 $N+1$ 个珠子连接而成的。为了计算每一个珠子的均方位移，我们考虑当 $t>0$ 时，一个恒外力 $F^{(\mathrm{e})}$ 作用在第 m 个珠子上的情形。第 n 个珠子的平均位置 $\bar{r}_n=\langle r_n\rangle$ 的时间演化方程为

$$\zeta\frac{\mathrm{d}\bar{r}_n}{\mathrm{d}t} = k(\bar{r}_{n+1}-2\bar{r}_n+\bar{r}_{n-1}) + \boldsymbol{F}^{(\mathrm{e})}\delta_{nm}, \quad n=0,1,\cdots,N \tag{6.97}$$

其中 r_{-1} 和 r_{N+1} 定义为

$$\boldsymbol{r}_{-1}=r_0, \quad \boldsymbol{r}_{N+1}=\boldsymbol{r}_N \tag{6.98}$$

如果将 n 看成是一个连续变量，则式 (6.97) 可写成偏微分方程的形式

$$\zeta\frac{\partial\bar{r}_n}{\partial t} = k\frac{\partial^2\bar{r}_n}{\partial n^2} + \boldsymbol{F}^{(\mathrm{e})}\delta(n-m) \tag{6.99}$$

式 (6.98) 写成边界条件的形式

$$\frac{\partial \boldsymbol{r}_n}{\partial n} = 0, \quad n = 0, N \tag{6.100}$$

式 (6.99) 可利用格林函数 $G(n, m, t)$ 求解出，格林函数是下面方程的一个解

$$\frac{\partial}{\partial t} G(n, m, t) = \frac{k}{\zeta} \frac{\partial^2}{\partial n^2} G(n, m, t) + \delta(t) \delta(n - m) \tag{6.101}$$

并满足边界条件

$$\frac{\partial}{\partial t} G(n, m, t) = 0, \quad n = 0, N \tag{6.102}$$

式 (6.99) 的解写成

$$\bar{\boldsymbol{r}}_n(t) = \frac{\boldsymbol{F}^{(e)}}{\zeta} \int_0^t \mathrm{d}t' G(n, m; t - t') \tag{6.103}$$

回答下列问题。

(a) 证明第 m 个珠子的均方位移为

$$\langle [\boldsymbol{r}_m(t) - \boldsymbol{r}_m(0)]^2 \rangle_{\mathrm{eq}} = \frac{6k_{\mathrm{B}}T}{\zeta} \int_0^t \mathrm{d}t' G(m, m; t') \tag{6.104}$$

(b) 证明在短时间内，$G(n, m, t)$ 可写为

$$G(n, m, t) = \frac{1}{\sqrt{4\pi\lambda t}} \exp\left[-\frac{(n - m)^2}{4\lambda t}\right] \tag{6.105}$$

其中 $\lambda = k/\zeta$。

(c) 证明在短时间内一个珠子的均方位移正比于 $\sqrt{t}$。

(d) 证明在长时间内第 n 个珠子的均方位移为

$$\langle [\boldsymbol{r}_n(t) - \boldsymbol{r}_n(0)]^2 \rangle_{\mathrm{eq}} = 6\frac{k_{\mathrm{B}}T}{N\zeta} t \tag{6.106}$$

第 7 章　软物质动力学的变分原理

在本章中，我们将讨论变分原理，它可应用于软物质动力学中的各种问题。对于由小颗粒和黏性流体组成的系统，例如在黏性流体中运动的颗粒，或者在颗粒床中流动的流体，变分原理得到了最清晰的阐明。这个原理从根本上陈述了系统的时间演变是由两个力 (即驱动系统到势能最小状态的势场力和抵抗这种变化的摩擦力) 的平衡决定的。流体动力学印证了这一原理，尤其是摩擦常数的倒易关系。

Onsager 注意到许多描述非平衡系统时间演化的唯象方程具有与粒子–流体系统相同的结构。他提出，由于倒易关系一般由涨落的时间反转对称性保证，因此这种系统的演化规律可以以变分原理的形式描述。我们将这种变分原理称为 Onsager 原理。

Onsager 原理由于基于唯象方程，因此仅适用于某类问题。然而大部分软物质的许多问题 (扩散、流动和流变等) 属于这一类别，它们的基本方程由 Onsager 原理推导出来。在随后的章节中，我们将通过各种例子来说明这一点。

在本章中，首先解释粒子–流体系统的变分原理；然后以更一般的形式阐述变分原理，并展示证明 Onsager 原理两个实用性。

7.1　颗粒–流体体系动力学的变分原理

7.1.1　黏性流体中的颗粒运动

让我们考虑在一个由势场力驱动的黏性流体中运动的粒子系统。例如，考虑重力下沉积的颗粒集合 (图 7.1(a))。颗粒的构型由一组参数 $x = (x_1, x_2, \cdots, x_f)$ 表示，如所有颗粒的位置和取向。在第 6 章中，我们展示了这种构型参数的时间演变由下列方程描述：

$$-\sum_j \zeta_{ij}(x)\,\dot{x}_j - \frac{\partial U(x)}{\partial x_j} = 0 \tag{7.1}$$

其中，$\zeta_{ij}(x)$ 是相关的摩擦常数；$U(x)$ 是系统的势能。在此，假设颗粒是宏观的，我们忽略了随机力。第一项表示当颗粒随速度 $\dot{x} = (\dot{x}_1, \dot{x}_2, \cdots, \dot{x}_f)$ 移动时的摩擦力 (与 x_i 共轭)，第二项表示势场力。方程 (7.1) 表示，系统的时间演变由这两个力的平衡条件决定 (假定惯性力为小到忽略不计)。

注意到方程 (7.1) 是一系列非线性微分方程组 $x(t) = (x_1(t), x_2(t), \cdots, x_f(t))$，因为 $\zeta_{ij}(x)$ 和 $U(x)$ 是 x 的函数。因此，方程 (7.1) 能描述比较复杂的运动。例如，

如图 7.1(a) 所示的粒子团簇沉积物,其形状会改变并分裂成更小的簇。这种复杂的结构演变可由方程 (7.1) 描述。

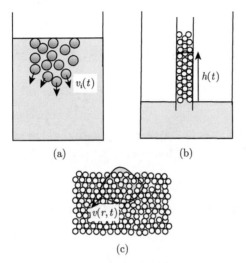

$$(a) \qquad (b)$$

$$(c)$$

图 7.1 粒子–流体体系。(a) 静止流体中沉淀的颗粒集合;(b) 在充满小颗粒的毛细管中液体的上升;(c) 液滴扩散,浸润干燥的沙子

7.1.2 颗粒运动的变分原理

如 6.4.2 节所示,摩擦常数 $\zeta_{ij}(x)$ 满足对易关系

$$\zeta_{ij}(x) = \zeta_{ji}(x) \tag{7.2}$$

该对易关系允许我们以变分原理的形式写出时间演化方程 (7.1)。我们考虑 $\dot{x} = (\dot{x}_1, \dot{x}_2, \cdots, \dot{x}_f)$ 的二次函数:

$$R(\dot{x}; x) = \sum_i \frac{\partial U(x)}{\partial x_i} \dot{x}_i + \frac{1}{2} \sum_{i,j} \zeta_{ij}(x) \dot{x}_i \dot{x}_j \tag{7.3}$$

因为矩阵 $\zeta_{ij}(x)$ 是正定的,当 $\partial R/\partial \dot{x}_i = 0$ $(i = 1, 2, \cdots, f)$ 被满足时,$R(\dot{x}; x)$ 有唯一的最小值,它是 $\dot{x} = (\dot{x}_1, \dot{x}_2, \cdots, \dot{x}_f)$ 的函数。很容易看出,这个条件给出了时间演化方程 (7.1)[1]。因此,x 的时间演变由 $R(\dot{x}; x)$ 最小化的条件决定,这是黏性流体中粒子运动的变分原理。变分原理是力平衡方程 (7.1) 的简单重写,但以这种形式写出时间演化法具有各种优点,我们将在后面的章节中看到。

---

[1] 注意到,此处的对易关系相对重要,因为条件 $\partial R/\partial \dot{x}_i = 0$ 给出了关系 $\partial U(x)/\partial x_i + \sum_j (1/2)(\zeta_{ij} + \zeta_{ji})\dot{x}_j = 0$,对于式 (7.1) 的写法,对易关系是必须的。

函数 $R(\dot{x}; x)$ 被称为瑞利量，包含两项，一项用 $\dot{U}$ 标记，由 $\dot{x}_i$ 的线性函数给出

$$\dot{U} = \sum_i \frac{\partial U(x)}{\partial x_i} \dot{x}_i \tag{7.4}$$

该项表示当粒子以速度 $\dot{x}$ 运动时势能的变化率。另一项是 $\dot{x}$ 的二次函数

$$\Phi = \frac{1}{2} \sum_{ij} \zeta_{ij} \dot{x}_i \dot{x}_j \tag{7.5}$$

该项与系统发生能量耗散有关。当粒子以速度 $\dot{x}$ 在黏性流体中运动时，流体产生了摩擦力 $F_{fi} = -\sum_j \zeta_{ij} \dot{x}_j$，单位时间内对流体做功是 $-\sum_i F_{fi} \dot{x}_i = \sum_{ij} \zeta_{ij} \dot{x}_i \dot{x}_j$。因为流体是一个纯黏性介质，对流体做的功立即转变成热量。因此 2Φ 表示在流体中单位时间耗散成热量的能量。Φ 称为能量耗散函数[①]。

7.1.3　流体流动的变分原理

以上给出的变分原理决定了流体中粒子的运动。在这种处理中，流体的效应包含在摩擦常数 ζ_{ij} 中。事实上，流体运动也由变分原理决定。附录 D 显示，如果流体以速度 $v(r)$ 流动，将产生如下单位时间和单位体积流体的能量耗散：

$$\frac{\eta}{2} \left(\frac{\partial v_\alpha}{\partial r_\beta} + \frac{\partial v_\beta}{\partial r_\alpha} \right)^2 \tag{7.6}$$

系统发生的能量耗散是式 (7.6) 对整个流体体积的积分。因此能量耗散函数 Φ 表示为[②]

$$\Phi_h[v(r)] = \frac{\eta}{4} \int \mathrm{d}r \left(\frac{\partial v_\alpha}{\partial r_\beta} + \frac{\partial v_\beta}{\partial r_\alpha} \right)^2 \tag{7.7}$$

如果流体受到重力作用，势能项表示为

$$\dot{U}_h[v(r)] = -\int \mathrm{d}r \rho \boldsymbol{g} \cdot \boldsymbol{v} \tag{7.8}$$

其中，ρ 是流体密度；$\boldsymbol{g}$ 是重力加速度。流体速度通过瑞利量 $R_h[v(r)] = \Phi_h[v(r)] + \dot{U}_h[v(r)]$ 对 v 求极小值得到，受到流体速度 v 必须满足不可压缩性条件限制

$$\nabla \cdot \boldsymbol{v} = 0 \tag{7.9}$$

---

① 由于历史原因，能量耗散函数被定义成含有 1/2 因子。
② 因为 Φ 现在是速度 $v(r)$ 的一个泛函，Φ 应该称为能量耗散泛函。然而在本书中，我们仍称 Φ 为能量耗散函数。

该约束条件能通过待定算子的拉格朗日方法实现。因此，我们考虑瑞利量

$$R_h\left[\boldsymbol{v}\left(\boldsymbol{r}\right)\right] = \frac{\eta}{4}\int \mathrm{d}r \left(\frac{\partial v_\alpha}{\partial r_\beta} + \frac{\partial v_\beta}{\partial r_\alpha}\right)^2 - \int \mathrm{d}r \rho \boldsymbol{g} \cdot \boldsymbol{v} - \int \mathrm{d}r p\left(\boldsymbol{r}\right)\nabla \cdot \boldsymbol{v} \qquad (7.10)$$

其中，$p\left(\boldsymbol{r}\right)$ 是引入的拉格朗日算子，但最后发现在流体中它是压力。

对于瑞利量 $\boldsymbol{R_h}\left[\boldsymbol{v}\left(\boldsymbol{r}\right)\right]$ 的极小值，函数导数 $\delta R/\delta v$ 必须等于零。很容易证明这个条件给出了流体力学的斯托克斯 (Stokes) 方程[①]

$$\eta \nabla^2 \boldsymbol{v} = -\rho \boldsymbol{g} + \nabla p \qquad (7.13)$$

上面变分原理叫做流体力学能量耗散极小值原理。

如果流体中存在粒子，流体速度在粒子表面必须满足非滑动 (non-slip) 边界条件。该条件利用方程 (D.4) 引入的几何函数 $\boldsymbol{G}_i\left(\boldsymbol{r};x\right)$ 来写，

$$\boldsymbol{v}(\boldsymbol{r}) = \boldsymbol{G}_i\left(\boldsymbol{r};x\right)\dot{x}_i, \quad \text{在粒子表面} \qquad (7.14)$$

在此情况下，瑞利量可写成

$$R\left[\dot{x};\boldsymbol{v};x\right] = R_h\left[\boldsymbol{v}\right] + \sum_i \frac{\partial U_p}{\partial x_p}\dot{x}_p + \int \mathrm{d}S \boldsymbol{f}_h(\boldsymbol{r}) \cdot \left[\boldsymbol{v}\left(\boldsymbol{r}\right) - \sum_i \boldsymbol{G}_i(\boldsymbol{r};x)\dot{x}_i\right] \qquad (7.15)$$

其中，U_p 表示粒子势能；最后一项表示非滑动边界条件约束；$\boldsymbol{f}_h\left(\boldsymbol{r}\right)$ 是引入的拉格朗日算子，但被证明是在表面 $\boldsymbol{r}$ 处单位面积的摩擦力。对 $R\left[\dot{x};\boldsymbol{v};x\right]$ 关于 $\boldsymbol{v}$ 的极小化给出斯托克斯方程 (7.13)，以及边界条件 (7.14)。对 $R\left[\dot{x};\boldsymbol{v};x\right]$ 关于 $\dot{x}$ 的极小化给出力平衡方程 (7.1)。因此，瑞利量 (7.15) 给出了已经用于黏性流体中粒子动力学的方程组。

7.1.4 例子：多孔介质中的流体流动

下面我们用图 7.1(b) 所示的简单问题展示一下变分原理的实用性。在流体中插入一种填充有具有亲水性表面的干燥颗粒的毛细管，液体会在毛细管中上升。在 4.2.3 节讨论了平衡弯月面的上升，在此我们考虑弯月面如何随时间上升。

假设毛细管充满半径为 a 和密度为 n 的球形颗粒，这些颗粒体积分数是

$$\phi = \frac{4\pi}{3}a^3 n \qquad (7.16)$$

[①]
$$\delta R_h = \int \mathrm{d}r \left[\frac{\eta}{2}\left(\frac{\partial v_\alpha}{\partial r_\beta} + \frac{\partial v_\beta}{\partial r_\alpha}\right)\left(\frac{\partial \delta v_\alpha}{\partial r_\beta} + \frac{\partial \delta v_\beta}{\partial r_\alpha}\right) - \rho g_\alpha \delta v_\alpha - p\frac{\partial \delta v_\alpha}{\partial r_\alpha}\right] \qquad (7.11)$$

右边用分部积分可以重写成

$$\delta R_h = \int \mathrm{d}\boldsymbol{r}\delta v_\alpha\left[-\eta\frac{\partial}{\partial r_\beta}\left(\frac{\partial v_\alpha}{\partial r_\beta} + \frac{\partial v_\beta}{\partial r_\alpha}\right) - \rho g\alpha + \frac{\partial p}{\partial r_\alpha}\right] \qquad (7.12)$$

这个方程和方程 (7.9) 一起，给出方程 (7.13)。

我们假设剩余体积分数为 $1 - \phi$, 要么由空气占据 (干燥颗粒附近), 要么被流体占据 (湿颗粒附近)。

流体上升的驱动力是湿区和干区表面能量的差异。如果液体在毛细管中占据高度 h, nhS 个粒子 (S 是毛细管的横截面积) 就会被液体浸湿。假设 γ_s 是铺展系数 (参看方程 (4.21)), 则表面能量写成

$$U_{\mathrm{r}} = -4\pi a^2 \gamma_s nhS = -3\frac{\phi}{a}\gamma_s hS \tag{7.17}$$

另一方面, 流体的重力势能表示为

$$U_{\mathrm{g}} = \frac{1}{2}\left(1 - \phi\right)\rho g h^2 S \tag{7.18}$$

因此 $\dot{U}$ 表示为

$$\dot{U} = \dot{U}_{\mathrm{r}} + \dot{U}_{\mathrm{g}} = \left[-3\frac{\phi}{a}\gamma_s + (1-\phi)\rho g h\right]\dot{h}S \tag{7.19}$$

通过以下考虑获得能量耗散函数。若流体以相对颗粒的速度 v 流动, 则产生摩擦拖拽。在体积 V 上的流体拖拽与速度 v 成正比, 可写成 $-\xi v V$。此时 ξ 表示单位体积内的摩擦常数。该量可以通过图 7.2(a) 所示实验装置测量获得, ξ 也可以用斯托克斯流体动力学计算获得。通过无量纲分析, ξ 可写成

$$\xi = \frac{\eta}{a^2}f_\xi\left(\phi\right) \tag{7.20}$$

其中, $f_\xi\left(\phi\right)$ 是 ϕ 的某一函数。在粒子的极稀极限下, ξ 可由 $\xi = n\zeta$ 表示, 其中 $\zeta = 6\pi\eta a$ 是粒子的摩擦常数:

$$\xi = 6\pi\eta an = \frac{9\eta}{2a^2}\phi, \quad \phi \ll 1 \tag{7.21}$$

随着体积参数 ϕ 增加, ξ 急剧增加, 如图 7.2(b) 所示。

正如图 7.1(b) 展示一样, 流体速度 v 等于 $\dot{h}$, 因此耗散能量函数写为

$$\Phi = \frac{1}{2}\xi\dot{h}^2 hS \tag{7.22}$$

瑞利量这时可表示为

$$R\left(\dot{h}; h\right) = \frac{1}{2}\xi\dot{h}^2 hS + \left[-3\frac{\phi}{a}\gamma_s + (1-\phi)\rho g h\right]\dot{h}S \tag{7.23}$$

因此由 $\partial R/\partial\dot{h} = 0$ 得出

$$\xi\dot{h}h - 3\frac{\phi}{a}\gamma_s + (1-\phi)\rho g h = 0 \tag{7.24}$$

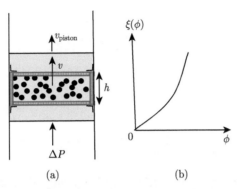

图 7.2 (a) 测量摩擦常数 ξ 的实验装置。粒子被限制在由多孔壁 (液体可以自由透过) 围成的空间中，底部活塞由额外压力 ΔP 推动。箱子中的流体速度为 v，摩擦常数 ξ 由 $\xi = \Delta P/(vh)$ 得到，这里 h 是箱子的厚度。流体速度 v 由活塞速度 v_{piston} 通过 $v = v_{\text{piston}}/(1-\phi)$ 得到。在这个定义中，假设粒子在空间中被固定。这样一个条件对于密堆积的粒子是满足的。在稀溶液中，所施加的压强要小到不扰动粒子的平衡分布；(b) 粒子的典型摩擦常数与体积分数关系图

对于短暂时间，重力项 $(1-\phi)\rho gh$ 很小。忽略该项，方程 (7.24) 解得

$$h(t) = \sqrt{\frac{6\phi\gamma_{\text{s}}}{\xi a}t} \tag{7.25}$$

因此短时间内 $h(t)$ 与 $\sqrt{t}$ 成比例增加。这就是著名的 Washburn 湿润定律。长时间内 $h(t)$ 趋向于平衡值

$$h_{\text{eq}} = \frac{3\phi\gamma_{\text{s}}}{(1-\phi)\rho ga} \tag{7.26}$$

拥有弛豫时间

$$\tau = \frac{\xi h_{\text{eq}}}{(1-\phi)\rho g} \tag{7.27}$$

随着粒子大小 a 增加，平衡高度 h_{eq} 增加。另一方面，因为 ξ 正比于 a^{-2}，上升速度减小。

以上分析是针对一维流体运动。这很容易推广到三维运动。考虑到图 7.1(c) 所示情况，一滴流体液滴开始浸润一个干燥沙床，在此情形下，我们需要决定湿润前沿的时间变化。

假设 $v(r, t)$ 表示时间 t、地点 r 处的速度。能量耗散函数可写成

$$\Phi = \frac{\xi}{2}\int \mathrm{d}r v^2 \tag{7.28}$$

则 $\dot{U}$ 项可写成

$$\dot{U} = \int \mathrm{d}S v \cdot n \left[-3\frac{\phi}{a}\gamma_{\text{s}} + (1-\phi)\rho g \cdot r \right] \tag{7.29}$$

其中, n 是与湿润前沿垂直的单位矢量, 积分是对整个湿润前沿面积的积分。

因为这些颗粒和流体都是不可压缩的, 流速 v 满足约束

$$\nabla \cdot v = 0 \tag{7.30}$$

因此瑞利量表示成

$$R(v(r)) = \frac{\xi}{2} \int \mathrm{d}r v^2 + \int \mathrm{d}S \left[-3\frac{\phi}{a}\gamma_s + (1-\phi)\rho g \cdot r \right] v \cdot n - \int \mathrm{d}r p(r) \nabla \cdot v \tag{7.31}$$

右边最后一项体现了约束 (7.30)。因此由条件 $\delta R/\delta \dot{h} = 0$ 得出如下方程

$$v = -\frac{1}{\xi}\nabla p, \quad \text{在本体} \tag{7.32}$$

以及如下边界条件

$$p = -3\frac{\phi}{a}\gamma_s + (1-\phi)\rho g \cdot r, \quad \text{在移动前沿表面} \tag{7.33}$$

方程 (7.30)、(7.32)、(7.33) 是决定湿润前沿的动力学方程。方程 (7.32) 是多孔材料流体流入的 Darcy 定律。

7.2   Onsager 原理

7.2.1   状态变量的运动学方程

我们在粒子-流体系统中见过, 时间演化方程 (7.1) 由于倒易关系 (7.2) 可以写成变分原理的形式。这里 x 表示指定粒子构型的一组参数。

正如我们在 6.5 节中看到的, 可以不调用流体动力学就能证明倒易关系。因此我们考虑 $x = x_1, x_2, \cdots, x_f$ 表示指定系统非平衡态的一组参数, 并假定时间的演变系统由以下运动学方程描述

$$\frac{\mathrm{d}x_i}{\mathrm{d}t} = -\sum_j \mu_{ij}(x)\frac{\partial A}{\partial x_j} \tag{7.34}$$

其中, $A(x)$ 是系统自由能[①], 而 $\mu_{ij}(x)$ 是 x 的某种函数。参数 $\mu_{ij}(x)$ 叫动力学参数, 对应于式 (7.1) 中摩擦常数的倒数。如果我们定义 ζ_{ij} 为

$$\sum_k \zeta_{ij}\mu_{kj} = \delta_{ij} \tag{7.35}$$

[①] 严格说, $A(x)$ 是受限制的自由能, 受参数固定于 x 的约束。关于受限自由能的进一步讨论见附录 B。

方程 (7.34) 与方程 (7.1) 具有相同形式:

$$-\sum_k \zeta_{ij}\dot{x}_j - \frac{\partial A}{\partial x_i} = 0 \tag{7.36}$$

如 6.4.2 节所示,只要 x 的时间演化方程以方程 (7.34) 或方程 (7.36) 的形式写出,Onsager 的倒易关系必须保持[①]:

$$\zeta_{ij}(x) = \zeta_{ji}(x), \quad \mu_{ij}(x) = \mu_{ji}(x) \tag{7.37}$$

这是平衡态附近涨落时时间反演对称性的结果。因此,样式 (7.34) 或样式 (7.36) 的时间演化方程总是被转换为变分原理,即系统的时间演化由瑞利量

$$R(\dot{x};x) = \frac{1}{2}\sum_{i,j}\zeta_{ij}\dot{x}_i\dot{x}_j + \sum_i \frac{\partial A(x)}{\partial x_i}\dot{x}_i \tag{7.38}$$

对 $\dot{x}_i$ 极小化的条件决定。我们将其称为 Onsager 变分原理,或简称为 Onsager 原理[②]。

在这个论证中,x 可以是指定系统非平衡状态的任意一组变量。例如,它可以表示扩散问题中的浓度分布,或者表示液晶动力学中的序参数。许多已知的描述非平衡态时间演化的方程被写成方程 (7.34) 的形式。

为什么这么多时间演化方程被写成 (7.34) 的形式? 原因可在第 6.5.2 节给出的论点中看到。我们已经看到,当外部参数 x_i 按照 $\dot{x}_i$ 变化时,系统施加的力由式 (6.69) 给出。如果随机力 $F_{ri}(t)$ 的相关时间很短,且 $x_i(t)$ 变化非常缓慢(例如,如果 $\dot{x}_i(t)$ 在 $F_{ri}(t)$ 关联时间内的变化忽略不计),方程 (6.69) 可写成

$$\langle F_i(t)\rangle = -\sum_j \zeta_{ij}\dot{x}_j - \frac{\partial A(x)}{\partial x_i} \tag{7.39}$$

其中

$$\zeta_{ij} = \int_0^\infty \mathrm{d}t\,\alpha_{ij}(t) \tag{7.40}$$

如果变量 x_i 可以自由改变,x_i 的时间演化由条件 $\langle F_i(t)\rangle = 0$ 决定,即方程 (7.36)。

以上论证的要点是,如果某一组变量 $x = x_1, x_2, \cdots, x_f$ 与其他变量相比,$x = x_1, x_2, \cdots, x_f$ 的变化速度慢得多,它们的时间演化方程写成了方程 (7.36) 的形式。我们称 $x = x_1, x_2, \cdots, x_f$ 为慢变量,而其他为快变量。6.5.2 节中所发展的论点显示,只要快变量不是远离平衡态,并且只要快变量的弛豫时间远比慢变量的特征时间短,慢变量的时间演化方程就能写成方程 (7.36) 的形式。

---

① 这里需要注意的是,为了使倒易关系 (7.37) 成立,时间演化方程必须写成方程 (7.34) 的形式,其中运动学系数是独立于 $A(x)$ 的。在证明附录 D.3 中描述的倒易关系时,这个条件是必要的。

② Onsager 实际上用熵 $S(x)$ 和熵产率来表述变分原理。这里我们考虑的是等温系统。对于这样的系统,变分原理写成这里提出的形式。

7.2.2　控制外部参量所需的力

当慢变量以速率 $\dot{x}_i$ 变化时，方程 (7.39) 代表由系统施加的力。因此，以 $\dot{x}_i$ 的速率改变慢变量 x_i 所需的力 $F_i^{(\mathrm{e})}$ 由 $-\langle F_i(t)\rangle$ 给出，也就是

$$F_i^{(\mathrm{e})} = \sum_j \zeta_{ij}\dot{x}_j + \frac{\partial A(x)}{\partial x_i} \tag{7.41}$$

这个力可写成

$$F_i^{(\mathrm{e})} = \frac{\partial R}{\partial \dot{x}_i} \tag{7.42}$$

例如，改变拥有速度 $\dot{x}$ 的布朗粒子的位置 x (图 6.6)，我们需要施加一个力

$$F^{(\mathrm{e})} = \zeta\dot{x} + \frac{\partial U}{\partial x} \tag{7.43}$$

这等于 $\dfrac{\partial R}{\partial \dot{x}_i}$。

方程 (7.42) 有效性的例子展示在图 7.3 中。如图 7.3(a) 所示，分隔粒子溶液与纯溶剂的半透膜以速度 $\dot{L}$ 移动。引起这样的运动所需的力 $F(t)$ 由 $\partial R/\partial \dot{L}$ 给出。在图 7.3(b) 中，夹有凝胶的多孔壁被施压以挤压出凝胶中的溶剂。以速度 $\dot{h}$ 移动墙所需的力 $F(t)$ 由 $\partial R/\partial \dot{h}$ 给出。如图 7.3(c) 所示，夹着棒状粒子溶液的上壁以速度 $\dot{x}$ 水平移动，引起这种运动所需的剪力可表示为 $\partial R/\partial \dot{x}$。这些量的实际计算将在后面给出。

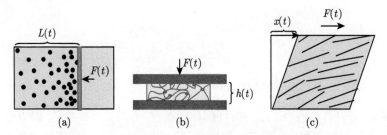

图 7.3　外部参数及其共轭力例子 (解释请参阅正文)

7.3　稀溶液中的粒子扩散

7.3.1　粒子扩散和布朗运动

作为 Onsager 原理的第一个应用，我们将讨论布朗粒子的扩散。在第 6 章中，我们使用 Langevin 方程来讨论布朗粒子的随机运动。这不是描述布朗运动的唯一

方法；布朗运动也可以用不涉及任何随机变量的确定性方程来描述。确定方程叫做 Smoluchowskii 方程，描述了在一定构型下发现布朗粒子概率的时间演化。

对于一维布朗运动的势场 $U(x)$，在位置 x 找到布朗粒子的概率密度 $\psi(x,t)$ 的 Smoluchowskii 方程可写成

$$\frac{\partial \psi}{\partial t} = D\frac{\partial}{\partial x}\left[\frac{\partial \psi}{\partial x} + \frac{\psi}{k_{\mathrm{B}}T}\frac{\partial U}{\partial t}\right] \tag{7.44}$$

这个方程描述的运动与 Langevin 方程 (6.39) 描述的运动相同。如附录 F 所示，Smoluchowskii 方程 (7.44) 可以由 Langevin 方程 (6.43) 推导出来。

Smoluchowskii 方程 (7.44) 也可以通过物理论据直接推导出来。在接下来的内容中，我们将首先展示这样的推导，然后展示基于 Onsager 原理的另一个推导。

函数 $\psi(x,t)$ 代表了在位置 x、时间 t 发现布朗粒子的概率。这个概率可以解释如下。让我们想象一个布朗粒子稀溶液，许多布朗粒子相互独立运动，令 $n(x,t)$ 是布朗粒子在位置 x 的数密度，然后分布函数 $\psi(x,t)$ 由 $\psi(x,t) = n(x,t)/N_{\mathrm{tot}}$ 给出，这里 N_{tot} 是系统粒子总数。因此，我们可以关注许多布朗粒子的数密度 $n(x,t)$ 而不是一个布朗粒子的概率密度 $\psi(x,t)$。

7.3.2 从宏观力平衡推导扩散方程

如果 $n(x,t)$ 不均匀，粒子将从高浓度区扩散到低浓度区。这种现象的驱动力是渗透压。

为了更清楚地看到这一点，假设布朗粒子被一个盒子所限制，这个盒子由两个假想的半透膜构成，一个在 x 处，另一个在 $x+\mathrm{d}x$ 处 (图 7.4)。外面溶液从左边 (S 为盒的横截面积) 产生渗透压 $S\Pi(x)$，从假想盒右侧产生 $S\Pi(x+\mathrm{d}x)$。如果 $n(x)$ 大于 $n(x+\mathrm{d}x)$，则 $\Pi(x)$ 大于 $\Pi(x+\mathrm{d}x)$，因此这个盒子会以一定速度 v 被推往右侧。

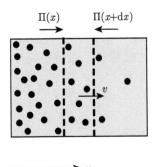

图 7.4 考虑作用于布朗粒子上力的 Smoluchowskii 方程的推导

速度 v 是由作用于假设盒上的力平衡得到的。如果盒子在液体中以速度 v 移动，液体施加摩擦力 $-Sdx\xi v$，这里 ξ 是单位体积的摩擦常数。外部势 (如引力势) $U(x)$ 给每个粒子施加一个势场力 $-\partial U/\partial x$，以及盒子粒子一个整体力 $nSdx$ $(-\partial U/\partial x)$。因此力平衡方程可写成

$$\Pi(x) - \Pi(x + \mathrm{d}x) - n\mathrm{d}x\frac{\partial U}{\partial x} - \xi v\mathrm{d}x = 0 \tag{7.45}$$

这给出了速度

$$v = -\frac{1}{\xi}\left(\frac{\partial \Pi}{\partial x} + n\frac{\partial U}{\partial x}\right) \tag{7.46}$$

在稀溶液中，Π 由 $nk_{\mathrm{B}}T$ 给出，ξ 由 $n\zeta$ 给出。因此方程 (7.46) 可写成

$$v = -\frac{1}{n\zeta}\left(k_{\mathrm{B}}T\frac{\partial n}{\partial x} + n\frac{\partial U}{\partial x}\right) = -\frac{D}{n}\left(\frac{\partial n}{\partial x} + \frac{n}{k_{\mathrm{B}}T}\frac{\partial U}{\partial x}\right) \tag{7.47}$$

其中用到了爱因斯坦关系 $D = k_{\mathrm{B}}T/\zeta$。给出速度 v，n 的时间演化由守恒方程

$$\frac{\partial n}{\partial t} = -\frac{\partial (nv)}{\partial x} \tag{7.48}$$

获得。方程 (7.47) 和 (7.48) 给出

$$\frac{\partial n}{\partial t} = D\frac{\partial}{\partial x}\left(\frac{\partial n}{\partial x} + \frac{n}{k_{\mathrm{B}}T}\frac{\partial U}{\partial x}\right) \tag{7.49}$$

这与方程 (7.44) 一样。注意到在这个推导中，扩散项 $D\partial^2 n/\partial x^2$ 是由渗透压 $\Pi = nk_{\mathrm{B}}T$ 引起的。

7.3.3　用 Onsager 原理推导扩散方程

我们现在使用 Onsager 原理推导方程 (7.49)。为此，我们将粒子密度 $n(x)$ 作为描述扩散粒子非平衡状态的慢变量集合[①]。原则上，瑞利函数可写成 $\dot{n} = \partial n/\partial t$ 的泛函。然而，把瑞利函数表达成粒子 x 处的平均速度在 $v(x)$ 的函数更方便。因为 $\dot{n}$ 和 v 之间通过

$$\dot{n} = -\frac{\partial nv}{\partial x} \tag{7.50}$$

建立联系，我们可以用 $v(x)$ 替代 $\dot{n}$[②]。

[①] 如果我们用一组在离散点 $x = i\Delta x$ 的值的变量 $n_i (i = 1, 2, \cdots)$ 来代表函数 $n(x)$，这句表述可能会变得清楚。这里的慢变量是 n_i，在极限 $\Delta x \to 0$ 时，变量 $n_i (i = 1, 2, \cdots)$ 的集合定义了函数 $n(x)$。

[②] 还有一个更重要的理由选择 v 来代替 $\dot{n}$。方程 (7.50) 表示粒子密度 n 只能通过粒子的实际输运而改变的约束，而不能通过化学反应或其他远程传输过程。

能量耗散函数给出：

$$\Phi = \frac{1}{2} \int \mathrm{d}x \xi v^2 \tag{7.51}$$

自由能表达成 $n(x)$ 的泛函

$$A[n(x)] = \int_{-\infty}^{\infty} \mathrm{d}x \left[k_{\mathrm{B}} T n \ln n + n U(x) \right] \tag{7.52}$$

因此 $\dot{A}$ 可计算为

$$\dot{A} = \int \mathrm{d}x \left[k_{\mathrm{B}} T (\ln n + 1) + U(x) \right] \dot{n} \tag{7.53}$$

使用方程 (7.50)，并部分积分，我们获得

$$\dot{A} = -\int \mathrm{d}x \left[k_{\mathrm{B}} T (\ln n + 1) + U(x) \right] \frac{\partial n v}{\partial x} = \int \mathrm{d}x v \left(k_{\mathrm{B}} T \frac{\partial n}{\partial x} + n \frac{\partial U}{\partial x} \right) \tag{7.54}$$

因此

$$R = \frac{1}{2} \int \mathrm{d}x \xi v^2 + \int \mathrm{d}x v \left(k_{\mathrm{B}} T \frac{\partial n}{\partial x} + n \frac{\partial U}{\partial x} \right) \tag{7.55}$$

条件 $\delta R / \delta v = 0$ 给出

$$v = -\frac{1}{\xi} \left(k_{\mathrm{B}} T \frac{\partial n}{\partial x} + n \frac{\partial U}{\partial x} \right) \tag{7.56}$$

方程 (7.56)、(7.50) 结合关系 $\xi = n\zeta$ 得出方程 (7.49)。

7.3.4 扩散势

由以上可知，Smoluchowski 方程 (7.44) 是由两个方程推导出来的，即守恒方程

$$\frac{\partial \psi}{\partial t} = -\frac{\partial}{\partial x}(v\psi) \tag{7.57}$$

和粒子力平衡方程

$$-\zeta v - \frac{\partial}{\partial x}(k_{\mathrm{B}} T \ln \psi + U) = 0 \tag{7.58}$$

方程 (7.58) 表明，如果粒子进行布朗运动，作用于粒子的有效作用势是 $k_{\mathrm{B}} T \ln \psi + U$，布朗运动提供了一个额外势 $k_{\mathrm{B}} T \ln \psi$，我们称这个势为扩散势。正如前面小节中所示，扩散势来自自由能中熵这一项 $k_{\mathrm{B}} T \psi \ln \psi$。

如果考虑扩散势，分布函数 ψ 的时间演化是通过宏观方程得到的，也就是力平衡方程 (7.58) 和守恒方程 (7.57)。

7.4　浓溶液中的粒子扩散

7.4.1　集体扩散

现在我们考虑浓溶液中的粒子扩散。在浓溶液中，粒子彼此相互作用。如果粒子彼此排斥，它们会更快地扩散，即扩散发生得更快。通过概括第 7.3.3 节中提出的论证，可以自然地考虑这种影响。

设 $f(n)$ 为数密度为 n 的粒子溶液自由能密度。具有浓度分布 $n(x)$ 的溶液总自由能由下式给出

$$A = \int \mathrm{d}x\,[f(n) + nU(x)] \tag{7.59}$$

运用方程 (7.50)，$\dot{A}$ 可表示为

$$\dot{A} = \int \mathrm{d}x\,[f'(n) + U(x)]\,\dot{n}$$
$$= -\int \mathrm{d}x\,[f'(n) + U(x)]\frac{\partial(vn)}{\partial x} = \int \mathrm{d}x\,vn\frac{\partial}{\partial x}[f'(n) + U(x)] \tag{7.60}$$

其中 $f'(n) = \partial f/\partial n$。渗透压 Π 用自由能密度 $f(n)$ 表示 (见方程 (2.23)) 为

$$\Pi(n) = -f(n) + nf'(n) + f(0) \tag{7.61}$$

这给出了等式

$$n\frac{\partial f'(n)}{\partial x} = \frac{\partial \Pi(n)}{\partial x} = \Pi'\frac{\partial n}{\partial x} \tag{7.62}$$

其中 $\Pi' = \dfrac{\partial \Pi(n)}{\partial n}$。因此 $\dot{A}$ 表示为

$$\dot{A} = \int \mathrm{d}x\,v\left(\Pi'\frac{\partial n}{\partial x} + n\frac{\partial U}{\partial x}\right) \tag{7.63}$$

另一方面，能量耗散函数 $\Phi[v]$ 以与方程 (7.51) 相同的形式给出 (其中 ξ 是 n 的函数)，通过极小化瑞利函数 $\Phi + \dot{A}$，我们有

$$v = -\frac{1}{\xi}\left(\Pi'\frac{\partial n}{\partial x} + n\frac{\partial U}{\partial x}\right) \tag{7.64}$$

方程 (7.50) 和 (7.64) 给出下列扩散函数

$$\frac{\partial n}{\partial t} = \frac{\partial}{\partial x}\left[D_{\mathrm{c}}\left(\frac{\partial n}{\partial x} + \frac{n}{\Pi'}\frac{\partial U}{\partial x}\right)\right] \tag{7.65}$$

其中

$$D_{\mathrm{c}}(n) = \frac{n\Pi'}{\xi} = \frac{n}{\xi}\frac{\partial \Pi(n)}{\partial n} \tag{7.66}$$

是浓溶液中的扩散常数。

扩散常数 D_c 表示放置在溶剂中的颗粒集合的扩散速度,并且被称为集体扩散常数,它不同于出现在方程 (6.32) 或方程 (6.33) 中的扩散常数。方程 (6.32) 中的扩散常数表示单个粒子在介质中的扩散速度,称为自扩散常数。在浓溶液中,自扩散常数 D_s 是通过选择溶液中的一个颗粒并测量其在给定时间内的均方位移来获得的。

两种扩散常数 D_c 和 D_s 在稀溶液的极限下彼此一致,但随着浓度的增加彼此偏离。例如,溶液中聚合物的自扩散常数 D_s 总是随着聚合物浓度的增加而降低 (因为聚合物相互缠结并变得不易移动),而集体扩散常数 D_c 通常会在良溶液中随浓度增加而增加,因为聚合物在良溶剂中互相排斥。

7.4.2 沉积

在重力下,胶体颗粒具有势能

$$U(x) = mgx \tag{7.67}$$

其中,mg 表示作用在颗粒上的重力 (浮力会修正)。时间演化方程 (7.65) 变为

$$\frac{\partial n}{\partial t} = \frac{\partial}{\partial x}\left[D_c \left(\frac{\partial n}{\partial x} + \frac{n}{\Pi'} mg \right) \right] \tag{7.68}$$

方程 (7.68) 的平衡解由下面方程的解给出

$$\frac{\partial n}{\partial x} + \frac{nmg}{\Pi'} = 0 \tag{7.69}$$

在稀溶液中,渗透压由 $\Pi = n k_B T$ 给出。在此情况下,方程 (7.69) 变成

$$\frac{\partial n}{\partial x} + \frac{nmg}{k_B T} = 0 \tag{7.70}$$

这给出了指数分布

$$n_{eq}(x) \propto \exp\left(-\frac{mgx}{k_B T} \right) \tag{7.71}$$

另一方面,在浓溶液中,方程 (7.69) 的解可根据 $\Pi'(n)$ 的泛函形式采取各种形式。一个例子如图 7.5 所示。在底部,存在沉积层,其颗粒密度恒定,几乎等于最密堆积密度。在电荷稳定的胶体中,在该层中经常会看到结晶相。在沉积物的顶部,有一个分散层,其粒子分布大致由指数规律 (7.71) 给出。在该层上方,有透明溶剂。这种浓度分布的测量给出了渗透压曲线 $\Pi(n)$。

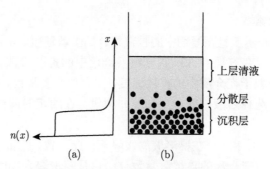

图 7.5　重力下颗粒沉积的平衡密度轮廓

7.4.3　作用于半透膜上的力

现在我们讨论控制图 7.3(a) 所示半透膜所在位置需要的力。由于方程 (7.59) 的积分是在 0 到 $L(t)$ 区间完成的，$\dot{A}$ 计算如下[①]：

$$\dot{A} = \dot{L}\left[f(n) + nU(x)\right]_{x=L} + \int_0^{L(t)} \mathrm{d}x\dot{n}\left[f'(n) + U(x)\right] \tag{7.72}$$

使用方程 (7.50) 和分部积分，我们得到

$$\begin{aligned}\dot{A} = &\dot{L}\left[f(n) + nU(x)\right]_{x=L} - \left\{vn\left[f'(n) + U(x)\right]\right\}_{x=L} \\ &+ \int_0^{L(t)} \mathrm{d}xvn\frac{\partial}{\partial x}\left[f'(n) + U(x)\right] \\ = &-\dot{L}\Pi(n)_{x=L} + \int_0^{L(t)} \mathrm{d}xvn\frac{\partial}{\partial x}\left[f'(n) + U(x)\right]\end{aligned} \tag{7.73}$$

其中我们已经使用了渗透压表达式 $\Pi(n) = nf'(n) - f(n)$ 以及速度 v 满足的条件 $v(L) = \dot{L}$。

另一方面，能量耗散函数可表示为

$$\Phi = \frac{1}{2}\int_0^{L(t)} \mathrm{d}x\xi v^2 + \frac{1}{2}\zeta_m\dot{L}^2 \tag{7.74}$$

第二项表示由溶剂流经膜引起的额外能量耗散 (ζ_m 是膜的摩擦常数)。因此，移动半透膜所需的力 $F(t)$ 表示为

$$F(t) = \frac{\partial}{\partial \dot{L}}\left(\Phi + \dot{A}\right) = \zeta_m\dot{L} - \Pi(n(L)) \tag{7.75}$$

[①] 这里取纯溶剂的自由能 $f(0)$ 为零，如果 $f(0)$ 不等于零，则系统的自由能表示为
$$A = \int_0^{L(t)} \mathrm{d}x\left[f(n) + nU(x)\right] + \int_{L(t)}^{L_{\max}} \mathrm{d}xf(0)$$
第二个积分表示纯溶剂的贡献。对于如此表示，方程 (7.72) 有额外项 $-\dot{L}f(0)$，而最后结果 (7.73) 不会发生变化。

如果膜不移动，也就是如果 $\dot{L}=0$，则力由 $-\Pi\left(n\left(L\right)\right)$ 给出，即膜表面的渗透压。如果膜在时间 $t=0$ 时以阶梯方式移位 ΔL，则膜表面的颗粒浓度会发生变化 (变得大于或小于本体中的颗粒浓度，取决于位移的方向)。然后颗粒开始扩散，最终溶液中的颗粒浓度变得均匀，但这会花费很长时间。为了使膜上的颗粒浓度等于本体中的颗粒浓度，花费需要 L^2/D_c 量级的时间。注意，电势 $U\left(x\right)$ 没有进入 $F\left(t\right)$ 的表达式：电势对粒子施加力并影响膜处的浓度 $n\left(L\right)$，但不会对膜施加直接力。

7.5 棒状颗粒的转动布朗运动

7.5.1 转动布朗运动的描述

溶液中的棒状颗粒通过布朗运动随机改变其方向。这称为转动布朗运动。杆的方向可以通过图 7.6 中定义的两个角坐标 θ 和 ϕ 来指定，或者，可以通过平行于杆的单位矢量 $\boldsymbol{u}$ 来指定。转动布朗运动可以通过概率分布函数 $\psi\left(\theta,\phi;t\right)$ 或 $\psi\left(\boldsymbol{u};t\right)$ 的时间变化来描述。这些函数的 Smoluchowskii 方程可以通过 Onsager 原理直接导出。这里我们首先推导出 $\psi\left(\boldsymbol{u};t\right)$ 的 Smoluchowskii 方程。$\psi\left(\theta,\phi;t\right)$ 的公式在 7.5.6 节中给出。

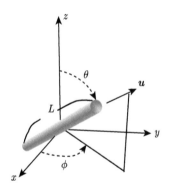

图 7.6 棒状粒子的取向可以用两个角坐标 θ 和 ϕ 或者平行于棒轴的单位矢量 $\boldsymbol{u}$ 来表示

7.5.2 构型空间中的守恒方程

向量 $\boldsymbol{u}$ 被限制在单位球 $|\boldsymbol{u}|=1$ 的二维空间中。$\psi\left(\boldsymbol{u};t\right)$ 分布函数归一化为

$$\int \mathrm{d}\boldsymbol{u}\,\psi\left(\boldsymbol{u};t\right)=1 \tag{7.76}$$

其中对 $\boldsymbol{u}$ 的积分是围绕球的表面 $|\boldsymbol{u}|=1$。

这个系统的守恒方程表示如下：假设棒以角速度 $\boldsymbol{\omega}$ 旋转，则 $\boldsymbol{u}$ 改变如下

$$\dot{\boldsymbol{u}}=\boldsymbol{\omega}\times\boldsymbol{u} \quad \text{或} \quad \dot{u}_\alpha=e_{\alpha\beta\gamma}\omega_\beta u_\gamma \tag{7.77}$$

其中，$e_{\alpha\beta\gamma}$ 是 Levi-Civita 符号，定义为

$$e_{\alpha\beta\gamma} = \begin{cases} 1, & (\alpha,\beta,\gamma) = (x,y,z) \text{ 或 } (y,z,x) \text{ 或 } (z,x,y) \\ -1, & (\alpha,\beta,\gamma) = (y,x,z) \text{ 或 } (x,z,y) \text{ 或 } (z,y,x) \\ 0, & \text{其他} \end{cases} \tag{7.78}$$

$\psi(\boldsymbol{u};t)$ 的守恒方程可写为

$$\begin{aligned} \dot{\psi} &= -\frac{\partial}{\partial \boldsymbol{u}} \cdot (\dot{\boldsymbol{u}}\psi) = -\frac{\partial}{\partial u_\alpha} (e_{\alpha\beta\gamma}\omega_\beta u_\gamma \psi) \\ &= -u_\gamma e_{\gamma\alpha\beta}\frac{\partial}{\partial u_\alpha}(\omega_\beta\psi) = -\left(\boldsymbol{u} \times \frac{\partial}{\partial \boldsymbol{u}}\right) \cdot (\boldsymbol{\omega}\psi) \end{aligned} \tag{7.79}$$

使用微分算子，可以写成

$$\boldsymbol{\mathcal{R}} = \boldsymbol{u} \times \frac{\partial}{\partial \boldsymbol{u}} \tag{7.80}$$

$$\dot{\psi} = -\boldsymbol{\mathcal{R}} \cdot (\boldsymbol{\omega}\psi) \tag{7.81}$$

算子 $\boldsymbol{\mathcal{R}}$ 对应于三维空间拉普拉斯算子 (∇)。$\boldsymbol{\mathcal{R}}$ 的确满足下面等式，相当于分部积分公式

$$\int \mathrm{d}\boldsymbol{u}\,\psi(\boldsymbol{u})\,\boldsymbol{\mathcal{R}}\phi(\boldsymbol{u}) = -\int \mathrm{d}\boldsymbol{u}\,(\boldsymbol{\mathcal{R}}\psi(\boldsymbol{u}))\,\phi(\boldsymbol{u}) \tag{7.82}$$

7.5.3　Smoluchowskii 方程

我们使用 Onsager 原理来确定方程 (7.81) 中的 $\boldsymbol{\omega}$。如果杆围绕垂直于 $\boldsymbol{u}$ 的轴以角速度 ω 旋转，则流体施加了与 ω 成比例的摩擦扭矩 T_f

$$T_\mathrm{f} = -\zeta_\mathrm{r}\omega \tag{7.83}$$

常数 ζ_r 称为转动摩擦常数。对于长度为 L 且直径为 b 的棒，流体动力学计算 (参见延展阅读列出的 M. Doi 和 S. F. Edwards 的 *The Theory of Polymer Dynamics*) 给出

$$\zeta_\mathrm{r} = \frac{\pi\eta L^3}{3\,[\ln(L/b) - 0.8]} \tag{7.84}$$

转动引起的能量耗散给出 $-T_\mathrm{f}\omega = \zeta_\mathrm{r}\omega^2$，因此每个粒子的能量耗散函数为

$$\Phi = \frac{1}{2}\int \mathrm{d}\boldsymbol{u}\,\zeta_\mathrm{r}\omega^2\psi \tag{7.85}$$

另一方面，系统 (每个粒子) 的自由能可表示成

$$A = \int \mathrm{d}\boldsymbol{u}\,[k_\mathrm{B}T\psi\ln\psi + \psi U(\boldsymbol{u})] \tag{7.86}$$

其中，$U(\boldsymbol{u})$ 是作用于棒上的外部势能。从方程 (7.81) 和 (7.86)，$\dot{A}$ 计算如下：

$$\dot{A} = -\int \mathrm{d}\boldsymbol{u}\, \boldsymbol{\mathcal{R}} \cdot (\boldsymbol{\omega}\psi) \left[k_{\mathrm{B}}T(\ln\psi + 1) + U(\boldsymbol{u}) \right] \tag{7.87}$$

使用分部积分，这可重写为

$$\dot{A} = \int \mathrm{d}\boldsymbol{u}\, \boldsymbol{\omega}\psi \cdot \boldsymbol{\mathcal{R}}\tilde{U} \tag{7.88}$$

其中

$$\tilde{U} = k_{\mathrm{B}}T\ln\psi + U(\boldsymbol{u}) \tag{7.89}$$

表示有效势能，是外部势能和扩散势能之和 (见方程 (7.58))。

因此瑞利量变成

$$R = \frac{1}{2}\int \mathrm{d}\boldsymbol{u}\, \zeta_r \boldsymbol{\omega}^2 \psi + \int \mathrm{d}\boldsymbol{u}\, \psi \boldsymbol{\omega} \cdot \boldsymbol{\mathcal{R}}\tilde{U} \tag{7.90}$$

极值条件 $\delta R/\delta\boldsymbol{\omega} = 0$ 给出

$$\boldsymbol{\omega} = -\frac{1}{\zeta_r}\boldsymbol{\mathcal{R}}\tilde{U} = -\frac{1}{\zeta_r}\boldsymbol{\mathcal{R}}\left(k_{\mathrm{B}}T\ln\psi + U\right) = -D_{\mathrm{r}}\left(\boldsymbol{\mathcal{R}}\ln\psi + \frac{\boldsymbol{\mathcal{R}}U}{k_{\mathrm{B}}T}\right) \tag{7.91}$$

其中

$$D_{\mathrm{r}} = \frac{k_{\mathrm{B}}T}{\zeta_r} \tag{7.92}$$

是转动扩散常数。从方程 (7.81) 和 (7.91)，时间演化方程变为

$$\frac{\partial\psi}{\partial t} = D_{\mathrm{r}}\boldsymbol{\mathcal{R}} \cdot \left(\boldsymbol{\mathcal{R}}\psi + \frac{\psi}{k_{\mathrm{B}}T}\boldsymbol{\mathcal{R}}U\right) \tag{7.93}$$

这就是转动布朗运动的 Smoluchowskii 方程。

7.5.4 时间关联函数

作为上述等式的特例，我们考虑自由空间中的转动布朗运动 ($U = 0$)。假设在时间 $t = 0$ 时 $\boldsymbol{u}(t)$ 值是 $\boldsymbol{u}_0$。在时间 t，$\boldsymbol{u}$ 的平均值计算如下：

$$\langle \boldsymbol{u}(t) \rangle = \int \mathrm{d}\boldsymbol{u}\, \psi(\boldsymbol{u}, t)\, \boldsymbol{u} \tag{7.94}$$

为了获得 $\langle \boldsymbol{u}(t) \rangle$ 的时间演化，我们在方程 (7.93) 两边乘以 $\boldsymbol{u}$，并对 $\boldsymbol{u}$ 进行积分，这给出

$$\frac{\partial}{\partial t}\langle \boldsymbol{u}(t) \rangle = D_{\mathrm{r}}\int \mathrm{d}\boldsymbol{u}\, (\boldsymbol{\mathcal{R}}^2\psi)\, \boldsymbol{u} \tag{7.95}$$

右边使用方程 (7.82) 可以重写为

$$\int \mathrm{d}\boldsymbol{u}\left(\mathcal{R}^2\psi\right)\boldsymbol{u} = -\int \mathrm{d}\boldsymbol{u}\left(\mathcal{R}\psi\right)\cdot\mathcal{R}\boldsymbol{u} = \int \mathrm{d}\boldsymbol{u}\psi\mathcal{R}^2\boldsymbol{u} \tag{7.96}$$

使用方程 (7.80) 的定义，(稍微计算后) 可以证明

$$\mathcal{R}^2\boldsymbol{u} = -2\boldsymbol{u} \tag{7.97}$$

因此方程 (7.95) 给出了

$$\frac{\partial}{\partial t}\langle\boldsymbol{u}\left(t\right)\rangle = D_{\mathrm{r}}\int \mathrm{d}\boldsymbol{u}\left(-2\boldsymbol{u}\right)\psi = -2D_{\mathrm{r}}\langle\boldsymbol{u}\left(t\right)\rangle \tag{7.98}$$

在初始条件 $\langle\boldsymbol{u}\left(0\right)\rangle = \boldsymbol{u}_0$ 下解这个方程，最后得出

$$\langle\boldsymbol{u}\left(t\right)\rangle = \boldsymbol{u}_0\exp\left(-2D_{\mathrm{r}}t\right) \tag{7.99}$$

因此，$\boldsymbol{u}\left(t\right)$ 的时间关联函数可以计算为

$$\langle\boldsymbol{u}\left(t\right)\boldsymbol{u}\left(0\right)\rangle = \langle\boldsymbol{u}_0^2\rangle\exp\left(-2D_{\mathrm{r}}t\right) = \exp\left(-2D_{\mathrm{r}}t\right) \tag{7.100}$$

在时间 t 内 $\boldsymbol{u}\left(t\right)$ 的均方位移从方程 (7.100) 计算得出

$$\langle\left[\boldsymbol{u}\left(t\right) - \boldsymbol{u}\left(0\right)\right]^2\rangle = \langle\boldsymbol{u}\left(t\right)^2 + \boldsymbol{u}\left(0\right)^2 - 2\boldsymbol{u}\left(t\right)\cdot\boldsymbol{u}\left(0\right)\rangle = 2\left[1 - \exp\left(-2D_{\mathrm{r}}t\right)\right] \tag{7.101}$$

特别地，对于短时间，$tD_{\mathrm{r}} \ll 1$，有

$$\langle\left[\boldsymbol{u}\left(t\right) - \boldsymbol{u}\left(0\right)\right]^2\rangle = 4tD_{\mathrm{r}} \tag{7.102}$$

这就等效于在二维平面上以扩散常数 D_{r} 运动的点的均方位移。

7.5.5　磁弛豫

某些棒状粒子沿长轴有一个永久磁矩 μ_{m}，如图 6.9(a) 所示。这些粒子组成的溶液中每个粒子会有一个磁矩

$$\boldsymbol{m} = \mu_{\mathrm{m}}\boldsymbol{u} \tag{7.103}$$

如果没有磁场，则粒子的取向是各向同性的，平均磁矩 $\langle\boldsymbol{m}\rangle$ 是零。如果在 z 方向上施加磁场 $\boldsymbol{H}$，则粒子指向 z 方向，并且出现宏观磁矩 $\langle m_z\rangle$。我们现在计算当场接通时依赖时间的 $\langle m_z\rangle$，如图 6.9(b) 所示。

在 z 方向施加磁场 $\boldsymbol{H}$，粒子有一个势能

$$U\left(\boldsymbol{u}\right) = -\mu_{\mathrm{m}}Hu_z \tag{7.104}$$

则 Smoluchowskii 方程 (7.93) 变为

$$\frac{\partial \psi}{\partial t} = D_r \boldsymbol{\mathcal{R}} \cdot \left(\boldsymbol{\mathcal{R}} \psi - \frac{\mu_m \boldsymbol{u} \times \boldsymbol{H}}{k_B T} \psi \right) \tag{7.105}$$

为了获得 $\langle u_z \rangle$, 将方程 (7.105) 两边乘以 u_z, 并对 $\boldsymbol{u}$ 积分。通过分部积分, 可以写成

$$\frac{\partial \langle u_z \rangle}{\partial t} = -2D_r \left(\langle u_z \rangle - \frac{\mu_m H}{2k_B T} \underline{\langle 1 - u_z^2 \rangle} \right) \tag{7.106}$$

假设磁场是弱的, 考虑在 H 处的最低阶扰动。由于上述方程下划线的项包含 H, 我们可以用没有 H 时的 $\langle 1 - u_z^2 \rangle_0$ 代替 $\langle 1 - u_z^2 \rangle$。由于在没有 H 时 $\boldsymbol{u}$ 的分布是各向同性的, $\langle \mu_z^2 \rangle_0 = 1/3$, 因此方程 (7.106) 近似为

$$\frac{\partial u_z}{\partial t} = -2D_r \left(\langle u_z \rangle - \frac{\mu_m H}{3k_B T} \right) \tag{7.107}$$

在初始条件 $t = 0$, $\langle u_z \rangle = 0$ 下解方程, 我们有

$$\langle u_z \rangle = \frac{\mu_m H}{3k_B T} \left[1 - \exp\left(-2D_r t\right) \right] \tag{7.108}$$

因此

$$\langle m_z (t) \rangle = \frac{\mu_m^2 H}{3k_B T} \left[1 - \exp\left(-2D_r t\right) \right] \tag{7.109}$$

与方程 (6.79) 相比, 我们有响应函数

$$\mathcal{X}(t) = \frac{\mu_m^2 H}{3k_B T} \left[1 - \exp\left(-2D_r t\right) \right] \tag{7.110}$$

这展示在图 6.9(c) 中。

方程 (7.110) 的结果也可以通过使用涨落–耗散定理得到, 根据方程 (6.80),

$$\mathcal{X}(t) = \frac{1}{2k_B T} \langle [m_z (t) - m_z (0)]^2 \rangle_0 \tag{7.111}$$

方程 (7.111) 的右边可使用方程 (7.101) 计算得出

$$\langle [m_z (t) - m_z (0)]^2 \rangle_0 = \frac{\mu_m^2}{3} \langle [\boldsymbol{u}(t) - \boldsymbol{u}(0)]^2 \rangle_0 = \frac{2\mu_m^2}{3} \left[1 - \exp\left(-2D_r t\right) \right] \tag{7.112}$$

由方程 (7.111) 和方程 (7.112) 得方程 (7.110)。

7.5.6   角空间中的扩散方程

现在我们推导角空间中的扩散方程。我们这样定义角分部函数 $\tilde{\psi}(\theta,\phi;t)$，以便在 $\theta<\theta'<\theta+\mathrm{d}\theta$, $\phi<\phi'<\phi+\mathrm{d}\phi$ 发现棒的角坐标 θ', ϕ' 的概率由分布函数 $\tilde{\psi}(\theta,\phi;t)\,\mathrm{d}\theta\mathrm{d}\phi$ 给出，这个概率归一化成

$$\int_0^\pi \mathrm{d}\theta \int_0^{2\pi} \mathrm{d}\phi\tilde{\psi}(\theta,\phi;t)=1 \tag{7.113}$$

现在我们推导在无外势能情况下的扩散方程。在此情况下，平衡态分布函数 ψ_{eq} 为①

$$\tilde{\psi}_{\mathrm{eq}}(\theta,\phi)=\frac{\sin\theta}{4\pi} \tag{7.114}$$

为了获得对于 $\tilde{\psi}(\theta,\phi;t)$ 的扩散方程，我们采用了与 7.3.3 节相同的步骤。我们从守恒方程

$$\dot{\tilde{\psi}}=-\frac{\partial\left(\dot{\theta}\tilde{\psi}\right)}{\partial\theta}-\frac{\partial\left(\dot{\phi}\tilde{\psi}\right)}{\partial\phi} \tag{7.115}$$

开始，并且使用 Onsager 原理决定 $\dot{\theta},\dot{\phi}$。

角速度 ω 的法向用 $\dot{\theta},\dot{\phi}$ 表示成

$$\omega^2=\dot{\theta}^2+(\sin\theta\dot{\phi})^2 \tag{7.116}$$

因此能量耗散函数为

$$\Phi=\frac{1}{2}\int_0^\pi \mathrm{d}\theta \int_0^{2\pi} \mathrm{d}\phi\zeta_{\mathrm{r}}\left[\dot{\theta}^2+(\sin\theta\dot{\phi})^2\right]\tilde{\psi} \tag{7.117}$$

另一方面，当前系统的自由能是

$$A\left[\tilde{\psi}\right]=k_{\mathrm{B}}T\int_0^\pi \mathrm{d}\theta \int_0^{2\pi} \mathrm{d}\phi\tilde{\psi}\ln\left(\frac{4\pi\tilde{\psi}}{\sin\theta}\right) \tag{7.118}$$

注意到被积函数不等于 $\tilde{\psi}\ln\tilde{\psi}$。额外项 $\tilde{\psi}\ln\frac{4\pi}{\sin\theta}$ 起源于平衡态时 $(A[\tilde{\psi}]$ 变为最小) $\tilde{\psi}$ 由方程 (7.114) 给出的事实。

由方程 (7.115) 和 (7.118)，$\dot{A}$ 计算成

$$\dot{A}=-k_{\mathrm{B}}T\int_0^\pi \mathrm{d}\theta \int_0^{2\pi} \mathrm{d}\phi\left(\frac{\partial\left(\dot{\theta}\tilde{\psi}\right)}{\partial\theta}+\frac{\partial\left(\dot{\phi}\tilde{\psi}\right)}{\partial\phi}\right)\left[\ln\left(\frac{4\pi\tilde{\psi}}{\sin\theta}\right)+1\right]$$

① 因子 $\sin\theta$ 来自这样的事实，即在 $r=1$ 由角度 $\theta<\theta'<\theta+\mathrm{d}\theta$, $\phi<\phi'<\phi+\mathrm{d}\phi$ 围成的区域的面积为 $\sin\theta\mathrm{d}\theta\mathrm{d}\phi$。

$$= k_\mathrm{B}T \int_0^\pi \mathrm{d}\theta \int_0^{2\pi} \mathrm{d}\phi\tilde{\psi} \left(\dot{\theta}\frac{\partial}{\partial\theta} + \dot{\phi}\frac{\partial}{\partial\phi} \right) \ln\left(\frac{\tilde{\psi}}{\sin\theta} \right) \tag{7.119}$$

将 $\varPhi + \dot{A}$ 对 $\dot{\theta}$ 和 $\dot{\phi}$ 最小化得到

$$\dot{\theta} = -\frac{k_\mathrm{B}T}{\zeta_\mathrm{r}\tilde{\psi}} \left(\frac{\partial\tilde{\psi}}{\partial\theta} - \cot\theta\tilde{\psi} \right) \tag{7.120}$$

$$\dot{\phi} = -\frac{k_\mathrm{B}T}{\zeta_\mathrm{r}\tilde{\psi}\sin^2\theta} \frac{\partial\tilde{\psi}}{\partial\theta} \tag{7.121}$$

$\tilde{\psi}$ 的时间演化方程由方程 (7.115)、(7.120)、(7.121) 决定:

$$\frac{\partial\tilde{\psi}}{\partial t} = D_\mathrm{r} \left[\frac{\partial}{\partial\theta} \left(\frac{\partial\tilde{\psi}}{\partial\theta} - \cot\theta\tilde{\psi} \right) + \frac{1}{\sin^2\theta}\frac{\partial^2\tilde{\psi}}{\partial\phi^2} \right] \tag{7.122}$$

这就是角空间内的转动扩散方程。

在许多文献中,转动扩散方程被写成概率分布函数,定义为

$$\psi(\theta,\phi) = \frac{1}{\sin\theta}\tilde{\psi}(\theta,\phi) \tag{7.123}$$

这归一化为

$$\int_0^\pi \mathrm{d}\theta \int_0^{2\pi} d\phi\sin\theta\psi(\theta,\phi;t) = 1 \tag{7.124}$$

$\psi(\theta,\phi;t)$ 的方程变为

$$\frac{\partial\psi}{\partial t} = D_\mathrm{r} \left[\frac{1}{\sin\theta}\frac{\partial}{\partial\theta} \left(\sin\theta\frac{\partial\psi}{\partial\theta} \right) + \frac{1}{\sin^2\theta}\frac{\partial^2\psi}{\partial\phi^2} \right] \tag{7.125}$$

转动扩散方程可以用方程 (7.122) 和方程 (7.125) 两者之一讨论。

7.6　小　　结

黏性流体中运动粒子构象的时间演化可以用变分原理来表示,它是系统的瑞利函数相对于粒子速度的最小化。变分原理代表黏性力与势场力平衡的条件,一般由摩擦矩阵的倒易关系来保证。

Onsager 证明在一般非平衡态,许多时间演化方程中都存在相同的结构,因此它们可以用变分原理来构筑。这称为 Onsager 原理的变分原理,为我们提供了一个强大工具来推导系统的时间演化,以及计算改变外部参数所需的力。

对于诸如 (i) 多孔介质中润湿动力学 (ii) 粒子在稀溶液和浓溶液中的扩散以及 (iii) 棒状颗粒的转动扩散等问题,Onsager 原理的实用性已得到证明。

延 展 阅 读

(1) The Theory of Polymer Dynamics, Masao Doi and Sam F. Edwards, Oxford University Press (1986).

(2) Colloidal Dispersions, William B. Russel, D. A. Saville, W. R. Schowalter, Cambridge University Press (1992).

练　习

7.1　当一个中空的柱形毛细管插入一池液体时 (图 4.7(a))，计算弯月面的演化 $h(t)$。

(a) 假设毛细管中液体速度只有垂直分量，写成 $v(r)$，这里 r 是毛细管轴向距离。证明系统的能量耗散函数可写成

$$\Phi = \frac{\eta}{2} h \int_0^a \mathrm{d}r 2\pi r \left(\frac{\mathrm{d}v}{\mathrm{d}r}\right)^2 \tag{7.126}$$

这里，η 是液体的黏度，a 是毛细管的半径。

(b) 如果弯月面以速率 $\dot{h}$ 上升，$v(r)$ 需满足约束

$$\dot{h} = \frac{1}{\pi a^2} \int_0^a \mathrm{d}r 2\pi r v(r) \tag{7.127}$$

在这个约束下对 Φ 最小化，并且把 Φ 表示成 $\dot{h}$ 的函数 (答案 $\Phi = 4\pi\eta h\dot{h}^2$)。

(c) 证明 $h(t)$ 满足下列方程

$$\dot{h} = \frac{2a\gamma_\mathrm{s}}{\eta h} \left(1 - \frac{h}{h_\mathrm{e}}\right) \tag{7.128}$$

这里 $h_\mathrm{e} = 2\gamma_\mathrm{s}/\rho g a$。在短和长的时间极限下讨论 $h(t)$ 的行为。

7.2　一个胶体悬浮体系装于由多孔壁围成的箱子中，如图 7.2(a) 所示。假设液体以速度 v 由底部向顶部流动。回答下列问题。

(a) 证明稳定状态下粒子数密度表示成

$$\frac{\partial n}{\partial x} = \frac{vn}{D_\mathrm{c}(n)} \tag{7.129}$$

(b) 当 $v = 1\mu\mathrm{m}$，粒子大小 $a = 0.01, 0.1, 1, 10$ (单位 $\mu\mathrm{m}$) 时，估算顶部和底部的数密度之差 Δn (假设悬浮溶液很稀)。

7.3　计算图 2.11 展示的情形下活塞运动的时间演化。

(a) 首先考虑系统中的能量耗散主要是由于穿过膜的液体流动。在这种情形下，我们可以假设在每个腔体中浓度均匀，并且能量耗散函数 Φ 写为

$$\Phi = \frac{1}{2}\xi_\mathrm{m} A \dot{x}^2 \tag{7.130}$$

推导方程 $x(t)$ 并讨论活塞的运动。

(b) 接下来考虑能量耗散主要由顶部腔体的溶质扩散引起，讨论活塞达到平衡位置所需时间。

7.4 扩散方程 (7.49) 可以写成昂萨格运动方程 (7.34) 形式。实际上，方程 (7.49) 可写成

$$\dot{n}(x) = -\int dx' \mu(x, x') \frac{\delta A}{\delta n(x')} \tag{7.131}$$

这里分立指数 i, j 由连续变量 x, x' 代替，求和由积分替代，矩阵 μ_{ij} 由函数 $\mu(x, x')$ 替代。回答下列问题。

(a) 证明：如果 $\mu(x, x')$ 表示成

$$\mu(x, x') = -\frac{\partial}{\partial x}\left[\frac{n(x)}{\zeta}\frac{\partial}{\partial x}\delta(x - x')\right] \tag{7.132}$$

则方程 (7.131) 给出扩散方程 (7.49)。

(b) 证明：函数 $\mu(x, x')$ 是对称的，例如对于任何函数 $n_1(x)$ 和 $n_2(x)$，下列等式成立

$$\int dx \int dx' \mu(x, x') n_1(x) n_2(x')$$
$$= \int dx \int dx' \mu(x', x) n_1(x) n_2(x') \tag{7.133}$$

7.5 通过给连接棒两端的矢量 r 考虑分布函数 $\psi(r; t)$，可以得到棒状粒子的转动扩散方程。回答下列问题。

(a) 用转动摩擦常数 ζ_r 及 $\dot{r}$ 表示能量扩散函数 Φ。

(b) 体系自由能写成

$$A = \int dr k_B T \psi \ln\psi \tag{7.134}$$

证明体系的瑞利量可写成

$$R = \frac{\zeta}{2}\int dr \frac{\dot{r}^2}{r^2}\psi + \int dr k_B T \dot{\psi}(\ln\psi + 1) + \int dr \lambda \dot{r} \cdot r \tag{7.135}$$

这里 λ 是拉格朗日常数，代表约束 $\dot{r} \cdot r = 0$，并且 $\dot{\psi}$ 表示成

$$\dot{\psi} = -\frac{\partial}{\partial r} \cdot (\dot{r}\psi) \tag{7.136}$$

(c) 运用昂萨格原理，求下列关于 ψ 的时间演化方程

$$\frac{\partial\psi}{\partial t} = D_r \frac{\partial}{\partial r} \cdot \left[(r^2 - rr) \cdot \frac{\partial\psi}{\partial r}\right] \tag{7.137}$$

(d) 证明方程 (7.137) 可以写成

$$\frac{\partial\psi}{\partial t} = D_r \mathcal{R}^2 \psi \tag{7.138}$$

这 $\mathcal{R}$ 定义为

$$\mathcal{R} = r \times \frac{\partial}{\partial r} \tag{7.139}$$

7.6　在转动布朗运动中, 设 $u(t)$ 平行于棒的单位矢量, 证明关联函数 $\langle (u(t) \cdot u(0))^2 \rangle$ 表示为

$$\langle [u(t) \cdot u(0)]^2 \rangle = \frac{2}{3} e^{-6D_r t} + \frac{1}{3} \tag{7.140}$$

为什么 $\langle [u(t) \cdot u(0)]^2 \rangle$ 的关联时间比 $\langle u(t) \cdot u(0) \rangle$ 的短?

第8章 软物质中的扩散和渗透

在本章中，我们将讨论软物质中的扩散和渗透现象。扩散和渗透发生在多组分系统中，其中某些特定组分 (扩散组分) 相对于其他组分 (基元组分) 移动。这种现象与我们日常生活中看到的许多情况有关，如溶解、浸泡、烘干。如果这种现象发生在引力或其他外力作用下，它相当于沉淀、挤压或固结。虽然这些现象的名称不一样，但物理含义是一样的，我们可以用同一个框架来分析它们。

在前面的章节我们已经讨论过一些扩散的简单例子。本章我们将讨论软物质中两个重要的新话题。

首先我们将讨论扩散组分中的空间关联效应。软物质系统的共同特征是它们都由大的结构单元组成，我们将讨论如何表征这些结构，并且讨论它们如何影响扩散和渗透的速率。

接着我们将讨论基元组分在扩散和渗透中的运动。通常，扩散和渗透被视为一个组分在静止的背景基元上的运动。事实上，当一个组分在运动时其他组分也在运动。因此，要完整描述这些现象，需要所有组分的运动。我们将讨论关于这种效应重要的几个例子，即：(i) 胶体颗粒沉积，(ii) 简单分子的相分离，(iii) 凝胶中的溶剂渗透运动学，证明描述这些现象的基本方程都可以从 Onsager 原理方便地导出。

8.1 软物质溶液的空间关联

8.1.1 长程关联性溶液

正如我们在第 1 章讨论的，软物质的一个共同特征是它们的结构单元都很大。例如，在聚合物溶液和胶体溶液中，溶质的尺寸 (聚合物分子或胶体颗粒) 都比溶剂分子的尺寸大得多。在表面活性剂溶液中，表面活性分子组装形成潜在的大胶束。

这些特性在图 8.1 中以图形方式展示，(a) 是简单分子的溶液，(b) 是聚合物溶液。这里黑点表示图 (a) 中的溶质分子和图 (b) 中的聚合物片段。图 8.1(c) 为表面活性剂溶液，其中表面活性剂分子 (再次用点表示) 组装形成胶束。在简单分子溶液的临界点附近也可以发现图 8.1(c) 显示的结构，其中溶质分子倾向于形成大的团簇以作为相分离的前兆。

如图 8.1(b) 和 (c) 所示，软物质的一个特征是溶质片段不均匀分布：它们形成团簇，并且在团簇中浓度很高，在团簇外则很低。为了表征这一点，我们考虑了溶质片段的局部密度涨落。

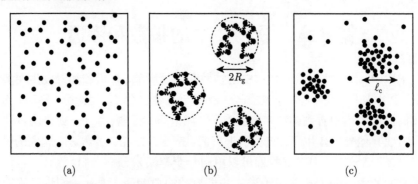

图 8.1　溶液中溶质浓度的示意图。(a) 简单分子的溶液：溶质片段几乎均匀分布；(b) 聚合物溶液：聚合物片段的分布有很强的相关性，也就是片段可以在聚合物团内看到，但在聚合物团外看不到；(c) 表面活性剂的溶液或接近临界点的溶液：可以在小分子系统中看到很强的相关性

假设体积为 V 的溶液中包含 N 个溶质片段，并且令 $\boldsymbol{r}_n$ $(n = 1, 2, \cdots, N)$ 表示它们的位置向量，则溶质片段的平均数密度 $\bar{n}$ 由下式给出

$$\bar{n} = \frac{N}{V} \tag{8.1}$$

但局域数密度在这个值附近涨落。

在讨论局域 "数密度" 的涨落时应该谨慎。局域数密度定义为在一个特定局部区域的溶质片段数除以该区域的体积。如果我们考虑半径为 a 的球形区域，则局域数密度在点 $\boldsymbol{r}$ 可以定义为

$$n_a(\boldsymbol{r}) = \frac{1}{(4\pi/3)a^3} \int_{|\boldsymbol{r}-\boldsymbol{r}'|<a} \mathrm{d}r' \sum_n \delta(\boldsymbol{r}' - \boldsymbol{r}_n) \tag{8.2}$$

右侧的积分表示在球形区域 $|\boldsymbol{r} - \boldsymbol{r}'| < a$ 内溶质片段的数量。可以很明显地看出，局域数密度的值取决于球半径 a。

下面我们考虑极限 $a \to 0$，并把这个极限的局域密度表示为 $\hat{n}(\boldsymbol{r})$，因此

$$\hat{n}(\boldsymbol{r}) = \sum_n \delta(\boldsymbol{r} - \boldsymbol{r}_n) \tag{8.3}$$

$\hat{n}(\boldsymbol{r})$ 的平均值等于 $\bar{n}$，即

$$\langle \hat{n}(\boldsymbol{r}) \rangle = \bar{n} \tag{8.4}$$

8.1.2 密度关联函数

溶质片段的不均匀分布由局域数密度的空间关联函数表示:

$$\langle \hat{n}(\boldsymbol{r})\hat{n}(\boldsymbol{r}')\rangle = \sum_{n,m} \langle \delta\left(\boldsymbol{r}-\boldsymbol{r}_n\right)\delta\left(\boldsymbol{r}'-\boldsymbol{r}_m\right)\rangle \tag{8.5}$$

对于一个处于平衡的宏观样本, 关联 $\langle \hat{n}(\boldsymbol{r})\hat{n}(\boldsymbol{r}')\rangle$ 具有平移不变性, 即对于任意的 $\boldsymbol{r}''$ 向量都有下列特性:

$$\langle \hat{n}(\boldsymbol{r})\hat{n}(\boldsymbol{r}')\rangle = \langle \hat{n}(\boldsymbol{r}+\boldsymbol{r}'')\hat{n}(\boldsymbol{r}'+\boldsymbol{r}'')\rangle \tag{8.6}$$

我们定义对关联函数为

$$g(\boldsymbol{r}) = \frac{1}{\bar{n}}\langle \hat{n}(\boldsymbol{r})\hat{n}(0)\rangle = \frac{1}{\bar{n}}\sum_{n,m}\langle \delta\left(\boldsymbol{r}-\boldsymbol{r}_n\right)\delta\left(\boldsymbol{r}_m\right)\rangle \tag{8.7}$$

由方程 (8.6), $g(\boldsymbol{r})$ 可以写成

$$g(\boldsymbol{r}) = \frac{1}{\bar{n}}\sum_{n,m}\langle \delta\left(\boldsymbol{r}-\boldsymbol{r}_n+\boldsymbol{r}'\right)\delta\left(\boldsymbol{r}_m+\boldsymbol{r}'\right)\rangle \tag{8.8}$$

因为方程 (8.8) 的右边是独立于 $\boldsymbol{r}'$ 的, 所以可以改写成

$$\begin{aligned}
\langle \delta\left(\boldsymbol{r}-\boldsymbol{r}_n+\boldsymbol{r}'\right)\delta\left(\boldsymbol{r}'+\boldsymbol{r}_m\right)\rangle &= \frac{1}{V}\int \mathrm{d}r' \langle \delta\left(\boldsymbol{r}-\boldsymbol{r}_n+\boldsymbol{r}'\right)\delta\left(\boldsymbol{r}'+\boldsymbol{r}_m\right)\rangle \\
&= \frac{1}{V}\langle \delta\left(\boldsymbol{r}-\boldsymbol{r}_n-\boldsymbol{r}_m\right)\rangle
\end{aligned} \tag{8.9}$$

因此

$$g(\boldsymbol{r}) = \frac{1}{\bar{n}V}\sum_{n,m}\langle \delta\left(\boldsymbol{r}-\boldsymbol{r}_n+\boldsymbol{r}_m\right)\rangle = \frac{1}{N}\sum_{n,m}\langle \delta\left(\boldsymbol{r}-\boldsymbol{r}_n+\boldsymbol{r}_m\right)\rangle \tag{8.10}$$

如果把 $g(\boldsymbol{r})$ 写成 $g(\boldsymbol{r}) = \dfrac{1}{N}\sum_{m}g_m(\boldsymbol{r})$, 那么 $g(\boldsymbol{r})$ 的意义更清楚, 其中

$$g_m(\boldsymbol{r}) = \sum_n \langle \delta\left(\boldsymbol{r}-\boldsymbol{r}_n+\boldsymbol{r}_m\right)\rangle \tag{8.11}$$

$g_m(\boldsymbol{r})$ 表示距离特定片段 m 矢量 $\boldsymbol{r}$ 处的片段平均密度。因此 $g(\boldsymbol{r})$ 表示距离任意一个选择片段矢量 $\boldsymbol{r}$ 处的片段平均密度[①]。

在大距离 $|\boldsymbol{r}|$, $g(\boldsymbol{r})$ 等于平均密度 $\bar{n}$; 在小距离, $g(\boldsymbol{r})$ 与 $\bar{n}$ 不同, 因为片段会被中心片段吸引或排斥。在简单分子溶液中, $g(\boldsymbol{r})$ 仅在超出原子尺寸范围内 (小于

[①] 在液体理论中, 除了归一化常数, 关联函数 $g(\boldsymbol{r})$ 与径向分布 $\tilde{g}(\boldsymbol{r})$ 是等价的。径向分布 $\tilde{g}(\boldsymbol{r})$ 是这样归一化的: 对于比较大的 $|\boldsymbol{r}|$, $\tilde{g}(\boldsymbol{r})$ 接近于 1。因此 $\tilde{g}(\boldsymbol{r})$ 和 $g(\boldsymbol{r})$ 有这样的关系: $g(\boldsymbol{r}) = \bar{n}\tilde{g}(\boldsymbol{r})$。

1nm) 才与 $\bar{n}$ 不同。另一方面，在图 8.1(b) 和 (c) 描述的软物质溶液中，关联在大得多的距离内持续存在。

如果片段形成团簇，团簇的尺寸范围 $g\,(\boldsymbol{r})$ 比 $\bar{n}$ 大，因此团簇中多余片段数可以估算为

$$N_\mathrm{c} = \int \mathrm{d}\boldsymbol{r}\,[g\,(\boldsymbol{r}) - \bar{n}] \tag{8.12}$$

N_c 代表关联片段数，也叫做关联质量。在聚合物稀溶液中，N_c 对应于聚合物链中的片段数。在胶束溶液中，N_c 对应于在一个胶束中表面活性剂分子的平均数量。团簇的尺寸可以由长度 ℓ_c 估算得到，ℓ_c 可定义为

$$\ell_\mathrm{c}^2 = \frac{\int \mathrm{d}\boldsymbol{r}\,[g\,(\boldsymbol{r}) - \bar{n}]\,r^2}{6\int \mathrm{d}\boldsymbol{r}\,[g\,(\boldsymbol{r}) - \bar{n}]} = \frac{1}{6N_\mathrm{c}} \int \mathrm{d}\boldsymbol{r}\,[g\,(\boldsymbol{r}) - \bar{n}]\,r^2 \tag{8.13}$$

ℓ_c 称为关联长度。(因子 1/6 存在的原因会在后面解释。)

让 $\delta n\,(\boldsymbol{r}) = \hat{n}(\boldsymbol{r}) - \bar{n}$ 表示数密度涨落，那么

$$\langle \hat{n}(\boldsymbol{r})\hat{n}(\boldsymbol{0}) \rangle = \bar{n}^2 + \langle \delta\hat{n}(\boldsymbol{r})\delta\hat{n}(\boldsymbol{0}) \rangle \tag{8.14}$$

因此出现在式 (8.12) 和式 (8.13) 中的量 $g\,(\boldsymbol{r}) - \bar{n}$ 可以写成数密度涨落的空间关联:

$$g(\boldsymbol{r}) - \bar{n} = \frac{1}{\bar{n}} \langle \delta\hat{n}(\boldsymbol{r})\delta\hat{n}(\boldsymbol{0}) \rangle \tag{8.15}$$

8.1.3　散射函数

关联函数 $g(\boldsymbol{r})$ 可以由各种散射实验测得。散射实验的原理见图 8.2。

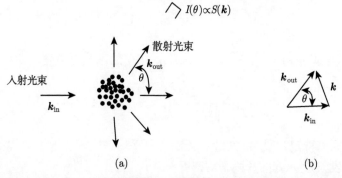

图 8.2　散射实验原理。(a) 入射光束被溶质片段散射，散射光的强度可以由探测器测得，是散射角 θ 的函数。(b) 散射强度可以表示为散射矢量 $\boldsymbol{k} = \boldsymbol{k}_\mathrm{out} - \boldsymbol{k}_\mathrm{in}$ 的函数，其中 $\boldsymbol{k}_\mathrm{out}$ 和 $\boldsymbol{k}_\mathrm{in}$ 分别为散射光和入射光的波矢。因为 $\boldsymbol{k}_\mathrm{in}$ 和 $\boldsymbol{k}_\mathrm{out}$ 的大小可以表示为光束波长 λ 的函数: $|\boldsymbol{k}_\mathrm{in}| = |\boldsymbol{k}_\mathrm{out}| = 2\pi/\lambda$，散射矢量的大小表示为 $|\boldsymbol{k}| = 4\pi/\lambda \sin(\theta/2)$

通常，辐射光束 (可见光，X 射线或中子) 在均匀介质中沿直线传播。如果介质具有空间不均匀性，则部分光束会被介质散射。如果散射是由位于 $r_n (n = 1, 2, \cdots, N)$ 处的点状物造成的，那么散射强度与下面的量成比例

$$S(k) = \frac{1}{N} \sum_{n,m} \langle e^{ik \cdot (r_n - r_m)} \rangle \tag{8.16}$$

其中 k 为图 8.2(b) 定义的散射矢量。

$S(k)$ 称为散射函数。由式 (8.11) 可得 $S(k)$ 与 $g(r)$ 的关系为

$$S(k) = \int dr g(r) e^{ik \cdot r} \tag{8.17}$$

对于 $k \neq 0$，该式可以写成

$$S(k) = \int dr [g(r) - \bar{n}] e^{ik \cdot r} \tag{8.18}$$

在各向同性材料中，$g(r)$ 仅取决于 $r = |r|$。因此右边的积分可以计算为

$$S(k) = \int_0^\infty dr r^2 \int_0^\pi d\theta 2\pi \sin\theta [g(r) - \bar{n}] e^{ikr\cos\theta}$$
$$= \int_0^\infty dr 4\pi r^2 [g(r) - \bar{n}] \frac{\sin(kr)}{kr} \tag{8.19}$$

对于比较小的 k，$\sin(kr)/(kr)$ 近似等于 $1 - (kr)^2/6 + \cdots$，因此，式 (8.18) 可以写成

$$S(k) = \int dr [g(r) - \bar{n}] \left[1 - \frac{(kr)^2}{6} + \cdots \right] = N_c \left[1 - (k\ell_c)^2 + \cdots \right] \tag{8.20}$$

其中式 (8.12) 和式 (8.13) 已经用过了。因此，在很小 k 的区域，N_c 和 ℓ_c 从 $S(k)$ 获取。

图 8.3 显示了关联函数 $g(r)$ 和散射函数 $S(k)$ 的粗略行为。在 $k \to 0$ 处，散射函数 $S(k)$ 始于 N_c，并且 $k\ell_c > 1$ 时，随 k 递减。这个特性经常由下面的函数拟合 (常被称作 Ornstein-Zernike 形式)

$$S(k) = \frac{N_c}{1 + (k\ell_c)^2} \tag{8.21}$$

关联函数 $g(r)$ 是由散射函数 $S(k)$ 即方程 (8.18) 的傅里叶逆变换得到的。对于方程 (8.21) 的散射函数，傅里叶逆变换给出了以下关联函数：

$$g(r) - \bar{n} = \frac{1}{(2\pi)^3} \int dk S(k) e^{-ik \cdot r} = \frac{N_c}{4\pi \ell_c^2} \frac{e^{-r/\ell_c}}{r} \tag{8.22}$$

因此 $g(r)$ 随 r 呈指数衰减。

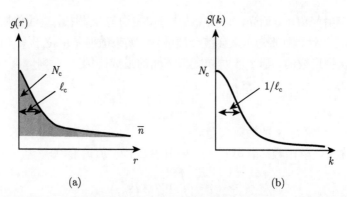

图 8.3　密度关联函数 $g(r)$ 和散射函数 $S(k)$ 的典型特性。(a) 和 (b) 说明了关联片段数 N_c 和相关长度 ℓ_c 是如何由这些函数获得的

8.1.4　时空关联函数

上面定义的关联函数 $g(r)$ 代表在一特定时间点片段的空间关联。也可以定义一个时间关联函数，令 $r_n(t)$ 表示 t 时刻片段数 n 的位置，那么 t 时刻局域片段密度定义为

$$\hat{n}(r,t) = \sum_n \delta(r - r_n(t)) \tag{8.23}$$

片段密度的时空关联函数定义为

$$\begin{aligned} g_d(r,t) &= \frac{1}{\bar{n}}\langle \bar{n}(r,t)\,\hat{n}(0,0)\rangle \\ &= \frac{1}{N}\sum_{n,m}\langle \delta(r - r_n(t) + r_m(0))\rangle \end{aligned} \tag{8.24}$$

这些是式 (8.7) 和式 (8.11) 的广义化。$g_d(r,t)$ 的傅里叶变换称为动态散射函数

$$S_d(k,t) = \int dr\, g_d(r,t)\,e^{ik\cdot r} = \frac{1}{N}\sum_{n,m}\langle e^{ik\cdot[r_n(t)-r_m(0)]}\rangle \tag{8.25}$$

这个动态散射函数也可以通过散射实验测得 (例如通过分析散射光强度的时间关联)。在 $t = 0$ 时，动态散射函数 $S_d(k,t)$ 与静态散射函数 $S(k)$ 是一致的：

$$S_d(k, t = 0) = S(k) \tag{8.26}$$

如果我们定义在 t 时刻片段密度的傅里叶变换为

$$n_k(t) = \frac{1}{V}\int dr\,\hat{n}(r,t)\,e^{ik\cdot r} = \frac{1}{V}\sum_n e^{ik\cdot r_n(t)} \tag{8.27}$$

式 (8.25) 的动态散射函数可以写成 $n_{\boldsymbol{k}}(t)$ 的时间关联:

$$S_{\mathrm{d}}(\boldsymbol{k},t) = \frac{V^2}{N}\langle n_{\boldsymbol{k}}(t)\,n_{\boldsymbol{k}}^*(0)\rangle = \frac{V}{\bar{n}}\langle n_{\boldsymbol{k}}(t)\,n_{\boldsymbol{k}}^*(0)\rangle \tag{8.28}$$

8.1.5 长波极限

在比较小的 $\boldsymbol{k}$ 极限下动态散射函数行为可以用宏观物质参数表示，我们用 6.5.3 节讨论的涨落–耗散原理来证明这一点。假设在 $t=0$ 时刻，有一个恒定外场 $h(\boldsymbol{r})$ 作用在溶质片段上。在场 $h(\boldsymbol{r})$ 下，系统自由能可以写成[①]

$$A[n(\boldsymbol{r})] = \int \mathrm{d}\boldsymbol{r}\,[f(n(\boldsymbol{r})) - h(\boldsymbol{r})\,n(\boldsymbol{r})] \tag{8.30}$$

这里 $f(n)$ 是溶液的自由能密度。利用与 7.3 节相同的论证，可以证明在外部电势 $h(\boldsymbol{r})$ 下，数密度 $n(\boldsymbol{r},t)$ 服从以下扩散方程 (见方程 (7.65))

$$\frac{\partial n}{\partial t} = \nabla \cdot D_{\mathrm{c}}(n)\left[\nabla n - \frac{n}{\Pi'(n)}\nabla h\right] \tag{8.31}$$

其中，D_{c} 是整体扩散常数。当 h 很小时，方程 (8.31) 可以求解出来，结果可以由响应函数 $\chi(\boldsymbol{r},\boldsymbol{r}',t)$ 表示

$$\delta n(\boldsymbol{r},t) = \int \mathrm{d}\boldsymbol{r}'\chi(\boldsymbol{r},\boldsymbol{r}',t)h(\boldsymbol{r}') \tag{8.32}$$

其中 $\delta n(\boldsymbol{r},t) = n(\boldsymbol{r},t) - \bar{n}$。

根据式 (6.80)，平衡时的响应函数与时间关联函数有关

$$\chi(\boldsymbol{r},\boldsymbol{r}',t) = \frac{1}{2k_{\mathrm{B}}T}\langle[\hat{n}(\boldsymbol{r},t) - \hat{n}(\boldsymbol{r},0)][\hat{n}(\boldsymbol{r}',t) - \hat{n}(\boldsymbol{r},0)]\rangle \tag{8.33}$$

右边可以用 $g_{\mathrm{d}}(\boldsymbol{r},t)$ 表示。这样的计算给出了如下动态散射函数表达式 (见问题 (8.4))

$$S_{\mathrm{d}}(\boldsymbol{k},t) = \frac{k_{\mathrm{B}}T}{\Pi'}\mathrm{e}^{-D_c\boldsymbol{k}^2 t} \tag{8.34}$$

方程 (8.34) 表明，在长波极限 ($|\boldsymbol{k}| \to 0$) 下动态散射函数由宏观物质参数如 Π' 和 D_{c} 表示。

---

① 注意如式 (8.30) 的表达式，只有当 $n(\boldsymbol{r})$ 代表宏观片段密度时才有效，也就是说，当 $n(\boldsymbol{r})$ 表示的密度可以 "抹平" 比关联长度 ℓ_{c} 大的长度尺度，亦即选择的 a 大于 ℓ_{c} 的时候。或者说，涂抹密度可以表示为

$$n(\boldsymbol{r}) = \sum_{|\boldsymbol{k}|<\frac{1}{\ell_{\mathrm{c}}}} n_k \mathrm{e}^{-\mathrm{i}\boldsymbol{k}\cdot\boldsymbol{r}} \tag{8.29}$$

这里对满足 $|\boldsymbol{k}| < \frac{1}{\ell_{\mathrm{c}}}$ 的 $\boldsymbol{k}$ 求和。

与式 (8.20) 和式 (8.34) 比较，可以看出关联片段数为

$$N_c = \frac{k_B T}{\Pi'} \tag{8.35}$$

在稀聚合物溶液情形下，Π 由 $(n/N)k_B T$ 给出，其中 N 表示聚合物链的片段数。因此 N_c 与 N 相等，并且关联效应非常大。然而，随着聚合物浓度的增加，渗透压也跟着迅速增加，并且随着聚合物浓度的增加，N_c 逐渐变小。在高浓度下，N_c 变成与简单液体相同的数量级。

如果 Π' 很小，关联效应在简单分子溶液中将变得很重要。这发生在临界点附近。在临界点，Π' 变为 0（见 2.3.4 节），临界点附近，Π' 不为 0，但变得很小，因此有很强的关联效应。这会造成各种溶液静态和动态特性的异常现象，通常称为临界现象。

8.1.6　摩擦常数和扩散常数的关联效应

正如 7.1.4 节讨论的，扩散速率是由两种力的平衡决定的：一种是驱动溶质分子扩散的热力学力，另一种是阻止溶质分子扩散的摩擦力。前一种力可以表示为 $\Pi' = \partial \Pi / \partial n$，后一种力可以由摩擦常数 ξ 表示。两个参数都受溶质片段空间关联的影响。关联效应对 Π' 的影响由式 (8.35) 表示。我们现在讨论关联效应对摩擦常数 ξ 的影响。

粒子构象中的关联极大地影响摩擦常数 ξ。为了看清这一点，让我们比较图 8.4 所示的两种情形。这里的黑点代表固定在空间中的障碍物。在图 8.4(a) 中障碍物均匀分布，而在图 8.4(b) 中相同数量的障碍物分布不均匀。如果片段和图 8.4(a) 一样均匀分布，则每个片段成为流体力学摩擦中心，并且 ξ 可以估算为 $\xi_0 = \bar{n}6\pi\eta a$。另一方面，如果片段如图 8.4(b) 所示形成团簇，则团簇担当了流体力学摩擦中心角色。因为在团簇中流体速度急剧受阻，流体不能通过团簇，所以整个团簇便作为固态摩擦中心。让 N_c 代表一个团簇中的平均障碍物数。团簇的数密度为 $\bar{n}/N_c$，团簇半径为 ℓ_c。因此 ξ 为

$$\xi \simeq \frac{\bar{n}}{N_c} 6\pi\eta\ell_c \tag{8.36}$$

ξ 小于 ξ_0 并差一个因子 $\ell_c/(aN_c)$。通常 N_c 和 ℓ_c 的关系为

$$N_c \approx \left(\frac{\ell_c}{a}\right)^d \tag{8.37}$$

指数 d 称为分形维数。如果片段密堆积在团簇中，那么 d 的值为 3。如果片段松散地堆积，则 d 的值小于 3。根据方程 (8.36)，摩擦常数 ξ 写成

$$\xi = \xi_0 N_c^{-(1-1/d)} \tag{8.38}$$

因此摩擦常数随着团簇尺寸的增大而减小。很多现象可以用这个结果解释。(i) 水流过鹅卵石的速度比流过沙子的速度快，因为鹅卵石中的团簇比沙子的大；(ii) 胶体颗粒聚集时沉淀速度更快；(iii) 云层中的小水滴变大时便会下降；(iv) 溶液中聚合物的沉降速度随着分子量的增加而增加。

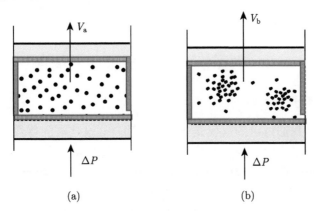

图 8.4 两种情形下，基底障碍物 (黑点表示) 的摩擦常数 ξ 对比。(a) 障碍物在空间上均匀分布；(b) 障碍物不均匀，并形成团簇；(a) 中的摩擦常数比 (b) 中的大

一个近似理论被发展用来描述点状障碍物系统的摩擦常数。根据这个理论，ξ 可由下式给出

$$\frac{1}{\xi} = \frac{2}{3\bar{n}\eta} \int_0^\infty \mathrm{d}r r \left[g(r) - \bar{n} \right] \tag{8.39}$$

如果用方程 (8.22) 代替 $g(r)$，方程 (8.39) 给出

$$\xi = \frac{\bar{n}}{N_c} 6\pi\eta\ell_c \tag{8.40}$$

因此整体扩散常数 (式 (7.66)) 由下式给出

$$D_c = \frac{\bar{n}\Pi'}{\left(\frac{\bar{n}}{N_c}\right) 6\pi\eta\ell_c} = \frac{k_B T}{6\pi\eta\ell_c} \tag{8.41}$$

广为人知，这个表达式支持很多长程关联的溶液，如聚合物溶液、胶束溶液和处于临界点附近的溶液成立。

8.1.7 小尺度下的密度关联

上述讨论不适用于较小尺度，即小于关联长度 ℓ_c 的尺度。在这样的尺度下，自由能不能写成式 (8.30)。现在自由能涉及梯度项 ∇n (见 8.3.1 节)，并且摩擦常数 ξ 依赖于波矢 $\boldsymbol{k}$。

在大波长极限下，波矢 $\boldsymbol{k}$ 的浓度涨落总是以速率 $D_c k^2$ 衰减 (见式 (8.34))。当波长 $1/k$ 变得比 ℓ_c 小时，这就不再是正确的了。已经证明，对于介于 ℓ_c 和原子尺寸 a 的波长而言，衰减速率正比于 k^3。如果波长 $1/k$ 与原子尺寸可比拟，分子结构细节会起作用。在这样的小尺度下，关联密度函数 $g(r)$ 会显示反映微观分子结构的振荡。

8.2　粒子沉积中的扩散形变耦合

8.2.1　扩散中介质的运动

到目前为止我们讨论的仅仅是溶质的运动，假设溶液的背景介质是静止的。然而，在多组分系统中，当一个组分移动时，其他的组分也会移动，例如，当如图 8.5 所示的粒子沉积时，为了填充下落粒子留下的空间，溶剂必须由底部流到顶部。体积守恒条件表明，如果粒子以平均速度 $\bar{v}_p$ 向下运动，则溶剂必须以平均速度 $\bar{v}_s = -\phi/(1-\phi)\,\bar{v}_p$ 上升。这个速度不可以忽略不计，除非 ϕ 很小。因此，为了全面描述这种现象，就必须准确算出所有组分的速度。

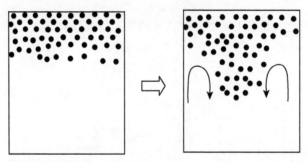

图 8.5　当一个装着颗粒料浆的容器倒过来时，粒子便开始沉积。如果有一部分料浆的沉积速度比其他的快，便会引起对流，并且使均匀沉积变得不稳定

我们先考虑双组分系统。让 $v_p(r)$ 和 $v_s(r)$ 分别表示粒子 (或溶质) 和溶剂在点 r 处的平均速度。介质速度 (或背景速度) 的一个自然定义是体积平均速度[①]

$$v = \phi v_p + (1-\phi)\,v_s \tag{8.43}$$

---

① 人们可以用质量平均速度来定义介质速度

$$v_m = \frac{\rho_p \phi v_p + (1-\phi)\,\rho_s v_s}{\rho_p + (1-\phi)\,\rho_s} \tag{8.42}$$

其中，ρ_p 和 ρ_s 分别代表粒子的密度和溶剂的密度。这样的速度即使沉积是均匀的，也是一个非零值，因此使用体积平均速度比使用质量平均速度更合理。

我们称这个为介质速度。当在容器中沉积是均匀时，介质速度 v 为 0。然而，如果其中一些特定比例的粒子的沉积速度比其他的快，就会引发宏观的流动，如图 8.5 所示。在这种情形下，我们必须考虑介质速度是如何与粒子速度相耦合的。

扩散流动 (如两个组分的相对运动) 和对流流动 (如介质的流动) 称为扩散形变耦合。扩散形变耦合在流体和凝胶中都很重要。下面我们首先讨论流体中的扩散形变耦合。凝胶中的扩散形变耦合将在 8.4 节讨论。

8.2.2 粒子沉积的连续性描述

现在我们用 Onsager 原理来推导方程，描述粒子沉积的扩散形变耦合。在双组分流体的流动中，有两种基本的能量耗散机制，一个与组分间的相对速度有关，另一个与空间速度梯度有关。

第一种机制的能量耗散方程为

$$\Phi_1 = \frac{1}{2} \int \mathrm{d}\boldsymbol{r} \bar{\xi} \left(\boldsymbol{v}_\mathrm{p} - \boldsymbol{v}_\mathrm{s}\right)^2 \tag{8.44}$$

其中，$\bar{\xi}$ 表示溶质和溶剂相对运动的摩擦常数。运用方程 (8.43)，速度差异 $\boldsymbol{v}_\mathrm{p} - \boldsymbol{v}_\mathrm{s}$ 可以表示为相对于背景的粒子速度 $\boldsymbol{v}_\mathrm{p} - \boldsymbol{v}$。

$$\boldsymbol{v}_\mathrm{p} - \boldsymbol{v} = (1 - \phi)\left(\boldsymbol{v}_\mathrm{p} - \boldsymbol{v}_\mathrm{s}\right) \tag{8.45}$$

因此能量耗散方程可以写为

$$\Phi_1 = \frac{1}{2} \int \mathrm{d}\boldsymbol{r} \xi \left(\boldsymbol{v}_\mathrm{p} - \boldsymbol{v}\right)^2 \tag{8.46}$$

其中

$$\xi = \frac{\bar{\xi}}{(1 - \phi)^2} \tag{8.47}$$

能量散耗的第二个机制是由流体速度的空间梯度所引起。对于纯溶剂，这一项的存在是清晰的。如果溶液可以视为具有黏度 $\eta(\phi)$ 的黏性流体，那么能量散耗方程可以写为[①]

$$\begin{aligned} \Phi_2 &= \frac{1}{4} \int \mathrm{d}\boldsymbol{r}\eta \left(\frac{\partial v_\beta}{\partial r_\alpha} + \frac{\partial v_\alpha}{\partial r_\beta}\right)^2 \\ &= \frac{1}{4} \int \mathrm{d}\boldsymbol{r}\eta (\nabla\boldsymbol{v} + (\nabla\boldsymbol{v})^t) : (\nabla\boldsymbol{v} + (\nabla\boldsymbol{v})^t) \end{aligned} \tag{8.48}$$

这里，$\boldsymbol{a}^t$ 表示张量 $\boldsymbol{a}$ 的转置，并且 $\boldsymbol{a} : \boldsymbol{a}$ 表示这个张量点乘的迹，也就是 $(\boldsymbol{a}^t)_{\alpha\beta} = (\boldsymbol{a})_{\beta\alpha}$，$\boldsymbol{a} : \boldsymbol{a} = \mathrm{Tr}\,(\boldsymbol{a} \cdot \boldsymbol{a}) = a_{\alpha\beta}a_{\beta\alpha}$。

[①] 能量散耗函数也可以包含其他项，如 $\nabla\boldsymbol{v}_\mathrm{p} : \nabla\boldsymbol{v}_\mathrm{p}$ 和 $\nabla\boldsymbol{v}_\mathrm{p} : \nabla\boldsymbol{v}_\mathrm{c}$ 等。为了简化这个方程，这些项在这里被忽略。

另一方面, 系统的自由能方程可以写成与式 (7.59) 相同的形式

$$A = \int \mathrm{d}\boldsymbol{r}[f(\phi) - \rho_1 \phi \boldsymbol{g} \cdot \boldsymbol{r}] \tag{8.49}$$

其中, $f(\phi)$ 是溶液的自由能密度 (也可以表示为体积分率函数), 并且 ρ_1 是溶质和溶液密度之差。因为 ϕ 满足守恒定律

$$\dot{\phi} = -\nabla \cdot (\boldsymbol{v}_\mathrm{p}\phi) \tag{8.50}$$

$\dot{A}$ 的计算方法与式 (7.56) 是相同的:

$$\begin{aligned}
\dot{A} &= \int \mathrm{d}\boldsymbol{r}\dot{\phi}[f'(\phi) - \rho_1\boldsymbol{g}\cdot\boldsymbol{r}] \\
&= -\int \mathrm{d}\boldsymbol{r}\nabla\cdot(\phi\boldsymbol{v}_\mathrm{p})[f'(\phi) - \rho_1\boldsymbol{g}\cdot\boldsymbol{r}] \\
&= \int \mathrm{d}\boldsymbol{r}\boldsymbol{v}_\mathrm{p}\cdot[\nabla\Pi - \phi\rho_1\boldsymbol{g}]
\end{aligned} \tag{8.51}$$

注意介质的速度 $\boldsymbol{v}$ 必须满足不可压缩条件

$$\nabla \cdot \boldsymbol{v} = 0 \tag{8.52}$$

把这些式子加起来, 我们便得到了瑞利函数

$$\begin{aligned}
R &= \frac{1}{2}\int \mathrm{d}\boldsymbol{r}\xi(\boldsymbol{v}_\mathrm{p} - \boldsymbol{v})^2 + \frac{1}{4}\int \mathrm{d}\boldsymbol{r}\eta(\nabla\boldsymbol{v} + (\nabla\boldsymbol{v})^t):(\nabla\boldsymbol{v} + (\nabla\boldsymbol{v})^t) \\
&\quad + \int \mathrm{d}\boldsymbol{r}\boldsymbol{v}_\mathrm{p}\cdot[\nabla\Pi - \phi\rho_1\boldsymbol{g}] - \int \mathrm{d}\boldsymbol{r}p\nabla\cdot\boldsymbol{v}
\end{aligned} \tag{8.53}$$

最后一项表示约束 (8.52)。

设定 R 相对于 $\boldsymbol{v}_\mathrm{p}$ 和 $\boldsymbol{v}$ 的变化率为 0, 我们得到下列方程组

$$\xi(\boldsymbol{v}_\mathrm{p} - \boldsymbol{v}) = -\nabla\Pi + \phi\rho_1\boldsymbol{g} \tag{8.54}$$

$$\nabla\cdot\eta\left[\nabla\boldsymbol{v} + (\nabla\boldsymbol{v})^t\right] + \xi(\boldsymbol{v}_\mathrm{p} - \boldsymbol{v}) = \nabla p \tag{8.55}$$

方程 (8.54) 代表溶质力的平衡: 通过介质施加在溶质上的摩擦力被热力学驱动力平衡掉了。方程 (8.55) 代表介质的力平衡。

方程 (8.54) 和 (8.55) 可以写成

$$\boldsymbol{v}_\mathrm{p} = \boldsymbol{v} - \frac{1}{\xi}(\nabla\Pi - \phi\rho_1\boldsymbol{g}) \tag{8.56}$$

$$\nabla\cdot\eta\left[\nabla\boldsymbol{v} + (\nabla\boldsymbol{v})^t\right] = \nabla(p + \Pi) - \phi\rho_1\boldsymbol{g} \tag{8.57}$$

给定 $\phi(\boldsymbol{r})$, $(\boldsymbol{v}_{\mathrm{p}}, \boldsymbol{v}, p)$ 可通过解方程 (8.52)、(8.56) 和 (8.57) 得到。一旦得到 $\boldsymbol{v}_{\mathrm{p}}$, ϕ 的大小取决于式 (8.50)。因此上述方程组确定了浓度场 $\phi(r)$ 的时间演化。值得一提的是，这个复杂的方程组也可以写成 Onsager 运动学方程 (7.34) 的形式，因为这个方程也来源于 Onsager 原理 (见问题 (7.4))。

图 8.5 所示的不稳定沉积可以由这些方程描述。事实上，对于拥有不均匀密度 $\phi\rho_1$ 的流体，式 (8.57) 与 Stokes 方程是等价的。图 8.5(b) 所示的情形相当于在一个轻流体顶部放一个重流体。这种组态是不稳定的，即瑞利–泰勒不稳定性的现象会发生。

应该注意渗透压 Π 是不会引起这种不稳定性的。如果没有重力的影响 (如 $\rho_1 g = 0$)，并且如果流体是在一个密闭的容器，介质速度保持为零，即使渗透压梯度很大。下面可以看到，在决定速度的方程 (8.52) 和 (8.57) 中，渗透压包含在压力项里：可以通过定义压力 $p' = p + \Pi$ 将其消掉。如果流体是在密闭容器中，那么在壁上 $\boldsymbol{v}$ 肯定为零。在这样的边界条件下，方程 (8.52) 和 (8.57) 的解为在容器的任何地方介质速度都为零[①]。

8.3　相分离运动学

8.3.1　热力学不稳定态的相分离

我们现在来讨论一个和扩散传输相关的话题，即相分离动力学。相分离可视为扩散的逆过程。当由组分 A 和 B 形成的均匀溶液被带进一个不稳定的热力学状态 (如改变温度) 时，溶液开始分离为两种相，含 A 较多的溶液和含 B 较多的溶液。这个过程称为相分离。由于这个过程是由热力学力驱动所引起的组分间的相对运动，因此可以纳入扩散的框架来对待。

让 $f(\phi)$ 表示溶液的自由能密度，溶液中 A 和 B 以体积比 $\phi : (1 - \phi)$ 均匀混合。正如第 2 章所描述的，在 $f''(\phi) = \partial^2 f / \partial \phi^2 \phi_a \phi_b$ 为负的浓度区域，溶液是不稳定的。拥有初始浓度 ϕ_0 的均匀溶液最终变为两种体积分数分别为 ϕ_a 和 ϕ_b 的不同溶液，ϕ_a 和 ϕ_b 的大小由如图 8.6(a) 所示的公共切线决定 (图 2.4 中也可以看到)。

在不稳定区域，整体扩散常数 $D_{\mathrm{c}}(\phi)$ 是负的，因为 $D_{\mathrm{c}}(\phi)$ 由下式给出：

$$D_{\mathrm{c}}(\phi) = \frac{1}{\xi} \frac{\partial \Pi}{\partial \phi} = \frac{\phi}{\xi} \frac{\partial^2 f}{\partial \phi^2} \tag{8.58}$$

因此溶质从低浓度区域向高浓度区域移动。最终，如果由一小部分浓度不均匀，它

---

① 这并不意味着渗透压不会引起流体的宏观运动。在一个敞开的容器中，渗透压可诱发对流。例如，在测量渗透压的标准 U 形管实验中，对流便是由渗透压引起的。

最后会如图 8.6(b) 所示变大 (Ⅰ 到 Ⅱ)。随着时间的进程, 浓溶液的液滴 (体积分数为 ϕ_a) 出现在大量的低浓度溶液中 (体积分数为 ϕ_b), 如图 8.6(b) Ⅲ所示。

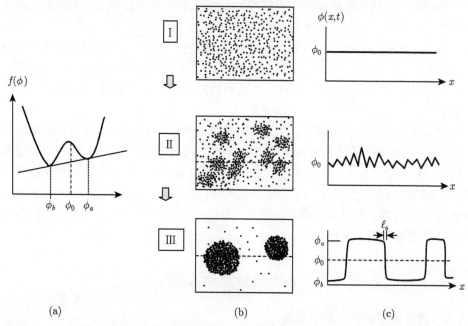

图 8.6　(a) 进行相分离的溶液自由能密度 $f(\phi)$。如果曲线 $f(\phi)$ 在初始浓度 ϕ_0 是上凸的 (即 $f''(\phi) < 0$), 溶液处于热力学不稳定, 最终分离成具有 ϕ_a 和 ϕ_b 两种浓度的溶液。(b) 一个在相分离结构改变的例子。当相分离开始时, 溶质分子聚集形成局部高浓度区域 (Ⅰ 到 Ⅱ)。这些区域变大, 形成相分离的宏观液滴 (Ⅱ 到 Ⅲ)。(c) 图 (b) 所示三个阶段密度轮廓的时间演化

　　跟 8.2 节一样, 可以使用相同的理论框架来讨论这样一个过程, 但相分离需要修改。

　　在相分离的最后阶段, 富含 A 的相和富含 B 的相共存, 两者之间有一个界面。正如我们在第 4 章所看到的, 界面有额外的自由能, 这在 8.2 节 (方程 (8.49)) 的自由能表达式中并没有考虑到。根据方程 (8.49), 相分离态的自由能 A 仅取决于每一个相的体积 (例如 $A = V_a f(\phi_a) + V_b f(\phi_b)$), 并不依赖于界面面积。

　　考虑界面自由能后, 式 (8.49) 修改为

$$A[\phi(\boldsymbol{r})] = \int \mathrm{d}\boldsymbol{r} \left[f(\phi) - \rho_1 \phi \boldsymbol{g} \cdot \boldsymbol{r} + \frac{1}{2}\kappa_{\mathrm{s}}(\nabla\phi)^2 \right] \tag{8.59}$$

其中, κ_{s} 是一个正的常数。在界面处, $\phi(r)$ 从 ϕ_a 到 ϕ_b 沿着垂直于界面的方向急剧变化, 因此梯度项 $\kappa_{\mathrm{s}}(\nabla\phi)^2$ 在界面处变得非常大。令 ℓ_{s} 表示界面的厚度 (图 8.6(c)

III), 在界面区域 $\nabla\phi$ 约为 $(\phi_a - \phi_b)/\ell_s$ 的数量级, 因此式 (8.59) 中梯度项的积分可以估算为

$$\int \mathrm{d}\boldsymbol{r}\kappa_s(\nabla\phi)^2 \approx \kappa_s \left(\frac{\phi_a - \phi_b}{\ell_s}\right)^2 \ell_s \times \text{界面面积} \tag{8.60}$$

因此, 界面张力 γ 可以估算为

$$\gamma \approx \kappa_s \frac{(\phi_a - \phi_b)^2}{\ell_s} \tag{8.61}$$

对于式 (8.59) 的自由能表达式, $\dot{A}$ 计算为

$$\dot{A} = \int \mathrm{d}\boldsymbol{r}\dot{\phi}\frac{\delta A}{\delta\phi} = -\int \mathrm{d}\boldsymbol{r}\nabla\cdot(\boldsymbol{v}_p\phi)\frac{\delta A}{\delta\phi} = \int \mathrm{d}\boldsymbol{r}\phi\boldsymbol{v}_p\cdot\nabla\left(\frac{\delta A}{\delta\phi}\right) \tag{8.62}$$

如果使用这个表达式, 式 (8.54) 可以改写为

$$\xi(\boldsymbol{v}_p - \boldsymbol{v}) = -\phi\nabla\left(\frac{\delta A}{\delta\phi}\right) \tag{8.63}$$

变分导数 $\delta A/\delta\phi$ 的值为

$$\frac{\delta A}{\delta\phi} = f'(\phi) - \rho_1\boldsymbol{g}\cdot\boldsymbol{r} - \kappa_s\nabla^2\phi \tag{8.64}$$

使用这个方程, 我们最终得到了如下方程:

$$\frac{\partial\phi}{\partial t} = -\nabla\cdot(\phi\boldsymbol{v}) + \nabla\cdot\left[\frac{\phi}{\xi}(\nabla\Pi - \rho_1\phi\boldsymbol{g} - \kappa_s\phi\nabla\nabla^2\phi)\right] \tag{8.65}$$

$$\eta\nabla^2\boldsymbol{v} = \nabla p + \nabla\Pi - \rho_1\phi\boldsymbol{g} + \kappa_s\phi\nabla\nabla^2\phi \tag{8.66}$$

这里我们假设黏度 η 是常数, 与浓度无关。需要注意的是, 涉及的 κ_s 项不能包含在压力项中。因此, 在存在 κ_s 项的情况下, 即使没有重力效应, 对流也可以在密闭容器中被诱发。

许多相分离问题方程 (8.65) 和 (8.66) 已经有很多数值解, 并且阐明了相分离的运动学特征。这里我们总结这些研究的主要结果。

8.3.2 相分离的前期阶段

在相分离的前期阶段, 与均匀状态的偏差很小, 因此我们可以以偏离初始态的方式求解方程。定义 $\delta\phi(\boldsymbol{r},t)$ 为

$$\delta\phi(\boldsymbol{r},t) = \phi(\boldsymbol{r},t) - \phi_0 \tag{8.67}$$

然后将式 (8.65) 对 $\delta\phi$ 线性化，得到[1]

$$\frac{\partial \delta\phi}{\partial t} = -\phi_0 \nabla \cdot \boldsymbol{v} + \frac{\phi_0}{\xi} \nabla \cdot \left[\left(K - \kappa_{\mathrm{s}}\phi_0 \nabla^2 \right) \nabla \delta\phi \right] \tag{8.68}$$

其中

$$K = \left. \frac{\partial \Pi}{\partial \phi} \right|_{\phi_0} \tag{6.69}$$

在不稳定区域其为负值。

由于不可压缩条件 (8.52)，式 (8.68) 右侧的第一项为零。运用傅里叶变换

$$\delta\phi\left(r, t\right) = \sum_{\boldsymbol{k}} \delta\phi_{\boldsymbol{k}}\left(t\right) \mathrm{e}^{\mathrm{i}\boldsymbol{k}\cdot\boldsymbol{r}} \tag{8.70}$$

式 (8.68) 容易求解。$\delta\phi_{\boldsymbol{k}}\left(t\right)$ 随时间的变化方程为

$$\frac{\partial \delta\phi_{\boldsymbol{k}}}{\partial t} = \alpha_{\boldsymbol{k}} \delta\phi_{\boldsymbol{k}} \tag{8.71}$$

其中 $\alpha_{\boldsymbol{k}}$ 为

$$\alpha_{\boldsymbol{k}} = -\frac{\phi_0}{\xi} \boldsymbol{k}^2 \left(K + \kappa_{\mathrm{s}}\phi_0 \boldsymbol{k}^2 \right) \tag{8.72}$$

图 8.7 是 $\alpha_{\boldsymbol{k}}$ 作为 $k = |\boldsymbol{k}|$ 的函数画的示意图。因为 K 是负的，随着 k 的增加，$\alpha_{\boldsymbol{k}}$ 开始也跟着增加，在 $k^* = \sqrt{|K|/(2\kappa_{\mathrm{s}}\phi_0)}$ 处达到最大，然后减小。只要 $\alpha_{\boldsymbol{k}}$ 是正的，$\phi_{\boldsymbol{k}}$ 便会随时间增加，也就是浓度的非均匀性随着时间会增大。这个过程叫旋节线分解 (意味着来自热力学不稳定态的相分离)。增长率 $\alpha_{\boldsymbol{k}}$ 在 $k = k^*$ 时最大。因此由旋节线分解的结构具有特征长度 $1/k^*$。

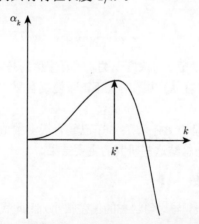

图 8.7　增长率 $\alpha_{\boldsymbol{k}}$ 随波矢 $k = |\boldsymbol{k}|$ 的变化

[1] 在方程 (8.69) 中，我们已经假设引力项 $\rho_1\boldsymbol{g}$ 可忽略。注意在均匀态 $\boldsymbol{v}$ 为零，因此与 $\delta\phi$ 量级相同。

8.3.3 相分离的后期阶段

随着相分离的进程，当 $\phi(\boldsymbol{r},t)$ 等于 ϕ_a 或 ϕ_b 时，浓度的非均匀性停止增长。当达到这个状态时，溶液已经分离成几个域，其 $\phi(\boldsymbol{r},t)$ 的值要么为 ϕ_a 要么为 ϕ_b。在每一个域里，$\phi(\boldsymbol{r},t)$ 的值不再改变，但域的尺寸和形态会随时间变化。驱动这种变化的力为表面张力 γ。如果这个域的特征尺寸为 ℓ，那么单位体积的界面能约为 γ/ℓ。这些域的结构变化旨在减少自由能，或者说增大 ℓ。这个过程称为粗粒化。扩散和对流在粗粒化过程中都很重要。

1. 扩散

扩散是由界面张力 γ 引起的，液滴周围的浓度 ϕ_a 和 ϕ_b 与由公共切线决定的浓度略有不同。考虑图 8.8(a) 的情形。一个浓度为 ϕ_a、半径为 r 富含 A 的溶液液滴，与含大量 B 浓度为 ϕ_b 的溶液共存，系统的自由能为

$$A = \frac{4\pi}{3}r^3 f(\phi_a) + \left(V - \frac{4\pi}{3}r^3\right)f(\phi_b) + 4\pi r^2 \gamma \tag{8.73}$$

在

$$\frac{4\pi}{3}r^3\phi_a + \left(V - \frac{4\pi}{3}r^3\right)\phi_b = V_{\mathrm{A}} \tag{8.74}$$

约束下极小化方程 (8.73) 可以得到平衡态。这里 V_{A} 是组分 A 的总体积。对 ϕ_b、ϕ_a 和 r 最小化式 (8.73) 有

$$f'(\phi_b) = f'(\phi_a) = \frac{1}{\phi_a - \phi_b}\left[f(\phi_a) - f(\phi_b) + \frac{2\gamma}{r}\right] \tag{8.75}$$

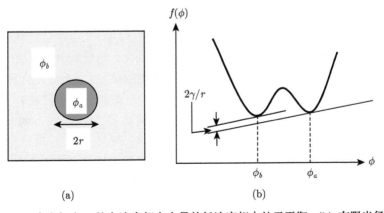

(a)   (b)

图 8.8   (a) 一个半径为 r 的高浓度相在大量的低浓度相中处于平衡；(b) 有限半径为 r 的液滴的平衡体积分数图示解 ϕ_a 和 ϕ_b

[· · ·]中的最后一项 $2\gamma/r$ 表示界面张力的影响。如果忽略这一项，式 (8.75) 为公共切线条件。如果不忽略这一项，液滴外的平衡浓度改变为

$$\delta\phi_b = \frac{1}{(\phi_a - \phi_b)\,f''(\phi_b)}\frac{2\gamma}{r} \tag{8.76}$$

因为 $f''(\phi_b)$ 是正的，所以 $\delta\phi_b$ 也为正，即该浓度比公共切线所得的浓度高。

现在考虑图 8.9(a) 的情形，不同尺寸的两个液滴 D_1 和 D_2 同存在于溶液中。根据式 (8.76)，比较小的液滴 D_2 外面的浓度应该高于比较大的液滴 D_1 外面的浓度，因此，溶质会从 D_2 向 D_1 流动。在液滴 D_2 附近，随着溶质的扩散开，更多的溶质分子被带出液滴。因此，比较小的液滴 D_2 会变得更小，比较大的液滴 D_1 会变得更大。

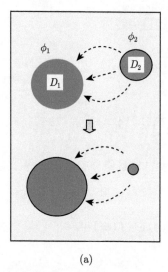 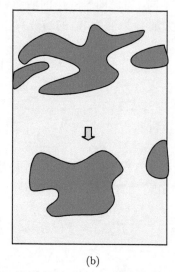

(a) (b)

图 8.9　相分离后期结构粗粒化的两种机制。(a) 蒸发凝结过程；(b) 界面张力驱动的对流

如果有很多液滴，这个机制会作用在所有液滴上。溶质从小的液滴分离出来，通过扩散进入比较大的液滴，增大了比较大的液滴的体积。最后，大的液滴变得更大，代价是消耗比较小的液滴。在一个封闭的充满过饱和空气的腔室中 (如浴室)，可以看到这种水滴的粗粒化现象。这种过程称为蒸发–凝结过程或 Lifshitz-Slyozov 过程。

下面来获取液滴特征尺寸 ℓ 的增长规律。如果平均尺寸 ℓ 的变化率为 $\dot{\ell}$，单位体积的能量耗散函数为 $\Phi \approx \xi\dot{\ell}^2$。另一方面单位体积的自由能为 $A \approx \gamma/\ell$。因此，由 Onsager 原理 $\partial\left(\Phi + \dot{A}\right)/\partial\dot{\ell} = 0$ 给出

$$\xi\dot{\ell} \approx \frac{\gamma}{\ell^2} \tag{8.77}$$

这导出

$$\ell \simeq \left(\frac{\gamma}{\xi}t\right)^{\frac{1}{3}} \tag{8.78}$$

因此, 液滴尺寸与 $t^{1/3}$ 成比例增长。

2. 对流

对流的进程比扩散快得多。一个非球形液滴通过上面描述的扩散过程可以变为球形, 但这样的进程是很慢的。如果材料是可以流动的, 非球形液滴变为球形液滴通常是通过对流实现的 (即通过溶质和溶剂的运动聚在一起), 如图 8.9(b) 所示。

一旦液滴变成球形, 对流就会停止, 在粗粒化中就不起作用了, 但有些情形下对流仍可以继续。下面是两种典型的例子。

(1) 在一些例子中, 球形液滴没有形成。例如, 在一个 50:50 的混合物中, 它可以连续地形成富含 A 的相和富含 B 的相, 形成一个类迷宫斑图模式。在这种情况下, 在粗粒化过程中对流仍是主导机制。这种机制的增长规律可以通过与上述类似的论证获得。因为耗散是由溶液的黏度 η 决定的, 能量耗散函数为 $\Phi \approx \eta\left(\dfrac{\dot{\ell}}{\ell}\right)^2$。另一方面, 能量项 $\dot{A}$ 由上面相同的表达式给出。因此, ℓ 的时间演化方程为

$$\eta\frac{\dot{\ell}}{\ell^2} \approx \frac{\gamma}{\ell^2} \tag{8.79}$$

这给出了

$$\ell \approx \frac{\gamma}{\eta}t \tag{8.80}$$

即 ℓ 随 t 线性增加。

(2) 更常见的是, 由于重力的影响, 对流是很重要的。如果富含 A 的相的密度小于富含 B 的相的密度, 液滴会向上移动。两个相的密度差为 $\rho_{\text{eff}} = \rho_1(\phi_b - \phi_a)$。即使 ρ_{eff} 很小, 随着液滴尺寸的变大, 重力也会变得重要。液滴尺寸 r 的上升速率估算为

$$v = (4\pi/3)\, r^3 \rho_{\text{eff}} g/(6\pi\eta r) \approx \rho_{\text{eff}} g r^2/\eta$$

可以看到它随尺寸的增加而增加。因此, 较大的液滴会向上移动得更快, 并且在溶液表面聚集。一旦这些液滴彼此接触, 它们便会凝结形成更大的液滴。

8.4 凝胶中的扩散形变耦合

8.4.1 渗透和形变耦合

作为本章的最后一个主题, 我们将讨论凝胶动力学。在第 3 章, 我们已经看到凝胶通过从 (或向) 周围吸入 (或挤出) 溶剂来改变它们的体积。体积的改变是由

于环境的改变 (如温度或外面溶剂的改变) 或机械力。这种现象在日常生活中很常见，如干豆在水中膨胀，加入盐带出李子的水，挤压橘子取果汁，等等。最后的状态，即该过程的平衡态已经在第 3 章讨论。本节将讨论其动力学，即该过程随时间是如何发生的。

　　为了论证清晰，我们考虑聚合物凝胶，它由网状聚合物和简单分子溶剂组成。除了一种组分，即聚合物组分，不是流体而是弹性材料之外，凝胶动力学可以在与溶液相同的理论框架中讨论。这里给出了这个理论的修改。

　　在溶液中，非平衡态由浓度场 $\phi(r)$ 确定。自由能可以写成 $\phi(r)$ 的泛函数，并且 $\phi(r)$ 随时间的变化由 Onsager 原理确定。另一方面，因为凝胶是弹性材料，它们的自由能取决于相对于参照态的形变，因此凝胶的非平衡态必须通过相对于参照态的凝胶网格位移来确定。令 $u(r)$ 表示在参照态位于 r 处的凝胶网格位移，自由能可以写成 $u(r)$ 的函数。$u(r)$ 随时间的变化由 Onsager 原理决定，如下文所示。

8.4.2　凝胶动力学基本方程

　　凝胶自由能的普遍表达式已经在 3.4 节讨论。这里我们局限在小形变的情况。假设凝胶在参照态处于平衡，偏离这种态的形变很小。让 $u(r)$ 表示位移矢量：凝胶网格位于 r 处的点移动到 $r+u(r)$ 处。我们定义位移梯度张量 $\epsilon_{\alpha\beta}$ 为

$$\epsilon_{\alpha\beta} = \frac{\partial u_\alpha}{\partial r_\beta} \tag{8.81}$$

凝胶的自由能通常可以写成 $\epsilon_{\alpha\beta}$ 的泛函，对于小的形变，自由能可以写成 $\epsilon_{\alpha\beta}$ 的二次函数。对于各向同性材料，自由能可以写成 (见附录 A)

$$A\left[u\left(r\right)\right] = \int dr \left\{ \frac{1}{2}K\left[w - \alpha\left(T\right)\right]^2 + \frac{G}{4}\left(\epsilon_{\alpha\beta} + \epsilon_{\beta\alpha} - \frac{2}{3}w\delta_{\alpha\beta}\right)^2 \right\} \tag{8.82}$$

其中

$$w = \epsilon_{\alpha\alpha} = \nabla \cdot u \tag{8.83}$$

为体积应变，即 $w = \dfrac{\Delta V}{V}$ (ΔV 为体积的变化，V 为初始体积)；$\alpha(T)$ 代表温度改变时平衡态体积的改变；K 和 G 为弹性常数。

　　在弹性理论中，式 (8.82) 和弹性自由能表达式有相同的形式。在弹性理论中，K 和 G 分别代表体积模量和剪切模量。在凝胶中，G 的含义相同 (剪切模量)，但 K 的意义稍微不同。

　　如在第 3 章讨论的，凝胶可以视为不可压缩：如果不允许溶剂移出，则凝胶不可压缩。凝胶的压缩仅仅发生在溶剂可以从凝胶中移出。在这个意义下，K 代表聚

合物网络相对于溶剂被压缩时的渗透应力，对应于溶液中的 $\partial\Pi/\partial\phi$。基于这样的原因，K 被称为渗透压体积模量。

A 对时间的导数为

$$
\begin{aligned}
\dot{A} &= \int \mathrm{d}\boldsymbol{r} \left[K(w-\alpha)\frac{\partial \dot{u}_\alpha}{\partial r_\alpha} + \frac{G}{2}\left(\epsilon_{\alpha\beta} + \epsilon_{\beta\alpha} - \frac{2}{3}w\delta_{\alpha\beta}\right)\left(\frac{\partial \dot{u}_\alpha}{\partial r_\beta} + \frac{\partial \dot{u}_\beta}{\partial r_\alpha} - \frac{1}{3}\delta_{\alpha\beta}\frac{\partial \dot{u}_\gamma}{\partial r_\gamma}\right) \right] \\
&= \int \mathrm{d}\boldsymbol{r}\, \sigma_{\alpha\beta}\frac{\partial \dot{u}_\alpha}{\partial r_\beta}
\end{aligned}
\tag{8.84}
$$

其中 $\sigma_{\alpha\beta}$ 定义为

$$
\sigma_{\alpha\beta} = K\left[w-\alpha(T)\right]\delta_{\alpha\beta} + G\left(\epsilon_{\alpha\beta} + \epsilon_{\beta\alpha} - \frac{2}{3}w\delta_{\alpha\beta}\right)
\tag{8.85}
$$

方程 (8.85) 对应于弹性理论中的应力张量。以凝胶为例，$\sigma_{\alpha\beta}$ 表示作用在聚合物网络上的应力，称为渗透应力。正如我们稍后看到的，总的机械应力包含来自溶剂的压力 p，表示为 $\sigma_{\alpha\beta} - p\delta_{\alpha\beta}$。

接下来我们考虑散耗函数。能量耗散的主要来源为聚合物和溶剂的相对位移。令 $\boldsymbol{v}_{\mathrm{s}}(\boldsymbol{r})$ 表示在 $\boldsymbol{r}$ 处溶剂的速度，那么能量耗散表示为

$$
\Phi[\dot{u}, \boldsymbol{v}_{\mathrm{s}}] = \frac{1}{2}\int \mathrm{d}\boldsymbol{r}\,\tilde{\xi}(\dot{\boldsymbol{u}} - \boldsymbol{v}_{\mathrm{s}})^2
\tag{8.86}
$$

其中，$\tilde{\xi}$ 表示单位体积的摩擦常数。

特别需要提到的是能量耗散函数必须考虑溶剂速度 $\boldsymbol{v}_{\mathrm{s}}(\boldsymbol{r})$。如果忽略了 $\boldsymbol{v}_{\mathrm{s}}$，将导致错误的结论，即凝胶形变所需的力与 $\tilde{\xi}\dot{u}$ 成正比，并且数值非常大。实际上，我们很容易让凝胶形变，因为溶剂和凝胶网络是一起动的。

聚合物组分的体积守恒可以写成

$$
\frac{\partial \phi}{\partial t} = -\nabla\cdot(\dot{\boldsymbol{u}}\phi)
\tag{8.87}
$$

另一方面，$\dot{\boldsymbol{u}}$ 和 $\boldsymbol{v}_{\mathrm{s}}$ 必须满足不可压缩条件

$$
\nabla\cdot[\dot{\boldsymbol{u}}\phi + \boldsymbol{v}_{\mathrm{s}}(1-\phi)] = 0
\tag{8.88}
$$

因此瑞利量为

$$
R = \int \mathrm{d}\boldsymbol{r}\left\{\frac{1}{2}\tilde{\xi}(\dot{\boldsymbol{u}} - \boldsymbol{v}_{\mathrm{s}})^2 + \boldsymbol{\sigma}:\nabla\dot{\boldsymbol{u}} - p\nabla\cdot[\phi\dot{\boldsymbol{u}} + \boldsymbol{v}_{\mathrm{s}}(1-\phi)]\right\}
\tag{8.89}
$$

条件 $\delta R/\delta\dot{\boldsymbol{u}} = 0$ 和 $\delta R/\delta\boldsymbol{v}_{\mathrm{s}} = 0$ 给出

$$
\tilde{\xi}(\dot{\boldsymbol{u}} - \boldsymbol{v}_{\mathrm{s}}) = \nabla\cdot\boldsymbol{\sigma} - \phi\nabla p
\tag{8.90}
$$

$$\tilde{\xi}(\boldsymbol{v}_\mathrm{s} - \dot{\boldsymbol{u}}) = -(1 - \phi)\nabla p \tag{8.91}$$

方程 (8.90) 和 (8.91) 各自代表了作用在聚合物和溶剂上力的平衡。

合并式 (8.90) 和式 (8.91) 有

$$\nabla \cdot (\boldsymbol{\sigma} - p\boldsymbol{I}) = 0 \tag{8.92}$$

这代表了在凝胶中总的机械力的平衡，因此 $\boldsymbol{\sigma} - p\boldsymbol{I}$ 为凝胶中的总机械压力张量。这个压力由两个部分组成，即由凝胶自由能产生的渗透压，以及凝胶不可压缩产生的压力 p。应该注意，通常在弹性理论中，并没有与 p 相关的项。压力 p 代表包含在凝胶中的溶剂的作用。通过式 (8.85)，式 (8.92) 的力平衡方程可以写成

$$\left(K + \frac{1}{3}G\right)\frac{\partial w}{\partial r_\alpha} + G\frac{\partial^2 u_\alpha}{\partial r_\beta^2} = \frac{\partial p}{\partial r_\alpha} \tag{8.93}$$

另一方面，式 (8.91) 为多孔材料中著名的流体渗透达西定律 (Darcy's Law) (见式 (7.32))。由式 (8.91)，$\boldsymbol{v}_\mathrm{s}$ 为

$$\boldsymbol{v}_\mathrm{s} = \dot{\boldsymbol{u}} - \frac{1 - \phi}{\tilde{\xi}}\nabla p \tag{8.94}$$

把方程 (8.94) 用于方程 (8.88)，我们有

$$\nabla \cdot \left[\dot{\boldsymbol{u}} - \frac{(1 - \phi)^2}{\xi}\nabla p\right] = 0 \tag{8.95}$$

或

$$\frac{\partial w}{\partial t} = \kappa\nabla^2 p \tag{8.96}$$

其中

$$\kappa = \frac{(1 - \phi)^2}{\tilde{\xi}} = \frac{1}{\xi} \tag{8.97}$$

方程组 (8.83)、(8.93) 和 (8.96) 确定了 $\boldsymbol{u}$, w 和 p 随时间的演化。

8.4.3　浓度涨落

对式 (8.93) 求散度，有

$$\nabla^2 p = \left(K + \frac{4}{3}G\right)\nabla^2 w \tag{8.98}$$

式 (8.86) 和式 (8.98) 给出了关于 w 的扩散方程：

$$\frac{\partial w}{\partial t} = D_\mathrm{c}\nabla^2 w \tag{8.99}$$

其中 D_c 为

$$D_c = \kappa \left(K + \frac{4}{3}G \right) \tag{8.100}$$

对于小的形变, w 通过 $\delta\phi = -\phi_0 w$ 跟体积分数的变化 $\delta\phi = \phi - \phi_0$ 关联。因此, $\delta\phi$ 也满足扩散方程:

$$\frac{\partial \delta\phi}{\partial t} = D_c \nabla^2 \delta\phi \tag{8.101}$$

式 (8.101) 表明, 如果在凝胶中有浓度涨落 $\phi_k \mathrm{e}^{\mathrm{i}\boldsymbol{k}\cdot\boldsymbol{r}}$, 就会有弛豫, 弛豫时间为 $1/(D_c \boldsymbol{k}^2)$, 与在溶液中的式子一样 (见式 (8.34))。这个表达式里的总扩散常数 D_c, 稍微有不同。对于溶液, D_c 由式 (7.66) 给出, 与式 (8.100) 相似。(注意在溶液中 $n\,(\partial\Pi/\partial n)$ 与渗透模量 K 相等。) 对于凝胶, 渗透模量 K 变为 $K + (3/4)\,G$, 这表明在凝胶中剪切模量有助于浓度涨落的弛豫。

式 (8.101) 有助于讨论不涉及边界条件的问题。如果边界很重要 (例如, 在溶剂通过凝胶膜的速度有多快的问题中), 式 (8.101) 就不是那么有用了, 这是因为 $\delta\phi$ 的边界条件是未知的。通常, 边界条件是针对位移或作用在边界上的机械力给出的。因此, 为了解决这个问题, 我们需要回归到基本方程 (式 (8.83)、式 (8.93)、式 (8.96))。下面我们将展示例子。

8.4.4 在拉伸的凝胶薄片中溶剂扩散导致的力弛豫

正如 3.4.4 节中所讨论的, 当一重物放在凝胶顶部时 (图 (3.11)), 凝胶首先变形以保持其体积不变, 然后在排出溶剂时收缩, 最后弛豫至平衡状态。我们现在讨论由机械力引起的 (即挤压过程) 溶剂输运动力学, 可以通过求解方程组 (8.83), (8.93), (8.96) 来讨论这个问题。在图 8.10 中, 我们展示了对这个情形的分析 (在问题 (8.6) 中已经进行挤压分析)。

在 $t = 0$ 时刻, 一个重为 W 的物体悬挂在凝胶薄片的底部边缘, 其中凝胶的厚度为 $2a$, 宽度为 b, 长度为 L。我们将探讨凝胶的长度如何随时间改变。选用图 8.10(a) 所示的坐标系。原点取自薄片的中心, 并且 x 轴、y 轴分别取薄片的法向和切向方向。

对于轻薄片, 应变沿着 y 轴和 z 轴方向应该均匀, 但在 x 方向可能会随位置的变化而变化。因此位移矢量 $\boldsymbol{u}$ 可以写成

$$u_x = u\,(x,t), \quad u_y = \epsilon_y\,(t)\,y, \quad u_z = \epsilon_z\,(t)\,z \tag{8.102}$$

运用体积应变

$$w\,(x,t) = \frac{\partial u}{\partial x} + \epsilon_y\,(t) + \epsilon_z\,(t) \tag{8.103}$$

渗透压应力张量 (8.85) 可以写成

$$\sigma_{xx} = \left(K + \frac{4}{3}G \right) w - 2G\,(\epsilon_y + \epsilon_z) \tag{8.104}$$

$$\sigma_{yy} = \left(K - \frac{2}{3}G \right) w + 2G\epsilon_y \tag{8.105}$$

$$\sigma_{zz} = \left(K - \frac{2}{3}G \right) w + 2G\epsilon_z \tag{8.106}$$

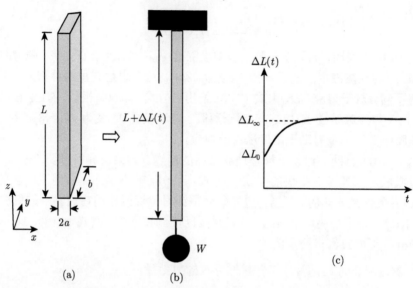

图 8.10   (a) 一张薄凝胶；(b) 当一个重 W 的物体悬挂在凝胶薄片底部时，薄片首先伸长 ΔL_0，然后伸长量再逐渐变大；(c) $\Delta L(t)$ 的时间依赖性

因为没有外力作用在薄片法向上，$\sigma_{xx} - p$ 在凝胶中处处一样为零。因此，

$$p(x,t) = \sigma_{xx} = \left(K + \frac{4}{3}G \right) w - 2G(\epsilon_y + \epsilon_z) \tag{8.107}$$

方程 (8.96) 和 (8.107) 给出

$$\frac{\partial w}{\partial t} = D_c \frac{\partial^2 w}{\partial x^2} \tag{8.108}$$

为了确定 $\epsilon_y(t)$，我们运用作用在与 y 轴垂直的横截面上总的作用力为零的条件：

$$\int_{-a}^{a} dx \, (\sigma_{yy} - p) = 0 \tag{8.109}$$

由式 (8.105) 和式 (8.107)，$\sigma_{yy} - p$ 可以写成 $-2Gw + 2G(2\epsilon_y + \epsilon_z)$。因此，式 (8.109) 给出

$$\bar{w} - (2\epsilon_y + \epsilon_z) = 0 \tag{8.110}$$

其中，$\bar{w}$ 代表 w 对 x 的平均值：

$$\bar{w}(t) = \frac{1}{2a} \int_{-a}^{a} dx \, w(x,t) \tag{8.111}$$

类似地，作用在与 z 轴垂直的横截面上总的作用力必须等于 W：

$$\frac{1}{2a}\int_{-a}^{a}\mathrm{d}x\,(\sigma_{zz}-p)=\sigma_{\mathrm{w}} \tag{8.112}$$

这里 $\sigma_{\mathrm{w}}=W/(2ab)$ 为作用在凝胶薄片上单位横截面积上的外力。再一次，由式 (8.106) 和式 (8.107)，这个式子可以改写成

$$\bar{w}-(\epsilon_y+2\epsilon_z)=-\frac{\sigma_{\mathrm{w}}}{2G} \tag{8.113}$$

在 $x=\pm a$ 处，p 等于 0。因此式 (8.107) 给出了

$$\left(K+\frac{4}{3}G\right)w=2G\left(\epsilon_y+\epsilon_z\right),\quad \text{在 } x=\pm a \text{ 处} \tag{8.114}$$

运用方程 (8.110) 和 (8.113)，这个式子又可以写成

$$\left(K+\frac{4}{3}G\right)w=\frac{4}{3}G\bar{w}+\frac{\sigma_{\mathrm{w}}}{3},\quad \text{在 } x=\pm a \text{ 处} \tag{8.115}$$

方程 (8.108) 和 (8.115) 确定了 $w\,(x,t)$ 随时间的变化。注意，式 (8.115) 右边的式子不是常数，而是跟 $\bar{w}(t)$ 一样随时间变化。

为了确定长期行为，我们假设对于溶液有下列形式：

$$w\,(x,t)=w_{\mathrm{eq}}+g\,(x)\,\mathrm{e}^{-t/\tau} \tag{8.116}$$

其中，w_{eq} 为平衡态的值，表达式为①

$$w_{\mathrm{eq}}=\frac{\sigma_{\mathrm{w}}}{3K} \tag{8.117}$$

并且 $g\,(x)$ 和 τ 为下列方程

$$-\frac{g}{\tau}=D_{\mathrm{c}}\frac{\partial^2 g}{\partial x^2} \tag{8.118}$$

的解，且

$$\left(K+\frac{4}{3}G\right)g=\frac{4}{3}G\bar{g},\quad \text{在 } x=\pm a \text{ 处} \tag{8.119}$$

其中 $\bar{g}$ 代表 g 对 x 的平均值：

$$\bar{g}=\frac{1}{2a}\int_{-a}^{a}\mathrm{d}x\,g\,(x) \tag{8.120}$$

方程组 (8.118)~(8.120) 设定了一个特征值问题：目标是寻找一个 τ 值，使给出的非零函数 $g\,(x)$ 既满足方程 (8.118) 又满足方程 (8.119)。特征值问题的解为

$$\tau=\frac{a^2}{D_{\mathrm{c}}\chi^2} \tag{8.121}$$

---

① 在平衡态，$w\,(x,t)=\bar{w}=w_{\mathrm{eq}}$。由式 (8.115) 可得式 (8.117)。

其中 χ 为下列方程的解：

$$\frac{1}{\chi}\tan\chi = 1 + \frac{3}{4}\frac{K}{G} \tag{8.122}$$

式 (8.122) 的解为：当 $K/G \gg 1$ 时 $\chi = \pi/2$；当 $K/G \ll 1$ 时 $\chi = \sqrt{K/G}$。因此，弛豫时间为

$$\tau = \begin{cases} \dfrac{4a^2}{\pi^2\kappa K}, & K/G \gg 1 \\[2mm] \dfrac{3a^2}{4\kappa K}, & K/G \ll 1 \end{cases} \tag{8.123}$$

如果 $K/G \gg 1$，弛豫时间可以估算为 a^2/D_c。另一方面，如果 $K/G \ll 1$，这个估算就会变得非常错误。在这种情况下，虽然 a^2/D_c 仍然是有限的，但随着 K 趋向 0，τ 是发散的。这表明凝胶动力学不能单独由扩散方程处理。

8.4.5　溶剂扩散导致的力学不稳定性

前面章节介绍的线性理论仅限于小形变。当形变变大，非线性效应就变得很重要。这种效应的例子如图 8.11 所示。

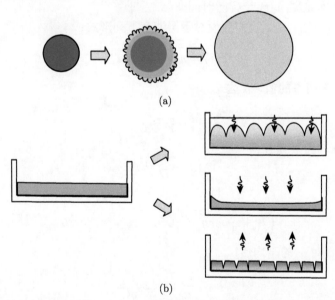

图 8.11　(a) 当一个球形凝胶经历一个大的体积变化时，表面会变粗糙；(b) 凝胶在盘子中的表面不稳定性。凝胶会黏附在盘壁上，当凝胶膨胀时，表面粗糙就会发生。另一方面，当凝胶收缩时，表面会变平。然而，当体积变化太大时，凝胶表面就会出现裂缝

当凝胶剧烈膨胀时，它会吸收周围的溶剂，凝胶表面便会出现皱纹 (图 8.11(a))。这个皱纹从光滑表面轻微地不平整开始，但随着膨胀的进程，皱纹的幅度和波长也

会增长。当皱纹的波长变得与凝胶半径相当时，皱纹的幅度开始减少。最终，当膨胀结束时，皱纹也跟着消失，光滑表面重新出现。

这种现象源于凝胶是一种弹性材料。当膨胀开始时，凝胶的外部吸收溶剂并且膨胀，内部则无膨胀。为了容纳从周围吸收的溶剂，皱纹便出现在表面附近。注意，只有在处于外部膨胀不同于内部膨胀的中间态时，才能看到皱纹。当整个凝胶均匀膨胀时，皱纹就消失了。

如图 8.11(b) 所示，处于平衡态时可以看到皱纹，其中凝胶放置在盘子底部并且侧面固定在盘子上。当溶剂从顶部倒入凝胶中时，溶剂渗透凝胶并在表面产生皱纹。另一方面，如果这样一种凝胶烘干，凝胶会收缩；如果干燥的速度很快，在表面常常会出现裂缝。这种大变形的现象可以由扩散–形变耦合模型来描述。

8.5　小　　结

扩散和渗透是一个确定的组分 (如溶质) 相对其他组分运动的过程。相对速度由两个力的平衡决定，即驱动运动的热力学力及抵抗运动的摩擦力。

扩散组分的空间关联影响了扩散和渗透的速度。空间关联函数由密度关联函数 $g(r)$ 或散射函数 $S(k)$ 表示，并且由两个参数 N_c (关联质量) 和 ℓ_c (关联长度) 来典型性表征。渗透模量 K 和摩擦常数 ξ 是表示热力学力和摩擦力的相关参数，又分别与参数 N_c 和 ℓ_c 有关。

组分之间的相对运动一般会在溶液中引起宏观速度。这种效应称为扩散形变耦合，在胶体颗粒沉积、相分离运动学和凝胶动力学中都很重要。对于溶液和凝胶，扩散形变耦合的基本方程由 Onsager 原理获得。

延 展 阅 读

(1) Gel dynamics, Masao Doi, J. Phys. Soc. Jpn 78052001(2009).

(2) Phase Transition Dynamics, Akira Onuki, Cambridge University Press(2002).

(3) Colloidal Dispersions, William B. Russel, D. A. saville, William Raymond Schowalter, Cambridge University Press(1989).

练　　习

8.1　考虑处于稀溶液中的一条单聚合物链。其散射方程为

$$S(k) = \frac{1}{N} \sum_{n,m} \langle e^{ik \cdot (r_n - r_m)} \rangle \tag{8.124}$$

其中，n 和 m 表示构成聚合物链的片段，N 表示链中的片段数。回答下列问题。

(a) 对于比较小的 k，式 (8.124) 的右边可以扩展成幂级数。写出在各向同性下的表达式，$S(k)$ 可以写成

$$S(k) = N\left(1 - \frac{1}{3}k^2 R_g^2 + \cdots\right) \tag{8.125}$$

其中 R_g^2 定义为

$$R_g^2 = \frac{1}{2N^2}\sum_{n,m}\langle(r_n - r_m)^2\rangle \tag{8.126}$$

R_g 称为聚合物的回转半径。(R_g 与关联长度 ℓ_c 一样由式 (8.20) 确定，除了因子 $\sqrt{3}$。在聚合物学科中，习惯使用 R_g 而不是 ℓ_c。)

(b) 计算线性高斯聚合物的回转半径 R_g。(提示：使用式子 $\langle(r_n - r_m)^2\rangle = |n - m|\, b^2$。)

(c) 计算对于刚性棒状聚合物的 R_g，沿着长度 L，片段是均匀分布的。同时计算对于球状聚合物的 R_g，在半径为 R 的球形，片段是均匀分布的。

(d) 证明柔性聚合物的分形维数为 2，而刚性聚合物为 1.

8.2 对于高斯聚合物，向量 $r_{nm} = r_n - r_m$ 遵循如下高斯分布 (式 (3.29))

$$\psi(r_{nm}) = \left(\frac{3}{2\pi|n-m|\,b^2}\right)^{3/2}\exp\left(-\frac{3r_{nm}^2}{2|n-m|\,b^2}\right) \tag{8.127}$$

回答下列问题。

(a) 证明 $S(k)$ 的表达式为

$$S(k) = \frac{1}{N}\int_0^N \mathrm{d}n \int_0^N \mathrm{d}m\exp\left(-\frac{|n-m|\,k^2 b^2}{6}\right) \tag{8.128}$$

(b) 证明对于比较大的 $|k|$，$S(k)$ 有下列渐进式

$$S(k) = \frac{12}{k^2 b^2} \tag{8.129}$$

(c) 证明聚合物片段的关联函数 $g(r)$，对于小的 r 有关系 $g(r) \propto \dfrac{1}{r}$。

8.3 考虑由 N 个片段组成的刚性分子。设 ζ 为分子的摩擦常数，即当分子在溶剂中以速度 v 运动时，作用在分子上的摩擦力为 $-\zeta v$。考虑这种分子的稀溶液，在溶液中单位体积的摩擦常数 ξ 表示为 $\xi = \bar{n}\zeta/N$。假设 (8.39) 近似方程有效，回答下列问题。

(a) 证明对于单分子的摩擦常数 ζ 有

$$\frac{1}{\zeta} = \frac{1}{6\pi\eta N}\int \mathrm{d}r\frac{g(r)}{|r|} \tag{8.130}$$

(b) 设 $r_n\,(n = 1, 2, 3, \cdots, N)$ 表示片段的位置向量。证明 ζ 可以写成

$$\frac{1}{\zeta} = \frac{1}{6\pi\eta N^2}\sum_n \sum_{n\neq m}\frac{1}{|r_n - r_m|} \tag{8.131}$$

(c) 使用式 (8.131) 计算半径为 a 的球形的摩擦常数 ζ，并证明 $\zeta = 6\pi\eta a$。提示：假设球形是由摩擦点组成的且在表面均匀分布，有

$$\frac{1}{\zeta} = \frac{1}{6\pi\eta(4\pi a^2)^2}\int \mathrm{d}S \int \mathrm{d}S'\frac{1}{|r - r'|} \tag{8.132}$$

(d) 计算长度为 L, 半径为 b 的棒状粒子的摩擦常数 ζ, 假设这个棒由 $N = L/b$ 个摩擦点组成。答案: 结果为

$$L \gg b \text{ 时}, \quad \zeta = \frac{3\pi\eta L}{\ln(L/b)} \tag{8.133}$$

8.4 推导式 (8.34) 回答下列问题。

(a) $\delta n(\boldsymbol{r}, t) = n(\boldsymbol{r}, t) - \bar{n}$ 表示由外场 $h(\boldsymbol{r})$ 引起的数密度的改变。证明对于小的 $h(\boldsymbol{r})$, $\delta n(\boldsymbol{r}, t)$ 为下列方程的解:

$$\frac{\partial \delta n}{\partial t} = D_{\mathrm{c}}(\bar{n})\nabla \cdot \left[\nabla \delta n - \frac{\bar{n}}{\Pi'(\bar{n})}\nabla h\right] \tag{8.134}$$

(b) 使用傅里叶变换

$$n_{\boldsymbol{k}}(t) = \int \mathrm{d}\boldsymbol{r}\,\delta n(\boldsymbol{r}, t)\,\mathrm{e}^{\mathrm{i}\boldsymbol{k}\cdot\boldsymbol{r}}$$
$$h_{\boldsymbol{k}} = \int \mathrm{d}\boldsymbol{r}\,h(\boldsymbol{r})\,\mathrm{e}^{\mathrm{i}\boldsymbol{k}\cdot\boldsymbol{r}} \tag{8.135}$$

解方程 (8.134),并证明响应函数为

$$\chi(\boldsymbol{r}, \boldsymbol{r}', t) = \frac{1}{(2\pi)^3}\int \mathrm{d}\boldsymbol{k}\,\frac{\bar{n}}{\Pi'}\left(1 - \mathrm{e}^{-D_{\mathrm{c}}k^2 t}\right) \times \mathrm{e}^{\mathrm{i}\boldsymbol{k}\cdot(\boldsymbol{r}-\boldsymbol{r}')} \tag{8.136}$$

(c) 证明响应函数 $\chi(\boldsymbol{r}, \boldsymbol{r}', t)$ 与动力学关联函数 $g_{\mathrm{d}}(\boldsymbol{r}, t)$ 的关系为

$$\chi(\boldsymbol{r}, \boldsymbol{r}', t) = \frac{\bar{n}}{k_{\mathrm{B}}T}\left[g_{\mathrm{d}}(\boldsymbol{r} - \boldsymbol{r}', 0) - g_{\mathrm{d}}(\boldsymbol{r} - \boldsymbol{r}', t)\right] \tag{8.137}$$

(d) 推导式 (8.34)。

8.5 考虑在临界点附近的双组分溶液。假设 ϕ_{c} 和 T_{c} 分别代表临界点的浓度和温度。系统的自由能由式 (8.49) 给出 ($\rho_1 = 0$)。如果浓度 ϕ 与 ϕ_{c} 差不大,自由能密度可以写为

$$f(\phi) = c_0(T) + c_1(T)(\phi - \phi_{\mathrm{c}}) + \frac{1}{2}c_2(T)(\phi - \phi_{\mathrm{c}})^2 + \cdots \tag{8.138}$$

回答下列问题。

(a) 证明在 $T = T_{\mathrm{c}}$ 时, $c_2(T)$ 变为 0, 并且 $c_2(T)$ 可以写成

$$c_2(T) = a(T - T_{\mathrm{c}}) \tag{8.139}$$

其中 a 为与 T 无关的常数。

(b) 如果 $\phi - \phi_{\mathrm{c}}$ 很小,系统的自由能可以写成

$$A = \int \mathrm{d}r\left[\frac{1}{2}a(T - T_{\mathrm{c}})(\phi - \phi_{\mathrm{c}})^2 + \frac{1}{2}\kappa_{\mathrm{s}}(\nabla\phi)^2\right] \tag{8.140}$$

其中忽略了重力项。解释为什么式 (8.140) 的线性项 $\phi - \phi_{\mathrm{c}}$ 可以忽略。

(c) 假设有一个外场 $h(\boldsymbol{r})$ 作用在溶质片段。证明 $\delta\phi(\boldsymbol{r}) = \phi(\boldsymbol{r}) - \phi_{\mathrm{c}}$ 满足下列方程:

$$\frac{\partial \delta\phi}{\partial t} = \frac{\phi_{\mathrm{c}}^2}{\xi}\nabla^2\left[a(T - T_{\mathrm{c}})\delta\phi - \kappa_{\mathrm{s}}\nabla^2\delta\phi - h(\boldsymbol{r})\right] \tag{8.141}$$

(d) 使用傅里叶变换解方程 (8.141) 并证明动态散射函数 $S_{\rm d}\,(\boldsymbol{k},t)$ 可写成

$$S_{\rm d}\,(\boldsymbol{k},t) = \frac{k_{\rm B}T}{a\,(T-T_{\rm c})+\kappa_{\rm s}\boldsymbol{k}^2}\exp\left(-\alpha_{\boldsymbol{k}}t\right) \tag{8.142}$$

其中

$$\alpha_{\boldsymbol{k}} = \frac{\phi_{\rm c}^2\boldsymbol{k}^2}{\xi}\left[a\,(T-T_{\rm c})\,\delta\phi + \kappa_{\rm s}\boldsymbol{k}^2\right] \tag{8.143}$$

(e) 证明静态散射函数 $S\,(\boldsymbol{k}) = S_{\rm d}\,(\boldsymbol{k},0)$ 可以写成式 (8.21) 的形式, 并证明参数 $N_{\rm c}$ 和 $\ell_{\rm c}$ 可以发散成

$$N_{\rm c} \propto \frac{1}{T-T_{\rm c}}, \quad \ell_{\rm c} \propto \frac{1}{(T-T_{\rm c})^{\frac{1}{2}}} \tag{8.144}$$

8.6 厚度为 h 的凝胶被两个多孔壁以正应力 w 挤压 (图 8.12), 假设凝胶很薄, 并且它的表面被壁固定。在这种情况下, 凝胶网络的位移只能发生在垂直于壁的方向。设 $u\,(x,t)$ 表示凝胶网格的位移, 其中 $x\,(0 < x < h)$ 为垂直于壁的坐标。回答下列问题。

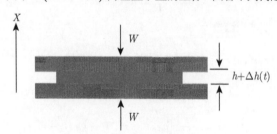

图 8.12 练习题 8.6

(a) 证明凝胶形变的弹性能可以写成

$$A = \int_0^h {\rm d}x\frac{K_{\rm e}}{2}\left(\frac{\partial u}{\partial x}\right)^2 + [u\,(h)-u\,(0)]\,w \tag{8.145}$$

其中 $K_{\rm e} = K + (4/3)\,G$。最后一项表示壁的力产生的能量。

(b) 假设体积平均速度为 0: $\phi\dot{u} + (1-\phi)\,v_{\rm s} = 0$。证明能量耗散函数可以写成

$$\Phi = \frac{1}{2}\int_0^h {\rm d}x\frac{\dot{u}^2}{\kappa} \tag{8.146}$$

(c) 使用 Onsager 原理, 证明 $u\,(x,t)$ 满足下列扩散方程

$$\frac{\partial u}{\partial t} = \kappa K_{\rm e}\frac{\partial^2 u}{\partial x^2} \tag{8.147}$$

其边界条件为

$$K_{\rm e}\frac{\partial u}{\partial x} = -w, \quad x = 0, h \tag{8.148}$$

(d) 在初始条件 $u\,(x,0) = 0$ 下, 解上面的方程, 并得到间距 $\Delta h\,(t) = u\,(h,t) - u\,(0,t)$ 随时间的变化。

第9章 软物质的流动和变形

软物质最明显的特征是它的柔软性,也就是容易变形。然而,这相当复杂。

例如,泡泡糖是一种没有自己形状的材料:它能改变成任何形状 (泡泡糖可以制成薄的平板)。另外,一块泡泡糖可以分为许多块,但这些可以再制成一块。这样的操作对于弹性材料 (如橡胶和凝胶) 是不可能的。泡泡糖是一种流体,但它具有弹性特征。事实上,如果泡泡糖被拉伸并迅速释放,它会恢复原来的形状。恢复的程度取决于时间:如果泡泡糖长时间保持拉伸,当释放时,它会保持在伸长状态。

研究这种复杂材料的流动和变形的科学称为流变学。流变学是软物质研究中的一个重要课题。软物质的许多应用依赖于它们独特的机械性能。例如,人们可以用泡泡糖做气球,但不能用常用口香糖做气球。这个性质在工业上很重要。塑料瓶是通过吹制熔融聚合物制成的,但只有当聚合物的分子量得到适当控制时才有可能。

本章中将讨论软物质的流变性质。由于软物质涉及大量的材料,它们的流变性质是非常多样的,因此,我们将集中讨论聚合物材料 (聚合物溶液、熔体和交联聚合物)。对其他材料的讨论可以在本章末尾引用的文献中找到。

我们将首先讨论如何描述材料的流变性质。固体材料的变形阻力是由弹性常数 (力与变形之比) 来描述的,流体对变形的抵抗力以黏度 (力与变形率之比) 表示。软物质通常具有黏度和弹性,这种性质被称为黏弹性。我们将讨论如何表征材料的黏弹性。

我们将从分子的角度讨论如何理解黏弹性。我们将会论证,聚合物材料的黏弹性直接与聚合物的构象弛豫有关。本章的最后一部分将会讨论棒状聚合物,它可以形成液晶相。

9.1 软物质的力学性质

9.1.1 黏度、弹性和黏弹性

如第 3.1 节所讨论的,简单弹性材料 (胡克弹性材料) 的力学行为由应变和应力之间的线性关系来表示。图 3.2 所示的剪切变形,是由剪切应变 γ 与剪切应力 σ 的线性关系表示的 (参见方程 (3.3))

$$\sigma = G\gamma \tag{9.1}$$

系数 G 是材料的剪切模量。

另一方面, 简单流体 (牛顿流体) 的力学行为由剪切速率 $\dot{\gamma} = d\gamma(t)/dt$ 和剪切应力的线性关系表示 (参见方程 (3.4)):

$$\sigma = \eta\dot{\gamma} \tag{9.2}$$

系数 η 是材料的黏度。

软物质一般都会同时有黏性和弹性, 这种属性被称为黏弹性。软物质的黏弹性可以用图 9.1 所示的仪器来研究, 在这个仪器中样品会产生均匀的剪切变形。然而, 这种仪器不适用于研究流体软物质 (如聚合物溶液), 因为不能施加大的应变。在图 9.1 中示出了更多的标准仪器, 它们被设计成在样品中产生均匀剪切变形。利用这种仪器, 可以将受控的、随时间变化的应变 $\gamma(t)$ 施加到材料上, 并且可以测量材料中诱发的应力 $\sigma(t)$。另一种方法是, 给定一个依赖时间的应力 $\sigma(t)$, 可以测量应变响应 $\gamma(t)$。

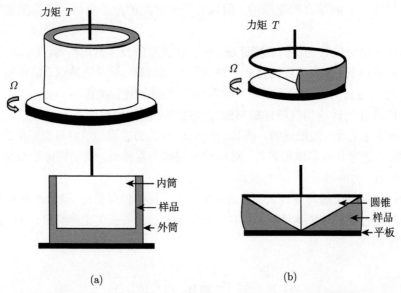

图 9.1　用于研究流体软物质黏弹性的仪器的例子。(a) 同心型。样品设置在两个同心圆筒之间, 并通过外筒旋转内筒固定而剪切。如果气缸之间的间隙小, 则实现了均匀的剪切变形。从外筒的角速度 Ω 可得到剪切速率 $\dot{\gamma}$, 剪切应力 σ 是由作用在内筒上的扭矩 T 获得的。(b) 锥型。样品设置在板和锥体之间, 是根据顶锥固定底板旋转而剪切的。材料中产生均匀的剪切变形。分别从板的角速度 Ω 和作用于圆锥体上的转矩 T 得到剪切速率 $\dot{\gamma}$ 和剪切应力 σ

图 9.2 是当施加一个阶跃型应变时应力响应的示意图。其中施加的拉力如下

$$\gamma(t) = \gamma_0 \Theta(t) = \left\{ \begin{array}{ll} 0, & t < 0 \\ \gamma_0, & t > 0 \end{array} \right. \tag{9.3}$$

材料中的应力是 γ_0 和时间 t 的函数，可以写成 $\sigma(t, \gamma_0)$。对于小 γ_0，$\sigma(t, \gamma_0)$ 与 γ_0 成正比，可以写成

$$\sigma(t) = \gamma_0 G(t) \tag{9.4}$$

函数 $G(t)$ 称为松弛模量。

$G(t)$ 的例子如图 9.2(b) 所示。如果材料是理想弹性的，$G(t)$ 是恒定的，而在许多聚合材料中，$G(t)$ 随时间而减少。在没有自身形状的聚合物熔体中，$G(t)$ 最终变为零。这种材料称为黏弹性流体。聚合物熔体和聚合物溶液表现出这样的行为。另一方面，在橡胶和凝胶中，它们具有各自的形状，$G(t)$ 不为零，也就是说该材料在变形状态下保持有限应力，这种材料称为黏弹性固体。

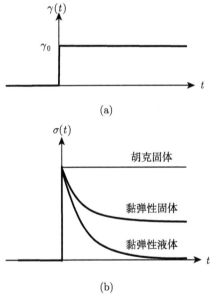

图 9.2 应力松弛实验：将 (a) 中所示的阶跃剪切施加到样品上，测量材料中产生的应力；
(b) 是应力响应的例子

9.1.2 线性黏弹性

黏弹性材料的应力取决于过去对材料施加的应变 (或应变率)。因此，黏弹性材料的力学性能的表征通常是相当复杂的。然而，当应力较小时，应变与应力之间的

关系变得简单。这是由于叠加原理，通常适用于在平衡状态不强烈扰动的系统[①]。在目前的情况下，这个原则可以表述如下。

假设在材料上施加时变应变 $\gamma_1(t)$ 时，应力响应为 $\sigma_1(t)$，当施加 $\gamma_2(t)$ 时，应力为 $\sigma_2(t)$。叠加原理表明，当叠加应变 $\gamma(t) = \gamma_1(t) + \gamma_2(t)$ 时，应力响应为 $\sigma(t) = \sigma_1(t) + \sigma_2(t)$。

如果叠加原理成立，那么任何依赖于时间的应变 $\gamma(t)$ 的应力响应可以用弛豫模量 $G(t)$ 来表示。这是因为任何时间相关的应变 $\gamma(t)$ 可以被视为在时间 t_i（图 9.3）施加的阶跃应变 $\Delta\gamma_i = \dot{\gamma}(t_i)\Delta t$ 的叠加，即

$$\gamma(t) = \sum_i \Delta\gamma_i \Theta(t - t_i) \tag{9.5}$$

在时间 t_i 施加的阶跃应变 $\Delta\gamma_i$ 在稍后的时间 t 产生应力 $G(t - t_i)\Delta\gamma_i$。叠加这种先前施加的阶跃应变产生的所有应力，我们得到 t 时刻的应力

$$\sigma(t) = \sum_i G(t - t_i)\Delta\gamma_i = \sum_i G(t - t_i)\dot{\gamma}(t_i)\Delta t \tag{9.6}$$

在极限 $\Delta t \to \infty$ 时，这给出了

$$\sigma(t) = \int_{-\infty}^{t} \mathrm{d}t' G(t - t')\dot{\gamma}(t') \tag{9.7}$$

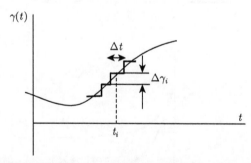

图 9.3 任何依赖时间的应变 $\gamma(t)$ 可被表述成在时间 t_i 施加的量级为 $\Delta\gamma_i$ 的许多阶跃应变的叠加

满足叠加原理的黏弹性称为线性黏弹性。不可压缩材料的线性黏弹性完全由单一函数 $G(t)$ 表征。如果给定 $G(t)$，可以计算任意应变的应力响应。

例如，考虑 $t = 0$ 开始拥有恒定剪切速率 $\dot{\gamma}$ 的剪切流。时间 t 时的应力计算为

①叠加原理一般适用于当小的外部刺激施加到平衡系统时。在黏弹性的情况下，外部刺激的小意味着小剪切应变 $\gamma(t)$ 或小剪切速率 $\dot{\gamma}(t)$。如果材料是纯黏性的，即使 $\gamma(t)$ 非常大，叠加原理也成立。如果材料是纯弹性的，即使 $\dot{\gamma}(t)$ 非常大，叠加原理也成立。在这两种情况下，只要由变形所产生的应力小，叠加原理就成立。因此叠加原理成立的条件是应力较小。

$$\sigma(t) = \int_0^t dt' G(t-t') \dot{\gamma} = \dot{\gamma} \int_0^t dt' G(t') \tag{9.8}$$

剪切应力单调增加，并趋于常数 $\sigma(\infty)$。稳态黏度 η_0 是用比值 $\sigma(\infty)/\dot{\gamma}$ 来定义的。根据等式 (9.8)，稳态黏度由下式给出：

$$\eta_0 = \int_0^\infty dt\, G(t) \tag{9.9}$$

9.1.3 复数模量

表征线黏弹性的一种标准方法是测量振荡应变的应力响应

$$\gamma(t) = \gamma_0 \cos\omega t \tag{9.10}$$

根据公式 (9.7)，应变的剪切应力计算如下：

$$\begin{aligned}
\sigma(t) &= \int_{-\infty}^t dt' G(t-t') \left[-\gamma_0 \omega \sin\omega t'\right] \\
&= \int_0^\infty dt' G(t') \left[-\gamma_0 \omega \sin\omega(t-t')\right] \\
&= \gamma_0 [G'(\omega)\cos\omega t - G''(\omega)\sin\omega t]
\end{aligned} \tag{9.11}$$

其中

$$G'(\omega) = \omega \int_0^\infty dt \sin\omega t\, G(t) \tag{9.12}$$

$$G''(\omega) = \omega \int_0^\infty dt \cos\omega t\, G(t) \tag{9.13}$$

这个量

$$G^*(\omega) = G'(\omega) + iG''(\omega) \tag{9.14}$$

称为复模量[①]。这是因为方程 (9.11) 是以下面紧凑形式编写的

$$\sigma(t) = \gamma_0 \mathrm{Re}\left[[G'(\omega) + iG''(\omega)] e^{i\omega t}\right] = \gamma_0 \mathrm{Re}[G^*(\omega) e^{i\omega t}] \tag{9.16}$$

$G'(\omega)$ 和 $G''(\omega)$ 分别是存储模量和损耗模量，或者简单地称为复模量的实部和虚部。

$G'(\omega)$ 表示弹性响应，而 $G''(\omega)$ 表示黏性响应。通过小 ω 的复数模量行为，可以看出材料是流体还是固体。要看到这一点，考虑 $G(t)$ 表示为

$$G(t) = G_e + G e^{-t/\tau} \tag{9.17}$$

[①] $G^*(\omega)$ 与 $G(t)$ 联系如下：

$$G^*(\omega) = i\omega \int_0^\infty dt\, G(t) e^{-i\omega t} \tag{9.15}$$

其中，G_e 是平衡模量，对黏弹性流体它是零，但对于黏弹性固体是非零。对此 $G(t)$, $G'(\omega)$ 和 $G''(\omega)$ 的计算如下[①]

$$G'(\omega) = G_e + G\frac{(\omega\tau)^2}{1+(\omega\tau)^2}, \quad G''(\omega) = G\frac{\omega\tau}{1+(\omega\tau)^2} \tag{9.18}$$

因此，当 $\omega \to 0$ 时 $G^*(\omega)$ 的渐近行为是由

$$G^*(\omega) = \begin{cases} G_e, & \text{对黏弹性固体} \\ i\omega\eta_0, & \text{对黏弹性液体} \end{cases} \tag{9.19}$$

给出的。其中 $\eta_0 = G\tau$ 是方程 (9.9) 中定义的稳态黏度。$G'(\omega)$ 和 $G''(\omega)$ 的典型行为如图 9.4 所示。

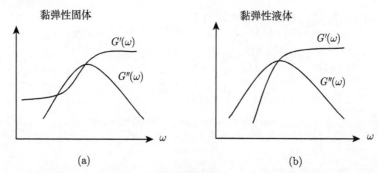

图 9.4　黏弹性材料的存储模量 $G'(\omega)$ 和损耗模量 $G''(\omega)$ 的典型行为。(a) 黏弹性固体；
(b) 黏弹性流体

9.1.4　非线性黏度

　　根据叠加原理，当黏弹性流体以恒定剪切速率 $\dot{\gamma}$ 剪切时，剪切应力 σ 与 $\dot{\gamma}$ 成正比，它们之间的关系由等式 (9.2) 描述。这样一个线性关系在应力 (或剪切率) 变大时不再成立。

　　一般情况下，稳态剪切流中的剪切应力是剪切速率 $\dot{\gamma}$ 的非线性函数。图 9.5(a) 展示了 $\sigma(\dot{\gamma})$ 的典型行为，比值

$$\eta(\dot{\gamma}) = \frac{\sigma(\dot{\gamma})}{\dot{\gamma}} \tag{9.20}$$

称为稳态黏度。在方程 (9.2) 或方程 (9.9) 中出现的黏度是在极限 $\dot{\gamma} \to 0$ 时的 $\eta(\dot{\gamma})$ 值。

---

① 这里我们利用了

$$\int_0^\infty dt e^{-i\omega t} = \lim_{s\to 0}\int_0^\infty dt e^{-i\omega t - st} = \lim_{s\to 0}\frac{1}{s+i\omega} = \frac{1}{i\omega}$$

在软物质中，如图 9.5(a) 中的曲线 (ii) 所示，$\eta(\dot{\gamma})$ 通常随 $\dot{\gamma}$ 的增加而减小。这种现象称为剪切稀化。在聚合物流体中，$\eta(\dot{\gamma})$ 通常近似为

$$\eta(\dot{\gamma}) = \frac{\eta_0}{1 + \left(\dfrac{\dot{\gamma}}{\dot{\gamma}_c}\right)^n} \tag{9.21}$$

其中 n 与 $\dot{\gamma}_c$ 为材料参数。$\dot{\gamma}_c$ 的量级为 $1/\tau$，即应力松弛时间的倒数，很小。因此，在聚合物流体的流动过程中，非线性效应是非常重要的。

在浓缩的胶体悬浮液中，剪切稀化非常强，流动曲线常常由图 9.5(a) 中的曲线 (iii) 表示。这种材料在剪切力 σ 小于临界应力 σ_c 时不流动，并且材料会在 σ 超过 σ_c 时开始流动，即

$$\dot{\gamma} = \begin{cases} 0, & \sigma < \sigma_c \\ \dfrac{\sigma - \sigma_c}{\eta_B}, & \sigma > \sigma_c \end{cases} \tag{9.22}$$

这种流体被称为 Bingham 流体。(η_B 是 Bingham 黏度的材料参数)。

非线性效应出现在其他现象中。当聚合物流体在同心圆柱体中受到剪切时，流体黏附到内筒上，并且经常沿着圆柱体爬升，如图 9.5(b) 所示。这种现象称为 Weissenberg 效应，或者叫爬杆效应。由于爬升是独立于应变率 $\dot{\gamma}$ 符号而发生的，所以 Weissenberg 效应是黏弹性液体中的内在非线性效应。

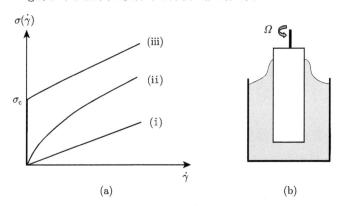

图 9.5 (a) 不同材料稳定剪切流的剪切应力 σ 对剪切速率 $\dot{\gamma}$ 作图：(i) 理想黏性流体；(ii) 在聚合物液体中见到的剪切稀化流体；(iii) 在浓胶体悬浮液中看到的 Bingham 流体。(b) 杆攀爬效应：当杆在聚合物流体中旋转时，流体黏附在杆上，表面呈现图中所示的形式

9.1.5 本构方程

正如上述非线性效应所展示的，软物质材料的应力与变形之间的关系是相当复杂的。如在第 3.1 节和附录 A 中所讨论的，应力是张量 (由应力张量 σ 表示)，变

形也是张量 (用变形梯度张量 E 表示)。在黏弹性材料中，时间 t 上的应力张量不仅取决于变形梯度 $E(t)$ 的瞬时值，而且还取决于变形的速率 $\dot{E}(t)$，并且通常也取决于变形前的值 ($E(t')$ 其中 $t' < t$)。由于这种关系一般是非线性的，所以应力与变形之间的关系是相当复杂的。

虽然关系可能是复杂的，但映射是唯一的，即如果给定过去施加到材料上的变形，就可以确定应力，因此，就可以构造一个描述其关系的数学模型。确定给定变形历史的应力张量的方程一般称为本构方程。如果给出本构方程，则可以通过求解材料的运动方程来预测材料的流动和变形。这是连续介质力学的基础。对连续介质力学和本构方程的进一步讨论在附录 A 中给出。这里，我们在随后的讨论中总结了相关的要点。

在推导本构方程时，我们可以假设材料是均匀变形的。这是由于局部性原理指出，在任何物质点上的应力只取决于过去该点所经历的局部变形的历史。因此，我们可以假设在某个参考时间 t_0 位于 r_0 的物质点在 t 时刻被移位到点

$$r = E(t,t_0) \cdot r_0 \quad \text{或者} \quad r_\alpha = E_{\alpha\beta}(t,t_0)r_{0\beta} \tag{9.23}$$

张量 $E(t,t_0)$ 表示在 3.1.4 节中引入的变形梯度张量。如果变形由等式 (9.23) 来描述，则材料在位置 $r = E(t,t_0) \cdot r_0$ 时间 t 的速度表示为

$$v = \dot{E}(t,t_0) \cdot r_0 \tag{9.24}$$

其中，$\dot{E}(t,t_0)$ 代表 $\partial E(t,t_0)/\partial t$。速度梯度张量 $\kappa(t)$ 定义为 $\kappa_{\alpha\beta}(t) = \partial v_\alpha/\partial r_\beta$，利用等式 (9.24) 可被写成

$$\kappa_{\alpha\beta}(t) = \frac{\partial v_\alpha}{\partial r_\beta} = \frac{\partial v_\alpha}{\partial r_{0\mu}}\frac{\partial r_{0\mu}}{\partial r_\beta} = \dot{E}_{\alpha\mu}(E^{-1})_{\mu\beta} \tag{9.25}$$

因此，变形历史是由过去的变形梯度张量 $E(t,t_0)$ 或过去的速度梯度张量 $\kappa(t')(t' < t)$ 明确规定的。给定变形历史，本构方程决定了应力张量 $\sigma(t)$。

有两种情况，本构方程可以唯一地从实验上确定。① 一种是线性黏弹性的情况。在这种情况下，应力和应变之间的关系由松弛模量 $G(t)$ 唯一地表示，因此，通过测量 $G(t)$ 或等价地通过测量 $G'(\omega)$ 或 $G''(\omega)$，可以得到本构方程。② 另一种是纯弹性材料的情况，其应力仅取决于相对于参考状态的变形梯度 E。在这种情况下，应力由变形自由能 $f(E)$ 决定 (见附录 A.4)。$f(E)$ 的形式是通过测量双轴拉伸的应力来确定的，因此可以唯一地通过实验确定本构方程。

除了这种情况，并没有一个一般方法来确定非线性黏弹性材料的本构方程。通常所做的是假定某些模型方程，出现在方程中的参数通过实验来确定。模型方程是通过唯象论证 (考虑材料对称性和不可逆热力学的相容性) 或分子模型导出的。在

下文中, 我们将详细阐述后一种方法, 并展示几个本构方程是由分子模型推导出来的例子。

9.2 分 子 模 型

9.2.1 应力张量的微观表达式

为了通过分子模型推导本构方程, 重要的是要知道应力是如何在分子水平上微观地表达的。在图 A.2 中给出了应力张量的宏观定义。应力张量的微观表达式是由图 9.6 所示的论据获得的。

为了获得材料点 P 上的应力张量的微观表达式, 我们考虑一个以 P 为中心的小立方体。我们用一个垂直于 z 轴的平面把盒子分成两个部分 (参见图 9.6(a)), 并将 F 定义为盒子内平面上方的材料施加在平面下方的材料的力。应力张量分量 $\sigma_{\alpha z}$ 是由 $\sigma_{\alpha z} = F_\alpha / S$ 定义的, 其中 S 是平面的面积。

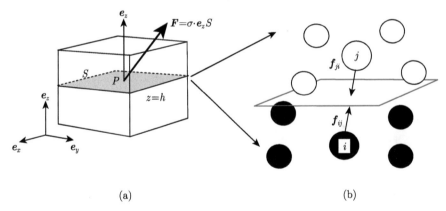

(a)   (b)

图 9.6   (a) 应力张量分量 $\sigma_{\alpha z}$ 的定义。考虑一个垂直于 z 轴、面积为 S 的平面, 且 F 是平面上方的材料施加在平面下方的材料的合力。$\sigma_{\alpha z}$ 定义为 $\sigma_{\alpha z} = F_\alpha / S$, 即单位面积 F 的 α 分量。(b) 力 F 的分子起源。如果 f_{ij} 表示分子 j 对分子 i 施加的力, 则 F 由下式给出

$$F = \sum_{i \in \, 下方} \sum_{j \in \, 上方} f_{ij} \quad [1]$$

让我们假设该材料由溶质片段 (图 9.6(b) 中用球表示) 和黏度为 η_s 的牛顿流体溶剂组成。假设 f_{ij} 为片段 j 施加在片段 i 的力。如果片段 i 在平面下方而片段

---

[1] 在这里, 我们忽略了由平面上片段运动引起的动量转移对应力张量的贡献。这种贡献在简单分子的气体或液体中很重要, 但在软物质的缓慢松弛中可以忽略不计。在公式 (9.26) 中 $\Theta(x)$ 是阶跃函数, 即 $x > 0$ 时, $\Theta(x) = 1$; $x < 0$ 时, $\Theta(x) = 0$。

j 在平面上方, 则这个力就会对应力张量有贡献. 因此

$$\sigma_{\alpha z}^{(\mathrm{p})} = \frac{1}{S} \sum_{i,j} f_{ij\alpha} \Theta(h - r_{iz}) \Theta(r_{jz} - h) \tag{9.26}$$

其中 $\boldsymbol{r}_i$ 是片段 i 的位置向量, 求和是对盒子中所有片段进行的. 上标 (p) 是用来表示它是由于溶质片段之间作用力而产生的应力.

如果系统是均匀的, 应力张量不依赖于平面上的位置 h, 因此我们定义 $\sigma_{\alpha z}^{(\mathrm{p})}$ 是相对于 h 在区间 $0 < h < L$ 内的平均值:

$$\sigma_{\alpha z}^{(\mathrm{p})} = \frac{1}{SL} \sum_{i,j} \int_0^L \mathrm{d}h f_{ij\alpha} \Theta(h - r_{iz}) \Theta(r_{jz} - h)$$

$$= \frac{1}{V} \sum_{i,j} f_{ij\alpha} (r_{jz} - r_{iz}) \Theta(r_{jz} - r_{iz}) \tag{9.27}$$

其中 $V = SL$ 是小立方体的体积, 定义

$$\boldsymbol{r}_{ij} = \boldsymbol{r}_i - \boldsymbol{r}_j \tag{9.28}$$

为 i, j 之间的相对矢量. 方程 (9.27) 可以写成

$$\sigma_{\alpha z}^{(\mathrm{p})} = \frac{1}{V} \sum_{i,j} f_{ij\alpha} r_{jiz} \Theta(r_{jiz}) = \frac{1}{V} \sum_{i>j} [f_{ij\alpha} r_{jiz} \Theta(r_{jiz}) + f_{ji\alpha} r_{ijz} \Theta(r_{ijz})] \tag{9.29}$$

利用关系 $\boldsymbol{f}_{ij} = -\boldsymbol{f}_{ji}$ 和 $\boldsymbol{r}_{ij} = -\boldsymbol{r}_{ji}$, 可以将公式 (9.29) 改写成

$$\sigma_{\alpha z}^{(\mathrm{p})} = \frac{1}{V} \sum_{i>j} [-f_{ij\alpha} r_{ijz} \Theta(r_{jiz}) - f_{ij\alpha} r_{ijz} \Theta(r_{ijz})] = -\frac{1}{V} \sum_{i>j} f_{ij\alpha} r_{ijz} \tag{9.30}$$

公式 (9.30) 被解释如下. 如果连接片段 i 与 j 的线段与平面 S 相交, 则这个力 $\boldsymbol{f}_{ij}$ 就可以贡献应力. 如果 ij 对均匀地分布在盒子里, 那么这种相交发生的概率就是 $S r_{ijz}/V$. 将所有这种配对的贡献求和, 就能得到公式 (9.30).

张量 $\boldsymbol{f}_{ij}\boldsymbol{r}_{ij}$ 叫做力偶极子, 可以类比于静电学中的电偶极子. 在静电学中, 如果两个电子 q 与 $-q$ 放置在相对矢量 $\boldsymbol{r}$ 的空间中, 电偶极矩是 $q\boldsymbol{r}$. 同样地, 如果两个力 $\boldsymbol{f}$ 与 $-\boldsymbol{f}$ 作用在被向量 $\boldsymbol{r}$ 分开的两个点上, 力偶极距就是 $\boldsymbol{f}\boldsymbol{r}$. 电偶极矩是一个矢量, 而力偶极矩是一个张量. 等式 (9.30) 就说明了应力张量是材料单位体积上的力偶极矩.

一般说来, 如果系统由一些相互作用的片段组成, 那么它们对应力张量的贡献可以写成

$$\sigma_{\alpha\beta}^{(\mathrm{p})} = -\frac{1}{V} \sum_{i>j} \langle f_{ij\alpha} r_{ij\beta} \rangle = -\frac{1}{2V} \sum_{i,j} \langle f_{ij\alpha} r_{ij\beta} \rangle \tag{9.31}$$

⟨⋯⟩ 代表这些片段分布的平均值。

利用公式 (9.28)，公式 (9.31) 可被写成稍微不一样的形式：

$$
\begin{aligned}
\sigma_{\alpha\beta}^{(\mathrm{p})} &= -\frac{1}{2V}\sum_{i,j}\langle f_{ij\alpha}\left(r_{i\beta}-r_{j\beta}\right)\rangle \\
&= -\frac{1}{2V}\sum_{i,j}\langle f_{ij\alpha}r_{i\beta}\rangle - \frac{1}{2V}\sum_{i,j}\langle f_{ji\alpha}r_{j\beta}\rangle \\
&= -\frac{1}{V}\sum_{i}\langle F_{i\alpha}r_{i\beta}\rangle
\end{aligned}
\tag{9.32}
$$

其中

$$
\boldsymbol{F}_i = \sum_j \boldsymbol{f}_{ij}
\tag{9.33}
$$

代表作用在片段 i 上的合力[①]。

在目前的情况下，将片段浸入黏度为 η_{s} 的牛顿流体中，这也对应力张量有贡献。考虑到这样的贡献，我们最终得到了应力张量的微观表达：

$$
\sigma_{\alpha\beta} = -\frac{1}{V}\sum_{i}\langle F_{i\alpha}r_{i\beta}\rangle + \eta_{\mathrm{s}}\left(\kappa_{\alpha\beta}+\kappa_{\beta\alpha}\right) - p\delta_{\alpha\beta}
\tag{9.35}
$$

最后两项代表来自溶剂的贡献。

9.2.2 由 Onsager 原理导出的应力张量

如果系统的时间演变由 Onsager 原理描述，则应力张量可以通过公式 (7.42) 从瑞利量导出。要看到这一点，考虑图 7.3(c) 所示的几何结构。在这里，系统夹在两个平行板之间并被剪切，该系统的瑞利量 R 将顶板位置 $x(t)$ 作为一个外部参数。根据方程 (7.42)，以速度 $\dot{x}$ 移动顶板所需的力 $F(t)$ 由如下方程定义

$$
F(t) = \frac{\partial R}{\partial \dot{x}}
\tag{9.36}
$$

使用剪切应力 $\sigma_{xy}(t)$ 和剪切应变 $\gamma(t)$，$F(t)$ 和 $x(t)$ 写为 $F(t)=\sigma_{xy}(t)S$ 和 $\dot{x}(t)=h\dot{\gamma}$，其中 S 为顶板的面积，h 为板间距。因此，等式 (9.36) 给出

$$
\sigma_{xy}(t) = \frac{1}{Sh}\frac{\partial R}{\partial \dot{\gamma}} = \frac{1}{V}\frac{\partial R}{\partial \dot{\gamma}}
\tag{9.37}
$$

---

① 等式 (9.32) 对应于位于 $\boldsymbol{r}_i$ 的点电荷 q_i 的集合的电偶极矩 $\boldsymbol{P}$ 的表达式

$$
\boldsymbol{P} = \sum_i q_i \boldsymbol{r}_i
\tag{9.34}
$$

注意，该表达式仅在 $\sum_i q_i = 0$ 时有效，即系统中的总电荷为零。同样，公式 (9.32) 仅在 $\sum_i \boldsymbol{F}_i = 0$ 时有效。如果 $\sum_i \boldsymbol{F}_i$ 不等于 0，则发生片段的扩散，需要第 8 章的处理方法。

其中 $V = SH$ 是系统体积。

通常，如果将瑞利量写为速度梯度张量 $\kappa_{\alpha\beta}$ 的函数，则应力张量 $\sigma_{\alpha\beta}$ 通过公式

$$\sigma_{\alpha\beta}(t) = \frac{1}{V}\frac{\partial R}{\partial \kappa_{\alpha\beta}} \tag{9.38}$$

获得。

9.2.3　聚合物流体的黏弹性

聚合物流体 (聚合物溶液和聚合物熔体) 通常是黏弹性的。通过研究图 9.7 可以理解其原因。假设在时间 $t = 0$ 时施加阶梯剪切，当施加剪切应变时，聚合物链从其平衡构象变形，产生应力 (图 9.7(a) 和 (b))。应力与橡胶和凝胶中的应力有相同的来源，即都是由于聚合物链的弹性。与橡胶和凝胶不同，当系统宏观变形时聚合物流体中的聚合物链可以恢复其平衡构象。随着聚合物链恢复其平衡构象，应力随时间降低，最终即使材料保持变形，应力也完全消失。因此，聚合物流体中的应力松弛是聚合物链构象松弛的直接结果。

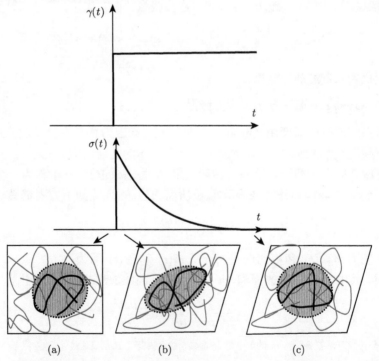

图 9.7　上：当施加阶梯剪切 $\gamma(t)$ 时，聚合物流体剪切应力 $\sigma(t)$ 的响应。下：应力松弛过程每个阶段的分子构象。(a) 在变形之前，聚合物分子处于平衡状态并且它们的形状是球形。(b) 变形后，聚合物从球形变形并产生恢复应力。(c) 随着时间的推移，聚合物构象恢复平衡，应力松弛至零

如何发生聚合物构象的松弛取决于聚合物是否缠结。如果链没有缠结，是一个放置在黏性介质中的变形链如何恢复平衡构象的问题。如果链纠缠在一起，则需要完全不同的思维方式。在下文中，我们将分别讨论这些情形。

9.3 非缠结聚合物的黏弹性

9.3.1 哑铃模型

我们现在讨论聚合物流体的黏弹性，其中缠结效应并不重要。这是稀聚合物溶液或短聚合物的浓缩溶液 (或熔体) 的情形。为了讨论构象动力学，我们考虑图 9.8 所示的简单模型，这里聚合物分子由通过弹簧连接两个链段的哑铃表示 (图 9.8(b))。每个链段代表聚合物分子的一半，如图 9.8(a) 所示。可以考虑更精细的模型，由许多链段组成，如图 9.8(c) 所示，但是基本思想在哑铃模型中可以看到。

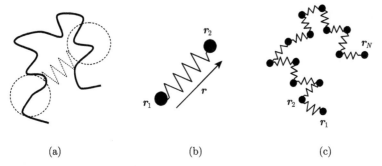

(a)　　　　　　　(b)　　　　　　　(c)

图 9.8　(a) 聚合物分子构象用由虚线粗略标识的哑铃表示；(b) 哑铃模型；(c) Rouse 模型

假设链段周围的介质是牛顿流体。这种假设对于稀的聚合物溶液是合理的，但在由其他聚合物组成的聚合物熔体中并非如此。尽管如此，众所周知只要聚合物链很短，这个假设在聚合物熔体中就有效。

设 r_1 和 r_2 为分链段的位置矢量，则哑铃的势能写为

$$U(r_1, r_2) = \frac{k}{2}(r_1 - r_2)^2 \tag{9.39}$$

其中，k 是哑铃的弹性常数。假设哑铃放置在黏性流体中，该流体以速度梯度 $\kappa_{\alpha\beta}$ 流动。流场可以由下列式子表示

$$v(r,t) = \kappa(t) \cdot r \quad \text{或者} \quad v_\alpha(r,t) = \kappa_{\alpha\beta}(t) r_\beta \tag{9.40}$$

为了讨论哑铃的构象变化，我们考虑构象分布函数 $\psi(r_1, r_2, t)$，并使用 Onsager 原理推导出 ψ 的时间演化方程。

当一个片段 i 在流场中移动时，由于片段和周围流体之间的相对运动，对能量耗散有额外的贡献，最简单地，这由 $\zeta(\dot{r}_i - \kappa \cdot r_i)^2$ 给出。因此，单位体积的能量耗散由

$$\Phi = \frac{n_{\mathrm{p}}}{2} \int \mathrm{d}r_1 \int \mathrm{d}r_2 \left[\zeta(\dot{r}_1 - \kappa \cdot r_1)^2 + \zeta(\dot{r}_2 - \kappa \cdot r_2)^2 \right] \psi \tag{9.41}$$

给出。n_{p} 是单位体积内哑铃分子的数量。

用质心位置 $R = (r_1 + r_2)/2$ 和端对端矢量 $r = r_1 - r_2$ 来表示 r_1 和 r_2 是很方便的：

$$r_1 = R - \frac{1}{2}r, \quad r_2 = R + \frac{1}{2}r \tag{9.42}$$

方程 (9.41) 则可以写成

$$\Phi = \frac{n_{\mathrm{p}}}{2} \int \mathrm{d}R \int \mathrm{d}r \left[2\zeta(\dot{R} - \kappa \cdot R)^2 + \frac{1}{2}\zeta(\dot{r} - \kappa \cdot r)^2 \right] \psi \tag{9.43}$$

由于哑铃在系统中均匀分布，我们可以将 ψ 写为 $\psi(r, t)$，并忽略质心的运动，然后将能量耗散函数写成

$$\Phi = \frac{n_{\mathrm{p}}}{2} \int \mathrm{d}r \frac{1}{2}\zeta(\dot{r} - \kappa \cdot r)^2 \psi \tag{9.44}$$

另一方面，自由能可以写成与公式 (7.86) 相同的形式

$$A = n_{\mathrm{p}} \int \mathrm{d}r \left[k_{\mathrm{B}}T\psi \ln \psi + U\psi \right] \tag{9.45}$$

因此有

$$\dot{A} = n_{\mathrm{p}} \int \mathrm{d}r \left[k_{\mathrm{B}}T(\ln \psi + 1) + U \right] \dot{\psi} \tag{9.46}$$

用

$$\dot{\psi} = -\frac{\partial}{\partial r} \cdot (\dot{r}\psi) \tag{9.47}$$

分部积分，方程 (9.46) 写成

$$\dot{A} = n_{\mathrm{p}} \int \mathrm{d}r \dot{r}\psi \frac{\partial \tilde{U}}{\partial r} \tag{9.48}$$

其中

$$\tilde{U} = k_{\mathrm{B}}T \ln \psi + U \tag{9.49}$$

是有效势，为弹簧势和扩散势的总和 (见 7.3.4 节)。针对 $\dot{r}$ 最小化 $R = \Phi + \dot{A}$，我们有

$$\frac{1}{2}\zeta(\dot{r} - \kappa \cdot r) = -\frac{\partial \tilde{U}}{\partial r} \tag{9.50}$$

或者

$$\dot{r} = -\frac{2}{\zeta}\left(k_{\mathrm{B}}T\frac{\partial \ln \psi}{\partial r} + kr\right) + \kappa \cdot r \tag{9.51}$$

因此时间演化方程 $\psi(r,t)$ 变成

$$\frac{\partial \psi}{\partial t} = \frac{\partial}{\partial r} \cdot \left(\frac{2k_{\mathrm{B}}T}{\zeta}\frac{\partial \psi}{\partial r} + \frac{2k}{\zeta}r\psi - \kappa \cdot r\psi\right) \tag{9.52}$$

运用公式 (9.38)，系统的应力张量可计算为

$$\sigma_{\alpha\beta}^{(\mathrm{p})} = \frac{\partial R}{\partial \kappa_{\alpha\beta}} = -n_{\mathrm{p}}\int \mathrm{d}r\frac{\zeta}{2}(\dot{r}_{\alpha} - \kappa_{\alpha\mu}r_{\mu})r_{\beta}\psi \tag{9.53}$$

利用方程 (9.51)，方程 (9.53) 可以写成

$$\sigma_{\alpha\beta}^{(\mathrm{p})} = n_{\mathrm{p}}\int \mathrm{d}r\frac{\partial \tilde{U}}{\partial r_{\alpha}}r_{\beta}\psi \tag{9.54}$$

该表达式与方程 (9.31) 一致，因为哑铃中链段之间的作用由 $f = -\partial \tilde{U}/\partial r$ 给出。运用方程 (9.49) 及分部积分，方程 (9.54) 可以重写为

$$\begin{aligned} \sigma_{\alpha\beta}^{(\mathrm{p})} &= n_{\mathrm{p}}\int \mathrm{d}r\left[k_{\mathrm{B}}T\frac{\partial \psi}{\partial r_{\alpha}}r_{\beta} + kr_{\alpha}r_{\beta}\psi\right] \\ &= -n_{\mathrm{p}}k_{\mathrm{B}}T\delta_{\alpha\beta} + n_{\mathrm{p}}k\langle r_{\alpha}r_{\beta}\rangle \end{aligned} \tag{9.55}$$

因此应力张量可以写成

$$\sigma_{\alpha\beta} = n_{\mathrm{p}}k\langle r_{\alpha}r_{\beta}\rangle + \eta_{\mathrm{s}}(\kappa_{\alpha\beta} + \kappa_{\beta\alpha}) - p\delta_{\alpha\beta} \tag{9.56}$$

这里我们加了溶剂对应力的贡献，各向同性项 $-n_{\mathrm{p}}k_{\mathrm{B}}T\delta_{\alpha\beta}$ 已被吸收到压力项 $p\delta_{\alpha\beta}$。

1. 线性黏弹性

作为上述方程的第一个应用，让我们考虑哑铃系统的线性黏弹性。考虑剪切流动，其速度场由

$$v_{x} = \dot{\gamma}r_{y}, \quad v_{y} = v_{z} = 0 \tag{9.57}$$

给出。在这种情况下，式 (9.52) 变成

$$\frac{\partial \psi}{\partial t} = \frac{\partial}{\partial r} \cdot \left(\frac{2k_{\mathrm{B}}T}{\zeta}\frac{\partial \psi}{\partial r} + \frac{2k}{\zeta}r\psi\right) - \dot{\gamma}\frac{\partial}{\partial r_{x}}(r_{y}\psi) \tag{9.58}$$

另一方面，应力张量的剪切分量 (9.56) 写为

$$\sigma_{xy} = n_{\mathrm{p}}k\langle r_{x}r_{y}\rangle + \eta_{\mathrm{s}}\dot{\gamma} \tag{9.59}$$

为了计算方程 (9.59) 中的 $\langle r_x r_y \rangle$ 项，我们考虑 $\langle r_x r_y \rangle$ 的时间导数。利用方程 (9.58)，得出

$$
\begin{aligned}
\frac{\mathrm{d}}{\mathrm{d}t}\langle r_x r_y \rangle &= \int \mathrm{d}\boldsymbol{r}\, r_x r_y \frac{\partial \psi}{\partial t} \\
&= \int \mathrm{d}\boldsymbol{r}\, r_x r_y \left[\frac{\partial}{\partial \boldsymbol{r}} \cdot \left(\frac{2k_{\mathrm{B}}T}{\zeta}\frac{\partial \psi}{\partial \boldsymbol{r}} + \frac{2k}{\zeta}\boldsymbol{r}\psi \right) - \frac{\partial(\dot{\gamma} r_y \psi)}{\partial r_x} \right]
\end{aligned}
\tag{9.60}
$$

将右侧分部积分，方程 (9.60) 重写为

$$
\frac{\mathrm{d}}{\mathrm{d}t}\langle r_x r_y \rangle = -4\frac{k}{\zeta}\langle r_x r_y \rangle + \dot{\gamma}\langle r_y^2 \rangle
\tag{9.61}
$$

在计算线性黏弹性时，我们可以忽略 $\dot{\gamma}^2$ 或更高阶的项，并且仅保留 $\dot{\gamma}$ 中的一阶项。在这种情况下，平均 $\dot{\gamma}\langle r_y^2 \rangle$ 将会被替代成 $\dot{\gamma}\langle r_y^2 \rangle_0$，其中 $\langle \cdots \rangle_0$ 代表 $\dot{\gamma} = 0$ 时的平均值，即平衡时的平均值。由于 $\boldsymbol{r}$ 的平衡分布与 $\exp(-k r^2/2k_{\mathrm{B}}T)$ 成正比，我们有

$$
\langle r_y^2 \rangle_0 = \frac{k_{\mathrm{B}}T}{k}
\tag{9.62}
$$

因此方程 (9.61) 变成

$$
\frac{\mathrm{d}}{\mathrm{d}t}\langle r_x r_y \rangle = -\frac{1}{\tau}\langle r_x r_y \rangle + \dot{\gamma}\frac{k_{\mathrm{B}}T}{k}
\tag{9.63}
$$

其中

$$
\tau = \frac{\zeta}{4k}
\tag{9.64}
$$

求解方程 (9.63)，并使用方程 (9.56)，我们有以下的剪切应力表达式

$$
\sigma_{xy}(t) = n_{\mathrm{p}}k_{\mathrm{B}}T \int_{-\infty}^{t} \mathrm{d}t'\, \mathrm{e}^{-(t-t')/\tau}\dot{\gamma}(t') + \eta_{\mathrm{s}}\dot{\gamma}(t)
\tag{9.65}
$$

与方程 (9.7) 比较，我们得到松弛模量

$$
G(t) = G_0 \mathrm{e}^{-t/\tau}
\tag{9.66}
$$

其中初始剪切模量 G_0 由下式给出

$$
G_0 = n_{\mathrm{p}}k_{\mathrm{B}}T
\tag{9.67}
$$

剪切模量 G_0 的这种表达式具有与橡胶中相似的形式 (方程 (3.55))。在橡胶的情形下，n_{p} 表示单位体积的子链数。这种相似性源于两种体系的应力有相同的来源，即聚合物链的弹性。由于溶液中哑铃分子端对端矢量和橡胶中子链的端对端矢量在阶跃变形下表现相同，因此两个系统的初始应力变得一样。

2. 本构方程

方程 (9.52) 和方程 (9.56) 可以被认为是哑铃分子溶液的本构方程。对于给定的速度梯度 $\kappa(t)$，通过求解方程 (9.52) 获得 $\psi(r,t)$，然后通过方程 (9.56) 计算应力张量。因此，方程 (9.52) 和方程 (9.56) 给出了系统对给定速度梯度的应力响应。在这种形式下，应力和速度梯度之间的关系并不明显。在哑铃分子的情况下，这个关系可以更明确地表达。

为了计算平均 $\langle r_\alpha r_\beta \rangle$，我们将方程 (9.52) 两边分别乘上 $r_\alpha r_\beta$，并且对 r 积分。运用分部积分，我们可以得到

$$\frac{\mathrm{d}}{\mathrm{d}t}\langle r_\alpha r_\beta \rangle = -\frac{1}{\tau}\langle r_\alpha r_\beta \rangle + \kappa_{\alpha\mu}\langle r_\beta r_\mu \rangle + \kappa_{\beta\mu}\langle r_\alpha r_\mu \rangle + 4\delta_{\alpha\beta}\frac{k_\mathrm{B}T}{\zeta} \tag{9.68}$$

我们定义方程 (9.56) 中由哑铃分子引起的应力

$$\sigma_{\alpha\beta}^\mathrm{P} = n_\mathrm{p}k\langle r_\alpha r_\beta \rangle \tag{9.69}$$

则方程 (9.68) 给出关于 $\sigma_{\alpha\beta}^\mathrm{P}$ 的等式

$$\dot{\sigma}_{\alpha\beta}^\mathrm{P} = -\frac{1}{\tau}\sigma_{\alpha\beta}^\mathrm{P} + \kappa_{\alpha\mu}\sigma_{\beta\mu}^\mathrm{P} + \kappa_{\beta\mu}\sigma_{\alpha\mu}^\mathrm{P} + \frac{G_0}{\tau}\delta_{\alpha\beta} \tag{9.70}$$

本构方程 (9.70) 被称为流变学中的麦克斯韦模型[1]。麦克斯韦模型是黏弹性流体的典型本构方程。它描述了黏弹性流体的弹性响应和一些非线性效应 (如 Weissenberg 效应)。另一方面，该模型不能描述剪切稀化。如果将方程 (9.70) 应用于稳定剪切流，发现稳态黏度是常数[2]。已经提出了各种修正来消除这种不足 (参见本章结尾的延展阅读)。

9.3.2 哑铃模型和赝网络模型

本构方程 (9.70) 可以以积分形式编写。可以证明方程 (9.70) 的解表示为

$$\sigma_{\alpha\beta}^\mathrm{P} = -\int_{-\infty}^t \mathrm{d}t' G(t-t')\frac{\partial}{\partial t'}B_{\alpha\beta}(t,t') \tag{9.73}$$

---

[1] 方程 (9.70) 用于均匀流动，其中 $\sigma_{\alpha\beta}^\mathrm{P}$ 不依赖于位置 r。在 $\sigma_{\alpha\beta}^\mathrm{P}$ 取决于 r 的一般情况下，$\dot{\sigma}_{\alpha\beta}^\mathrm{P}$ 必须被解释为材料时间导数，即 $\sigma_{\alpha\beta}^\mathrm{P}\Delta t$ 表示在相同材料点的 $\sigma_{\alpha\beta}^\mathrm{P}$ 在时刻 t 与 $t+t$ 之间的差

$$\dot{\sigma}_{\alpha\beta}^\mathrm{P}(r,t)\Delta t = \sigma_{\alpha\beta}^\mathrm{P}(r+v\Delta t, t+\Delta t) - \sigma_{\alpha\beta}^\mathrm{P}(r,t) \tag{9.71}$$

即

$$\dot{\sigma}_{\alpha\beta}^\mathrm{P}(r,t) = \frac{\partial\sigma_{\alpha\beta}^\mathrm{P}}{\partial t} + v_\mu\frac{\partial\sigma_{\alpha\beta}^\mathrm{P}}{\partial r_\mu} \tag{9.72}$$

[2] 根据方程 (9.70)，稳态黏度由 $G_0\tau + \eta_\mathrm{s}$ 给出，并且与剪切速率 $\dot{\gamma}$ 无关。

其中，$G(t)$ 由方程 (9.66) 给出，而 $B_{\alpha\beta}(t,t')$ 定义为

$$B_{\alpha\beta}(t,t') = E_{\alpha\mu}(t,t')E_{\beta\mu}(t,t') \tag{9.74}$$

方程 (9.73) 是方程 (9.65) 的一般化。

假设在时刻 $t=0$ 将阶梯变形 $\boldsymbol{E}$ 施加于麦克斯韦模型。根据方程 (9.73)，时间 t 处的应力张量由

$$\sigma^{\mathrm{p}} = n_{\mathrm{p}}k_{\mathrm{B}}T\boldsymbol{B}\mathrm{e}^{-t/\tau} \tag{9.75}$$

给出。因此，变形后的初始应力为 $n_{\mathrm{p}}k_{\mathrm{B}}T\boldsymbol{B}$。同样，该表达式与橡胶库恩模型的应力张量表达式相同 (参见方程 (A.24))。这给了麦克斯韦模型的本构方程一个解释。

假设橡胶中的交联不是永久性的，而是不断产生和破坏的。设 τ 是这种临时交叉链接的寿命。如果我们将阶跃变形 $\boldsymbol{E}$ 施加于系统，系统将产生初始应力 $nk_{\mathrm{B}}T\boldsymbol{B}$ (n 是临时交联网络中子链的数量密度)。随着时间的推移，交叉链接被破坏，压力呈指数衰减。该模型给出了方程 (9.75) 描述的应力，称为赝网络模型。

在哑铃模型中，连接段的弹簧不会被破坏，但由于链段的布朗运动，它会松弛到平衡状态。在赝网络模型和哑铃模型中，应力由聚合物链的弹性给出，应力松弛是聚合物构象松弛的结果。这个概念对缠结聚合物也很有用，我们将在后面看到。

9.3.3　Rouse 模型

在哑铃模型中，聚合物链的构象由两个向量 $\boldsymbol{r}_1$ 和 $\boldsymbol{r}_2$ 表示。为了更详细地描述聚合物构象，我们可以考虑图 9.8(c) 所示的模型，其中 N 个链段 $\boldsymbol{r}_1,\boldsymbol{r}_2,\cdots,\boldsymbol{r}_N$ 通过弹簧连接。这种模型的势能写成

$$U(\boldsymbol{r}_1,\boldsymbol{r}_2,\cdots) = \frac{k}{2}\sum_{i=2}^{N}(\boldsymbol{r}_i - \boldsymbol{r}_{i-1})^2 \tag{9.76}$$

该模型称为 Rouse 模型。Rouse 模型中的链构象可以由一组正常坐标表示，这些正常坐标是 $\boldsymbol{r}_i$ 的线性组合并且彼此独立。因此，Rouse 模型变得等同于一组独立的哑铃模型。作为结果，Rouse 模型的松弛模量由下式给出

$$G(t) = n_{\mathrm{p}}k_{\mathrm{B}}T\sum_{p=1}^{N}\exp\left(-p^2 t/\tau_{\mathrm{R}}\right) \tag{9.77}$$

其中，n_{p} 是单位体积内的聚合物数量，τ_{R} 定义为

$$\tau_{\mathrm{R}} = \frac{\zeta N^2}{2\pi^2 k} \tag{9.78}$$

弛豫模量 $G(t)$ 在 $t = 0$ 时等于 $n_{\mathrm{p}}k_{\mathrm{B}}T$，并且在时间上松弛。对于 $t \ll \tau_{\mathrm{R}}$，方程 (9.77) 中对 p 的求和可以用对 p 的积分近似：

$$G(t) = n_{\mathrm{p}}k_{\mathrm{B}}T \int_0^\infty \mathrm{d}p\exp\left(-\frac{p^2 t}{\tau_{\mathrm{R}}}\right) = \frac{\sqrt{\pi}}{2}n_{\mathrm{p}}k_{\mathrm{B}}T\left(\frac{\tau_{\mathrm{R}}}{t}\right)^{1/2}, \quad t < \tau_{\mathrm{R}} \tag{9.79}$$

因此，$G(t)$ 在短时间尺度上按照幂律 $t^{-1/2}$ 衰减。在频率域中也可以看到这种特征行为。如果在方程 (9.12) 和 (9.13) 中使用方程 (9.79) 得到的 $G(t)$，发现 $G'(\omega)$ 和 $G''(\omega)$ 在高频区域 $\omega\tau_{\mathrm{R}} \gg 1$ 时与 $\omega^{1/2}$ 成比例增加。这种行为高频时确实在聚合物流体中经常观察到。

利用方程 (9.9)，Rouse 模型的稳态黏度可以计算为

$$\eta_0 = \int_0^\infty \mathrm{d}t G(t) = n_{\mathrm{p}}k_{\mathrm{B}}T\tau_{\mathrm{R}}\frac{\pi^2}{6} = \frac{n_{\mathrm{p}}k_{\mathrm{B}}T\zeta N^2}{12k} \tag{9.80}$$

稳态黏度 η_0 与 $\eta_{\mathrm{p}}N^2$ 成比例。如果聚合物的重量浓度恒定，则 $n_{\mathrm{p}}N$ 是恒定的，因此，η_0 与 N 成比例。对于小分子量缠结效应不重要的聚合物熔体，确实观察到这种 N 的依赖性。

9.4 缠结聚合物的黏弹性

9.4.1 缠结效应

在聚合物溶液中，随着浓度的增加，聚合物开始彼此缠结，如图 9.9(a) 所示。在这种情况下，溶液变得非常黏稠，并开始显示出独特的黏弹性。已经观察到聚合物流体 (聚合物溶液和聚合物熔体) 的黏度 η_0 和弛豫时间 τ 随着分子量 M 的增加而增加。

$$\eta_0 \propto M^{3.4}, \quad \tau \propto M^{3.4} \tag{9.81}$$

这种强烈的分子量依赖性是由聚合物的缠结引起的。

聚合物分子不能相互穿过。这种约束源于聚合物的基本性质 (即作为嵌入三维空间中的一维物体)，并且存在于所有聚合物中，与聚合物种类无关。这种约束造成的效应称为缠结效应。

缠结效应是一种动力学效应，并不影响平衡性能[①]。想象一下理想情况，其中聚合物由几何曲线 (没有厚度的一维物体) 表示。就平衡特性而言，缠结效应完全可以忽略不计：即使在缠结状态下，这些物质组成的液体也表现为理想液体。另一方面，分子运动由于缠结而急剧减慢。例如，聚合物的弛豫时间强烈地受到缠结的影响。

[①] 在具有非常特殊结构的聚合物中，例如环状聚合物或带有环的聚合物，缠结确实影响平衡性质。

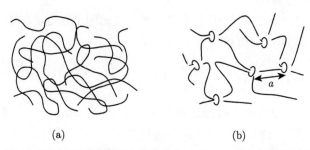

图 9.9　(a) 处于缠结状态的聚合物分子；(b) 滑动链接模型

历史上，缠结已经通过聚合物之间的某种连接来建模。这种交叉点不是永久性的，会在一段时间后消失。该原始概念是聚合物流体赝网络模型的基础。

在赝网络模型中，聚合物流体被认为是通过缠结连接的聚合物网络。这些缠结是随机产生的，并在特定的寿命后被破坏。该模型能够解释聚合物流体的黏弹性。例如，在图 9.7 所示的情况下，当聚合物流体变形时，应力就像橡胶中那样出现。然而，随着时间的推移，缠结点消失，因此应力松弛。

在传统的赝网络模型中，未指名用于创建和破坏缠结的机制。因此，该模型无法解释分子结构与流变参数之间如公式 (9.81) 的关系。另一方面，缠结连接点的产生和破坏动力学可以通过图 9.9(b) 所示的替代模型来讨论。这里缠结由小环表示，称为滑环，其限制两个聚合物链。在该模型中，假设聚合物链能够自由地穿过滑环。当链端移出滑环时，滑环被破坏，缠结消失。另一方面，链端将找到其他合作伙伴并创建新的滑环。因此，每条链的平均滑环数保持不变。该模型称为滑环模型。

尽管在该模型中缠结连接由小环表示，但由缠结引起的实际约束将不是真正的局部约束。在如图 9.9(a) 所示的典型情况下识别缠结点的位置和数量还需要某种类型的假定。滑环模型假设一旦两个聚合物开始缠结，它们的运动就会被限制一段时间 (从滑环的创建时间到破坏时间) 和一定空间长度 (关于滑环之间的平均距离)。这里一个重要的数量是相邻滑环之间的平均距离。这个长度 a 称为缠结之间的平均距离。这是由链段的刚性和局部堆积确定的分子参数，并且通常为几纳米 (也就是远大于原子长度)。

相邻缠结点之间的聚合物链部分的分子量称为缠结分子量，并用 M_e 表示。M_e 类似于 M_x，即橡胶中交联之间的分子量 (方程 (3.56))。当聚合物流体变形时，所有缠结点都表现为类似橡胶中的瞬时交联点。这种瞬态的弹性模量由下式给出

$$G_0 = \frac{\rho R_G T}{M_e} \tag{9.82}$$

G_0 称为缠结剪切模量。公式 (9.82) 可用来确定 M_e。

9.4.2 蠕动理论

如果对聚合物流体施加应变 γ 的阶梯剪切，则聚合物变形，从而产生剪切应力 $G_0\gamma$。随着聚合物构象松弛至平衡，该应力随时间衰减。让我们仔细考虑这个过程。

为简单起见，我们假设缠结点沿着链均匀分布，间距 a 相等。如果聚合物的分子量是 M，则每个链的缠结点的数量由下式给出

$$Z = \frac{M}{M_e} \tag{9.83}$$

因此，连接缠结点的曲线轮廓长度 L 由下式给出

$$L = Za = \frac{M}{M_e}a \tag{9.84}$$

图 9.10 显示了如何创建和破坏特定链的缠结点。假设图 9.10 构象 (a) 中的链向右移动，然后滑环 P_0 被聚合物抽空，并因此被破坏。另一方面，在链的右端创建了新的滑环 P_{z+1}。如果链条如 (c) 中那样向左移动，则滑环 P_{z+1} 和 P_z 被破坏，并且创建新的滑环 P_0 和 P_{-1}。因此，由于链条沿滑环的一维布朗运动，缠结点不断被破坏和产生。这种一维运动是由 de Gennes 提出的，被称为蠕动。

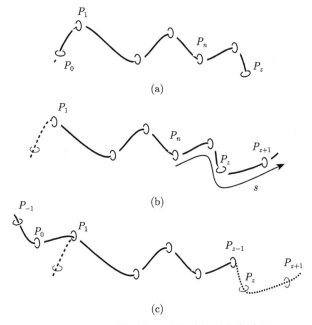

图 9.10　滑环模型中缠结的破坏和产生过程

在蠕动理论中，聚合物链受到滑环的约束，滑环沿着链放置，平均间距为 a。其他链的这种约束也可以用图 9.11 所示的管表示。假设管是由具有直径 a 和长度 a 随机连接的 Z 链段制成的，则管有效地给出了与滑环相同的约束。因此，管模型和滑环模型彼此等效。

为了看到蠕动的主要特征，假设聚合物沿着管子随机移动，保持其长度 L 恒定。让我们关注图 9.10(a) 中存在于时刻 $t = 0$ 的某个滑环 P_n，并考虑它处于 0 和 t 之间的时间内没有被破坏的概率。

为了解决这个问题，我们采用沿管中心轴线的曲线坐标。坐标原点取自 P_n。设 s 是链右端的曲线坐标。我们考虑在时刻 t 处缠结点 P_n 未被破坏并且链的右端在 s 处的概率 $\psi_n(s,t)$。该概率满足以下扩散方程：

$$\frac{\partial}{\partial t}\psi_n(s,t) = D_{\mathrm{c}}\frac{\partial^2}{\partial s^2}\psi_n(s,t) \tag{9.85}$$

其中，D_{c} 是聚合物沿管的扩散常数.

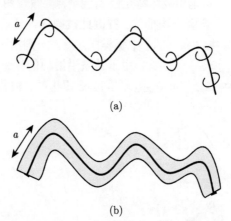

(a)

(b)

图 9.11　描述缠结效应的两个等效模型: (a) 滑环模型; (b) 管模型

缠结点 P_n 在被两个链端之一访问时被破坏。由于这发生在 s 变为等于 0 (右端访问 P_n) 或 L (左端访问 P_n) 时，$\psi_n(s,t)$ 满足以下边界条件

$$\psi_n(0,t) = 0, \quad \psi_n(L,t) = 0 \tag{9.86}$$

在边界条件 (9.86)，初始条件 $\psi_n(s,0) = \delta(s - L + na)$ 下求解扩散方程 (9.85)，我们有

$$\psi_n(s,t) = \frac{2}{L}\sum_{p=1}^{\infty}(-1)^p\sin\left(\frac{ps\pi}{L}\right)\sin\left(\frac{pna\pi}{L}\right)\exp\left(-tp^2/\tau_{\mathrm{d}}\right) \tag{9.87}$$

其中

$$\tau_{\mathrm{d}} = \frac{L^2}{\pi^2 D_{\mathrm{c}}} \tag{9.88}$$

称为蠕动时间。τ_d 表示缠结寿命。

根据爱因斯坦关系式 (6.35)，D_c 与摩擦常数 ζ_c 有关，$D_\mathrm{c} = k_\mathrm{B}T/\zeta_\mathrm{c}$，其中 ζ_c 表示以单位速度沿管拉动链所需的力，该力与链的分子量 M 成比例。因此，D_c 以 $D_\mathrm{c} \propto M^{-1}$ 形式依赖于 M。另一方面，L 与 M 成比例。因此，蠕动时间 τ_d 与 M^3 成比例。

缠结点 P_n 保持在时刻 t 的概率由 $\psi_n(s,t)$ 针对 s 从 0 到 L 的积分给出。如果这个概率对 n 取平均，我们得到概率 $\psi(t)$，即在 $t = 0$ 时任意选择的缠结点在时刻 t 仍未被破坏的概率：

$$\psi(t) = \frac{1}{Z}\sum_{n=1}^{Z}\int_0^L \mathrm{d}s\,\psi_n(s,t) \tag{9.89}$$

用方程 (9.87) 的 $\psi_n(s,t)$ 代入，并用积分替换 n 的求和，最终我们得到概率为

$$\psi(t) = \frac{1}{Z}\int_0^Z \mathrm{d}n\int_0^L \mathrm{d}s\,\psi_n(s,t) = \frac{8}{\pi^2}\sum_{p=1,3,5,\cdots}\frac{1}{p^2}\exp\left(-tp^2/\tau_\mathrm{d}\right) \tag{9.90}$$

在该等式右边的求和中，项 $p = 1$ 具有支配性贡献。因此 $\psi(t)$ 可近似为

$$\psi(t) \approx \exp\left(-t/\tau_\mathrm{d}\right) \tag{9.91}$$

9.4.3 应力松弛

现在让我们使用上述结果来考虑缠结聚合物的应力松弛。考虑图 9.7 所示的情况，在时刻 $t = 0$ 施加阶跃剪切应变 γ。在施加剪切之后，所有缠结点立即充当橡胶中的瞬时交联。因此，$t = 0$ 时的剪切应力 $\sigma_{xy}(t)$ 由下式给出

$$\sigma_{xy}(0) = G_0\gamma \tag{9.92}$$

其中，G_0 是由方程 (9.82) 给出的剪切模量。

随着时间的推移，由于链的布朗运动，这些缠结点逐渐消失。由于在 $t = 0$ 时刻存在的缠结点在稍后的时间 t 保持完整的概率由 $\psi(t)$ 给出，因此在时间 t 的剪切应力由下式给出：

$$\sigma_{xy}(t) = G_0\gamma\psi(t) \tag{9.93}$$

因此，松弛模量由下式给出

$$G(t) = G_0\psi(t) \tag{9.94}$$

注意，$G(t)$ 几乎以具有弛豫时间 τ_d 的单指数曲线减小，即最长弛豫时间 τ_d 的 $G(t)$ 值与初始值大致相同，即 $G(\tau_\mathrm{d}) \simeq G(0)$。这种行为与 Rouse 模型的完全不同，在

Rouse 模型中, 最长弛豫时间 τ_R 的 $G(t)$ 值约为 $G(0)/N$, 对于大 N 来说非常小。确实, 缠结聚合物的松弛模量 (具有窄分子量分布) 几乎仅以单一弛豫时间衰减。

根据方程 (9.9) 和 (9.94), 黏度 η_0 由下式给出

$$\eta_0 \simeq G_0 \tau_d \tag{9.95}$$

由于 G_0 与分子量 M 无关, 因此黏度也与 M^3 成比例。指数 3 与实验观察到的略有不同, 原因将在后面讨论。另一方面, 在 Rouse 模型中, η_0 与 M 成比例。Rouse 模型和蠕动模型之间分子量依赖性的差异来自两个效应: 一个是弛豫时间的差异: τ_R 与 M^2 成比例, 而 τ_d 与 M^3 成比例; 另一个是弛豫时间的分布。Rouse 模型的 $G(t)$ 具有广泛的弛豫时间分布, 而蠕动模型的 $G(t)$ 几乎具有单一的弛豫时间。

随着剪切应变 γ 大小的增加, 出现了新的弛豫模式。当施加足够大的剪切时, 缠结点之间的平均距离变得显著大于平衡值 a。接下来, 考虑连接相邻缠结点的向量。如果此向量在变形之前是 (r_{0x}, r_{0y}, r_{0z}), 变形后它将被转换为

$$r_x = r_{0x} + \gamma r_{0y}, \quad r_y = r_{0y}, \quad r_z = r_{0z} \tag{9.96}$$

因此, r 的均方值大小计算为

$$\langle r_x^2 + r_y^2 + r_z^2 \rangle = \langle r_{0x}^2 + r_{0y}^2 + r_{0z}^2 \rangle + 2\gamma \langle r_{0x} r_{0y} \rangle + \gamma^2 \langle r_{0y}^2 \rangle \tag{9.97}$$

因为 $\langle r_{0x}^2 \rangle = \langle r_{0y}^2 \rangle = \langle r_{0z}^2 \rangle = a^2/3$ 而 $\langle r_{0x} r_{0y} \rangle = 0$, 所以有

$$\langle r_x^2 + r_y^2 + r_z^2 \rangle = \left(1 + \frac{\gamma^2}{3}\right) a^2 \tag{9.98}$$

因此缠结点之间距离增加了一个因子[①]

$$\alpha(\gamma) = \left(1 + \frac{\gamma^2}{3}\right)^{1/2} \tag{9.99}$$

由于聚合物沿管轴 (连接滑环的路径) 伸长, 聚合物首先沿管收缩以恢复平衡长度 L, 如图 9.12(b) 变到 (c) 所示。由于该松弛过程不受管的影响, 因此弛豫时间由 Rouse 弛豫时间 τ_R 给出。随着聚合物链收缩, 聚合物沿管的长度减小因子 $1/\alpha(\gamma)$, 沿聚合物作用的张力也减小相同的因子。因此, 应力降低因子 $1/\alpha^2(\gamma)$。应力在 $t \simeq \tau_R$ 时变成

$$\sigma_{xy}(\tau_R) \simeq G_0 \frac{\gamma}{\alpha^2(\gamma)} = G_0 \frac{\gamma}{1 + \gamma^2/3} \tag{9.100}$$

---

① 这里 $\langle |r| \rangle$ 近似为 $\langle r^2 \rangle^{1/2}$。

在沿着链条张力松弛之后，通过蠕动进行应力松弛。因此，时间 $t > \tau_R$ 的应力由下式给出

$$\sigma_{xy}(t) = G_0 \frac{\gamma}{1 + \gamma^2/3} \psi(t) \tag{9.101}$$

在实验上，已经观察到随着剪切应变变大，应力首先在弛豫时间 τ_R 下快速松弛，然后以弛豫时间 τ_d 缓慢地松弛。

通过将这些考虑扩展到一般变形，已经获得了用于蠕动模型的本构方程 (参见延展阅读中的参考文献 (2))。

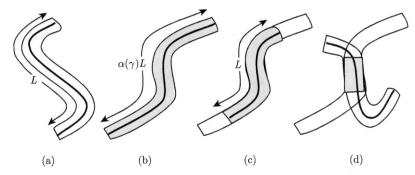

图 9.12 管模型的应力松弛说明。(a) 管变形前的轮廓长度为 L，并且管的取向是各向同性的；(b) 管一旦变形后，轮廓长度伸长 (变为 $\alpha(\gamma) L$)，且有指向性；(c) 轮廓长度恢复平衡值 L；(d) 随着端部管段被新的管段替换，管逐渐变得不定向

9.4.4 实际系统中的缠结

1. 轮廓长度涨落的影响

在上面的讨论中，假设聚合物沿管具有恒定的轮廓长度。实际上，轮廓长度 L 不是恒定的，而是随时间波动。如 3.2 节所示，拉伸聚合物链表现为弹性常数 $k = 3k_BT/Nb^2$ 的线性弹簧。因此，轮廓长度 L 的聚合物的自由能由下式给出

$$U(L) = \frac{3k_BT}{2Nb^2}L^2 - F_{eq}L \tag{9.102}$$

其中，F_{eq} 是由链端的额外熵产生的平衡拉力：管中间的链段受管约束，而管末端的链段不受约束，因此，末端段具有比中段更大的熵。熵的这种差异给出了力 F_{eq}。F_{eq} 可以用管的平衡轮廓长度 L_{eq} 表示：

$$F_{eq} = \frac{3k_BT}{Nb^2}L_{eq} \tag{9.103}$$

利用公式 (9.103)，$U(L)$ 可以写成

$$U(L) = \frac{3k_BT}{2Nb^2}(L - L_{eq})^2 + 常数 \tag{9.104}$$

因此，轮廓长度波动的大小是

$$\langle (L - L_{eq})^2 \rangle = \frac{Nb^2}{3} \tag{9.105}$$

该管由长度为 a 在空间随机取向的 Z 链段构成，因此管端对端矢量的均方是 Za^2，这必须等于聚合物端对端矢量的均方 Zb^2，因此

$$Za^2 = Zb^2 \tag{9.106}$$

另一方面，平衡轮廓长度由 $L_{eq} = Za$ 给出，其涨落大小估算为 $\Delta L = \langle (L - L_{eq})^2 \rangle^{1/2}$。因此

$$\frac{\Delta L}{L_{eq}} \simeq \frac{\sqrt{N}b}{Za} = \frac{1}{\sqrt{Z}} \tag{9.107}$$

如果 Z 非常大，则轮廓长度的涨落可忽略不计。在实践中，Z 通常在 $10 \sim 100$，涨落的效应是不可忽略的。

作为轮廓长度涨落效应的示例，考虑蠕动时间 τ_d。在 9.4.2 节的分析中，假设要使缠结点 P_1 被破坏，聚合物的质心必须向右移动距离 a。如果轮廓长度是涨落的，则质心不需要移动整个距离 a：当聚合物通过涨落沿着管收缩时，链端可以从 P_1 滑离。对于其他内部缠结点 P_2，P_3 等亦是如此。因此，要使存在于 $t = 0$ 的所有缠结点消失，聚合物不需要行进整个距离 L_{eq}：足以扩散距离 $L_{eq} - \Delta L$。因此，可以更好地估计蠕动时间

$$\tau_d \simeq \frac{(L_{eq} - \Delta L)^2}{D_c} \simeq \tau_d^0 \left(1 - \frac{\Delta L}{L_{eq}}\right)^2 \propto \left(1 - \sqrt{\frac{M_e}{M}}\right)^2 \tag{9.108}$$

由于涨落效应，蠕动时间变得小于理想时间 $\tau_d^0 \propto M^3$。随着分子量 M 的减小，τ_d 的减少更加明显。因此，在 $\log \tau_d$ 对 $\log M$ 的图中，斜率变得大于 3。实际上，斜率的实验观察值在 3.1 和 3.5 之间。

2. 链分支效应

上面讨论的蠕动运动不适用于支化聚合物。例如，考虑由三个等长的臂构成的星形聚合物 (图 9.13)。对于这样的聚合物，聚合物的分支点基本上固定在管的分支点处：如果聚合物分叉点移动到管的一个分支中，则它将被每一个手臂中的拉伸力 F_{eq} 拉回到管分叉点。

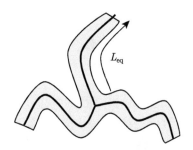

图 9.13 星形聚合物的管模型

在这种情况下，阻塞运动被阻断，并且链的构象松弛可以通过链沿着管方向的收缩而发生。考虑具有平衡长度 L_{eq} 的管臂，如果臂的轮廓长度缩小到长度 a，则整个臂可以移出旧管并且可以进入新管。

链沿管的收缩消耗了自由能，因此该过程可视为激活过程。因此，支化聚合物的弛豫时间可通过

$$\tau_{\mathrm{br}} = \tau_{\mathrm{e}}\exp\left(\frac{\Delta U}{k_{\mathrm{B}}T}\right) \tag{9.109}$$

估算。其中 $\Delta U = U\left(a\right) - U\left(L_{\mathrm{eq}}\right)$ 是收缩状态和平衡状态之间的自由能差。使用公式 (9.104)，ΔU 可以估算为

$$\Delta U = U\left(a\right) - U\left(L_{\mathrm{eq}}\right) \approx \frac{k_{\mathrm{B}}T}{Nb^2}L_{\mathrm{eq}}^2 = Zk_{\mathrm{B}}T \tag{9.110}$$

设 M_{a} 是聚合物臂的分子量，松弛时间估算为

$$\tau_{\mathrm{br}} = \tau_{\mathrm{e}}\exp\left(\upsilon M_{\mathrm{a}}/M_{\mathrm{e}}\right) \tag{9.111}$$

其中 υ 是某个数值常数。实际上已经通过实验观察到星形聚合物弛豫时间的指数依赖性。

3. 多体效应

上述理论假设滑环仅在链端访问的时候才被破坏。实际上，滑环限制了两条链，当两条链中一条的链端到达滑环时，滑环被破坏，因此，滑环的产生和破坏取决于其他链条的运动。此外，滑环的位置在空间上不固定且是涨落的。目前已经发展了相关理论来考虑这种效应，通过这些理论和计算机模拟，可以很好地理解缠结状态下柔性聚合物的动力学。

9.5 棒状聚合物

9.5.1 棒状聚合物溶液

在本节中，我们将考虑棒状聚合物溶液。棒状聚合物溶液的黏弹性随浓度变化

很大。图 9.14 显示了各种浓度下棒状聚合物溶液的简图。

在非常稀的溶液 (a) 中，聚合物可以彼此独立地移动。该溶液基本上是牛顿流体，但是棒状聚合物赋予流体黏弹性 (如柔性聚合物的情况)。这是由于棒状聚合物的取向自由度。

随着浓度的增加，溶液首先变为 (b) 所示的状态。在这种状态下，每根棒的运动受到其他棒的强烈阻碍，即存在强烈的缠结效应。结果是溶液变得非常黏稠并开始显示出明显的黏弹性。从状态 (a) 到 (b) 变化的浓度 c^* 可以通过

$$c^* \frac{M}{N_A} R_g^3 \approx 1 \tag{9.112}$$

估计。其中 M 是分子量，N_A 是阿伏伽德罗常数，R_g 是聚合物回转半径 (参见问题 (8.1))。棒状聚合物的回转半径远大于相同分子量的柔性聚合物的回转半径。因此，棒状聚合物在比柔性聚合物低得多的浓度下显示出缠结效应。

随着浓度的进一步增加，棒状聚合物溶液转变为向列型液晶相 (见第 5 章)。由于液晶是各向异性的流体，因此在该转变下流变行为急剧变化。

在下文中，我们将考虑直径为 b、长度为 L 的刚性棒状分子，并讨论各种浓度下溶液的流变性质。浓度由数密度 n_p 或分子的重量浓度 $c = n_p M/N_A$ 表示。

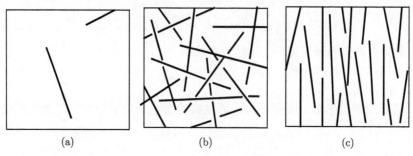

(a)　　　　　　　　　　(b)　　　　　　　　　　(c)

图 9.14　棒状聚合物溶液。(a) 稀溶液；(b) 各向同性状态的浓缩溶液；(c) 向列状态
的浓缩溶液

9.5.2　稀溶液的黏弹性

我们首先考虑棒状聚合物的稀溶液 $(n_p L^3 \ll 1)$。这种系统的黏弹性可以用与 9.3.1 节中相同的方法讨论。设 u 是与棒平行的单位矢量，令 $\psi(u,t)$ 为分布函数。ψ 的守恒方程写为 (见 7.5 节)

$$\dot{\psi} = -\mathcal{R} \cdot (\boldsymbol{\omega} \psi) \tag{9.113}$$

其中，$\boldsymbol{\omega}$ 是棒的角速度，$\mathcal{R}$ 由下式定义

$$\mathcal{R} = u \times \frac{\partial}{\partial u} \tag{9.114}$$

如果棒在静止的介质中旋转，则能量耗散由 $\zeta_r \omega^2/2$ 给出，其中 ζ_r 是由方程 (7.84) 给出的转动扩散常数。如果介质以速度梯度 κ 流动，则棒以角速度

$$\boldsymbol{\omega}_0 = \boldsymbol{u} \times (\boldsymbol{\kappa} \cdot \boldsymbol{u}) \tag{9.115}$$

旋转，其原因在图 9.15 中解释。因此能量耗散函数写为

$$\Phi = \frac{n_p}{2} \int d\boldsymbol{u} \left[\zeta_r (\boldsymbol{\omega} - \boldsymbol{\omega}_0)^2 + w(\boldsymbol{\kappa}, \boldsymbol{u}) \right] \psi \tag{9.116}$$

其中 $w(\boldsymbol{\kappa}, \boldsymbol{u})$ 表示当棒以最佳角速度 $\boldsymbol{\omega}_0$ 旋转时系统中的能量耗散。这一项存在是因为棒上的每个点由于棒的刚性形状约束而不能完全跟随介质流动。w 的实际形式可以通过斯托克斯流体动力学计算。计算给出下列能量耗散公式

$$\Phi = \frac{n_p}{2} \int d\boldsymbol{u} \left[\zeta_r (\boldsymbol{\omega} - \boldsymbol{\omega}_0)^2 + \frac{\zeta_r}{2} (\boldsymbol{u} \cdot \boldsymbol{\kappa} \cdot \boldsymbol{u})^2 \right] \psi \tag{9.117}$$

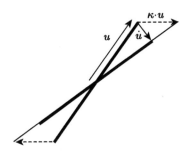

图 9.15　放置在速度场 $\boldsymbol{v}(\boldsymbol{r}) = \boldsymbol{\kappa} \cdot \boldsymbol{r}$ 中的棒状聚合物的旋转。在速度梯度 $\boldsymbol{\kappa}$ 中，与棒平行的单位矢量按照 $\dot{\boldsymbol{u}} = \boldsymbol{\kappa} \cdot \boldsymbol{u} - (\boldsymbol{u} \cdot \boldsymbol{\kappa} \cdot \boldsymbol{u})$ 变化，它可写为 $\dot{\boldsymbol{u}} = \boldsymbol{\omega}_0 \times \boldsymbol{u}$，其中 $\boldsymbol{\omega}_0 = \boldsymbol{u} \times (\boldsymbol{\kappa} \cdot \boldsymbol{u})$

另一方面，自由能项 $\dot{A}$ 由与公式 (7.87) 相同的形式给出。结果瑞利函数表示为

$$R = \frac{n_p}{2} \int d\boldsymbol{u} \psi \left[\zeta_r (\boldsymbol{\omega} - \boldsymbol{\omega}_0)^2 + \frac{\zeta_r}{2} (\boldsymbol{u} \cdot \boldsymbol{\kappa} \cdot \boldsymbol{u})^2 \right] + n_p k_B T \int d\boldsymbol{u} \psi \boldsymbol{\omega} \cdot \boldsymbol{\mathcal{R}} (\ln \psi) \tag{9.118}$$

极值条件 $\delta R / \delta \omega = 0$ 给出

$$\zeta_r (\boldsymbol{\omega} - \boldsymbol{\omega}_0) = -k_B T \boldsymbol{\mathcal{R}} (\ln \psi) \tag{9.119}$$

或者

$$\boldsymbol{\omega} = -D_r \boldsymbol{\mathcal{R}} (\ln \psi) + \boldsymbol{\omega}_0 \tag{9.120}$$

其中 $D_r = k_B T / \zeta_r$。从方程 (9.113)、(9.115) 和 (9.120)，时间演化方程变为

$$\frac{\partial \psi}{\partial t} = D_r \boldsymbol{\mathcal{R}}^2 \psi - \boldsymbol{\mathcal{R}} \cdot (\boldsymbol{u} \times \boldsymbol{\kappa} \cdot \boldsymbol{u} \psi) \tag{9.121}$$

另一方面，应力张量由下式给出

$$\sigma_{\alpha\beta}^{(\mathrm{p})} = \frac{\partial R}{\partial \kappa_{\alpha\beta}} = n_{\mathrm{p}} \int \mathrm{d}\boldsymbol{u}\psi \left[\zeta_{\mathrm{r}} \left(\boldsymbol{\omega} - \boldsymbol{\omega}_0\right) \cdot \frac{\partial \boldsymbol{\omega}}{\partial \kappa_{\alpha\beta}} + \frac{1}{2}\zeta_{\mathrm{r}} \boldsymbol{u} \cdot \boldsymbol{\kappa} \cdot \boldsymbol{u} u_\alpha u_\beta \right]$$

$$= n_{\mathrm{p}} \int \mathrm{d}\boldsymbol{u}\psi \left\{ -\zeta_{\mathrm{r}} \left[\boldsymbol{u} \times \left(\boldsymbol{\omega} - \boldsymbol{\omega}_0\right)\right]_\alpha u_\beta + \frac{1}{2}\zeta_{\mathrm{r}} \boldsymbol{u} \cdot \boldsymbol{\kappa} \cdot \boldsymbol{u} u_\alpha u_\beta \right\} \qquad (9.122)$$

积分中的第一项可以通过使用公式 (9.120) 重写为

$$-\int \mathrm{d}\boldsymbol{u}\psi\zeta_{\mathrm{r}} \left[\boldsymbol{u} \times \left(\boldsymbol{\omega} - \boldsymbol{\omega}_0\right)\right]_\alpha u_\beta = k_{\mathrm{B}}T \int \mathrm{d}\boldsymbol{u}\psi \left[\boldsymbol{u} \times \boldsymbol{\mathcal{R}} \left(\ln \psi\right)\right]_\alpha u_\beta$$

$$= k_{\mathrm{B}}T \int \mathrm{d}\boldsymbol{u} \left[\mathrm{e}_{\alpha\mu\nu} u_\mu \left(\mathcal{R}_\nu \psi\right) u_\beta\right]$$

$$= -k_{\mathrm{B}}T \int \mathrm{d}\boldsymbol{u} \left[\mathrm{e}_{\alpha\mu\nu} \psi \mathcal{R}_\nu \left(u_\mu u_\beta\right)\right]$$

$$= k_{\mathrm{B}}T \int \mathrm{d}\boldsymbol{u}\psi \left(3u_\alpha u_\beta - \delta_{\alpha\beta}\right)$$

$$= k_{\mathrm{B}}T \langle 3u_\alpha u_\beta - \delta_{\alpha\beta} \rangle \qquad (9.123)$$

因此，应力张量由下式给出

$$\sigma_{\alpha\beta}^{\mathrm{p}} = n_{\mathrm{p}} k_{\mathrm{B}}T \langle 3u_\alpha u_\beta - \delta_{\alpha\beta} \rangle + \frac{1}{2} n_{\mathrm{p}} \zeta_{\mathrm{r}} \langle u_\alpha u_\beta u_\mu u_\nu \rangle \kappa_{\mu\nu} \qquad (9.124)$$

如果 $\boldsymbol{u}$ 的分布不是各向同性的，则右边的第一项不是零。该项源于热力学力，它驱动系统达到分子的各向同性分布。

作为一个例子，我们考虑拥有剪切率 $\dot{\gamma}$ 的定态剪切流，在这种情况下，剪切应力表示为

$$\sigma_{xy} = \sigma_{xy}^{\mathrm{p}} + \eta_{\mathrm{s}}\dot{\gamma} = 3n_{\mathrm{p}} k_{\mathrm{B}}T \langle u_x u_y \rangle + n_{\mathrm{p}} \frac{\zeta_{\mathrm{r}}}{2} \dot{\gamma} \langle u_x^2 u_y^2 \rangle + \eta_{\mathrm{s}}\dot{\gamma} \qquad (9.125)$$

对低剪切率，$\langle u_x u_y \rangle$ 可以估算为 $\dot{\gamma}/D_{\mathrm{r}} \simeq \dot{\gamma}\zeta_{\mathrm{r}}/k_{\mathrm{B}}T$ 和 $\dot{\gamma}\langle u_x^2 u_y^2 \rangle \approx \dot{\gamma}\langle u_x^2 u_y^2 \rangle_0 \approx \dot{\gamma}$。因此，由聚合物引起的剪切应力估计为

$$\sigma_{xy}^{\mathrm{p}} \simeq n_{\mathrm{p}} \dot{\gamma}\zeta_{\mathrm{r}} \simeq n_{\mathrm{p}} L^3 \eta_{\mathrm{s}}\dot{\gamma} \qquad (9.126)$$

其中使用了公式 (7.84)。

方程式 (9.125) 和 (9.126) 表明，与黏度为 η_{s} 的纯溶剂相比，棒状分子溶液的黏度增加了因子 $n_{\mathrm{p}} L^3$。在稀溶液中（其中 $n_{\mathrm{p}} L^3 < 1$），该黏度变化很小。另一方面，在 $n_{\mathrm{p}} L^3 > 1$ 的浓缩溶液中，黏度变化非常显著，我们将在下一节中展示。

9.5.3 各向同性相浓缩溶液的黏弹性

在满足 $n_{\mathrm{p}} L^3 \gg 1$ 的浓缩溶液中，棒状分子的自由转动布朗运动变得不可能，因为它总是受到其他棒的阻碍 (图 9.14(b))。在这种状态下，旋转扩散急剧减慢。让我们估算一下图 9.14(b) 所示情况下的有效转动扩散常数。

由于周边杆的阻碍，每根棒被有效地限制在一个管状区域，如图 9.16(a) 所示。管的直径 a 可以如下估算。考虑半径为 r 和长度为 L 的圆柱形区域。如果周围的聚合物随机放置在数密度为 n_p 的空间中，则与圆柱体相交的聚合物平均数由 $n_p L S_c(r)$ 估算，其中 $S_c(r)$ 是圆柱表面面积 $(S_c(r) \leqslant 2\pi r L)$。当 $r \simeq a$ 时，这个数字 (平均数) 应该是 1 的数量级。因此 $n_p L S_c(a) \approx 1$，即 $n_p a L^2 \approx 1$。这给出

$$a \simeq \frac{1}{n_p L^2} \tag{9.127}$$

如果聚合物留在管内，其方向基本上由管限制。如果聚合物移出管子，如图 9.16(b) 所示，它可以改变方向角度 $\delta\theta \simeq a/L$。通过重复该过程实现聚合物的整体转动。因此，缠结状态下的转动扩散常数估算为

$$D_r \simeq \frac{(\delta\theta)^2}{\tau_d} \simeq \frac{a^2}{L^2 \tau_d} \tag{9.128}$$

这里 τ_d 表示聚合物移出管所需的时间。τ_d 可以估算为

$$\tau_d \simeq \frac{L^2}{D_t} \tag{9.129}$$

这里，D_t 是聚合物沿管轴的平移扩散常数。由于聚合物沿着管轴的平移扩散不受阻碍，所以认为 D_t 等于稀溶液中的平移扩散常数。因此

$$D_t \simeq \frac{k_B T}{\eta_s L} \tag{9.130}$$

因此 τ_d 估计为

$$\tau_d \simeq \frac{\eta_s L^3}{k_B T} \simeq \frac{1}{D_r^0} \tag{9.131}$$

其中，D_r^0 是稀溶液中的转动扩散常数。从方程 (9.127)、(9.128) 和 (9.131) 可得

$$D_r \simeq \frac{a^2}{L^2} D_r^0 \simeq \frac{D_r^0 D_r^0}{(n_p L^3)^2} \tag{9.132}$$

因此，在 $n_p L^3 > 1$ 的浓度区域中，聚合物的转动扩散急剧减慢。

尽管缠结会强烈影响 D_r 等运动学系数，但它不会影响平衡性质。因此，分布函数的时间演化 $\psi(\boldsymbol{u}, t)$ 由相同的扩散方程 (9.121) 以有效扩散常数 D_r 给出。此外，应力张量的表达式由方程 (9.117) 给出。

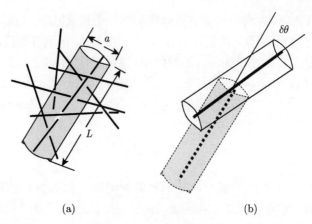

$$(a) \qquad\qquad\qquad (b)$$

图 9.16　图 9.14 中状态 (b) 的管模型。(a) 管子限制了棒状聚合物的运动；(b) 由管约束的聚合物的转动机理

即使应力张量的表达式没有改变，流变行为也会发生显著变化。为了看到这一点，让我们考虑稳态黏度。如第 9.5.2 节所述，方程 (9.125) 中的每一项估算为

$$第一项：n_{\mathrm{p}}k_{\mathrm{B}}T\langle u_x u_y\rangle \simeq n_{\mathrm{p}}k_{\mathrm{B}}T\frac{\dot{\gamma}}{D_{\mathrm{r}}} \simeq \left(n_{\mathrm{p}}L^3\right)^3 \eta_{\mathrm{s}}\dot{\gamma} \tag{9.133}$$

$$第二项：n_{\mathrm{p}}\dot{\gamma}\zeta_{\mathrm{r}}^0\langle u_x^2 u_y^2\rangle \simeq n_{\mathrm{p}}\dot{\gamma}\zeta_{\mathrm{r}}^0 \simeq n_{\mathrm{p}}L^3\eta_{\mathrm{s}}\dot{\gamma} \tag{9.134}$$

在 $n_{\mathrm{p}}L^3 > 1$ 的浓度区域中，第一项比其他项大得多。如果我们忽略其他项，则应力张量的表达式由下式给出

$$\sigma_{\alpha\beta} = 3n_{\mathrm{p}}k_{\mathrm{B}}TQ_{\alpha\beta} - p\delta_{\alpha\beta} \tag{9.135}$$

其中 $Q_{\alpha\beta}$ 是第 5 章中引入的取向序参数张量：

$$Q_{\alpha\beta} = \left\langle u_\alpha u_\beta - \frac{1}{3}\delta_{\alpha\beta}\right\rangle \tag{9.136}$$

因此，浓缩溶液中的应力张量与取向序参数直接相关。可以通过求解 $\psi(\boldsymbol{u}, t)$ 的扩散方程来计算有序参数 $Q_{\alpha\beta}$。$Q_{\alpha\beta}$ 的弛豫时间约为 $1/D_{\mathrm{r}}$。因此，棒状聚合物浓缩溶液表现出显著的黏弹性。瞬时弹性模量 G_0 和弛豫时间 τ 由下式给出

$$G_0 \simeq n_{\mathrm{p}}k_{\mathrm{B}}T \simeq \frac{cR_{\mathrm{G}}T}{M} \tag{9.137}$$

$$\tau \simeq \frac{1}{D_{\mathrm{r}}} \propto c^2 M^7 \tag{9.138}$$

9.5.4　向列型溶液的黏弹性

如果棒状聚合物的浓度进一步增加，溶液就会变成向列相，如第 5 章所述。向列相的平衡特性可以用 5.2 节中描述的平均场理论来讨论。平均场理论给出了以下平均场电势

$$U_{\mathrm{mf}}\left(\boldsymbol{u}\right) = -U u_{\alpha} u_{\beta} Q_{\alpha\beta} \tag{9.139}$$

平均场电势对个体分子施加扭矩 $-\boldsymbol{\mathcal{R}} U_{\mathrm{mf}}$。因此，$\psi$ 的时间演化方程现在给出

$$\frac{\partial \psi}{\partial t} = D_{\mathrm{r}} \boldsymbol{\mathcal{R}} \cdot \left[\boldsymbol{\mathcal{R}}\psi + \beta\psi\boldsymbol{\mathcal{R}} U_{\mathrm{mf}}\left(\boldsymbol{u}\right)\right] - \boldsymbol{\mathcal{R}} \cdot \left(\boldsymbol{u} \times \boldsymbol{\kappa} \cdot \boldsymbol{u}\psi\right) \tag{9.140}$$

类似地，应力张量表达式由下式给出

$$\sigma_{\alpha\beta} = 3n_{\mathrm{p}}k_{\mathrm{B}}T Q_{\alpha\beta} + \frac{1}{2}n_{\mathrm{p}}\langle\left(\mathcal{R}_{\alpha}U_{mf}\right)u_{\beta}\rangle - p\delta_{\alpha\beta} \tag{9.141}$$

方程 (9.140) 和 (9.141) 给出了棒状聚合物向列相的本构方程。可以使用这些方程讨论液晶相的流变性质 (参见延展阅读中的参考文献 (2))。

9.6　小　　结

软物质表现出复杂的力学行为，称为非线性黏弹性。力学行为特征由本构方程刻画，其用来表示给定应变历史的应力。如果应力水平小，则本构方程完全由线性黏弹性函数表示，例如，通过松弛模量 $G(t)$ 或复数模量 $G^*(\omega)$。

在聚合物流体 (聚合物溶液和熔体) 中，通过分子理论推导出了本构方程。这些理论假设聚合物材料的应力与聚合物构象的变形直接相关。当聚合物流体变形时，变形的聚合物会产生恢复应力。当聚合物松弛至平衡构象时，应力跟着松弛。松弛模式取决于聚合物是否缠结。在非缠结状态下，通过哑铃模型或 Rouse 模型描述松弛，其假设聚合物链在黏性介质中进行布朗运动。在缠结状态中，松弛由蠕动模型描述，其中聚合物链进行受滑环或管限制的布朗运动。

棒状聚合物溶液可以通过与柔性聚合物相同的理论框架来讨论。该系统中的应力直接与聚合物的取向序参数相关，因此可以通过求解转动扩散方程得到。

延 展 阅 读

(1) Dynamics of Polymeric Liquids, Volumes 1 and 2, R. Byron Bird, Robert C. Armstrong, Ole Hassager, Wiley (1987).

(2) The Theory of Polymer Dynamics, Masao Doi and Sam Edwards, Oxford University Press (1986).

(3) The Structure and Rheology of Complex Fluids, Ronald G. Larson, Oxford University Press (1998).

练　习

9.1　材料的应力 $\sigma(t)$ 和应变 $\gamma(t)$ 之间的关系通常由图 9.17 所示的力学模型表示。模型包含由弹簧代表的弹性元素，其中 $\sigma(t)$ 和 $\gamma(t)$ 通过 $\sigma = G\gamma$ 相关 (图 9.17(a))，以及由阻尼器表示的黏性元素，其中 $\sigma = \eta\dot{\gamma}$ (图 9.17(b))。回答下列问题。

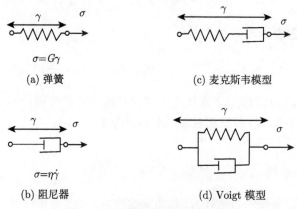

　　　　(a) 弹簧　　　　　　　　　　　(c) 麦克斯韦模型

　　　　(b) 阻尼器　　　　　　　　　　(d) Voigt 模型

图 9.17　黏弹性材料的力学模型

(a) 考虑图 9.17(c) 所示的模型，其中弹簧和阻尼器串联连接，该模型称为麦克斯韦模型。证明 $\sigma(t)$ 和 $\gamma(t)$ 通过以下微分方程相关

$$\frac{\dot{\sigma}}{G} + \frac{\sigma}{\eta} = \dot{\gamma} \tag{9.142}$$

(b) 计算上述模型的松弛模量 $G(t)$。

(c) 当 $\sigma(t)$ 如下改变时计算 $\gamma(t)$

$$\sigma(t) = \begin{cases} 0, & t < 0 \\ \sigma_0, & 0 < t < t_0 \\ 0, & t > t_0 \end{cases} \tag{9.143}$$

(d) 考虑图 9.17(d) 所示的模型，其中弹簧和阻尼器并联。该模型称为 Voigt 模型。计算 Voigt 模型的弛豫模量 $G(t)$。当应力如方程 (9.143) 变化时，也计算应变 $\gamma(t)$。

(e) 构建力学模型，给出方程 (9.17) 的弛豫模量。

9.2　考虑图 3.3 所示的单轴伸长。(x_0, y_0, z_0) 处的材料点移位到

$$x = \frac{1}{\sqrt{\lambda}}x_0, \quad y = \frac{1}{\sqrt{\lambda}}y_0, \quad z = \lambda z_0 \tag{9.144}$$

Henkey 应变 $\epsilon(t)$ 定义如下:

$$\varepsilon(t) = \ln \lambda(t) \tag{9.145}$$

回答下列问题。

(a) 证明点 (x, y, z) 处的速度写为

$$v_x = -\frac{1}{2}\dot{\epsilon}x, \quad v_y = -\frac{1}{2}\dot{\epsilon}y, \quad v_z = \dot{\epsilon}z \tag{9.146}$$

(b) 证明对于黏度 η 的牛顿流体,拉伸应力 $\sigma(t) = \sigma_{zz}(t) - \sigma_{xx}(t)$ 由下式给出:

$$\sigma(t) = 3\eta\dot{\epsilon}(t) \tag{9.147}$$

(c) 假设在横截面为 A 的圆柱形样品底部悬挂重物 W。证明圆筒的伸长率为

$$\dot{\lambda} = \frac{W}{3A\eta}\lambda^2 \tag{9.148}$$

λ 在某个时间 t_∞ 变为无穷大。

(d) 对于黏弹性流体,方程 (9.147) 写为

$$\sigma(t) = 3\int_{-\infty}^{t} dt' G(t - t')\dot{\epsilon}(t') \tag{9.149}$$

在上面讨论的相同情况下求 λ 的时间演化方程。

9.3　考虑在由两个平行板构成的通道中流动的非牛顿流体,该通道由通道末端施加的压力 Δp 驱动 (图 9.18)。设 $p_x = \Delta p/L$ 为压力梯度。我们采用如图 9.18 所示的坐标。通过对称性,流体的速度仅具有 x 分量并且被记为 $v_x(y)$。回答下列问题。

(a) 证明位置 y 处的剪切应力 $\sigma_{xy}(y)$ 由下式给出

$$\sigma_{xy} = \left(\frac{h}{2} - y\right)p_x \tag{9.150}$$

(提示: 使用力平衡方程 (A.12)。)

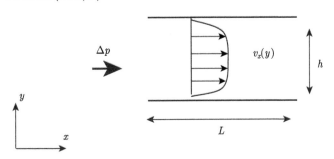

图 9.18　练习题 9.3

(b) 剪切应力 σ_{xy} 与速度梯度 $\dot{\gamma} = \mathrm{d}v_x/\mathrm{d}y$ 有关, 利用 $\sigma_{xy} = \dot{\gamma}\eta(\dot{\gamma})$。假设流体的稳态黏度由下式给出

$$\eta(\dot{\gamma}) = \eta_0 \left(\frac{\dot{\gamma}}{\dot{\gamma}_0} \right)^{-n} \tag{9.151}$$

其中, η_0, $\dot{\gamma}_0$ 和 n 是常数。求通道中流体的速度分布。

9.4　考虑一稳态剪切流, 其速度场表示为

$$v_x = \dot{\gamma}y, \quad v_y = v_z = 0 \tag{9.152}$$

解方程 (9.70), 并求应力张量的所有分量。

9.5　当在 $t = 0$ 以恒定伸长率 $\dot{\epsilon}$ 开始拉伸流动时, 求解本构方程 (9.70)。速度场由下式给出

$$v_x = -\frac{1}{2}\dot{\epsilon}x, \quad v_y = -\frac{1}{2}\dot{\epsilon}y, \quad v_z = \dot{\epsilon}z \tag{9.153}$$

9.6　计算 Rouse 模型的复数模量 $G^*(\omega)$, 并证明当 $\omega\tau_{\mathrm{R}} \gg 1$ 时 $G'(\omega)$ 与 $G''(\omega)$ 相等且正比于 $\omega^{1/2}$。

9.7　考虑长度 $L = 0.5\mu\mathrm{m}$, 直径 $d = 5\mathrm{nm}$ 的棒状颗粒在水中的溶液 (黏度 $1\mathrm{mPa\cdot s}$)。估算溶液的黏度, 体积分数为 $\phi = 0.01\%$, 0.1%, 1% 和 10%。

第10章 离子软物质

许多软物质体系具有在水性环境中离解的离子基团。如图 10.1 所示，(a) 水中的胶体颗粒通常在表面上带电荷；(b) 水溶性聚合物 (尤其是生物聚合物，如蛋白质和 DNA 等) 也具有离子基团，它们在水中离解并为聚合物提供电荷，这种聚合物称为聚电解质；(c) 具有离子头部基团的表面活性剂形成表面带电的胶束。

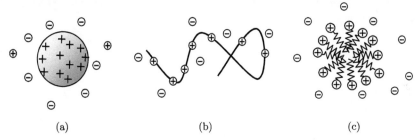

图 10.1 离子软物质实例：(a) 带电胶体；(b) 带电聚合物 (聚电解质)；(c) 带电胶束

如这些例子所示，离子软物质由产生宏观离子 (粒子，聚合物或胶束形式的大离子) 的宏观电解质组成，这些宏观离子附着有许多离子和许多可以在溶剂中迁移的小离子。附着在宏观离子上的离子称为固定离子 (意味着离子固定在骨架上)，其他可以四处移动的离子称为可动离子。在普通电解质中，所有离子同样都是可移动的，而在宏观电解质中，大部分离子与骨架结构结合并且移动性较小。这使得离子软物质具有独特的性质。

离子软物质的性质很大程度上取决于溶剂中的离子条件，即 pH 值 (H^+ 的浓度) 和盐度 (盐的浓度)。例如，当将盐加入到体系中时，带电粒子的胶体聚集。当溶剂的 pH 值或离子浓度改变时，由聚电解质制成的膨胀凝胶收缩。离子状态也可以通过电场控制。在离子软物质中，离子和溶剂的扩散和流动与电场耦合。这些特性为我们提供了更多控制软物质状态的机会，使其更具吸引力。

在本章中，我们将讨论离子软物质的这些显著特征。

10.1 解 离 平 衡

10.1.1 简单电解质中的解离平衡

溶解在溶剂中离解成离子的物质称为电解质。溶剂通常是水，但其他溶剂也是知道的。在下文中，我们假设溶剂是水。

考虑电解质 AB，其在水中解离成 A^+ 和 B^-。解离平衡由下述条件决定

$$\mu_{AB} = \mu_{A^+} + \mu_{B^-} \tag{10.1}$$

其中，μ_{AB}、μ_{A^+} 和 μ_{B^-} 分别指 AB (未解离的电解质)、A^+ 和 B^- 的化学势。

假设溶液中的电解质浓度很小[①]，并使用稀溶液理论来研究化学势。在这种情况下，溶质 i 的化学势 μ_i 可以通过以下方式写成数密度 n_i 的函数

$$\mu_i = \mu_i^0(T, P) + k_B T \ln n_i \tag{10.2}$$

其中，$\mu_i^0(T, P)$ 是与 n_i 无关但取决于温度 T 和压强 P 的常数。方程 (10.1) 和 (10.2) 给出

$$\frac{n_{A^+} n_{B^-}}{n_{AB}} = \tilde{K}_{AB} \tag{10.3}$$

其中

$$\tilde{K}_{AB} = e^{\beta(\mu_{AB}^0 - \mu_{A^+}^0 - \mu_{B^-}^0)} \tag{10.4}$$

被称为解离常数。注意，$\tilde{K}_{AB}$ 的单位是数密度 $[m^{-3}]$。在电解质的研究中，数密度通常为 $[mol \cdot dm^{-3}]$。我们将种类 i 用单位 $mol \cdot dm^{-3}$ 表示的数密度记作 $[i]$。由此，方程 (10.3) 可写作

$$\frac{[A^+][B^-]}{[AB]} = K_{AB} [mol \cdot dm^{-3}] \tag{10.5}$$

解离常数 K_{AB} 则常用 pK 值来表示

$$pK_{AB} = -\log_{10} K_{AB} \tag{10.6}$$

在溶解在水中的各种离子中，H^+ 和 OH^- 是特殊的，因为它们是通过主要成分水的离解产生的。水的解离平衡写成

$$[H^+][OH^-] = K_w [(mol \cdot dm^{-3})^2] \tag{10.7}$$

K_w 称为水的离子积，值为 $10^{-14} [(mol \cdot dm^{-3})^2]$。

在纯水中，H^+ 等于 OH^-，因此为 $10^{-7} [mol \cdot dm^{-3}]$。pH 值被定义为

$$pH = -\log_{10} [H^+] \tag{10.8}$$

电解质分为三种类型，即酸 (通过离解产生 H^+)、碱 (产生 OH^-) 和盐 (既不产生 H^+ 也不产生 OH^-)。

---

① $1dm^3$ 纯水中的水分子数为 $10^3/18 = 56mol$。pH $= 2$ 的强酸中 H^+ 的摩尔分数为 $10^{-2}/56 = 0.018\%$。海水中 Na^+ 的摩尔分数约为 1%。

考虑到酸 HA 的离解:

$$HA \longleftrightarrow H^+ + A^- \tag{10.9}$$

令 α 为解离分数,则

$$[A^-] = \alpha [HA]_0, \quad [HA] = (1 - \alpha) [HA]_0 \tag{10.10}$$

其中,$[HA]_0$ 是加入的酸的浓度。因此,方程 (10.5) 可写成

$$\frac{[H^+] [A^-]}{[HA]} = \frac{\alpha}{1 - \alpha} [H^+] = K_{HA} \tag{10.11}$$

这给出了关系式

$$\log_{10} \frac{\alpha}{1 - \alpha} = pK_{HA} - pH \tag{10.12}$$

随着 pH 降低,即当溶液酸性变得更大时,酸的离解会被抑制。

10.1.2 巨电解质中的解离平衡

1. 巨离子净电荷的变化

巨电解质具有许多离解基团。在水中,巨电解质产生两种离子:一种是固定离子,其附着在骨架结构上并且不能自由移动;另一种是可以在溶剂中移动的可动离子。具有与固定离子相反电荷符号的可动离子称为反离子,具有相同电荷符号的可动离子称为共离子。

通常,巨电解质同时具有酸性和碱性基团。在离解时,酸性基团留下负的固定离子,碱性基团留下正的固定离子。由于碱性基团在低 pH 值下离解,酸性基团在高 pH 值下离解,因此随着溶液 pH 值的增加,巨离子的净电荷从正变为负 (图 10.2)。巨离子的净电荷变为零的点称为零电荷点 (pzc)。这可以通过观察电场中巨离子的运动来测定。通过零电荷点后,巨离子的运动方向与原来相反。

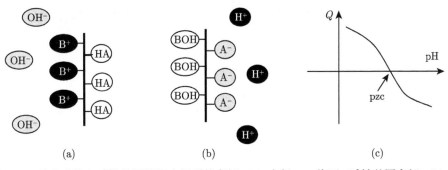

图 10.2 具有酸性和碱性基团的聚电解质的离解。(a) 在低 pH 值下,碱性基团离解;(b) 在高 pH 值下,酸性基团离解;(c) 巨离子的净电荷 Q 对 pH 值作图

2. 离解基团之间的相互作用

在简单电解质的溶液中，通过稀释溶液理论得到的方程 (10.5) 可以很好地预测离解行为。然而，在巨电解质的溶液中，由于巨电解质中固定离子的局部浓度不低，该理论即使在稀释极限下也不起作用。例如，在聚电解质中，相邻离子之间的距离受主链限制，如图 10.3(a) 所示。在这种情况下，固定离子之间的相互作用变得非常重要。

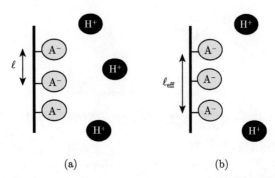

图 10.3　相邻离子基团离解的关联效应。由于这种状态库仑能量大，所以 (a) 中三个基团同时离解的情况很少发生。(b) 解离基团之间的平均距离 ℓ_{eff} 不能小于 Bjerrum 长度 ℓ_{B}

考虑一对与聚合物链结合的相邻解离基团。如果两个基团都离解，则固定离子将具有库仑相互作用能 $e_0^2/(4\pi\epsilon\ell)$。其中，e_0 是基本电荷，ϵ 是水的介电常数（$\epsilon = 80\epsilon_0 = 80 \times 8.854 \times 10^{-12}\text{F/m}$），$\ell$ 是相邻固定离子之间的距离。该能量必须被考虑到解离状态的自由能中。如果考虑到这种能量，解离常数 $\tilde{K}_{AB}$ 将修正一个因子

$$e^{-e_0^2/(4\pi\epsilon\ell\kappa_{\text{B}}T)} \tag{10.13}$$

因此，同时离解紧密分隔的离子基团被强烈抑制：如果一个离解，则另一个离解的机会变得非常小。换句话说，巨离子中离子基团的解离是强相关的。这种相关性存在于离子对间，其间距为

$$\ell_{\text{B}} = \frac{e_0^2}{4\pi\epsilon\ell\kappa_{\text{B}}T} \tag{10.14}$$

这一长度 ℓ_{B} 被称为 Bjerrum 长度。在水中，Bjerrum 长度为 0.74nm。

由于这种关联效应，聚电解质的线电荷密度 (沿聚合物主链的单位长度净电荷) 不能无限大：有效线电荷密度的上限约为 e_0/ℓ_{B}。

3. 反离子凝聚

线电荷密度的上限的存在可以用另一种方式解释。如果聚合物的电荷密度高，则反离子被聚合物链强烈吸引并在链周围形成反离子鞘。因此，净电荷密度不能超

过上限 e_0/ℓ_B 。在这一解释中，这种效应被称为反离子凝聚。

两种解释，即解离关联或反离子凝聚都表明聚电解质的解离度 α 远小于简单电解质的解离度。

10.2 离 子 凝 胶

10.2.1 离子凝胶的自由离子模型

如果带电聚合物或带电胶体在溶剂中形成网络，则它们变成离子凝胶。最简单的离子凝胶模型是自由离子模型，它与金属的自由电子模型相同。在该模型中，固定离子形成连续的背景电荷，并且可动离子可以自由移动。设 n_i 是带电荷的物质 i 的可动离子的数密度，n_b 和 e_b 为固定离子的数密度和电荷[1]。我们假定离子的浓度很低，因此它们的化学势由下式给出

$$\mu_i = \mu_i^0 + k_B T \ln n_i + e_i \psi \tag{10.15}$$

其中，ψ 是电势。

注意，离子密度 n_i 和方程 (10.15) 中的电势 ψ 是在足够大的体积上的平均量。在局部区域，它们的值如 8.1.2 节中所讨论的那样涨落，但如果在大于关联长度的尺度上取平均值，则可以忽略涨落。在后面的部分中，我们将证明该关联长度是由方程 (10.43) 给出的德拜长度 κ^{-1}。因此，下面的讨论仅仅对于由长度大于德拜长度 κ^{-1} 的尺度所定义的宏观量有效。

10.2.2 电中性条件

在涉及可动电荷载体 (可动电子或可动电子) 的电导体中，在平衡状态下，体内不应有净电荷，即体积中的电荷密度必须为零：

$$\sum_i e_i n_i + e_b n_b = 0 \tag{10.16}$$

这个条件被称为电中性条件。

电荷中性条件适用于宏观电荷密度，但对局部电荷密度

$$\hat{\rho}_e(\boldsymbol{r}) = \sum_i e_i \hat{n}_i(\boldsymbol{r}) + e_b \hat{n}_b(\boldsymbol{r}) \tag{10.17}$$

不能成立。其中，$\hat{n}_i(\boldsymbol{r})$ 和 $\hat{n}_b(\boldsymbol{r})$ 由方程 (8.3) 定义。局部电荷密度 $\hat{\rho}_e$ 可正可负，但如果 $\hat{\rho}_e(\boldsymbol{r})$ 在足够大于德拜长度 κ^{-1} 的长度尺度上平均，则它必须变为零。

电荷中性条件在平衡和非平衡特性中都很重要。实际上，宏观电场 ψ 单独由该条件决定，这将在下面说明。

---

[1] 下标 b 表示 "束缚" (bound) 或 "主链" (backbone)。

10.2.3　Donnan 平衡

让我们考虑图 10.4 所示的情形。一个容器由半透膜分成两个腔室，该半透膜防止聚合物通过，但允许其他组分 (包括溶剂和小离子) 通过。现在假设左室充满了聚电解质溶液 (没有添加盐)，右室充满了纯水。在这种情况下，从左室聚电解质中离解出来的小离子即使可以自由地通过膜也不会扩散到右室。这是由于电荷中性条件：如果小离子扩散到右腔，左腔就会带正电荷 (因为聚合物必须留在左腔)，并且违反电中性条件。因此，小离子被迫留在左室。

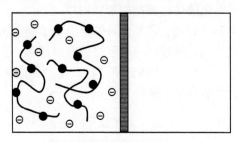

图 10.4　聚合物溶液和纯溶剂之间的 Donnan 平衡

两个腔室之间溶质浓度的不平衡会产生渗透压。作用在膜上的渗透压由从聚电解质中离解的自由离子的数密度给出。由于这个密度等于固定离子的密度 n_b[①]，聚电解质溶液的渗透压由下式给出

$$\Pi = n_b k_B T \tag{10.18}$$

这比一般的非电解质聚合物溶液的渗透压大得多，其中渗透压与聚合物链 (n_{chain}) 的数密度成比例。在聚电解质溶液中，渗透压由离解的自由离子 n_b 的数密度给出，其远大于 n_{chain}，因为 n_b 大约为 $N n_{chain}$。

以上论点适用于无盐溶液。如果往溶液中加入盐，则一部分小离子可以移动到右室，但是由于电荷中性条件，它们在两个腔室中的浓度仍然不能相等。

两个室中的小离子的平衡分布的确定如下。令 n_{ip} 为聚电解质溶液 (左室) 中物质 i 的离子的数密度，并且 n_{is} 为简单电解质溶液 (右室) 中的数密度。令 $\Delta\psi$ 为左腔室中的电势相对于右腔室中的电势的差异。两个室中可动离子的平衡条件写为

$$\mu_i^0 + k_B T \ln n_{ip} + e_i \Delta\psi = \mu_i^0 + k_B T \ln n_{is} \tag{10.19}$$

方程 (10.19) 给出

$$n_{ip} = n_{is} e^{-\beta e_i \Delta\psi} \tag{10.20}$$

对于给定的 n_b 和 n_{is}，方程 (10.20) 和电中性条件 (10.16) 决定了 n_{ip} 和 $\Delta\psi$。

---

① 这里假设左室中的所有离子都是单价的，并且溶液是无盐的。

考虑所有可动离子都是单价的 (具有 e_0 或 $-e_0$ 的电荷) 的情况。右室中的电荷中性条件给出 $n_{+s} = n_{-s}$，可将其写为 n_s。方程 (10.20) 可给出

$$n_{+p} = n_s e^{-\beta e_0 \Delta\psi}, \quad n_{-p} = n_s e^{\beta e_0 \Delta\psi} \tag{10.21}$$

如果聚合物中的固定离子是正的，则左室中的电荷中性条件被写为

$$n_b + n_{+p} = n_{-p} \tag{10.22}$$

上述方程组的解是

$$n_{+p} = \frac{1}{2}\left(-n_b + \sqrt{n_b^2 + 4n_s^2}\right), \quad n_{-p} = \frac{1}{2}\left(n_b + \sqrt{n_b^2 + 4n_s^2}\right) \tag{10.23}$$

因此，电位差 $\Delta\psi$ 和渗透压差 $\Delta\Pi$ 由下式给出

$$\Delta\psi = \frac{k_B T}{e_0} \ln\left(\frac{n_{-p}}{n_s}\right)$$
$$= \frac{k_B T}{e_0} \ln\left[\sqrt{1 + \frac{1}{4}\left(\frac{n_b}{n_s}\right)^2} + \frac{n_b}{2n_s}\right] \tag{10.24}$$

$$\Delta\Pi = k_B T [n_{+p} + n_{-p} - 2n_s] = k_B T \left(\sqrt{4n_s^2 + n_b^2} - 2n_s\right) \tag{10.25}$$

这种离子分布产生的平衡溶液称为 Donnan 平衡，而势 $\Delta\psi$ 称为 Donnan 势[①]。

在 $n_b \gg n_s$ 的极限条件下，基本上等于无盐情况。渗透压由方程 (10.18) 给出，并随着 n_b 的增加而增加。另一方面，电位 $\Delta\psi$ 与 n_b 的关系不大

$$\Delta\psi = \frac{k_B}{e_0} \ln\left(\frac{n_b}{n_s}\right) \tag{10.26}$$

由于 $\ln(n_b/n_s)$ 随着 n_b 的增加而增加很少，因此即使 n_b/n_s 非常大，聚合物溶液内的电位也约为 $k_B T/e_0 = 25\text{mV}$。这再次表明了约束电荷的关联效应。

随着右室中的盐浓度 n_s 增加，Donnan 电势和渗透压都降低。在 $n_s \gg n_b$ 的极限条件下，方程 (10.24) 和 (10.25) 写成

$$\Delta\psi = \frac{k_B}{e_0} \frac{n_b}{2n_s} \tag{10.27}$$

$$\Delta\Pi = \frac{n_b^2}{4n_s} k_B T \tag{10.28}$$

① 这里假设 μ_i^0 在两个腔室中彼此相等。实际上，μ_i^0 可能取决于聚合物浓度，因为溶液的介电常数随聚合物浓度而变化。如果 μ_i^0 在两种溶液中不同，即使聚合物没有固定离子，也可能存在非零电位差 $\Delta\psi$。

10.2.4 聚电解质凝胶的溶胀

上面讨论的情形会更自然地出现在聚电解质凝胶中。考虑浸入溶液中的聚电解质凝胶 (参见图 10.5)。在 3.4.2 节中，我们已经证明凝胶的膨胀是由渗透压和聚合物网络的弹性恢复力的平衡决定的 (见方程 (3.75))。如果凝胶由聚电解质制成，则自由离子对渗透压有很大贡献。因此，聚电解质凝胶的溶胀平衡由下式确定

$$\Pi_{\mathrm{sol}}\left(\phi\right) + \Pi_{\mathrm{ion}}\left(n_{\mathrm{b}}, n_{\mathrm{s}}\right) = G_0 \left(\frac{\phi}{\phi_0}\right)^{1/3} \tag{10.29}$$

其中 $\Pi_{\mathrm{ion}}\left(n_{\mathrm{b}}, n_{\mathrm{s}}\right)$ 是由可动离子引起的凝胶内部和外部之间的渗透压差。(注意，方程 (10.29) 中的 n_{b} 随 ϕ 变化为 $n_{\mathrm{b}} = n_{\mathrm{b}0}\phi/\phi_0$。)

由于渗透压较大，聚电解质凝胶比中性凝胶膨胀得更剧烈。事实上，用于尿布的吸水凝胶就是由聚电解质制成的。然而，其吸水能力将随着外部溶液变化而降低。

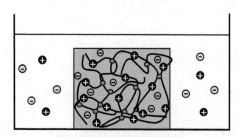

图 10.5　电解质溶液中聚电解质凝胶的溶胀平衡

10.3 界面附近的离子分布

10.3.1 电双层

在 Donnan 平衡理论中，引入 Donnan 势 $\Delta\psi$ 以使可动离子在凝胶相和外部相中的化学势相等。如果我们研究分离两个区域的界面附近的离子分布，就可以看到 Donnan 势的来源。图 10.6(a) 是聚电解质凝胶和电解质溶液之间界面的示意图。图 10.6(b) 显示了固定离子 ($n_{\mathrm{b}}\left(x\right)$)、反离子 ($n_-\left(x\right)$) 和共离子 ($n_+\left(x\right)$) 的空间分布。在宏观理论中，假设 $n_+\left(x\right)$ 和 $n_-\left(x\right)$ 在界面处不连续变化。实际上，它们是如图 10.6(b) 所示不断变化的。

图 10.6(c) 显示了电荷密度的空间分布

$$\rho_{\mathrm{e}}\left(x\right) = e_0 \left[n_{\mathrm{b}}\left(x\right) + n_+\left(x\right) - n_-\left(x\right)\right] \tag{10.30}$$

远离界面时，$\rho_e(x)$ 为零，但在界面附近，$\rho_e(x)$ 如图 10.6(c) 所示变化。固定离子的密度 $n_b(x)$ 在界面处急剧变化，而可动离子的密度 $n_+(x)$ 和 $n_-(x)$ 则逐渐变化。因此，$\rho_e(x)$ 在凝胶侧有一个正峰，在溶液侧有一个负峰。由于电荷中性条件，界面区域中的总电荷为零，即

$$\int_{-\infty}^{\infty} dx \rho_e(x) = 0 \tag{10.31}$$

但偶极矩

$$P_e = \int_{-\infty}^{\infty} dx x \rho_e(x) \tag{10.32}$$

不等于零。这种电荷分布称为电双层。电双层电荷为零，但具有非零偶极矩。

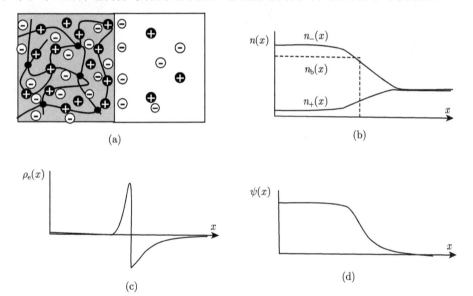

图 10.6　(a) 聚电解质凝胶和电解质溶液之间的界面；(b) 固定离子、正自由离子、负自由离子的浓度分布：$n_b(x)$、$n_+(x)$ 和 $n_-(x)$；(c) 电荷密度 $\rho_e(x) = e_0(n_b + n_+ - n_-)$；(d) 电势 $\psi(x)$

在电双层上，电势 ψ 急剧变化。电势 $\Delta\psi = \psi(-\infty) - \psi(\infty)$ 的差异与偶极矩 P_e 有关

$$\Delta\psi = -\frac{P_e}{\epsilon} \tag{10.33}$$

如下所示。

通常，电势 $\psi(x)$ 通过泊松方程与电荷密度 $\rho_e(x)$ 相关联：

$$\epsilon \frac{d^2\psi}{dx^2} = -\rho_e(x) \tag{10.34}$$

由此给出方程 (10.34) 的解[①]:

$$\psi(x) = -\frac{1}{2\epsilon} \int_{-\infty}^{\infty} \mathrm{d}x' |x - x'| \rho_e(x') \tag{10.35}$$

Donnan 势 $\Delta\psi$ 由远离界面的两个点 x_1 和 x_2 之间的电位差给出 ($x_1 < 0$, $x_2 > 0$), 根据方程 (10.35), 可写成

$$\Delta\psi = -\frac{1}{2\epsilon} \int_{-\infty}^{\infty} \mathrm{d}x' (x' - x_1) \rho_e(x') + \frac{1}{2\epsilon} \int_{-\infty}^{\infty} \mathrm{d}x' (x_2 - x') \rho_e(x') \tag{10.36}$$

根据电中性条件 (10.31), 方程 (10.36) 写为

$$\Delta\psi = -\frac{1}{\epsilon} \int_{-\infty}^{\infty} \mathrm{d}x' x' \rho_e(x') = -\frac{P_e}{\epsilon} \tag{10.37}$$

10.3.2　泊松–玻尔兹曼方程

通过假设方程 (10.19) 在任何地方都有效, 可以得到界面处的离子分布 $n_i(x)$ 和电场 $\psi(x)$ 的实际形式, 即

$$\mu_i^0 + k_B T \ln n_i(x) + e_i \psi(x) = \mu_i^0 + k_B T \ln n_{is} \tag{10.38}$$

其中, n_{is} 是远离界面的溶液中的离子密度。方程 (10.38) 给出

$$n_i(x) = n_{is} \mathrm{e}^{-\beta e_i \psi(x)} \tag{10.39}$$

则方程 (10.34) 和 (10.39) 可给出

$$\epsilon \frac{\mathrm{d}^2 \psi}{\mathrm{d}x^2} = -e_b n_b(x) - \sum_i e_i n_{is} \mathrm{e}^{-\beta e_i \psi} \tag{10.40}$$

结合离子的玻尔兹曼分布和静电中的泊松方程得到的方程称为泊松–玻尔兹曼方程, 它确定了固定离子在大量自由离子海中所产生的电势分布。

10.3.3　德拜长度

泊松–玻尔兹曼方程是 ψ 的非线性方程, 只能在特殊情况下求解。通常的近似是线性化近似 (或德拜近似), 其中指数函数 $\mathrm{e}^{-\beta e_i \psi(x)}$ 被线性函数 $1 - \beta e_i \psi(x)$ 代替。如果 $\beta e_i \psi(x)$ 很小, 则该近似是有效的。实际上, $\beta e_i \psi(x)$ 通常不是那么小, 但由于在大多数情况下结果是定性正确的, 故经常使用近似。

[①] 一维, 拉普拉斯方程 $\dfrac{\mathrm{d}^2 \psi}{\mathrm{d}x^2} = -\delta(x)$ 的主要解为 $\psi(x) = -\dfrac{|x|}{2}$, 因为 $\dfrac{\mathrm{d}|x|}{\mathrm{d}x} = \Theta(x) - \Theta(-x)$ 和 $\dfrac{\mathrm{d}^2 |x|}{\mathrm{d}x^2} = 2\delta(x)$。

如果使用线性化近似, 则可以将自由离子的电荷密度写为

$$\rho_{\mathrm{e}}^{\mathrm{free}}(x) = \sum_i e_i n_{is} \mathrm{e}^{-\beta e_i \psi} = \sum_i e_i n_{is} - \sum_i \beta e_i^2 n_{is} \psi \tag{10.41}$$

由于本体溶液的电中性, 右边第一个式子等于 0。方程 (10.40) 则可写成

$$\frac{\mathrm{d}^2 \psi}{\mathrm{d}x^2} - \kappa^2 \psi = -\frac{e_{\mathrm{b}} n_{\mathrm{b}}(x)}{\epsilon} \tag{10.42}$$

其中

$$\kappa^2 = \frac{\beta \sum e_i^2 n_{is}}{\epsilon} \tag{10.43}$$

如果原点处存在点电荷, 则线性化的泊松–玻尔兹曼方程变为

$$\frac{\mathrm{d}^2 \psi}{\mathrm{d}x^2} - \kappa^2 \psi = -\frac{e_0}{\epsilon} \delta(x) \tag{10.44}$$

这个方程的解由下式给出

$$\psi(x) = -\frac{e_0}{2\kappa\epsilon} \mathrm{e}^{-\kappa|x|} \tag{10.45}$$

因此, 点电荷的效应呈指数衰减。长度 κ^{-1} 称为德拜长度。德拜长度表示电荷效应持续存在的距离, 若超过德拜长度, 观察不到电荷的效果。

德拜长度由自由离子的浓度决定。如果将产生一价离子 A^+ 和 B^- 的电解质 AB 加入水中, 则德拜长度由下式给出:

$$\kappa^{-1} = \sqrt{\frac{\epsilon \kappa_{\mathrm{B}} T}{2 n e_0^2}} \tag{10.46}$$

其中, n 代表溶液中 A^+ (或 B^-) 离子的数密度。方程 (10.46) 可用自由离子间的平均距离 $\ell = (2n)^{1/3}$ 及 Bjerrum 长度 ℓ_{B} 来表示

$$\kappa^{-1} = \frac{\ell_{\mathrm{B}}}{\sqrt{4\pi}} \left(\frac{\ell}{\ell_{\mathrm{B}}}\right)^{3/2} \tag{10.47}$$

或用 A^+ 摩尔浓度表示

$$\kappa^{-1} = \frac{0.3}{\sqrt{[\mathrm{A}^+]}} [\mathrm{nm}] \tag{10.48}$$

在纯水中 $[\mathrm{H}^+]$ 为 $10^{-7} [\mathrm{mol \cdot dm^{-3}}]$, 德拜长度约为 1μm。

10.3.4 电中性条件和泊松-玻尔兹曼方程

在德拜近似中,电势由方程 (10.42) 确定。$\kappa^2\psi$ 表示由自由离子的重新分布产生的电荷密度。方程 (10.42) 可以通过傅里叶变换求解

$$\psi_k = \int_{-\infty}^{\infty} \mathrm{d}x\, \psi(x)\, \mathrm{e}^{\mathrm{i}kx} \tag{10.49}$$

即

$$\psi_k = \frac{\rho_{bk}}{\epsilon\left(k^2 + \kappa^2\right)} \tag{10.50}$$

其中,ρ_{bk} 是 $e_b n_b(x)$,即约束电荷密度的傅里叶变换。总电荷密度的傅里叶变换由下式给出

$$\rho_{ek} = \rho_{bk} - \epsilon\kappa^2\psi_k = \rho_{bk}\frac{k^2}{k^2 + \kappa^2} \tag{10.51}$$

因此,如果 $|k| \ll \kappa$,ρ_{ek} 变得非常小。这表明在电解质溶液中宏观电荷密度 (在大于 κ^{-1} 的长度上平均的电荷密度) 基本上为零。这是电荷中性条件的原因。

如果施加电荷中性条件,则可以在不求解泊松方程的情况下确定电势,可以证明泊松-玻尔兹曼方程 (10.40) 的解总是与电荷中性条件下的宏观分析一致 (见问题 (10.4))。

10.3.5 带电表面附近的离子分布

泊松-玻尔兹曼方程可用于研究带电表面附近的离子分布。考虑图 10.7(a) 所示的情形,其中带电壁放置在电解质溶液中 $x = 0$ 处。在这种情况下,对于 $x > 0$,方程 (10.40) 或 (10.42) 中的 $n_b(x)$ 为零,并且 $\psi(x)$ 满足

$$\frac{\mathrm{d}^2\psi}{\mathrm{d}x^2} + \kappa^2\psi = 0 \tag{10.52}$$

壁电荷的效应由边界条件给出。设 q 为表面电荷密度 (单位面积的电荷),则 $x = 0$ 处的边界条件变为

$$\epsilon\frac{\mathrm{d}\psi}{\mathrm{d}x} = -q \tag{10.53}$$

对于这种边界条件,方程 (10.52) 的解是

$$\psi(x) = \frac{q}{\epsilon\kappa}\mathrm{e}^{-\kappa x} \tag{10.54}$$

因此表面电位由下式给出

$$\psi_s = \psi(0) = \frac{q}{\epsilon\kappa} \tag{10.55}$$

根据方程 (10.55),表面相对本体的电位与电荷密度 q 成比例。这表明电双层可以被认为是单位面积具有电容 $\epsilon\kappa$ 的电容器。

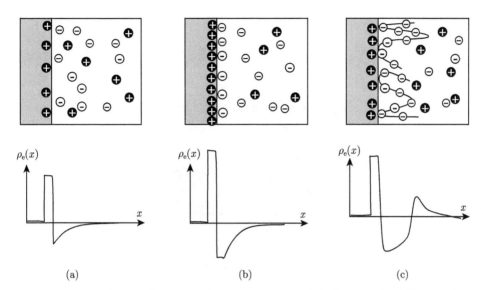

图 10.7 带电表面和电解质溶液之间的界面的简图以及电荷密度 $\rho_e(x)$ 的轮廓。(a) 弱带电壁;(b) 强带电壁,其中一些在电解质溶液中的离子被牢固地结合到壁上;(c) 置于聚电解质溶液中的带电壁。当带负电的大分子离子吸附在表面上时,表面在外部溶液看起来像带负电的表面

电双层模型为电解质溶液中的带电表面提供了简单的图像。另一方面,该模型在应用于真实表面时,由于表面电荷密度 q 和表面电势 ψ 无法精准确定,会出现各种小问题。例如,为了确定表面电荷密度,需要确定哪些离子属于表面,哪些离子属于溶液。另外,为了确定表面电位,需要非常精确地 (即在原子尺度上) 识别表面。要解决这些问题,必须考虑表面分子 (甚至电子) 结构的细节。

尽管存在这些问题,但电双层在解释离子软物质的平衡和非平衡性质方面是一个有用的概念,我们将在下面说明。

10.3.6 带电表面的面间势

如果带有相同电荷的两个带电表面在距离 h 处彼此平行放置 (图 10.8),则可以预期由于库仑排斥,表面将相互排斥。尽管在许多情况下这种预期是正确的,但并不总是正确的,作用在放置在电解质溶液中的带电表面之间的力是相当小的。实际上,带有相同电荷的两个表面可以相互吸引 (参见问题 (10.5))。这是因为存在有助于表面间力的离子。

为了计算表面间力,让我们考虑一个位于 x 平行于表面的平面 (图 10.8)。设 $f(x)$ 为平面左侧的材料施加在平面右侧材料上的力 (单位面积)。

如附录 A 中所讨论的,连续体中的力通常由两部分组成。一个是表示短程力

的表面力, 另一个是表示远程力 (如重力和库仑力) 的体积力。在目前情况下, 短程力由压力 $p(x)$ 给出, 而长程力由库仑力给出。

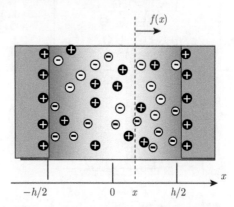

图 10.8 相距 h 的带电平面间相互作用

根据静电学, 在两个带电平面之间作用的库仑力是恒定的, 与它们的分离无关, 并且单位面积由 $\rho_1\rho_2/2\epsilon$ 给出, 其中 ρ_1 和 ρ_2 是每个平面的电荷密度。作用在平面左侧的电荷和平面右侧的电荷之间的库仑力由这些力的总和给出。因此,

$$f_{\text{Coulomb}}(x) = \frac{1}{2\epsilon}\int_{-\infty}^{x}\mathrm{d}x_1\int_x^{\infty}\mathrm{d}x_2\rho_e(x_2) \tag{10.56}$$

使用泊松方程 (10.34), 方程 (10.56) 可写成

$$f_{\text{Coulomb}}(x) = \frac{\epsilon}{2}\int_{-\infty}^{x}\mathrm{d}x_1\int_x^{\infty}\mathrm{d}x_2\frac{\mathrm{d}^2\psi}{\mathrm{d}x_1^2}\frac{\mathrm{d}^2\psi}{\mathrm{d}x_2^2} = -\frac{\epsilon}{2}\left(\frac{\mathrm{d}\psi}{\mathrm{d}x}\right)^2 \tag{10.57}$$

因此, 作用在 x 处平面上的总力由下式给出:

$$f(x) = p(x) - \frac{\epsilon}{2}\left(\frac{\partial\psi}{\partial x}\right)^2 \tag{10.58}$$

为了获得压力, 我们认为溶剂的化学势在系统中的任何地方都是恒定的, 则溶剂的化学势如下 (参见方程 (2.27) 或 (2.81)),

$$\mu_s(x) = \mu_s^0 + \nu_s[p(x) - \Pi(x)] \tag{10.59}$$

其中, ν_s 是溶剂分子的体积; $\Pi(x)$ 是 x 的渗透压。$\Pi(x)$ 以离子浓度表示为

$$\Pi(x) = k_B T\sum_i n_i(x) \tag{10.60}$$

根据 $\mu_s(x)$ 等于间隙外的化学势的条件给出以下方程:

$$p(x) - \Pi(x) = p_{\text{out}} - \Pi_{\text{out}} \tag{10.61}$$

因此

$$p(x) = p_{\text{out}} + \Pi(x) - \Pi_{\text{out}} \tag{10.62}$$

设 n_{is} 是外部溶液中离子 i 的数密度，则 $n_i(x)$ 由 $n_{is}\mathrm{e}^{-\beta e_i \psi(x)}$ 给出。因此，压力由方程 (10.60) 和 (10.62) 给出

$$p(x) = p_{\text{out}} + k_{\text{B}}T \sum_i n_{is}[\mathrm{e}^{-\beta e_i \psi(x)} - 1] \tag{10.63}$$

而总力为

$$f(x) = k_{\text{B}}T \sum_i n_{is}[\mathrm{e}^{-\beta e_i \psi(x)} - 1] - \frac{\epsilon}{2}\left(\frac{\mathrm{d}\psi}{\mathrm{d}x}\right)^2 \tag{10.64}$$

其中，我们已经将 p_{out} 设为零。可以证实，如果 ψ 满足泊松–玻尔兹曼方程 (10.40)，则 $f(x)$ 与 x 无关。

让我们计算图 10.8 所示情况的表面间力 $f(x)$。我们将坐标的原点取在两个带电表面的中间。由于电势相对于 $x=0$ 处的平面是对称的，即 $\psi(x) = \psi(-x)$，因此在 $x=0$ 时 $\mathrm{d}\psi/\mathrm{d}x$ 为零。如果我们在 $x=0$ 处评估力 $f(x)$，则方程 (10.64) 给出

$$f_{\text{int}} = k_{\text{B}}T \sum_i n_{is}[\mathrm{e}^{-\beta e_i \psi(x)} - 1] \tag{10.65}$$

其中，$f(0)$ 写作 f_{int}。

为了继续计算，我们使用线性化近似。方程 (10.52) 在边界条件下的解 $\mathrm{d}\psi/\mathrm{d}x = \pm q/\epsilon$ 在 $x = \pm h/2$ 时给出

$$\psi(x) = \frac{q \cosh \kappa x}{\epsilon \kappa \sinh(\kappa h/2)}\mathrm{e}^{-\kappa x} \tag{10.66}$$

在线性化近似中，$\psi(0)$ 很小，并且方程 (10.65) 可以近似为

$$f_{\text{int}} = k_{\text{B}}T \sum_i n_{is}\left[-\beta e_i \psi(0) + \frac{1}{2}[\beta e_i \psi(0)]^2\right] = \frac{1}{2}\beta \psi(0)^2 \sum_i e_i^2 n_{is} \tag{10.67}$$

利用方程 (10.43) 和 (10.67)，我们有

$$f_{\text{int}} = \frac{1}{2}\epsilon \kappa^2 \psi(0)^2 = \frac{q^2}{2\epsilon \sinh^2(\kappa h/2)} \tag{10.68}$$

力也可以用表面电势 $\psi_{\text{s}} = \psi(h/2)$ 表示

$$f_{\text{int}} = \frac{\epsilon \kappa^2 \psi_{\text{s}}^2}{2\cosh^2(\kappa h/2)} \tag{10.69}$$

对于 $\kappa h > 1$, 方程 (10.68) 和方程 (10.69) 可近似为

$$f_{\text{int}} = \frac{1}{2}\frac{q^2}{\epsilon}\mathrm{e}^{-\kappa h} = \frac{1}{2}\epsilon\kappa^2\psi_{\text{s}}^2\mathrm{e}^{-\kappa h} \tag{10.70}$$

因此, 表面间力随间隙距离 h 的增加呈指数下降。

　　如上所述, 表面间力 f_{int} 是渗透压 (方程 (10.64) 右侧的第一项) 和静电力 (同一方程中的第二项) 之和。在电场 $E = -\mathrm{d}\psi/\mathrm{d}x$ 为零的中间平面处, 力 f_{int} 完全由渗透压决定。

　　在带电表面之间产生排斥渗透压的机制与引起聚电解质凝胶溶胀的机制相同。为了满足电荷中性条件, 间隙区域中反离子的密度大于外部溶液中反离子的密度。间隙中反离子的限制给出了壁之间的排斥力。

　　带电表面之间的表面间力不是简单的库仑力, 并且涉及渗透贡献的事实给出了意想不到的结果。在两个表面的表面势 ψ_{s} 彼此不相等的情况下, 即使两个表面的电荷具有相同的符号, 表面间力 f_{int} 也可以是引力 (参见问题 (10.5))

10.4　电动现象

10.4.1　凝胶和胶体中的电动现象

　　我们已经讨论了离子软物质的平衡状态。从现在开始, 我们将讨论非平衡状态, 即离子和溶剂在电场或其他场下流动的情况。

　　当电场施加于离子软物质时, 自由离子开始移动。它们的运动通常会引起溶剂的运动, 因为粒子运动会引起溶剂流动 (参见第 8.2 节中的讨论)。在简单电解质溶液本体中, 这种运动不会发生, 因为作用在自由离子上的电力的总和为零 (由于电荷中性条件)。另一方面, 在离子软物质中, 由于宏观离子和反离子之间的显著不对称性, 电场通常会引起溶剂的流动。例如, 在离子凝胶的情况下, 作用于自由离子的力的总和不为零, 因为存在与凝胶网络结合的电荷。由离子运动和溶剂流动之间的耦合引起的现象通常称为电动现象。

　　电动现象的几个例子如图 10.9 所示。

　　(a) 电渗透 (图 10.9(a)): 当在离子凝胶上施加电势差 $\Delta\psi$ 时, 溶剂开始通过凝胶, 这种现象称为电渗透, 是由在电场下移动并拖动周围溶剂的自由离子引起的。

　　(b) 流动电势 (图 10.9(b)): 压力差 ΔP 驱动迫使溶剂移动穿过离子凝胶时, 在两个腔室之间出现电势差 $\Delta\psi$。这种电位被称为流动电势。在两个腔室中产生流动电势以维持充电中性条件。若没有流动电势, 自由离子通过溶剂流从一个腔室对流到另一个腔室, 从而违反电荷中性条件。

(c) 电泳 (图 10.9(c))：当电场施加到电解质溶液中的带电粒子上时，粒子开始移动。这种现象称为电泳。虽然这种现象看起来很简单，但由于存在自由离子对流体和颗粒施加的力，因此需要仔细分析。

(d) 沉积电势 (图 10(d))：当胶体颗粒在重力作用下沉降 (或离心力) 时，沿重力方向产生电势 $\Delta \psi$。这种电势被称为沉积电势。

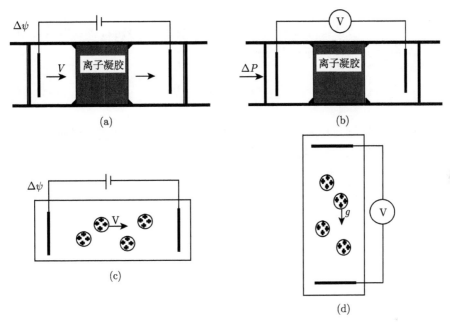

图 10.9 在离子凝胶 ((a) 和 (b)) 和带电胶体悬浮液 ((c) 和 (d)) 中观察到的电动效应。
(a) 电渗透；(b) 流动电势；(c) 电泳; (d) 沉积电势

接下来，我们将使用 Onsager 原理来讨论这些现象。

10.4.2 离子凝胶中的电力耦合

首先，我们考虑现象 (a) 电渗透和 (b) 流动电势。我们考虑离子凝胶 (具有负固定电荷) 固定在空间中并受压力梯度 $p_x = \partial p/\partial x$ 和电场 $E_x = -\partial \psi/\partial x$ 的情况。在这些场作用下，溶剂和离子会移动。为了简化分析，我们忽略了凝胶网络的变形 (假设凝胶网络的弹性模量很大)。

设 v 是溶剂的速度，v_i 是离子 i 的速度。能量耗散函数可写为

$$\Phi = \frac{1}{2} \int dr \left[\xi v^2 + \sum_i n_i \zeta_i \left(v_i - v \right)^2 \right] \tag{10.71}$$

被积函数中的第一项表示由于溶剂相对于凝胶网络的运动引起的能量耗散，第二

项是由于离子相对于溶剂运动产生的能量耗散。能量耗散函数可以包括其他项，例如 v_i^2 和 $v_i v_j$，但是这里忽略它们。

系统的自由能可写成

$$A = \int \mathrm{d}\boldsymbol{r} \left[\sum_i k_{\mathrm{B}} T n_i \ln n_i + \sum_i n_i e_i \psi \right] \tag{10.72}$$

被积函数中的第一项是通常的混合熵，第二项代表离子的势能。需要对第二项附带说明一下，由于 n_i 满足电荷中性条件

$$\sum_i n_i e_i + n_{\mathrm{b}} e_{\mathrm{b}} = 0 \tag{10.73}$$

这一项与 n_i 无关，人们可能会认为在自由能表达式中可以去掉。然而，在分析中需要该项，因为该项代表电荷中性条件的约束。在电解质溶液中，电势 ψ 作为拉格朗日乘子出现，以表示电荷中性条件 (就像压力 p 出现在流体动力学中以表示不可压缩条件)。

溶剂和离子的守恒定律可以写成

$$\nabla \cdot \boldsymbol{v} = 0, \quad \dot{n}_i = -\nabla \cdot (n_i \boldsymbol{v_i}) \tag{10.74}$$

因此，瑞利函数是通过标准流程构建的，结果是

$$R = \frac{1}{2} \int \mathrm{d}\boldsymbol{r} \left[\xi \boldsymbol{v}^2 + \sum_i n_i \zeta_i (\boldsymbol{v_i} - \boldsymbol{v})^2 \right] \\ + \int \mathrm{d}\boldsymbol{r} \sum_i n_i \boldsymbol{v_i} \cdot \nabla [k_{\mathrm{B}} T \ln n_i + e_i \psi] + \int \mathrm{d}\boldsymbol{r} \boldsymbol{v} \cdot \nabla p \tag{10.75}$$

最后一项来自不可压缩条件 $\nabla \cdot \boldsymbol{v} = 0$。

因此，Onsager 原理给出了以下方程：

$$\xi \boldsymbol{v} + \sum_i \zeta_i n_i (\boldsymbol{v} - \boldsymbol{v_i}) = -\nabla p \tag{10.76}$$

$$\zeta_i (\boldsymbol{v_i} - \boldsymbol{v}) = -k_{\mathrm{B}} T \nabla \ln n_i - e_i \nabla \psi \tag{10.77}$$

为了进一步简化分析，我们考虑了系统中离子浓度均匀的情况。在离子凝胶本体中都是如此 (但在边界附近不是这样)。如果做出这样的假设，则将方程 (10.77) 替换为

$$\zeta_i (\boldsymbol{v_i} - \boldsymbol{v}) = -e_i \nabla \psi \tag{10.78}$$

因此, 方程 (10.76) 左侧的第二项写为

$$\sum_i \zeta_i n_i (\boldsymbol{v} - \boldsymbol{v_i}) = \left(\sum_i e_i n_i\right) \nabla\psi = -e_{\rm b} n_{\rm b} \nabla\psi \tag{10.79}$$

其中使用了电荷中性条件 (10.73)。然后将方程 (10.76) 写为

$$\boldsymbol{v} = -\frac{1}{\xi}\nabla p + \frac{n_{\rm b} e_{\rm b}}{\xi}\nabla\psi \tag{10.80}$$

电流 $\boldsymbol{j}_{\rm e}$ 由下式给出

$$\boldsymbol{j}_{\rm e} = \sum_i n_i e_i \boldsymbol{v_i} \tag{10.81}$$

用方程 (10.78) 和 (10.73) 改写为

$$
\begin{aligned}
\boldsymbol{j}_{\rm e} &= \left(\sum_i n_i e_i\right) \boldsymbol{v} - \sum_i \frac{n_i e_i^2}{\zeta_i}\nabla\psi \\
&= \frac{n_{\rm b} e_{\rm b}}{\xi}\nabla p - \left[\frac{(n_{\rm b} e_{\rm b})^2}{\xi} + \sum_i \frac{n_i e_i^2}{\zeta_i}\right]\nabla\psi
\end{aligned} \tag{10.82}
$$

方程 (10.80) 和 (10.82) 可以用矩阵形式写成

$$\begin{pmatrix} v \\ \boldsymbol{j}_{\rm e} \end{pmatrix} = \begin{pmatrix} -\kappa & \lambda \\ \lambda & -\sigma_{\rm e} \end{pmatrix} \begin{pmatrix} \nabla p \\ \nabla\psi \end{pmatrix} \tag{10.83}$$

其中

$$\kappa = \frac{1}{\xi}, \quad \lambda = \frac{n_{\rm b} e_{\rm b}}{\xi}, \quad \sigma_{\rm e} = \sum_i \frac{n_i e_i^2}{\zeta_i} + \frac{(n_{\rm b} e_{\rm b})^2}{\xi} \tag{10.84}$$

注意到 (10.83) 中的系数矩阵是对称的。这是 Onsager 倒易关系的另一个例子。

方程 (10.83) 描述了图 10.9(a) 和 (b) 中所示的电动现象。在图 10.9(a) 的情况下, 假设两个腔室中的活塞自由移动, 因此 ∇p 等于零。这意味着溶剂以速度 $\lambda\nabla\psi$ 流动。在图 10.9(b) 的情况下, 电流 $\boldsymbol{j}_{\rm e}$ 必须为零[①], 因此, 流动电位如下

$$\nabla\psi = \frac{\lambda}{\sigma_{\rm e}}\nabla p \tag{10.85}$$

10.4.3 电解质溶液中离子分布的动力学方程

在图 10.9(a) 和 (b) 所示的情况下, 溶剂几乎均匀地通过凝胶网络, 并且能量耗散主要由组分之间的相对运动引起。在图 10.9(c) 和 (d) 所示的情况下, 溶剂在

---

① 如果凝胶上有电流, 则由于电极连接到电位计, 因此会违反电荷中性条件。

带电粒子周围流动。在这种情形下，有必要考虑由速度梯度 $\nabla \boldsymbol{v}$ 引起的能量耗散。这已在第 8 章中讨论过。能量耗散函数可写为

$$\Phi = \frac{1}{2} \int \mathrm{d}\boldsymbol{r} \left[\sum_i n_i \zeta_i \left(\boldsymbol{v}_i - \boldsymbol{v} \right)^2 + \frac{1}{2} \eta \left(\nabla \boldsymbol{v} + \left(\nabla \boldsymbol{v} \right)^t \right) : \left(\nabla \boldsymbol{v} + \left(\nabla \boldsymbol{v} \right)^t \right) \right] \qquad (10.86)$$

重复与前一节相同的计算，我们有以下方程组，类似于方程 (8.54) 和 (8.55)：

$$\zeta_i \left(\boldsymbol{v_i} - \boldsymbol{v} \right) = -\nabla \left(k_{\mathrm{B}} T \ln n_i + e_i \psi \right) \qquad (10.87)$$

$$\eta \nabla^2 \boldsymbol{v} + \sum_i n_i \zeta_i \left(\boldsymbol{v_i} - \boldsymbol{v} \right) = \nabla p \qquad (10.88)$$

电势 ψ 可以通过电荷中性条件或泊松方程确定

$$\epsilon \nabla^2 \psi = -\sum n_i e_i - \rho_{\mathrm{b}} \qquad (10.89)$$

其中，ρ_{b} 代表固定电荷的密度。如果使用方程 (10.89)，可以讨论双层内溶剂和离子的流动。方程组 (10.87)~(10.89) 表示泊松–玻尔兹曼方程的动态版本。

10.4.4　狭窄通道中离子的运动

作为动态泊松–玻尔兹曼方程的一个应用，我们考虑了图 10.10(a) 所示的问题。受到电场 $E = -\partial \psi / \partial x$ 和压力梯度 $p_x = \partial p / \partial x$ 的驱动，电解质溶液在毛细管中流动。在这种情形下，溶剂速度 $\boldsymbol{v}$ 和离子速度 $\boldsymbol{v}_i$ 在 x 方向上，并且仅依赖于 y 坐标：

$$\boldsymbol{v} = \left(\boldsymbol{v}_x \left(y \right), 0, 0 \right), \quad \boldsymbol{v}_i = \left(\boldsymbol{v}_{ix} \left(y \right), 0, 0 \right) \qquad (10.90)$$

方程 (10.87) 的 y 分量为

$$\frac{\partial}{\partial y} \left[k_{\mathrm{B}} T \ln n_i \left(y \right) + e_i \psi \left(x, y \right) \right] = 0 \qquad (10.91)$$

因此

$$n_i \left(y \right) = n_i^0 \mathrm{e}^{-\beta e_i \psi \left(x, y \right)} \qquad (10.92)$$

因此电势 ψ 在平衡时满足相同的泊松–玻尔兹曼方程，其解写为

$$\psi \left(x, y \right) = \psi_{\mathrm{eq}} \left(y \right) - Ex \qquad (10.93)$$

其中 $\psi_{\mathrm{eq}} \left(y \right)$ 是 10.3.5 节中讨论的平衡解。

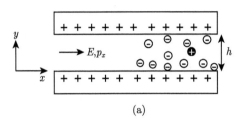

(a)

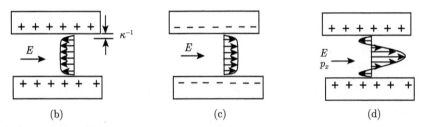

| (b) | (c) | (d) |

图 10.10　电解质溶液在带电壁之间狭窄通道中的流动。该流动由压力梯度 p_x 和电场引起

方程 (10.88) 的 x 分量为

$$\eta\frac{\mathrm{d}^2 v_x}{\mathrm{d}y^2} + \sum_i n_i\,(y)\,\zeta_i\,[v_{ix}\,(y) - v_x(y)] = p_x \qquad (10.94)$$

方程 (10.87) 的 x 分量为

$$\zeta_i\,[v_{ix}\,(y) - v_x\,(y)] = e_i E \qquad (10.95)$$

因此方程 (10.94) 可写成

$$\eta\frac{\mathrm{d}^2 v_x}{\mathrm{d}y^2} + \sum_i n_i\,(y)\,e_i E = p_x \qquad (10.96)$$

利用泊松方程 $\left(\epsilon \mathrm{d}^2\psi/\mathrm{d}y^2 = -\sum_i n_i\,(y)\,e_i \right)$，方程 (10.96) 被写成

$$\eta\frac{\mathrm{d}^2 v_x}{\mathrm{d}y^2} - \epsilon E\frac{\mathrm{d}^2\psi}{\mathrm{d}y^2} = p_x \qquad (10.97)$$

这个方程的解为

$$v_x = -\frac{1}{2\eta}p_x y\,(h - y) - \frac{\epsilon E}{\eta}\,[\psi_\mathrm{s} - \psi_\mathrm{eq}\,(y)] \qquad (10.98)$$

其中 ψ_s 是表面的电势 (即 $\psi_\mathrm{s} = \psi_\mathrm{eq}\,(0)$)，并且我们使用了边界条件 $v_x\,(0) = v_x\,(h) = 0$。另一方面，电流密度表示为

$$j_\mathrm{ex}\,(y) = \sum_i n_i\,(y)\,e_i v_{ix}\,(y)$$

$$= \left(\sum_i n_i \left(y \right) e_i \right) v_x \left(y \right) + \sum_i \frac{n_i \left(y \right) e_i^2}{\zeta_i} E$$

$$= -\frac{1}{2\eta} \left(\sum_i n_i \left(y \right) e_i \right) p_x y \left(h - y \right)$$

$$- \frac{\sum_i n_i \left(y \right) e_i \epsilon E}{\eta} \left[\psi_{\mathrm{s}} - \psi_{\mathrm{eq}} \left(y \right) \right] + \sum_i \frac{n_i \left(y \right) e_i^2}{\zeta_i} E \qquad (10.99)$$

现在讨论上述解的一些特征。

1) 速度场流速剖面

在通常的毛细管中，h 远大于德拜长度。因此，我们首先考虑 $\kappa h \gg 1$ 的极限。在这种情形下，除了毛细管壁附近外，方程 (10.98) 中的 $\psi_{\mathrm{eq}} \left(y \right)$ 几乎为零。如果没有压力梯度 (即 $p_x = 0$)，则速度几乎恒定。图 10.10(b) 和 (c) 显示了这种情况下的速度分布，随着离壁距离的增加，速度急剧增加，并迅速接近恒定值

$$v_{\mathrm{s}} = -\frac{\epsilon \psi_{\mathrm{s}}}{\eta} E \qquad (10.100)$$

注意到这种速度变化发生在与德拜长度 κ^{-1} 相当且非常小的长度上。在宏观尺度上 (其中德拜长度 κ^{-1} 被忽略)，速度在表面处不连续地变化: 流体在表面处滑动。

请注意电场会影响边界附近的速度，但不会影响本体中的速度。同样，这是电荷中性条件的结果。由于本体流体的电荷密度为零，所以电场不会对本体施加力，而是对电双层中的流体施加力。

如果存在压力梯度 p_x，则速度曲线具有叠加的抛物线轮廓，如图 10.10(d) 所示。

2) Onsager 倒易关系

溶剂 $\boldsymbol{J}_{\mathrm{s}}$ 和电流 $\boldsymbol{J}_{\mathrm{e}}$ 的总流量大小由下式给出:

$$J_{\mathrm{s}} = \int_0^h \mathrm{d}y v_x \left(y \right), \quad J_{\mathrm{e}} = \int_0^h \mathrm{d}y j_{\mathrm{ex}} \left(y \right) \qquad (10.101)$$

利用方程 (10.98) 和 (10.99)，我们可以用与方程 (10.83) 相同的形式写出 $\boldsymbol{J}_{\mathrm{s}}$ 和 $\boldsymbol{J}_{\mathrm{e}}$ 的表达式:

$$\left(\begin{array}{c} \boldsymbol{J}_{\mathrm{s}} \\ \boldsymbol{J}_{\mathrm{e}} \end{array} \right) = - \left(\begin{array}{cc} L_{11} & L_{12} \\ L_{21} & L_{22} \end{array} \right) \left(\begin{array}{c} \nabla p \\ \nabla \psi \end{array} \right) \qquad (10.102)$$

可以证明矩阵 $\{L\}$ 是对称的 ($L_{12} = L_{21}$)。因此，在毛细血管中也可看到电渗透和流动电势现象。

10.4.5 带电颗粒的电泳

我们现在考虑胶体颗粒的电泳。考虑半径为 R 的球形颗粒,带有表面电荷密度 q,在施加电场 E_{ext} 的电解质溶液中移动。

如果外部溶液是中性流体,则可以轻易地计算粒子速度 V。由电场施加在粒子上的力是 $4\pi R^2 q E^{\infty}$。在稳态下,该力与黏性阻力 $6\pi\eta RV$ 平衡,于是

$$V = \frac{4\pi R^2 q E^{\infty}}{6\pi\eta R} = \frac{2qR}{3\eta} E_{\text{ext}} \tag{10.103}$$

利用 $\psi_{\text{s}} = qR/\epsilon$,电荷密度 q 可以用表面电势 ψ_{s} 表示。因此,粒子的速度由下式给出

$$V = \frac{2\epsilon\psi_{\text{s}}}{3\eta} E_{\text{ext}} \tag{10.104}$$

请注意,此表达式与颗粒的大小无关。

如果将颗粒置于非离子溶剂 (或离子浓度可忽略不计的溶剂) 中,方程 (10.104) 是正确的。实际上,颗粒通常被电解质溶液包围,因此作用在颗粒上的电力和流体阻力与这个简单的论证完全不同。要在这种情况下计算速度,必须求解 10.4.3 节中描述的方程组。这是一个很难解决的问题,但是很多人对它进行了研究,在文献中有很好的结果记载 (见延展阅读中的参考文献 (2))。在这里,我们将分析限制在特殊 (但重要) 的情形,即与粒径 R 相比德拜长度 κ^{-1} 可忽略不计。

在这种情形下,可以假设电解质溶液本体是一个具有黏度 η 和电导率 σ_{e} 的中性流体。因此,流体速度 $\boldsymbol{v}$ 满足通常的斯托克斯方程

$$\eta\nabla^2\boldsymbol{v} = \nabla p, \quad \nabla\cdot\boldsymbol{v} = 0 \tag{10.105}$$

电势 ψ 也满足拉普拉斯方程

$$\nabla^2\psi = 0 \tag{10.106}$$

ψ 的边界条件是

$$\psi(\boldsymbol{r}) = -\boldsymbol{E}^{\infty}\cdot\boldsymbol{r}, \quad |\boldsymbol{r}| \to \infty \tag{10.107}$$

$$\boldsymbol{n}\cdot\nabla\psi = 0, \quad |\boldsymbol{r}| = R \tag{10.108}$$

其中,$\boldsymbol{n}$ 是垂直于颗粒表面的单位矢量。方程 (10.108) 表示垂直于表面的电流 $\boldsymbol{j}_{\text{e}} = -\sigma e\nabla\psi$ 必须为零的条件。在这些边界条件下,方程 (10.106) 的解给出

$$\psi = -\boldsymbol{E}^{\infty}\cdot\boldsymbol{r}\left[1 - \frac{1}{2}\left(\frac{R}{r}\right)^3\right] \tag{10.109}$$

电场的影响出现在边界条件中;由于边界条件 (10.108),电场平行于边界。因此,球体的电泳问题与通道中的电渗透问题局部相同 (图 10.11)。设 $\boldsymbol{V}$ 是粒子的速度。在

一般的流体中，非滑动边界条件强加了边界处流体速度等于 V 的条件。在本问题中，由于存在于电双层中大的速度梯度，流体速度并不等于 V。忽略双层的厚度，表面的边界条件写为

$$v - V = -\frac{\epsilon\psi_{\mathrm{s}}}{\eta}\nabla\psi \tag{10.110}$$

方程 (10.110) 表明流体速度的切向分量是不连续的 (具有由方程 (10.100) 给出的滑移速度)，而流体速度的法向分量是连续的。

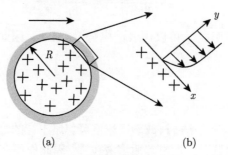

图 10.11　带电颗粒的电泳

Stokes 方程 (10.105) 可以求解边界条件 (10.110)，粒子速度由作用于粒子的总力为零的条件决定。这样的计算给出了

$$V = \frac{\epsilon\psi_{\mathrm{s}}}{\eta}E^{\infty} \tag{10.111}$$

有趣的是，这种速度与简单估计的速度差别不大。(这是因为在 $\kappa R \ll 1$ 和 $\kappa R \gg 1$ 的极限下，电泳速度与 κR 无关。) 已经知道方程 (10.111) 对于任何形状的颗粒都是有效的，只要颗粒表面是均匀带电。

流动速度现在由下式给出

$$v = \frac{1}{2}\left(\frac{R}{r}\right)^3\left(\frac{3rr}{r^2} - I\right)V \tag{10.112}$$

这与通常 (非电解质) 流体中颗粒运动产生流场的斯托克斯方程解完全不同。在一般的流体中，流体随颗粒移动 (棒边界条件)，速度衰减为 $v(r) \propto 1/r$ (见附录 A)。另一方面，在电泳中，流体在颗粒表面滑动，并且速度衰减得更快，如 $v(r) \propto 1/r^3$。结果，电泳中颗粒之间的相互作用非常弱：在许多颗粒的电泳中，颗粒几乎彼此独立地移动。

10.5　小　　结

离子软物质 (聚电解质、带电胶体和带电胶束) 由宏观离子组成，带有许多固

定电荷和小的可动离子。由于解离基团之间的库仑相互作用，宏观离子中离子基团的解离被强烈抑制。

宏观离子的电荷会被其周围累积的反离子所屏蔽。由于这种效应，在大于德拜长度 κ^{-1} 的长度尺度上平均的电荷密度基本上为零。这称为电荷中性条件的事实，决定了宏观量，例如带电凝胶中小离子的平均密度，以及凝胶内部和外部之间的电势差。长度尺度小于德拜长度的离子分布由泊松–玻尔兹曼方程确定。

离子软物质中可动离子的运动通常与溶剂的运动相关联。这种耦合产生了各种电动现象，如电渗透、电泳、流动电势和沉降电势，可以通过 Onsager 原理来解释。

延 展 阅 读

(1) An Introduction to Interfaces and Colloids: The Bridge to Nanoscience, John C. Berg, World Scientific (2009).

(2) Electrokinetic and Colloid Transport Phenomena, Jacob H. Masliyah and Subir Bhattacharjee, WileyInterscience (2006).

练 习

10.1 绘制 CH_3COOH 和 NH_4OH 作为 pH 值的函数的解离分数 α。对于 CH_3COOH，pK = 4.6，对于 NH_4OH，pK = 4.7。

10.2 考虑含有 N_A 个酸性基团和 N_B 个碱性基团的聚合物，每个基团可产生单价可动离子，令 K_A 和 K_B 分别为其解离常数。假设这些基团的解离彼此独立地发生，计算聚合物总电荷变为零时的 pH 值。

10.3 考虑由一个只允许阴离子渗透的半透膜隔开的两个体积相等的隔室。首先，两个隔室都装满了纯净水。当在一个隔室中加入氯化钠时，一个隔室会变为酸性而另一个隔室变为碱性。解释其原因，给定一个添加的氯化钠数密度，计算每个隔室的 pH 值。

10.4 假定一个凝胶界面的固定电荷密度是由 $n_b(x) = n_b \Theta(-x)$ 给定的，解其线性化泊松–玻尔兹曼方程 (10.42)。证明 Donnan 势由方程 (10.27) 给出。

10.5 考虑具有表面电势 ψ_A 和 ψ_B 的两个表面之间起作用的表面间力。回答下列问题。

(a) 在边界条件 $\psi(0) = \psi_A$ 和 $\psi(h) = \psi_B$ 下解方程 (10.42)。

(b) 证明表面间力是由下式给出的

$$f_{\text{int}} = \frac{\epsilon \kappa^2}{2} \frac{2\psi_A \psi_B \cosh(\kappa h) - \psi_A^2 - \psi_B^2}{\sinh^2(\kappa h)}$$

(c) 证明如果 $\psi_A \neq \psi_B$，即使两个表面的电势具有相同的符号，表面间的力在 h 的某个范围内也可以是吸引的。

10.6   证明如果 $\psi(x)$ 满足泊松–玻尔兹曼方程 (10.40)，则由方程式 (10.64) 定义的 $f(x)$ 与 x 无关。

10.7   计算溶剂流量 J_{s} 和方程 (10.101) 中的电流 J_{e}，并获得方程 (10.102) 中的矩阵 $\{L\}$。证明它是对称的。

附录 A 连续 (介质) 力学

A.1 材料中的力

材料的流动和形变一般是在连续力学的框架中讨论。连续力学将材料当成一个由点组成的物体，称为材料点，并通过这些点的运动来描述材料的流动和形变。

令 $\hat{\boldsymbol{r}}(\boldsymbol{r}_0, t)$ 为材料点 P 在时刻 t 在特定的参考状态下位于 $\boldsymbol{r}_0$ 处的位置。点 P 在时刻 t 的速度为 $\partial\hat{\boldsymbol{r}}(\boldsymbol{r}_0, t)/\partial t$，也可表示为当前位置 $\boldsymbol{r}$ 的函数

$$v(\boldsymbol{r}, t) = \left. \frac{\partial\hat{\boldsymbol{r}}(\boldsymbol{r}_0, t)}{\partial t} \right|_{\hat{\boldsymbol{r}}(\boldsymbol{r}_0, t) = \boldsymbol{r}} \tag{A.1}$$

函数 $v(\boldsymbol{r}, t)$ 称为速度场，也是流体力学中的主要物理量。如果之前的速度场 $v(\boldsymbol{r}, t)$ 被给出，则 $\hat{\boldsymbol{r}}(\boldsymbol{r}_0, t)$ 可通过对式 (A.1) 积分计算出。

为了获得材料点 P 的运动方程，我们考虑一个包含 P 点的小区域 ν_P (图 A.1)。这块小区域的质量为 ρV (ρ 和 V 分别为这块小区域的密度和体积)，因此运动方程写为

$$\rho V \frac{\partial^2 \hat{\boldsymbol{r}}(\boldsymbol{r}_0, t)}{\partial t^2} = \boldsymbol{F}_{\text{tot}} \tag{A.2}$$

其中，$\boldsymbol{F}_{\text{tot}}$ 为作用在区域 ν_P 上的合力。

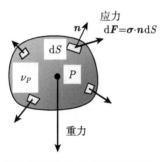

图 A.1 作用在材料点 P 周围的区域 ν_P 上的力

作用在区域上的力有两种，其中一种是正比于区域 ν_P 的体积 V 的体积力，重力是这类力的一种，且可以写为 $\rho V g$ (g 为重力加速度)；另一种是作用在区域外表面的力，这种力可以通过 A.2 节详细描述的应力张量 $\boldsymbol{\sigma}$ 来表示。

A.2 应 力 张 量

应力张量的分量与跨越作用在材料中的一个平面上的力有关。考虑一个垂直于 z 轴面积为 $\mathrm{d}S$ 平面 (图 A.2)，平面上的分子会对平面下的分子有力的作用。由于分子相互作用是短程的，这个力 $\mathrm{d}\boldsymbol{F}^{(z)}$ 正比于面积 $\mathrm{d}S$。单位面积上的这个力的 α 分量 $\mathrm{d}F_\alpha^{(z)}$ 定义为应力张量的 αz 分量，即

$$\mathrm{d}F_\alpha^{(z)} = \sigma_{\alpha z}\mathrm{d}S \tag{A.3}$$

一般地，$\sigma_{\alpha\beta}$ 定义为跨越作用在垂直于 β 轴的单位面积平面上力的 α 分量。

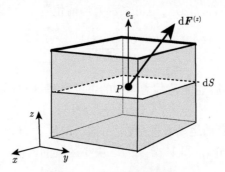

图 A.2   应力张量的定义

根据这个定义，可以证明跨越作用在一个垂直于单位矢量的面积为 $\mathrm{d}S$ 的平面上的力由 $\sigma_{\alpha\beta}$ 来表示：

$$\mathrm{d}\boldsymbol{F} = \boldsymbol{\sigma} \cdot \boldsymbol{n}\mathrm{d}S \ \text{ 或 } \ \mathrm{d}F_\alpha = \sigma_{\alpha\beta}n_\beta\mathrm{d}S \tag{A.4}$$

这可以通过如下所示证明。令 $\sigma_{\alpha\beta}$ 为在一个点 P 的张量。让我们考虑一个包含点 P 的小四面体 $ABCD$ (图 A.3)。假设三个面 ABD、BCD 和 CAD 分别垂直于 x、y 和 z 轴。作用在面 ABD、BCD 和 CAD 上的力均由 $\sigma_{\alpha\beta}$ 表示。例如，作用在表面 CAD 上的力为 $-\sigma_{\alpha z}\mathrm{d}S_z$[①]，其中 $\mathrm{d}S_z$ 为表面 CAD 的面积。$\mathrm{d}S_z$ 可以由表面 ABC 的面积 $\mathrm{d}S$ 与垂直于表面 ABC 的单位矢量 $\boldsymbol{n}$ 来表示，即表示为 $\mathrm{d}S_z = n_z\mathrm{d}S$。同样地，作用在表面 ABD 和 BCD 上的力可分别由 $-\sigma_{\alpha x}n_x\mathrm{d}S$ 和 $-\sigma_{\alpha y}n_y\mathrm{d}S$ 给出。如果 $\mathrm{d}\boldsymbol{F}$ 表示作用于表面 ABC 上的力，四面体的运动方程则变为

$$\rho V\frac{\partial^2 \hat{r}_\alpha}{\partial t^2} = -\sigma_{\alpha x}n_x\mathrm{d}S - \sigma_{\alpha y}n_y\mathrm{d}S - \sigma_{\alpha z}n_z\mathrm{d}S + \mathrm{d}F_\alpha + \rho V g_\alpha \tag{A.5}$$

① 在平面 CAD 上的应力与 P 点的应力稍微不一样，但是当四面体的大小变为零时它们的差别可以忽略。

上式右边前四项为四面体表面积的数量级，而左边和右边最后一项为四面体体积的数量级。在极限 $V \to 0$ 下，左边和右边相比很小可以忽略，因此在极限 $V \to 0$ 下，式 (A.5) 变为

$$-\sigma_{\alpha x}n_x \mathrm{d}S - \sigma_{\alpha y}n_y \mathrm{d}S - \sigma_{\alpha z}n_z \mathrm{d}S + \mathrm{d}F_\alpha = 0 \tag{A.6}$$

这就是式 (A.4)。

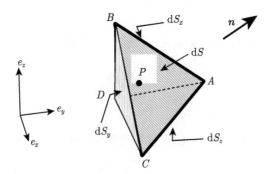

图 A.3 包含材料点 P 的四面体

根据式 (A.4)，作用在图 A.1 中区域 ν_P 的表面上的合力可写为

$$F_\alpha = \int \mathrm{d}S\, \sigma_{\alpha\beta} n_\beta \tag{A.7}$$

根据散度定理[①]，上式右边可以写成

$$F_\alpha = \int \mathrm{d}\boldsymbol{r} \frac{\partial \sigma_{\alpha\beta}}{\partial r_\beta} \tag{A.9}$$

因此，运动方程可写为

$$\rho V \frac{\partial^2 \hat{r}_\alpha\left(\boldsymbol{r}_0, t\right)}{\partial t^2} = \int \mathrm{d}\boldsymbol{r} \frac{\partial \sigma_{\alpha\beta}}{\partial r_\beta} + \rho V g_\alpha \tag{A.10}$$

在极限 $V \to 0$ 下，上式可以写成

$$\rho \frac{\partial^2 \hat{r}_\alpha\left(\boldsymbol{r}_0, t\right)}{\partial t^2} = \frac{\partial \sigma_{\alpha\beta}}{\partial r_\beta} + \rho g_\alpha \tag{A.11}$$

在软物质的动力学中，惯性项和重力项通常非常小可以忽略不计。在这种情况下，式 (A.11) 变成如下的力平衡方程

$$\frac{\partial \sigma_{\alpha\beta}}{\partial r_\beta} = 0 \tag{A.12}$$

---

① 这表明对任意的函数 $f(\boldsymbol{r})$ 具有如下的等式

$$\int \mathrm{d}\boldsymbol{r} \frac{\partial f}{\partial r_\alpha} = \int \mathrm{d}S f n_\alpha \tag{A.8}$$

A.3　本　构　方　程

方程 (A.11) 对任何材料 (橡胶、塑料、聚合物溶液等) 都成立。这些材料的形变行为大不相同。材料的特殊性质出现在其他方程中称为本构方程。对于材料的一个给定的形变，本构方程给出了其应力张量。

在一个材料点 P 的应力张量依赖于 P 点经历过的形变的局部历史。点 P 的形变历史可以通过形变梯度张量来表示，形变梯度张量定义为

$$E_{\alpha\beta}(t, t_0) = \frac{\partial \hat{r}_\alpha(\boldsymbol{r}_0, t)}{\partial r_{0\beta}} \tag{A.13}$$

这和 3.1.4 节中引进的张量是一样的，其中 t_0 表示参考状态的时间。同样地，在 P 点形变的局域历史可以由速度梯度张量历史表示，在 $\boldsymbol{r} = \hat{r}(\boldsymbol{r}_0, t)$ 处有

$$\kappa_{\alpha\beta}(t) = \frac{\partial v_\alpha(\boldsymbol{r}, t)}{\partial r_\beta} \tag{A.14}$$

很容易证明 $E_{\alpha\beta}(t, t_0)$ 和 $\kappa_{\alpha\beta}(t)$ 由下式联系在一起 (式 (9.25))

$$\frac{\partial}{\partial t} E_{\alpha\beta}(t, t_0) = \kappa_{\alpha\mu}(t) E_{\mu\beta}(t, t_0) \tag{A.15}$$

因此，如果 $E_{\alpha\beta}(t, t_0)$ 和 $\kappa_{\alpha\beta}(t)$ 其中一个已知，另外一个则可以计算出。对于给出 $E_{\alpha\beta}(t', t_0)$ 和 $\kappa_{\alpha\beta}(t')$ 过去的数值，$\sigma_{\alpha\beta}(t)$ 由本构方程决定。

若给出本构方程，则所有材料点的运动方程 (A.11) 可以求解出，而且材料的流动和形变被唯一地确定，这就是连续力学的本质。

A.4　对材料做的功

在考虑本构方程时，考虑引起材料发生形变所需要做的功是很有用的。

考虑一个材料处于力学平衡。假设使材料发生一个微小形变，并使点 $\boldsymbol{r}$ 移动到点 $\boldsymbol{r} + \delta u(\boldsymbol{r})$。对这样的一个微小形变，我们对小区域所做的功为

$$\delta W = \int dS \sigma_{\alpha\beta} n_\beta \delta u_\alpha(\boldsymbol{r}) \tag{A.16}$$

其中我们已经假设体积力 $\rho V g_\alpha$ 忽略不计。利用散度定理，等式右边可以重新写为

$$\delta W = \int d\boldsymbol{r} \frac{\partial}{\partial r_\beta}(\sigma_{\alpha\beta}\delta u_\alpha) = \int d\boldsymbol{r}\left(\frac{\partial \sigma_{\alpha\beta}}{\partial r_\beta}\delta u_\alpha + \sigma_{\alpha\beta}\frac{\partial \delta u_\alpha}{\partial r_\beta}\right) \tag{A.17}$$

由于力学平衡条件 (A.12)，上式积分中的第一项为零。对于小区域，式 (A.17) 可以写为

$$\delta W = V \sigma_{\alpha\beta} \delta \varepsilon_{\alpha\beta} \tag{A.18}$$

其中

$$\delta \varepsilon_{\alpha\beta} = \frac{\partial \delta u_\alpha}{\partial r_\beta} \tag{A.19}$$

是虚形变的应力。

作为式 (A.18) 的一个应用，让我们考虑一个自由能为 $\boldsymbol{E}$ 的函数的橡胶材料，单位体积的自由能为 $f(\boldsymbol{E})$ (式 (3.48))。如果系统处于平衡态，由虚形变引起的对材料所做的功等于自由能的改变。因此

$$\delta f(\boldsymbol{E}) = \sigma_{\alpha\beta} \delta \varepsilon_{\alpha\beta} \tag{A.20}$$

现在，如果由应变 $\delta \varepsilon$ 使得材料发生形变 (即由 r 移动到 $r + \delta \varepsilon \cdot r$)，形变梯度的变化为[①]

$$\delta E_{\alpha\beta} = \delta \varepsilon_{\alpha\mu} E_{\mu\beta} \tag{A.21}$$

因此，自由能 $f(\boldsymbol{E})$ 的改变为

$$\delta f(\boldsymbol{E}) = \frac{\partial f(\boldsymbol{E})}{\partial E_{\alpha\beta}} \delta E_{\alpha\beta} = \frac{\partial f(\boldsymbol{E})}{\partial E_{\alpha\beta}} \delta \varepsilon_{\alpha\mu} E_{\mu\beta} \tag{A.22}$$

由式 (A.20) 和式 (A.22) 得出

$$\sigma_{\alpha\beta} = E_{\beta\mu} \frac{\partial f(\boldsymbol{E})}{\partial E_{\alpha\mu}} - p \delta_{\alpha\beta} \tag{A.23}$$

最后一项是由于橡胶不可压缩，虚应力 $\delta \varepsilon_{\alpha\beta}$ 必须满足约束条件 $\delta \varepsilon_{\alpha\alpha} = 0$[②]。

如果自由能由式 (3.48) 给出，应力张量则为

$$\sigma_{\alpha\beta} = G E_{\alpha\mu} E_{\beta\mu} - p \delta_{\alpha\beta} \tag{A.24}$$

在如图 3.3(b) 所示的剪切形变的情况下，$E_{\alpha\beta}$ 由式 (3.51) 给出。因此剪切应力 σ_{xy} 可计算为

$$\sigma_{xy} = G\gamma \tag{A.25}$$

---

① 这是由于 $\delta E_{\alpha\beta} = \frac{\partial \delta u_\alpha}{\partial r_{0\beta}} = \frac{\partial \delta u_\alpha}{\partial r_\mu} \frac{\partial r_\mu}{\partial r_{0\beta}} = \delta \varepsilon_{\alpha\mu} E_{\mu\beta}$。

② 对于不可压缩材料，应力张量的各向同性部分不能由本构方程唯一地决定。各向同性应力依赖于作用于材料上的外力。

在单轴拉伸的情况下，$E_{\alpha\beta}$ 由式 (3.58) 给出，因此由式 (A.24) 得出

$$\sigma_{xx} = \frac{G}{\lambda} - p, \quad \sigma_{zz} = G\lambda^2 - p \tag{A.26}$$

由于没有力作用在垂直于 x 轴的材料表面上，σ_{xx} 等于零，因此 p 等于 G/λ, 联立式 (A.26) 得出

$$\sigma_{zz} = G\left(\lambda^2 - \frac{1}{\lambda}\right) \tag{A.27}$$

这和式 (3.61) 等价。

A.5   理想弹性材料

如果材料的形变非常小，一个各向同性弹性材料的应力张量可以写成一般形式。我们假设材料为各向同性并且在参考状态下不受力的作用，以及位移矢量 $\boldsymbol{u} = \boldsymbol{r} - \boldsymbol{r}_0$ 很小。我们定义张量 $\varepsilon_{\alpha\beta}$ 为

$$\varepsilon_{\alpha\beta} = \frac{\partial u_\alpha}{\partial r_\beta} \tag{A.28}$$

在参考状态下，应力张量为零[①]，如果施加一个微小形变，则会产生一个线性的微小应力。对于各向同性材料，这样的应力可以写为

$$\sigma_{\alpha\beta} = C_1\varepsilon_{\gamma\gamma}\delta_{\alpha\beta} + C_2\varepsilon_{\alpha\beta} + C_3\varepsilon_{\beta\alpha} \tag{A.29}$$

其中，C_1, C_2 和 C_3 为弹性常数。由下面可以看出，C_2 必须等于 C_3。考虑这个材料在参考状态下绕着单位矢量 $\boldsymbol{n}$ 转动角度 $\delta\psi$。旋转使得材料点 $\boldsymbol{r}_0$ 移动到 $\boldsymbol{r} = \boldsymbol{r}_0 + \boldsymbol{n} \times \boldsymbol{r}_0\delta\psi$，并得到

$$\boldsymbol{u} = \boldsymbol{n} \times \boldsymbol{r}_0\delta\psi \text{ 和 } \varepsilon_{\alpha\beta} = e_{\alpha\beta\gamma}n_\gamma\delta\psi \tag{A.30}$$

其中，$e_{\alpha\beta\gamma}$ 为 7.5.2 节中定义的 Levi-Civita 符号。根据式 (A.29)，应力可写成

$$\sigma_{\alpha\beta} = (C_2 - C_3)\,e_{\alpha\beta\gamma}n_\gamma\delta\psi \tag{A.31}$$

另一方面，在转动操作下应力应保持不变，因此 C_2 必须等于 C_3。

将应力张量表示为下式的形式是方便的

$$\sigma_{\alpha\beta} = K\varepsilon_{\gamma\gamma}\delta_{\alpha\beta} + G\left(\varepsilon_{\alpha\beta} + \varepsilon_{\beta\alpha} - \frac{2}{3}\varepsilon_{\gamma\gamma}\delta_{\alpha\beta}\right) \tag{A.32}$$

---

① 在参考状态下应力张量可以具有一个各向同性分量 $-p_0\delta_{\alpha\beta}$，其中 p_0 为参考状态下的压强。这里我们取 p_0 为压强参考值并忽略 $-p_0\delta_{\alpha\beta}$ 这项。

K 和 G 代表 3.1.3 节中定义的体模量和剪切模量。方程 (A.32) 代表了理想弹性材料或胡克固体的本构方程。这样的一个材料的形变自由能为

$$f(\varepsilon) = \frac{K}{2}\varepsilon_{\alpha\alpha}^2 + \frac{G}{4}\left(\varepsilon_{\alpha\beta} + \varepsilon_{\beta\alpha} - \frac{2}{3}\varepsilon_{\gamma\gamma}\delta_{\alpha\beta}\right)^2 \tag{A.33}$$

对于图 3.3(b) 中所示的剪切形变, 位移矢量为

$$u_x = \gamma y, \quad u_y = u_z = 0 \tag{A.34}$$

由式 (A.32) 得出剪切应力为

$$\sigma_{xy} = G\gamma \tag{A.35}$$

对于单轴拉伸, 位移矢量为

$$u_x = \varepsilon_x x, \quad u_y = \varepsilon_x y, \quad u_z = \varepsilon_z z \tag{A.36}$$

因此, 由式 (A.32) 得

$$\sigma_{xx} = \sigma_{yy} = K(2\varepsilon_x + \varepsilon_z) + \frac{2}{3}G(\varepsilon_x - \varepsilon_z) \tag{A.37}$$

$$\sigma_{zz} = K(2\varepsilon_x + \varepsilon_z) + \frac{4}{3}G(\varepsilon_z - \varepsilon_x) \tag{A.38}$$

在图 3.3(c) 所示的情况中, 应力的分量 σ_{xx} 和 σ_{yy} 为零, 而 σ_{zz} 等于施加负载 σ, 即

$$K(2\varepsilon_x + \varepsilon_z) + \frac{2}{3}G(\varepsilon_x - \varepsilon_z) = 0 \tag{A.39}$$

$$K(2\varepsilon_x + \varepsilon_z) + \frac{4}{3}G(\varepsilon_z - \varepsilon_x) = \sigma \tag{A.40}$$

求解上式中的 ε_x 和 ε_z, 我们得到

$$\varepsilon_x = -\frac{3K - 2G}{18KG}\sigma, \quad \varepsilon_z = \frac{3K + G}{9KG}\sigma \tag{A.41}$$

材料的杨氏模量 E 和泊松比 ν 定义为

$$\sigma = E\varepsilon_z, \quad \nu = -\frac{\varepsilon_x}{\varepsilon_z} \tag{A.42}$$

因此由式 (A.41) 得出

$$E = \frac{9KG}{3K + G}, \quad \nu = \frac{3K - 2G}{2(3K + G)} \tag{A.43}$$

对于本构方程 (A.32), 力平衡方程 (A.12) 可写为

$$\left(K + \frac{1}{3}G\right)\frac{\partial^2 u_\beta}{\partial r_\alpha \partial r_\beta} + G\frac{\partial^2 u_\alpha}{\partial r_\beta^2} = 0 \tag{A.44}$$

如果材料是不可压缩的, 应力张量为

$$\sigma_{\alpha\beta} = G\left(\varepsilon_{\alpha\beta} + \varepsilon_{\beta\alpha} - \frac{2}{3}\varepsilon_{\gamma\gamma}\delta_{\alpha\beta}\right) - p\delta_{\alpha\beta} \tag{A.45}$$

且力平衡方程 (A.12) 可写为

$$G\nabla^2\boldsymbol{u} = \nabla p \tag{A.46}$$

这个方程在不可压缩条件下可以被求解出。不可压缩条件为

$$\nabla \cdot \boldsymbol{u} = 0 \tag{A.47}$$

式 (A.44)(或式 (A.46)) 和式 (A.47) 决定了在力学平衡下各向同性弹性材料的位移场 $\boldsymbol{u}(\boldsymbol{r})$。

A.6   理想黏性流体

在理想黏性流体中, 应力 $\sigma_{\alpha\beta}$ 仅依赖于速度梯度 $\kappa_{\alpha\beta}$ 的瞬时值。如果假设应力为 $\kappa_{\alpha\beta}$ 的线性函数, 则 $\sigma_{\alpha\beta}$ 可写成

$$\sigma_{\alpha\beta} = D_1\kappa_{\gamma\gamma}\delta_{\alpha\beta} + D_2\kappa_{\alpha\beta} + D_3\kappa_{\beta\alpha} - p\delta_{\alpha\beta} \tag{A.48}$$

其中 D_1, D_2 和 D_3 为材料常数。通过和上面同样的分析, 可以证明 D_3 必须等于 D_2。而且, 对于不可压缩流体, 由于 $\kappa_{\gamma\gamma}$ 恒等于零, D_1 项可以忽略。因此, 理想黏性流体的本构方程可以写成

$$\sigma_{\alpha\beta} = \eta\left(\kappa_{\alpha\beta} + \kappa_{\beta\alpha}\right) - p\delta_{\alpha\beta} \tag{A.49}$$

其中常数 η 为 3.1.2 节中定义的黏度。由这样的一个本构方程描述的流体称为牛顿流体。

对于一个牛顿流体, 力平衡方程 (A.12) 变为

$$\eta\nabla^2\boldsymbol{v} = \nabla p \tag{A.50}$$

式 (A.50) 和不可压缩条件

$$\nabla \cdot \boldsymbol{v} = 0 \tag{A.51}$$

在适当的边界条件下决定 $\boldsymbol{v}$ 和 p, 这个方程称为斯托克斯方程。

作为斯托克斯方程的一个应用, 考虑一个半径为 a 的球粒子在流体中以速度 $\boldsymbol{U}$ 运动。在球的表面 $|\boldsymbol{r}| = a$, 流体速度满足下列边界条件

$$\boldsymbol{v}(\boldsymbol{r}) = \boldsymbol{U} \tag{A.52}$$

以及 $|\boldsymbol{r}| \to \infty$ 时 $\boldsymbol{v}\left(\boldsymbol{r}\right) \to 0$。上述方程的解为

$$\boldsymbol{v}\left(\boldsymbol{r}\right) = \frac{3a}{4r}\left[\left(\boldsymbol{I} + \frac{\boldsymbol{r}\boldsymbol{r}}{r^2}\right) + \frac{a^2}{r^2}\left(\frac{\boldsymbol{I}}{3} - \frac{\boldsymbol{r}\boldsymbol{r}}{r^2}\right)\right] \cdot \boldsymbol{U} \tag{A.53}$$

$$P\left(\boldsymbol{r}\right) = \frac{3\eta a}{2r^3}\boldsymbol{r} \cdot \boldsymbol{U} \tag{A.54}$$

因此作用在粒子上的力可以计算为

$$\boldsymbol{F}_{\mathrm{f}} = \int \mathrm{d}S \boldsymbol{\sigma} \cdot \boldsymbol{n} \tag{A.55}$$

这样最终得出了小球的流体力学阻力表达式

$$\boldsymbol{F}_{\mathrm{f}} = -6\pi\eta a\boldsymbol{U} \tag{A.56}$$

附录 B　受限自由能

B.1　受限体系

根据统计力学，在平衡态时如果一个系统的哈密顿量已知，系统的自由能可以计算出来。系统的哈密顿量是一组广义坐标 $(q_1, q_2, \cdots, q_f)$ 和动量 $(p_1, p_2, \cdots, p_f)$ 的函数。为简化，我们将用 Γ 来表示这 $2f$ 维变量，

$$\Gamma = (q_1, q_2, \cdots, q_f, p_1, p_2, \cdots, p_f) \tag{B.1}$$

则哈密顿量可以写成

$$H(\Gamma) = H(q_1, q_2, \cdots, q_f, p_1, p_2, \cdots, p_f) \tag{B.2}$$

给出 $H(\Gamma)$，在温度 T 时系统的自由能可由下式计算

$$A(T) = -\frac{1}{\beta} \ln\left[\int \mathrm{d}\Gamma \mathrm{e}^{-\beta H(\Gamma)} \right] \tag{B.3}$$

其中 $\beta = 1/k_{\mathrm{B}} T$。式 (B.3) 表示在给定温度 T 时真实平衡态下系统的自由能。

在热力学中，我们经常考虑在一些假定的约束条件下平衡态时系统的自由能。这样的自由能称为受限自由能。例如，在讨论溶液的相变时，我们考虑系统由两种均匀的溶液组成 (每种溶液具有浓度 ϕ_1、ϕ_2 和体积 V_1、V_2)，然后将总的自由能 $F_{\mathrm{tot}}(\phi_1, \phi_2, V_1, V_2; T)$ 对 ϕ_i 和 V_i 进行最小化得到真实平衡态。自由能 $F_{\mathrm{tot}}(\phi_1, \phi_2, V_1, V_2; T)$ 是受限自由能的一个例子。

受限自由能在本书中出现了很多次。例如，在 3.2.3 节中，我们考虑的末端到末端矢量固定在 r 的聚合物链的自由能 $U(r)$。在 5.2.3 节中，我们考虑的序参数固定为 S 的液晶体系的自由能 $F(S; T)$。在 7.2.1 节中，我们考虑的通过变量 x 具体化的非平衡态的自由能 $A(x)$。在本附录中，我们从统计力学的一般观点出发来讨论受限自由能。

让我们考虑一个系统，其特定物理量 $\hat{x}_i(\Gamma)$ $(i = 1, 2, \cdots, n)$ 的值固定在 x_i，即

$$x_i = \hat{x}_i(\Gamma) \quad (i = 1, 2, \cdots, n) \tag{B.4}$$

这样一个系统的自由能为

$$A(x, T) = -\frac{1}{\beta} \ln \left[\int \mathrm{d}\Gamma \prod_{i=1}^{n} \delta\left(x_i - \hat{x}_i\left(\Gamma\right)\right) \mathrm{e}^{-\beta H(\Gamma)} \right] \tag{B.5}$$

其中 x 代表 $(x_1, x_2, \cdots, x_n)$。通过引入赝势

$$U_\mathrm{c}\left(\Gamma, x\right) = \frac{1}{2} \sum k_i \left[\hat{x}_i\left(\Gamma\right) - x_i\right]^2 \tag{B.6}$$

可以体现受限。其中 k_i 是一个大的正数，补偿了物理量 $\hat{x}_i\left(\Gamma\right)$ 与给定值 x_i 的偏差。利用公式

$$\delta\left(x\right) = \lim_{k \to \infty} \left(\frac{k}{2\pi}\right)^{1/2} \mathrm{e}^{-kx^2} \tag{B.7}$$

受限系统的自由能可写成

$$A\left(x, T\right) = -\frac{1}{\beta} \ln \left[\int \mathrm{d}\Gamma \mathrm{e}^{-\beta[H(\Gamma) + U_\mathrm{c}(\Gamma, x)]} \right] \tag{B.8}$$

这里系数 $\Pi_i \left(k_i \beta / 2\pi\right)^{1/2}$ 被忽略了，因为它仅给出不依赖于 x_i 的项。

B.2 受限自由能的性质

从式 (B.5) 很容易推导出受限自由能的如下性质。

(1) 如果系统处于平衡态且没有限制，物理量 $\hat{x}_i\left(\Gamma\right)$ 具有数值 x_i 的概率为

$$P\left(x\right) \propto \mathrm{e}^{-\beta A(x, T)} \tag{B.9}$$

(2) 在平衡态时系统的自由能为

$$A\left(T\right) = -\frac{1}{\beta} \ln \left[\int \mathrm{d}x \mathrm{e}^{-\beta A(x, T)} \right] \tag{B.10}$$

式 (B.9) 和式 (B.10) 表明，$A\left(x, T\right)$ 在由 $x = (x_1, x_2, \cdots, x_n)$ 描述的新的相空间中扮演着哈密顿量 $H\left(\Gamma\right)$ 的角色。

根据式 (B.9)，最有可能的状态是 $A\left(x, T\right)$ 最小的状态 x。这和热力学原理是一样的，即真实的平衡状态是限制自由能 $A\left(x, T\right)$ 最小的状态。

为了使物理量的数值固定在 x，需要对系统施加外力的作用。例如，为了使一条聚合物链的末端距矢量固定在 r，需要在链的末端施加一个力 $\hat{f}$ 的作用 (见 3.2.3 节中的讨论)。使 $\hat{x}_i\left(\Gamma\right)$ 固定在 x_i 所需要的力为

$$\hat{F}_i\left(\Gamma, x\right) = \frac{\partial U_\mathrm{c}\left(\Gamma, x\right)}{\partial x_i} \tag{B.11}$$

$\hat{F}_i(\Gamma, x)$ 的平均值为

$$F_i(x) = \left\langle \hat{F}_i(\Gamma, x) \right\rangle = \frac{\displaystyle\int \mathrm{d}\Gamma \frac{\partial U_{\mathrm{c}}(\Gamma, x)}{\partial x_i} \mathrm{e}^{-\beta[H(\Gamma) + U_{\mathrm{c}}(\Gamma, x)]}}{\displaystyle\int \mathrm{d}\Gamma \mathrm{e}^{-\beta[H(\Gamma) + U_{\mathrm{c}}(\Gamma, x)]}} = \frac{\partial A(x, \Gamma)}{\partial x_i} \tag{B.12}$$

这是式 (3.30) 的一般化。

B.3 限制力方法

受限自由能 $A(x, T)$ 可以通过式 (B.5) 或式 (B.8) 来计算。还可以通过另外一种方法来计算 $A(x, T)$。这种方法在 3.2.3 节中已经被用来计算一条末端距矢量固定在 r 的聚合物链的受限自由能 $U(r)$。这里我们考虑一个常力 f 施加在链的末端，而不是固定末端距矢量在 r。如果选择合适的 f，末端距矢量的平均值则等于给定的值 r[①]。如果 f 和 r 之间的关系已知，受限自由能 $U(r)$ 就可以通过式 (3.30) 得到。

以上的方法可以概括如下。我们考虑哈密顿量

$$\tilde{H}(\Gamma, h) = H(\Gamma) - \sum_i h_i \hat{x}_i(\Gamma) \tag{B.13}$$

其中，h_i 表示与 $\hat{x}_i(\Gamma)$ 共轭的假设外力。我们计算哈密顿量 (B.13) 的自由能 $\tilde{A}(h_i, T)$ 为

$$\tilde{A}(h, T) = -\frac{1}{\beta} \ln \left[\int \mathrm{d}\Gamma \mathrm{e}^{-\beta \tilde{H}(\Gamma, h)} \right] \tag{B.14}$$

对于给定的外力 $(h_1, h_2, \cdots)$ 而言，$\hat{x}_i(\Gamma)$ 的平均值计算为

$$x_i = \frac{\displaystyle\int \mathrm{d}\Gamma \hat{x}_i(\Gamma) \mathrm{e}^{-\beta \tilde{H}(\Gamma, h)}}{\displaystyle\int \mathrm{d}\Gamma \mathrm{e}^{-\beta \tilde{H}(\Gamma, h)}} = -\frac{1}{\beta} \frac{\displaystyle\int \mathrm{d}\Gamma \frac{\partial \tilde{H}(\Gamma, h)}{\partial h_i} \mathrm{e}^{-\beta \tilde{H}(\Gamma, h)}}{\displaystyle\int \mathrm{d}\Gamma \mathrm{e}^{-\beta \tilde{H}(\Gamma, h)}} = \frac{\partial \tilde{A}(h, T)}{\partial h_i} \tag{B.15}$$

另一方面，自由能 $\tilde{A}(h, T)$ 等于 $A(x, T) - \sum_i h_i x_i$ 对 x_i 取最小值。因此

$$\frac{\partial}{\partial x_i} \left[A(x, T) - \sum_i h_i x_i \right] = 0 \tag{B.16}$$

所以

$$h_i = \frac{\partial A(x, T)}{\partial x_i} \tag{B.17}$$

---

① 所施加力的聚合物链的末端距矢量不是固定在 r，而是在 r 附近涨落。然而，如果和平均值相比涨落很小 (对于长链这是真实的情况)，我们可以用力 f 来代替对 r 的限制。

其中 $A(x,T)$ 写成

$$A(x,T) = \tilde{A}(h,T) + \sum_i h_i x_i \tag{B.18}$$

式 (B.17) 和式 (B.18) 为勒让德变换。因此,限制自由能可以通过式 (B.17) 或式 (B.18) 得到。我们现在考虑限制自由能的两个例子。

B.4　例子 1: 平均力势

首先我们考虑由两种成分组成的溶液。令 $\boldsymbol{r}_{pi}(i = 1, 2, \cdots, N_p)$ 和 $\boldsymbol{r}_{si}(i = 1, 2, \cdots, N_s)$ 分别为溶质分子的位置矢量和溶剂分子的位置矢量。系统的势能写为

$$U_{\text{tot}}(\boldsymbol{r}_p, \boldsymbol{r}_s) = \sum_{i>j} u_{pp}(\boldsymbol{r}_{pi} - \boldsymbol{r}_{pj}) + \sum_{i,j} u_{ps}(\boldsymbol{r}_{pi} - \boldsymbol{r}_{sj}) + \sum_{i>j} u_{ss}(\boldsymbol{r}_{si} - \boldsymbol{r}_{sj}) \tag{B.19}$$

其中, $u_{pp}(\boldsymbol{r})$、$u_{ps}(\boldsymbol{r})$ 和 $u_{ss}(\boldsymbol{r})$ 分别为溶质–溶质、溶质–溶剂和溶剂–溶剂的相互作用势。

溶质分子间的有效相互作用势由限制自由能给出

$$A_{pp}(\boldsymbol{r}_p) = -\frac{1}{\beta} \ln \left[\int \prod_i \mathrm{d}\boldsymbol{r}_{si} \mathrm{e}^{-\beta U_{\text{tot}}(\boldsymbol{r}_p, \boldsymbol{r}_s)} \right] \tag{B.20}$$

这表明溶质分子间的有效相互作用包含了溶剂的影响。式 (2.49) 中引进的有效相互作用 $\Delta\varepsilon$ 是晶格模型中有效相互作用势的一个例子。在 2.5.1 节中引进的胶体颗粒之间的相互作用势是这种相互作用势的另一个例子。

在溶液理论中, $A_{pp}(\boldsymbol{r}_p)$ 称为平均力的势,这是由于作用在溶质 i 上的力的平均由 $A_{pp}(\boldsymbol{r}_p)$ 的偏导数给出

$$\boldsymbol{f}_i(\boldsymbol{r}_p) = -\frac{\partial A_{pp}(\boldsymbol{r}_p)}{\partial \boldsymbol{r}_{pi}} \tag{B.21}$$

这是式 (B.12) 的一个特例 (负号源于对力的定义的差别。)。注意,尽管初始势能 U_{tot} 写成二体势能 ($u_{pp}(\boldsymbol{r})$、$u_{ps}(\boldsymbol{r})$ 和 $u_{ss}(\boldsymbol{r})$) 之和,但势能 A_{pp} 一般不写成二体势能之和。

B.5　例子 2: 液晶的 Landau-de Gennes 自由能

下一个例子,让我们考虑 5.2.3 节中介绍的自由能。

我们考虑 N 个形成向列型的分子,每个的指向沿着单位矢量 $\boldsymbol{u}_i(i = 1, 2, \cdots, N)$。我们假设系统的标量序参数为 S,即 $\boldsymbol{u}_i$ 满足式 (5.28) 的约束条件。考虑这个

约束条件，我们假设系统的哈密顿量为

$$\tilde{H}\left(\boldsymbol{u}_i, h\right) = -\frac{h}{N}\sum_i \frac{3}{2}\left(u_{iz}^2 - \frac{1}{3}\right) \tag{B.22}$$

为了简化，我们已经假设了分子间无相互作用 (即 $U = 0$)。

自由能 $\tilde{A}(h)$ 可以写成

$$\tilde{A}(h) = -\frac{1}{\beta}\ln\left[\int \mathrm{d}\boldsymbol{u}\,\mathrm{e}^{-\beta h(3/2N)\left(u_z^2 - 1/3\right)}\right]^N = \tilde{A}(0) - \frac{N}{\beta}\ln\left\langle \mathrm{e}^{-\beta h(3/2N)\left(u_z^2 - 1/3\right)}\right\rangle_0 \tag{B.23}$$

其中，$\tilde{A}(0)$ 是系统无约束时的自由能；$\langle\cdots\rangle_0$ 是各向同性分布的分子的 $\boldsymbol{u}$ 的平均。接下来，我们令 $\tilde{A}(0)$ 等于零。

式 (B.23) 的右边可以计算为一个关于 h 的级数：

$$\begin{aligned}\left\langle \mathrm{e}^{-\beta h(3/2N)\left(u_z^2 - 1/3\right)}\right\rangle_0 &= \left\langle\left[1 + \frac{3\beta h}{2N}\left(u_z^2 - 1/3\right) + \frac{9\beta^2 h^2}{8N^2}\left(u_z^2 - 1/3\right)^2\right]\right\rangle_0 \\ &= 1 + \frac{(\beta h)^2}{10N^2} + \cdots \end{aligned} \tag{B.24}$$

因此

$$\tilde{A}(h) = -\frac{\beta}{10N}h^2 \tag{B.25}$$

所以系统的序参数为

$$S = -\frac{\partial \tilde{A}(h)}{\partial h} = \frac{\beta}{5N}h \tag{B.26}$$

因此

$$A(S) = \tilde{A}(h) + hS = \frac{\beta}{10N}h^2 = \frac{5Nk_{\mathrm{B}}T}{2}S^2 \tag{B.27}$$

如果粒子之间有相互作用，相互作用能写成 (见方程 (5.11) 和方程 (5.23))

$$E(S) = -\frac{NU}{2}\left\langle\left(\boldsymbol{u}\cdot\boldsymbol{u}'\right)^2\right\rangle = -\frac{NU}{3}S^2 \tag{B.28}$$

因此自由能写成

$$A(S) = \frac{5Nk_{\mathrm{B}}T}{2}S^2 - \frac{NU}{3}S^2 = \frac{5Nk_{\mathrm{B}}}{2}\left(T - T_{\mathrm{c}}\right)S^2 \tag{B.29}$$

其中，$T_{\mathrm{c}} = 2U/15k_{\mathrm{B}}$。式 (B.29) 是展开式 (5.35) 中的第一项。

附录 C 变分微积分

C.1 函数偏微分

一个函数的变分是多变量函数偏导的一个延伸。我们利用一个特殊问题作为例子对其进行解释。

考虑一个由 $(N+1)$ 个质点组成的系统，相邻的两个质点由长度为 l 的弦连接。弦受到张力 T，并且两个末端点固定在相同的高度 (图 C.1(a))。我们考虑在重力 (重力加速度 g) 作用下系统的力平衡。

力平衡的状态为系统的势能最小。令 $y_i\,(i=0,1,\cdots,N)$ 为质点 i 到连接两个末端点之间连线的垂直位移。系统的势能为

$$f(y_0,y_1,\cdots,y_N) = T\sum_{i=0}^{N-1}\left(\sqrt{(y_{i+1}-y_i)^2+l^2}-l\right) - \sum_{i=1}^{N-1}mgy_i \qquad (\text{C.1})$$

为了简化，我们考虑位移 $|y_{i+1}-y_i|$ 远小于 l 的情况，则式 (C.1) 改写成

$$f = \frac{T}{2l}\sum_{i=0}^{N-1}(y_{i+1}-y_i)^2 - \sum_{i=1}^{N-1}mgy_i \qquad (\text{C.2})$$

令 $(y_{0,0},\cdots,y_{N,0})$ 是能量最小的状态。为了找到这个状态，我们考虑当 y_i 从 $y_{i,0}$ 到 $y_{i,0}+\delta y$ 时 f 发生的微小变化。由于在状态 $(y_{0,0},\cdots,y_{N,0})$ 下 f 变成最小值，对于任意的 δy_i[①] 必须满足如下的条件

$$\delta f = f(y_{0,0}+\delta y_0,\cdots,y_{N,0}+\delta y_N) - f(y_{0,0},y_{1,0},\cdots,y_{N,0}) \geqslant 0 \qquad (\text{C.3})$$

上式右边可以展开为关于 δy_i 的形式

$$\delta f = \sum_{i=0}^{N}\frac{\partial f}{\partial y_i}\delta y_i \qquad (\text{C.4})$$

对于 $(\delta y_1,\cdots,\delta y_{N-1})$ 的任意值上式为正的条件为

$$\frac{\partial f}{\partial y_i}=0, \quad i=1,\cdots,N-1 \qquad (\text{C.5})$$

---

① 这里 δy_0 和 δy_N 都等于零，因为末端质点 0 和 N 都固定了。

在由式 (C.2) 和式 (C.5) 给出的 f 的情况下，我们可以得到

$$\frac{T}{2l}\left(y_{i+1} - 2y_i + y_{i-1}\right) - mg = 0, \quad i = 1, \cdots, N-1 \tag{C.6}$$

这决定了平衡态。

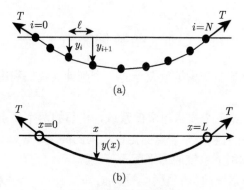

图 C.1 (a) 一根连接 $N+1$ 个质点的弦，悬挂时受到张力 T；(b) 一根质量密度为 ρ 的弦悬挂时受到张力 T

C.2 泛函的泛函微分

现在让我们考虑一根均匀质量密度为 ρ 的弦线。这根弦的状态由函数 $y(x)$ 表示，如图 C.1(b) 所示，则系统的势能函数写为

$$f\left[y\left(x\right)\right] = T \int_0^L \mathrm{d}x \left[\sqrt{1 + \left(\frac{\mathrm{d}y}{\mathrm{d}x}\right)^2} - 1\right] - \int_0^L \mathrm{d}x \rho g y\left(x\right) \tag{C.7}$$

在 $(\mathrm{d}y/\mathrm{d}x)^2 \ll 1$ 的情形下，式 (C.7) 可改写成

$$f\left[y\left(x\right)\right] = \frac{T}{2} \int_0^L \mathrm{d}x \left(\frac{\mathrm{d}y}{\mathrm{d}x}\right)^2 - \int_0^L \mathrm{d}x \rho g y\left(x\right) \tag{C.8}$$

在式 (C.7) 和式 (C.8) 中，$f\left[y\left(x\right)\right]$ 表示一个标量，其值由函数 $y(x)$ 决定。因此 $f\left[y\left(x\right)\right]$ 可看成函数 $y(x)$ 的函数，所以称为泛函。

变分法是寻找泛函最小值 (或最大值) 的一种方法，其计算在本质上和普通函数是一样的，唯一的区别就是将一系列的变量 $y_i\,(i = 0, 1, \cdots, N)$ 替换成函数 $y(x)$，即离散指标 i 由连续变量 x 替换。

令 $y_0(x)$ 为 $f\left[y\left(x\right)\right]$ 取得最小值的状态。考虑当 $y(x)$ 从 $y_0(x)$ 到 $y_0(x) + \delta y(x)$ 发生微小变化时 f 的变化。f 的改变可表达为

$$\delta f = f\left[y_0\left(x\right) + \delta y\left(x\right)\right] - f\left[y_0\left(x\right)\right] \tag{C.9}$$

对于微小量 $\delta y(x)$，上式右边可以展开为关于 $\delta y(x)$ 的形式，并写为

$$\delta f = \int_0^L \mathrm{d}x \frac{\delta f}{\delta y(x)} \delta y(x) \tag{C.10}$$

这和式 (C.4) 相似，只是其中对 i 的求和替换成对 x 的积分，以及偏微分 $\partial f/\partial y_i$ 替换成 $\delta f/\delta y(x)$。$\delta f/\delta y(x)$ 称为泛函微分。通过和上面同样的分析，对于 $y(x) = y_0(x)$，状态 $y_0(x)$ 为能量最小的状态的条件为

$$\frac{\delta f}{\delta y(x)} = 0 \tag{C.11}$$

　　泛函微分的计算是简单直观的。让我们考虑泛函 (C.8)。为了简化符号，我们将 $y_0(x)$ 写成 $y(x)$。$f[y(x)]$ 的变分写成

$$\delta f[y(x)] = \frac{T}{2} \int_0^L \mathrm{d}x \left[\left(\frac{\mathrm{d}y}{\mathrm{d}x} + \frac{\mathrm{d}\delta y}{\mathrm{d}x} \right)^2 - \left(\frac{\mathrm{d}y}{\mathrm{d}x} \right)^2 \right] - \int_0^L \mathrm{d}x \rho g \delta y \tag{C.12}$$

忽略 δy 的二阶项，我们得到

$$\delta f[y(x)] = T \int_0^L \mathrm{d}x \frac{\mathrm{d}y}{\mathrm{d}x} \frac{\mathrm{d}\delta y}{\mathrm{d}x} - \int_0^L \mathrm{d}x \rho g \delta y \tag{C.13}$$

利用分部积分，上式右边第一项可以写成

$$\delta f[y(x)] = T \left[\frac{\mathrm{d}y}{\mathrm{d}x} \delta y(x) \right]_0^L - T \int_0^L \mathrm{d}x \frac{\mathrm{d}^2 y}{\mathrm{d}x^2} \delta y - \int_0^L \mathrm{d}x \rho g \delta y \tag{C.14}$$

由于弦线固定在 $x = 0$ 和 $x = L$ 点，所以在 $x = 0$ 和 $x = L$ 处 $\delta y(x)$ 为零。因此式 (C.14) 右边第一项为零。所以

$$\delta f[y(x)] = \int_0^L \mathrm{d}x \left[-T \frac{\mathrm{d}^2 y}{\mathrm{d}x^2} - \rho g \right] \delta y(x) \tag{C.15}$$

因此泛函微分为

$$\frac{\delta f}{\delta y(x)} = -T \frac{\mathrm{d}^2 y}{\mathrm{d}x^2} - \rho g \tag{C.16}$$

　　让我们考虑泛函 $f[y(x)]$ 写成如下形式的情况

$$f[y(x)] = \int_a^b \mathrm{d}x F(y(x), y'(x), x) \tag{C.17}$$

其中，$y'(x) = \mathrm{d}y/\mathrm{d}x$，$F(y, y', x)$ 是含有三个参数 y，y' 和 x 的确定函数。这样一个泛函的泛函微分为

$$\frac{\delta f}{\delta y(x)} = \frac{\partial F}{\partial y} - \frac{\mathrm{d}}{\mathrm{d}x} \left(\frac{\partial F}{\partial y'} \right) \tag{C.18}$$

附录 D 倒 易 关 系

在本附录中，我们将给出一个粒子摩擦矩阵倒易关系 $\zeta_{ij} = \zeta_{ji}$ 的两个证明：一个是基于流体动力学，另一个是基于布朗运动理论。

D.1 广义摩擦力的流体动力学定义

为了通过流体动力学来证明倒易关系，对于在黏性流体中运动受到一个势能为 $U(x)$ 的粒子，我们先来定义广义势场力 F_{pi} 和广义摩擦力 F_{fi}。

假设我们以速度 $\dot{x}_i$ 改变粒子的构象。为了引起这样的改变，我们必须对粒子做功，其中一部分功用来改变势能 $U(x)$。这部分功可写为

$$W_{\text{rev}} = \sum_i \frac{\partial U}{\partial x_i} \dot{x}_i \Delta t = -\sum_i F_{pi} \dot{x}_i \Delta t \tag{D.1}$$

这样就定义了与 $\dot{x}_i$ 共轭的势场力

$$F_{pi} = -\frac{\partial U}{\partial x_i} \tag{D.2}$$

剩下的另外一部分功在黏性流体中以热量的形式耗散掉。这部分功写为

$$W_{irr} = -\sum_i F_{fi} \dot{x}_i \Delta t \tag{D.3}$$

这样就定义了与 $\dot{x}_i$ 共轭的摩擦力。

当粒子的构象以速度 $\dot{x}_i$ 改变时，位于粒子表面 r 处的点以恒定速度 $\boldsymbol{v}_S(\boldsymbol{r}; x, \dot{x})$ 运动。速度 $\boldsymbol{v}_S(\boldsymbol{r}; x, \dot{x})$ 写成 $\dot{x}_i$ 的线性组合为

$$\boldsymbol{v}_S(\boldsymbol{r}; x, \dot{x}) = \sum_i \boldsymbol{G}_i(\boldsymbol{r}; x) \dot{x}_i \tag{D.4}$$

其中函数 $\boldsymbol{G}_i(\boldsymbol{r}; x)$ 由粒子的几何形状决定。

利用式 (D.4) 作为边界条件，我们可以求解出流体动力学中流体速度的斯托克斯方程

$$\eta \frac{\partial^2 v_\alpha}{\partial r_\beta^2} = \frac{\partial p}{\partial r_\alpha}, \quad \frac{\partial v_\alpha}{\partial r_\alpha} = 0 \tag{D.5}$$

(见附录 A)，以及计算作用在粒子表面 $\boldsymbol{r}$ 处单位面积上的流体动力学力 $\boldsymbol{f}_H(\boldsymbol{r};x,\dot{x})$：

$$f_{H\alpha}(\boldsymbol{r};x,\dot{x}) = \sigma_{\alpha\beta}n_\beta \tag{D.6}$$

其中，$\sigma_{\alpha\beta}$ 为张力张量

$$\sigma_{\alpha\beta} = \eta\left(\frac{\partial v_\alpha}{\partial r_\beta} + \frac{\partial v_\beta}{\partial r_\alpha}\right) - p\delta_{\alpha\beta} \tag{D.7}$$

$\boldsymbol{n}$ 为垂直于粒子表面的单位矢量。

作用在流体上的功则为

$$W_{irr} = -\int \mathrm{d}S \boldsymbol{f}_H(\boldsymbol{r};x,\dot{x}) \cdot \boldsymbol{v}_S(\boldsymbol{r};x,\dot{x})\Delta t = -\int \mathrm{d}S \boldsymbol{f}_H(\boldsymbol{r};x,\dot{x}) \cdot \sum_i \boldsymbol{G}_i(\boldsymbol{r};x)\dot{x}_i\Delta t \tag{D.8}$$

把式 (D.8) 和式 (6.56) 比较我们得到

$$F_{fi} = \int \mathrm{d}S \boldsymbol{f}_H(\boldsymbol{r};x,\dot{x}) \cdot \boldsymbol{G}_i(\boldsymbol{r};x) \tag{D.9}$$

由于斯托克斯方程是一个流体速度 $\boldsymbol{v}$ 的线性方程，上述边值问题的解 $\boldsymbol{v}$ 可以表示为 $\dot{x}_i$ 的线性组合，因此

$$F_{fi} = -\sum_j \zeta_{ij}\dot{x}_j \tag{D.10}$$

这定义了摩擦常数 ζ_{ij}。

D.2 倒易关系的流体动力学证明

现在为了证明倒易关系 $\zeta_{ij} = \zeta_{ji}$，我们考虑两种情况：一种是粒子构象以速度 $\dot{x}^{(1)}$ 改变，另外一种是以速度 $\dot{x}^{(2)}$ 改变。在两种情况中，粒子均处于构象 x。令 $F_{fi}^{(1)}$ 和 $F_{fi}^{(2)}$ 分别为这两种情况的摩擦力。我们将证明如下等式成立：

$$\sum_i F_{fi}^{(1)}\dot{x}_i^{(2)} = \sum_i F_{fi}^{(2)}\dot{x}_i^{(1)} \tag{D.11}$$

由这个等式可得到倒易关系 $\zeta_{ij} = \zeta_{ji}$。

令 $\boldsymbol{v}^{(a)}(\boldsymbol{r})\,(a=1,2)$ 为上述两种情况的速度场。利用式 (D.10)，式 (D.11) 的左边可以写成

$$I \equiv -\sum_i F_{fi}^{(1)}\dot{x}_i^{(2)} = -\int \mathrm{d}S \boldsymbol{G}_i(\boldsymbol{r};x) \cdot \boldsymbol{f}_H^{(1)}(\boldsymbol{r};x,\dot{x})\dot{x}_i^{(2)}$$

$$= -\sum_i \int \mathrm{d}S G_{i\alpha}(\boldsymbol{r};x)\sigma_{\alpha\beta}^{(1)}n_\beta\dot{x}_i^{(2)} \tag{D.12}$$

由于流体速度满足边界条件 (D.4)，$\sum_i G_{i\alpha}(\boldsymbol{r};x)\dot{x}_i^{(2)}$ 等于在粒子表面的 $v_\alpha^{(2)}(\boldsymbol{r})$。因此 I 写为①

$$I = -\int \mathrm{d}S v_\alpha^{(2)} \sigma_{\alpha\beta}^{(1)} n_\beta \tag{D.13}$$

利用高斯定理，式 (D.13) 右边的表面积分可以写成

$$I = \int \mathrm{d}\boldsymbol{r} \frac{\partial}{\partial r_\beta}\left(v_\alpha^{(2)}\sigma_{\alpha\beta}^{(1)}\right) = \int \mathrm{d}\boldsymbol{r}\left(\frac{\partial v_\alpha^{(2)}}{\partial r_\beta}\sigma_{\alpha\beta}^{(1)} + v_\alpha^{(2)}\frac{\partial \sigma_{\alpha\beta}^{(1)}}{\partial r_\beta}\right) \tag{D.14}$$

利用斯托克斯方程 (D.5)，式 (D.14) 右边积分中的第二项为零。由于 $\sigma_{\alpha\beta}^{(1)} = \sigma_{\beta\alpha}^{(1)}$，式 (D.14) 右边第一项可写成

$$I = \frac{1}{2}\int \mathrm{d}\boldsymbol{r}\left(\frac{\partial v_\alpha^{(2)}}{\partial r_\beta} + \frac{\partial v_\beta^{(2)}}{\partial r_\alpha}\right)\sigma_{\alpha\beta}^{(1)} \tag{D.15}$$

代入式 (D.7) 并利用不可压缩条件 $\nabla \cdot \boldsymbol{v} = 0$，我们得到

$$I = \frac{\eta}{2}\int \mathrm{d}\boldsymbol{r}\left(\frac{\partial v_\alpha^{(2)}}{\partial r_\beta} + \frac{\partial v_\beta^{(2)}}{\partial r_\alpha}\right)\left(\frac{\partial v_\alpha^{(1)}}{\partial r_\beta} + \frac{\partial v_\beta^{(1)}}{\partial r_\alpha}\right) \tag{D.16}$$

交换上标 (1) 和 (2)，这个表达式的右边是不变量。因此等式 (D.11) 已被证明。

如果我们将 $\dot{x}_i^{(1)} = \dot{x}_i^{(2)} = \dot{x}_i$ 代入式 (D.16)，得到

$$-\sum_i F_{fi}\dot{x}_i = \frac{\eta}{2}\int \mathrm{d}\boldsymbol{r}\left(\frac{\partial v_\alpha}{\partial r_\beta} + \frac{\partial v_\beta}{\partial r_\alpha}\right)^2 \tag{D.17}$$

式 (D.17) 右边为对流体所做的功。因此

$$\frac{\eta}{2}\left(\frac{\partial v_\alpha}{\partial r_\beta} + \frac{\partial v_\beta}{\partial r_\alpha}\right)^2 \tag{D.18}$$

为流体中单位体积的能量耗散率。如果用式 (6.57) 替换式 (D.17) 中的 F_{fi}，则有

$$\sum_{i,j}\zeta_{ij}\dot{x}_i\dot{x}_j = \frac{\eta}{2}\int \mathrm{d}\boldsymbol{r}\left(\frac{\partial v_\alpha}{\partial r_\beta} + \frac{\partial v_\beta}{\partial r_\alpha}\right)^2 \tag{D.19}$$

上式右边为非负的。因此式 (6.61) 被证明了。

---

① 注意 $\boldsymbol{n}$ 是一个从粒子表面指向流体的矢量。

D.3　倒易关系的 Onsager 证明

接下来我们给出基于布朗运动理论的证明。这个证明是基于对任意势函数 $U(x)$，朗之万方程均成立的假设。

我们考虑粒子受到简谐势

$$U(x) = \frac{1}{2} \sum_i k_i \left(x_i - x_i^0\right)^2 \tag{D.20}$$

的特殊情况，以及粒子的构象不能显著地偏离平衡构象 $x^0 = \left(x_1^0, x_2^0, \cdots\right)$。在这种情形下，对于偏差 $\xi_i(t) = x_i(t) - x_i^0$，式 (6.58) 给出了如下线性朗之万方程：

$$-\sum_j \zeta_{ij}^0 \dot{\xi}_j - k_i \xi_i + F_{ri}(t) = 0 \tag{D.21}$$

其中，ζ_{ij}^0 表示 $\zeta_{ij}\left(x^0\right)$，且是一个不依赖于 $\xi_i(t)$ 的常数。

为了证明关系式 (6.59) 和 (6.60)，分析时间关联函数 $\langle \xi_i(t)\xi_j(0) \rangle$ 的暂态行为是有必要的。为了简化符号，在本附录中我们将 ζ_{ij}^0 写成 ζ_{ij}，则式 (D.21) 可写成

$$\dot{\xi}_i = -\sum_k \left(\zeta^{-1}\right)_{ik} \left[k_k \xi_k - F_{rk}(t)\right] \tag{D.22}$$

我们假设在 $t = 0$ 时刻 ξ_i 等于 ξ_{i0}。对于小量 Δt，式 (D.22) 的解为

$$\xi_i(\Delta t) = \xi_{i0} - \Delta t \sum_k \left(\zeta^{-1}\right)_{ik} k_k \xi_{k0} + \sum_k \int_0^{\Delta t} dt_1 \left(\zeta^{-1}\right)_{ik} F_{rk}(t_1) \tag{D.23}$$

由于 $F_{rk}(t)$ 的平均为零，对于 $\Delta t > 0$ 我们得到

$$\langle \xi_i(\Delta t) \rangle_{\xi_0} = \xi_{i0} - \Delta t \sum_k \left(\zeta^{-1}\right)_{ik} k_k \xi_{k0} \tag{D.24}$$

因此对于 $\Delta t > 0$，时间关联函数变成

$$\langle \xi_i(\Delta t)\xi_j(0) \rangle = \langle \xi_{i0}\xi_{j0} \rangle - \Delta t \sum_k \left(\zeta^{-1}\right)_{ik} k_k \langle \xi_{k0}\xi_{j0} \rangle \tag{D.25}$$

由于在平衡态时 ξ_i 的分布正比于 $\exp\left(-\sum_i k_i \xi_i^2 / 2k_B T\right)$，所以 $\langle \xi_{i0}\xi_{k0} \rangle$ 为

$$\langle \xi_{i0}\xi_{k0} \rangle = \frac{\delta_{ik} k_B T}{k_i} \tag{D.26}$$

对于 $\Delta t > 0$，式 (D.25) 则变为

$$\langle \xi_i(\Delta t)\, \xi_j(0)\rangle = k_B T\left[\delta_{ij} k_j^{-1} - \Delta t\,(\zeta^{-1})_{ij}\right] \tag{D.27}$$

因此时间关联函数的对称性 $\langle \xi_i(\Delta t)\,\xi_j(0)\rangle = \langle \xi_j(\Delta t)\,\xi_i(0)\rangle$ 要求 $(\zeta^{-1})_{ij} = (\zeta^{-1})_{ji}$ 或者 $\zeta_{ij} = \zeta_{ji}$，倒易关系 (6.60) 得证。

为了证明式 (6.59)，我们利用式 (D.23) 计算 $\langle \xi_i(\Delta t)\,\xi_j(\Delta t)\rangle$：

$$\langle \xi_i(\Delta t)\,\xi_j(\Delta t)\rangle = \langle \xi_{i0}\xi_{j0}\rangle - \Delta t \sum_k (\zeta^{-1})_{ik} k_k \langle \xi_{k0}\xi_{j0}\rangle - \Delta t \sum_{k'} (\zeta^{-1})_{jk'} k_{k'} \langle \xi_{i0}\xi_{k'0}\rangle$$
$$+ \sum_{k,k'} \int_0^{\Delta t} \mathrm{d}t_1 \int_0^{\Delta t} \mathrm{d}t_2\,(\zeta^{-1})_{ik}(\zeta^{-1})_{jk'} \langle F_{rk}(t_1) F_{rk'}(t_2)\rangle \tag{D.28}$$

和 6.2.2 节中讨论一样，我们假设

$$\langle F_{ri}(t) F_{rj}(t')\rangle = A_{ij}\delta(t-t') \tag{D.29}$$

利用式 (D.26)，式 (D.28) 可写成

$$\frac{\delta_{ij}k_B T}{k_i} = \frac{\delta_{ij}k_B T}{k_i} - \Delta t\,(\zeta^{-1})_{ij} k_B T \Delta t - \Delta t\,(\zeta^{-1})_{ji} k_B T \Delta t$$
$$+ \Delta t \sum_{k,k'} (\zeta^{-1})_{ik}(\zeta^{-1})_{jk'} A_{k,k'} \Delta t \tag{D.30}$$

利用倒易关系，我们得到

$$-2(\zeta^{-1})_{ij} k_B T + \sum_{k,k'} (\zeta^{-1})_{ik}(\zeta^{-1})_{jk'} A_{k,k'} = 0 \tag{D.31}$$

求解得到 $A_{kk'}$，我们有

$$A_{ij} = 2\zeta_{ij} k_B T \tag{D.32}$$

这给出式 (6.59)。

附录 E　材料响应和涨落的统计力学

E.1　Liouville 方程

统计力学将任意的宏观系统看成一个由分子组成的力学系统，并遵循哈密顿运动方程。在附录 B 中，我们用 $\varGamma$ 来表示一组广义坐标 $(q_1, q_2, \cdots, q_f)$ 和动量 $(p_1, p_2, \cdots, p_f)$：

$$\varGamma = (q_1, q_2, \cdots, q_f, p_1, p_2, \cdots, p_f) \tag{E.1}$$

系统的微观状态完全由 $\varGamma$ 来描述。

系统的哈密顿量一般写成 $H(\varGamma; x)$。这里 $x = (x_1, x_2, \cdots)$ 表示影响分子运动的外参量集合，并且可以受外界控制。外参量的例子有：① 限制气体的活塞位置；② 放在流体中大粒子的位置；③ 施加到系统上的磁场强度 (图 6.9)。x 也可以表示出现在赝势 (B.6) 中的参数。

如果哈密顿量 $H(\varGamma; x)$ 已知，则微观状态的时间演化可以通过求解哈密顿运动方程求解出来

$$\frac{\mathrm{d}q_a}{\mathrm{d}t} = \frac{\partial H}{\partial p_a}, \quad \frac{\mathrm{d}p_a}{\mathrm{d}t} = -\frac{\partial H}{\partial q_a}, \quad (a = 1, 2, \cdots, f) \tag{E.2}$$

令 $\psi(\varGamma, t)$ 为找到系统处于状态 $\varGamma$ 的概率，则 $\psi(\varGamma, t)$ 的时间演化为

$$
\begin{aligned}
\frac{\partial \psi}{\partial t} &= -\sum_a \left[\frac{\partial}{\partial p_a}(\dot{p}_a \psi) + \frac{\partial}{\partial q_a}(\dot{q}_a \psi) \right] \\
&= -\sum_a \left[\frac{\partial}{\partial p_a}\left(-\frac{\partial H}{\partial q_a}\psi \right) + \frac{\partial}{\partial q_a}\left(\frac{\partial H}{\partial p_a}\psi \right) \right] = -L\psi
\end{aligned} \tag{E.3}
$$

其中 L 定义为

$$L = \sum_a \left(\frac{\partial H}{\partial p_a}\frac{\partial}{\partial q_a} - \frac{\partial H}{\partial q_a}\frac{\partial}{\partial p_a} \right) \tag{E.4}$$

称为 Liouville 算符。

就目前而言，我们假设外参量 x 保持不变，则式 (E.3) 的正式解为

$$\psi(\varGamma, t; x) = \mathrm{e}^{-tL}\psi_0(\varGamma; x) \tag{E.5}$$

其中，$\psi_0(\varGamma; x)$ 为 $t = 0$ 时刻的分布函数。

如果在温度 T 时系统处于平衡态, 系统处于状态 Γ 的概率由正则分布给出:

$$\psi_{\mathrm{eq}}\left(\Gamma;x\right)=\frac{\mathrm{e}^{-\beta H(\Gamma;x)}}{\int\mathrm{d}\Gamma\mathrm{e}^{-\beta H(\Gamma;x)}} \tag{E.6}$$

其中

$$\beta=\frac{1}{k_{\mathrm{B}}T} \tag{E.7}$$

正则分布是 Liouville 方程的一个定态解:

$$\mathrm{e}^{-tL}\psi_{\mathrm{eq}}\left(\Gamma;x\right)=\psi_{\mathrm{eq}}\left(\Gamma;x\right) \tag{E.8}$$

E.2　时间关联函数

物理量的时间关联函数可以通过 Liouville 算符来表示。考虑两个物理量 X 和 Y 的时间关联函数。令 $\hat{X}\left(\Gamma;x\right)$ 和 $\hat{Y}\left(\Gamma;x\right)$ 是 X 和 Y 在微观状态 Γ 下的值,则 X 和 Y 在时刻 t 的值可以写成

$$X\left(t\right)=\hat{X}\left(\Gamma_t;x\right),\quad Y\left(t\right)=\hat{Y}\left(\Gamma_t;x\right) \tag{E.9}$$

其中, Γ_t 表示在时刻 t 的微观状态。

我们考虑受到给定外参数 x 的处于平衡态时系统的时间关联函数 $\langle X\left(t\right)Y\left(0\right)\rangle_{\mathrm{eq},x}$。如果在 $t=0$ 时刻系统处于微观状态 Γ_0, 以及在后面的一个时刻 t 处于状态 Γ, $X\left(t\right)Y\left(0\right)$ 的值等于 $\hat{X}\left(\Gamma\right)\hat{Y}\left(\Gamma_0\right)$ (为了简单,这里将 x 的依赖性忽略掉了)。系统处于状态 Γ_0 的概率为 $\psi_{\mathrm{eq}}\left(\Gamma_0\right)$。因此, $\langle X\left(t\right)Y\left(0\right)\rangle_{\mathrm{eq}}$ 写为

$$\langle X\left(t\right)Y\left(0\right)\rangle_{\mathrm{eq}}=\int\mathrm{d}\Gamma\int\mathrm{d}\Gamma_0\hat{X}\left(\Gamma\right)\hat{Y}\left(\Gamma_0\right)G\left(\Gamma,t|\Gamma_0,0\right)\psi_{\mathrm{eq}}\left(\Gamma_0\right) \tag{E.10}$$

其中, $G\left(\Gamma,t|\Gamma_0,0\right)$ 表示在 $t=0$ 时刻处于状态 Γ_0 的系统在时刻 t 处于状态 Γ 的概率。这是 Liouville 方程 (E.3) 在初始条件

$$G\left(\Gamma,t|\Gamma_0,0\right)|_{t=0}=\delta\left(\Gamma-\Gamma_0\right) \tag{E.11}$$

下的解。因此,根据式 (E.5), $G\left(\Gamma,t|\Gamma_0,0\right)$ 为

$$G\left(\Gamma,t|\Gamma_0,0\right)=\mathrm{e}^{-tL}\delta\left(\Gamma-\Gamma_0\right) \tag{E.12}$$

所以

$$\langle X\left(t\right)Y\left(0\right)\rangle_{\mathrm{eq}}=\int\mathrm{d}\Gamma\int\mathrm{d}\Gamma_0\hat{X}\left(\Gamma\right)\hat{Y}\left(\Gamma_0\right)\left[\mathrm{e}^{-tL}\delta\left(\Gamma-\Gamma_0\right)\right]\psi_{\mathrm{eq}}\left(\Gamma_0\right) \tag{E.13}$$

对 Γ_0 的积分得到

$$\langle X(t) Y(0) \rangle_{\mathrm{eq}} = \int \mathrm{d}\Gamma \hat{X}(\Gamma) \mathrm{e}^{-tL} \left[\hat{Y}(\Gamma) \psi_{\mathrm{eq}}(\Gamma) \right] \tag{E.14}$$

这是平衡状态下时间关联函数的正式表达式。

利用式 (E.14) 可以证明时间关联函数的对称关系 (6.7)。在式 (E.14) 的积分中，让我们考虑如下的变量变换：

$$q_a \rightarrow q_a, \quad p_a \rightarrow -p_a \tag{E.15}$$

这样一个变换用 $\Gamma \rightarrow -\Gamma$ 来表示，则式 (E.14) 可以写成

$$\langle X(t) Y(0) \rangle_{\mathrm{eq}} = \int \mathrm{d}\Gamma \hat{X}(-\Gamma) \mathrm{e}^{-t\hat{L}'} \left[\hat{Y}(-\Gamma) \psi_{\mathrm{eq}}(-\Gamma) \right] \tag{E.16}$$

这里 L' 为

$$L' = \sum_a \left(-\frac{\partial H(-\Gamma)}{\partial p_a} \frac{\partial}{\partial q_a} + \frac{\partial H(-\Gamma)}{\partial q_a} \frac{\partial}{\partial p_a} \right) \tag{E.17}$$

由于哈密顿量具有性质 $H(-\Gamma) = H(\Gamma)$，我们得到

$$L' = -L, \quad \psi_{\mathrm{eq}}(-\Gamma) = \psi_{\mathrm{eq}}(\Gamma) \tag{E.18}$$

利用 $\hat{X}(-\Gamma) = \varepsilon_X \hat{X}(\Gamma)$，$\hat{Y}(-\Gamma) = \varepsilon_Y \hat{Y}(\Gamma)$，我们最终得到

$$\langle X(t) Y(0) \rangle_{\mathrm{eq}} = \varepsilon_X \varepsilon_Y \int \mathrm{d}\Gamma \hat{X}(\Gamma) \mathrm{e}^{t\hat{L}} \left[\hat{Y}(\Gamma) \psi_{\mathrm{eq}}(\Gamma) \right] = \varepsilon_X \varepsilon_Y \langle X(-t) Y(0) \rangle_{\mathrm{eq}} \tag{E.19}$$

这就是式 (6.7)。

E.3 平 衡 响 应

假设对于一个给定的外参量 x，系统处于平衡态，并且在 $t = 0$ 时刻外参量发生微小的变化 (图 E.1)，当 $t > 0$ 时

$$x \rightarrow x + \delta x \tag{E.20}$$

则哈密顿量变化为

$$H(\Gamma; x) \rightarrow H(\Gamma; x + \delta x) = H(\Gamma; x) + \delta H(\Gamma; x, \delta x) \tag{E.21}$$

其中

$$\delta H(\Gamma; x, \delta x) = \sum_i \frac{\partial H(\Gamma; x)}{\partial x_i} \delta x_i = -\sum_i \hat{F}_i(\Gamma; x) \delta x_i \tag{E.22}$$

其中 $\hat{F}_i(\Gamma; x)$ 定义为

$$\hat{F}_i(\Gamma; x) = -\frac{\partial H(\Gamma; x)}{\partial x_i} \tag{E.23}$$

$\hat{F}_i(\Gamma; x)$ 为与联系外参量 x_i 共轭的物理量。接下来，我们将考虑 $\hat{F}_i$ 的平均随时间如何变化。

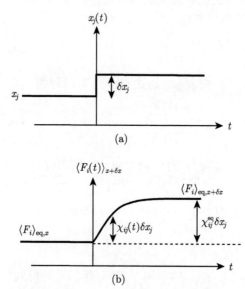

图 E.1　(a) 外参量的变化；(b) 由外参量变化引起的 $\hat{F}_i$ 平均的时间变化

在新参数 $x + \delta x$ 下，当系统达到平衡时，$\hat{F}_i$ 的平均很容易计算。一般地，对于一个给定的外参量 x，在平衡态时 $\hat{F}_i(\Gamma; x)$ 的平均计算为

$$\langle F_i \rangle_{\mathrm{eq}, x} = \int \mathrm{d}\Gamma \hat{F}_i \psi_{\mathrm{eq}}(\Gamma; x) = -\frac{\int \mathrm{d}\Gamma \frac{\partial H}{\partial x_i} \mathrm{e}^{-\beta H(\Gamma; x)}}{\int \mathrm{d}\Gamma \mathrm{e}^{-\beta H(\Gamma; x)}} = -\frac{\partial A(x)}{\partial x_i} \tag{E.24}$$

其中 $A(x)$ 为系统的自由能

$$A(x) = -\frac{1}{\beta} \ln \left[\int \mathrm{d}\Gamma \mathrm{e}^{-\beta H(\Gamma; x)} \right] \tag{E.25}$$

现在当外参量从 x 变化到 $x + \delta x$ 时，$\hat{F}_i$ 的平衡平均也同样发生改变。对于小量 δx，这种变化可写成

$$\langle F_i \rangle_{\mathrm{eq}, x + \delta x} = \langle F_i \rangle_{\mathrm{eq}, x} + \sum_j \chi_{ij}^{\mathrm{eq}} \delta x_j \tag{E.26}$$

系数 χ_{ij}^{eq} 为

$$\chi_{ij}^{\text{eq}} = \frac{\partial \langle F_i \rangle_{\text{eq},x}}{\partial x_j} \tag{E.27}$$

根据式 (E.24) 和式 (E.27)，χ_{ij}^{eq} 可计算为

$$\chi_{ij}^{\text{eq}} = -\frac{\int \mathrm{d}\Gamma \frac{\partial^2 H}{\partial x_i \partial x_j} e^{-\beta H}}{\int \mathrm{d}\Gamma e^{-\beta H}} + \beta \frac{\int \mathrm{d}\Gamma \frac{\partial H}{\partial x_i}\frac{\partial H}{\partial x_j} e^{-\beta H}}{\int \mathrm{d}\Gamma e^{-\beta H}}$$

$$- \beta \frac{\int \mathrm{d}\Gamma \frac{\partial H}{\partial x_i} e^{-\beta H} \int \mathrm{d}\Gamma \frac{\partial H}{\partial x_j} e^{-\beta H}}{\left(\int \mathrm{d}\Gamma e^{-\beta H}\right)^2}$$

$$= \left\langle \frac{\partial F_i}{\partial x_j} \right\rangle_{\text{eq},x} + \beta \left[\langle F_i F_j \rangle_{\text{eq},x} - \langle F_i \rangle_{\text{eq},x} \langle F_j \rangle_{\text{eq},x} \right] \tag{E.28}$$

令 F_{ri} 为 F_i 与平衡值的偏差：

$$F_{ri} = \hat{F}_i(\Gamma; x) - \langle F_i \rangle_{\text{eq},x} \tag{E.29}$$

则式 (E.28) 可以写为

$$\chi_{ij}^{\text{eq}} = \left\langle \frac{\partial F_i}{\partial x_j} \right\rangle_{\text{eq},x} + \beta \langle F_{ri} F_{rj} \rangle_{\text{eq},x} \tag{E.30}$$

这个式子表明，对外部扰动的响应与发生在平衡态的涨落有关。

E.4 非平衡响应

我们现在考虑非平衡响应。在系统对于新参数 $x + \delta x$ 达到平衡态之前，在 t 时刻 $\hat{F}_i$ 的平均可写为 (图 E.1)

$$\langle F_i(t) \rangle_{x+\delta x} = \langle F_i \rangle_{\text{eq},x} + \sum_j \chi_{ij}(t)\delta x_j \tag{E.31}$$

当 $t \to \infty$ 时，函数 $\chi_{ij}(t)$ 趋近于 χ_{ij}^{eq}。

为了计算 $\chi_{ij}(t)$，我们考虑哈密顿量 (E.21) 的 Liouville 方程：

$$\frac{\partial \psi}{\partial t} = -(L + \delta L)\psi \tag{E.32}$$

其中 δL 为

$$\delta L = \sum_a \left(\frac{\partial \delta H}{\partial p_a}\frac{\partial}{\partial q_a} - \frac{\partial \delta H}{\partial q_a}\frac{\partial}{\partial p_a} \right) = -\sum_i \sum_a \delta x_i \left(\frac{\partial \hat{F}_i}{\partial p_a}\frac{\partial}{\partial q_a} - \frac{\partial \hat{F}_i}{\partial q_a}\frac{\partial}{\partial p_a} \right) \tag{E.33}$$

为了求解式 (E.32)，我们将解写为

$$\psi\left(\Gamma, t; x, \delta x\right) = \psi_{\text{eq}}\left(\Gamma; x\right) + \delta\psi\left(\Gamma, t; x, \delta x\right) \tag{E.34}$$

将式 (E.34) 代入式 (E.32) 并保留 δx_i 的线性项，我们得到

$$\frac{\partial \delta\psi}{\partial t} = -L\delta\psi - \delta L\psi_{\text{eq}} \tag{E.35}$$

这个方程的解可以写成

$$\delta\psi = -\int_0^t \mathrm{d}t' \mathrm{e}^{-(t-t')L} \delta L\psi_{\text{eq}} \tag{E.36}$$

利用式 (E.6)，$\delta L\psi_{\text{eq}}$ 可以写成

$$\delta L\psi_{\text{eq}} = -\beta\left(\delta LH\right)\psi_{\text{eq}} = -\beta\psi_{\text{eq}} \sum_{i,a} \delta x_i \left(-\frac{\partial \hat{F}_i}{\partial p_a}\frac{\partial H}{\partial q_a} + \frac{\partial \hat{F}_i}{\partial q_a}\frac{\partial H}{\partial p_a}\right)$$
$$= -\beta\psi_{\text{eq}} \sum_i \delta x_i \left(L\hat{F}_i\right) = -\beta\psi_{\text{eq}} \sum_i \delta x_i \hat{\dot{F}}_i \tag{E.37}$$

其中，$\hat{\dot{F}} = L\hat{F}_i$。因此，式 (E.36) 可写为

$$\delta\psi = \beta \sum_i \delta x_i \int_0^t \mathrm{d}t' \mathrm{e}^{-(t-t')L} \left(\hat{\dot{F}}_i \psi_{\text{eq}}\right) \tag{E.38}$$

在 t 时刻 F_i 的平均计算为

$$\langle F_i\left(t\right)\rangle_{x+\delta x} = \int \mathrm{d}\Gamma \hat{F}_i\left(\Gamma; x+\delta x\right)\left[\psi_{\text{eq}}\left(\Gamma; x\right) + \delta\psi\left(\Gamma, t; x, \delta x\right)\right]$$
$$= \int \mathrm{d}\Gamma \left[\hat{F}_i + \sum_i \frac{\partial \hat{F}_i}{\partial x_j}\delta x_j\right]\left[\psi_{\text{eq}} + \beta \sum_j \delta x_j \int_0^t \mathrm{d}t' \mathrm{e}^{-(t-t')L}\left(\hat{\dot{F}}_j\psi_{\text{eq}}\right)\right]$$
$$= \int \mathrm{d}\Gamma \left[\hat{F}_i\psi_{\text{eq}} + \sum_j \delta x_j\frac{\partial \hat{F}_i}{\partial x_j}\psi_{\text{eq}} + \beta\hat{F}_i \sum_j \delta x_j \int_0^t \mathrm{d}t' \mathrm{e}^{-(t-t')L}\left(\hat{\dot{F}}_j\psi_{\text{eq}}\right)\right] \tag{E.39}$$

利用式 (E.14)，上式最后一项表示为时间关联函数的形式，则式 (E.39) 可写为

$$\langle F_i\left(t\right)\rangle_{x+\delta x} = \langle F_i\rangle_{\text{eq},x} + \sum_j \delta x_j \left\langle\frac{\partial F_i}{\partial x_j}\right\rangle_{\text{eq},x} + \beta \sum_j \delta x_j \int_0^t \mathrm{d}t' \left\langle F_i\left(t-t'\right)\dot{F}_j\left(0\right)\right\rangle_{\text{eq},x} \tag{E.40}$$

将上式与式 (E.31) 对比，得到 χ_{ij} 为

$$\chi_{ij}\left(t\right) = \left\langle \frac{\partial F_i}{\partial x_j} \right\rangle_{\text{eq},x} + \beta \int_0^t \mathrm{d}t' \left\langle F_i\left(t - t'\right) \dot{F}_j\left(0\right) \right\rangle_{\text{eq},x} \tag{E.41}$$

利用等式 $\left\langle F_i\left(t - t'\right) \dot{F}_j\left(0\right) \right\rangle_{\text{eq},x} = \left\langle F_i\left(t\right) \dot{F}_j\left(t'\right) \right\rangle_{\text{eq},x}$，最后一项可写为

$$\int_0^t \mathrm{d}t' \left\langle F_i\left(t - t'\right) \dot{F}_j\left(0\right) \right\rangle_{\text{eq},x} = \int_0^t \mathrm{d}t' \left\langle F_i\left(t\right) \dot{F}_j\left(t'\right) \right\rangle_{\text{eq},x}$$
$$= \left\langle F_i\left(t\right) F_j\left(t\right) \right\rangle_{\text{eq},x} - \left\langle F_i\left(t\right) F_j\left(0\right) \right\rangle_{\text{eq},x} \tag{E.42}$$

因此 $\chi_{ij}\left(t\right)$ 可写成

$$\chi_{ij}\left(t\right) = \left\langle \frac{\partial F_i}{\partial x_j} \right\rangle_{\text{eq},x} + \beta \left\langle F_i\left(t\right) F_j\left(t\right) \right\rangle_{\text{eq},x} - \beta \left\langle F_i\left(t\right) F_j\left(0\right) \right\rangle_{\text{eq},x} \tag{E.43}$$

利用涨落力 $F_{ri} = \hat{F}_i\left(\Gamma, x\right) - \left\langle F_i \right\rangle_{\text{eq},x}$，$\chi_{ij}\left(t\right)$ 可写成

$$\chi_{ij}\left(t\right) = \left\langle \frac{\partial F_i}{\partial x_j} \right\rangle_{\text{eq},x} + \beta \left\langle F_{ri}\left(0\right) F_{rj}\left(0\right) \right\rangle_{\text{eq},x} - \beta \left\langle F_{ri}\left(t\right) F_{rj}\left(0\right) \right\rangle_{\text{eq},x} \tag{E.44}$$

或者通过式 (E.30)

$$\chi_{ij}\left(t\right) = \chi_{ij}^{\text{eq}} - \alpha_{ij}\left(t\right) \tag{E.45}$$

其中

$$\alpha_{ij}\left(t\right) = \beta \left\langle F_{ri}\left(t\right) F_{rj}\left(0\right) \right\rangle_{\text{eq},x} \tag{E.46}$$

因此，式 (E.31) 可写成

$$\left\langle F_i\left(t\right) \right\rangle_{x+\delta x} = \left\langle F_i \right\rangle_{\text{eq},x} + \sum_j \chi_{ij}^{\text{eq}} \delta x_j - \sum_j \alpha_{ij}\left(t\right) \delta x_j = \left\langle F_i \right\rangle_{\text{eq},x+\delta x} - \sum_j \alpha_{ij}\left(t\right) \delta x_j \tag{E.47}$$

方程 (E.47) 表示对外参量阶梯变化的响应。对外参量一般时间变化的响应可以通过叠加这些响应来计算：

$$\left\langle F_i\left(t\right) \right\rangle_{x+\delta x} = \left\langle F_i \right\rangle_{\text{eq},x} + \int_0^t \mathrm{d}t' \sum_j \chi_{ij}\left(t - t'\right) \dot{x}_j\left(t'\right)$$
$$= \left\langle F_i \right\rangle_{\text{eq},x} + \sum_j \int_0^t \mathrm{d}t' \left[\chi_{ij}^{\text{eq}} - \alpha_{ij}\left(t - t'\right)\right] \dot{x}_j\left(t'\right)$$
$$= \left\langle F_i \right\rangle_{\text{eq},x} + \sum_j \chi_{ij}^{\text{eq}} \delta x_j - \sum_j \int_0^t \mathrm{d}t' \alpha_{ij}\left(t - t'\right) \dot{x}_j\left(t'\right)$$
$$= \left\langle F_i \right\rangle_{\text{eq},x+\delta x} - \sum_j \int_0^t \mathrm{d}t' \alpha_{ij}\left(t - t'\right) \dot{x}_j\left(t'\right) \tag{E.48}$$

这给出了式 (6.69) 和式 (6.70)。

E.5　广义爱因斯坦关系

作为一个特殊情况, 我们考虑 x_i 代表外场作用于系统的情况。为了阐明这种情况, 我们用不同的符号 h_i 来表示外参量所施加的场的强度。我们假设系统的哈密顿量为

$$H(\Gamma; h) = H_0(\Gamma) - \sum_i h_i(t)\hat{M}_i(\Gamma) \tag{E.49}$$

其中, $\hat{M}_i$ 代表与 h_i 共轭的量。

我们考虑在 $t = 0$ 时刻系统处于平衡态并且不受外场作用的情况, 当 $t \geqslant \varepsilon(\varepsilon$ 为微小的时间间隔) 时, 阶梯场 h_i 作用于系统上, 即

$$h_i(t) = h_i\Theta(t-\varepsilon) \text{ 或者 } \dot{h}_i(t) = h_i\delta(t-\varepsilon) \tag{E.50}$$

我们为这种情况定义响应函数 $\chi_{ij}(t)$,

$$\langle M_i(t)\rangle_h - \langle M_i(0)\rangle_{\text{eq},0} = \sum_j \chi_{ij}(t)h_j \tag{E.51}$$

在没有外场时, 我们假设 $\hat{M}_i$ 的平衡平均为零: $\langle M_i(0)\rangle_{\text{eq},0} = 0$[①]。

对于这种情况, 式 (E.48) 可写为

$$\langle M_i(t)\rangle_h = \langle M_i(t)\rangle_{\text{eq},h} - \sum_j \int_0^t \mathrm{d}t'\alpha_{ij}(t-t')h_j\delta(t'-\varepsilon) = \sum_j \chi_{ij}^{\text{eq}}h_j - \sum_j \alpha_{ij}(t)h_j \tag{E.52}$$

其中

$$\alpha_{ij}(t) = \beta\langle M_{ri}(t) M_{rj}(0)\rangle_{\text{eq},0} \tag{E.53}$$

由于 $\langle M_i(0)\rangle_{\text{eq},0}$ 等于零, $M_{ri}(t)$ 与 $M_i(t)$ 相同。因此 $\chi_{ij}(t)$ 写为

$$\begin{aligned}\chi_{ij}(t) &= \beta\langle M_iM_j\rangle_{\text{eq},0} - \beta\langle M_i(t) M_j(0)\rangle_{\text{eq},0}\\ &= \frac{1}{2k_{\text{B}}T}\langle [M_i(t) - M_i(0)][M_j(t) - M_j(0)]\rangle_{\text{eq},0}\end{aligned} \tag{E.54}$$

这就是 6.5.3 节中讨论的广义爱因斯坦关系。

---

① 总是可以做这样的一个假设, 如果 $\langle M_i(0)\rangle_{\text{eq},0}$ 不等于零, 我们可以用 $\hat{M}_i' = \hat{M}_i - \langle M_i(0)\rangle_{\text{eq},0}$ 代替 $\hat{M}_i$, 则 $\langle \hat{M}'_i\rangle_{\text{eq},0}$ 等于零。

附录 F 从朗之万方程到 Smoluchowskii 方程的推导

这里我们将从朗之万方程 (6.39) 推导 Smoluchowskii 方程 (7.44)。

令 $P(x, \xi, \Delta t)$ 为在时间 Δt 内、在 t 时刻位于 x 处的粒子运动到 $x + \xi$ 处的概率。给定 $P(x, \xi, \Delta t)$，粒子在 $t + \Delta t$ 时刻的分布表示为

$$\psi(x, t + \Delta t) = \int d\xi P(x - \xi, \xi, \Delta t) \psi(x - \xi, t) \tag{F.1}$$

现在根据朗之万方程 (6.39)，对于小时间 Δt，位移 ξ 为

$$\xi = V(x) \Delta t + \Delta x_{\mathrm{r}} \tag{F.2}$$

其中

$$V(x) = -\frac{1}{\zeta} \frac{\partial U}{\partial x} \tag{F.3}$$

$$\Delta x_{\mathrm{r}} = \int_{t}^{t+\Delta t} dt' v_{\mathrm{r}}(t') \tag{F.4}$$

随机变量 Δx_{r} 的平均和变化为

$$\langle \Delta x_{\mathrm{r}} \rangle = 0, \quad \langle \Delta x_{\mathrm{r}}^2 \rangle = 2D\Delta t \tag{F.5}$$

因此

$$\langle \xi \rangle = V\Delta t, \quad \langle \xi^2 \rangle = 2D\Delta t \tag{F.6}$$

其中，Δt^2 或更高阶的项都被忽略了。

为了计算式 (F.1) 中的积分，我们写出

$$\psi(x - \xi, t) = \left(1 - \xi \frac{\partial}{\partial x} + \frac{\xi^2}{2} \frac{\partial^2}{\partial x^2} \right) \psi(x, t) \tag{F.7}$$

$$P(x - \xi, \xi, \Delta t) = \left(1 - \xi \frac{\partial}{\partial x} + \frac{\xi^2}{2} \frac{\partial^2}{\partial x^2} \right) P(x, \xi, t) \tag{F.8}$$

式 (F.1) 的右边可以计算为关于 ξ 的表达式。比如

$$\int d\xi \frac{\partial P(x, \xi, \Delta t)}{\partial x} \psi(x, t) = \psi \frac{\partial}{\partial x} \int d\xi \xi P(x, \xi, \Delta t) = \psi \frac{\partial V}{\partial x} \Delta t \tag{F.9}$$

这些项求和，我们得到

$$\int \mathrm{d}\xi P\left(x-\xi,\xi,\Delta t\right)\psi\left(x-\xi,t\right)$$

$$=\psi+\left(-\psi\frac{\partial V}{\partial x}-V\frac{\partial \psi}{\partial x}+D\frac{\partial^2\psi}{\partial x^2}+2\frac{\partial D}{\partial x}\frac{\partial \psi}{\partial x}+\psi\frac{\partial^2 D}{\partial x^2}\right)\Delta t \tag{F.10}$$

这样就得到关于 ψ 的方程

$$\frac{\partial \psi}{\partial t}=-\frac{\partial}{\partial x}\left(V\psi\right)+\frac{\partial^2}{\partial x^2}\left(D\psi\right) \tag{F.11}$$

对于常数 D，方程 (F.11) 给出了 Smoluchowskii 方程 (7.44)。

附录 G　习 题 答 案

第 2 章

2.1　(a) 假设糖与水的比容为 $1cm^3/g$，质量浓度 c 估计为

$$c = \frac{10g}{200 + 10cm^3} \tag{附 2.1}$$

$$= 0.048g/cm^3 \tag{附 2.2}$$

对于相同的比容，质量分数是

$$\phi_m = 0.048 \tag{附 2.3}$$

摩尔分数是

$$x_m = \frac{\dfrac{100}{500}}{\dfrac{10}{500} + \dfrac{200}{18}} \approx 1.8 \times 10^{-2} \tag{附 2.4}$$

(b) 气体常数为 $R_G = 8.3J/(mol \cdot K)$.

$$\Pi = \frac{10}{500}mol \times 8.3J/(mol \cdot K) \times \frac{1}{210 \times 10^{-6}} \times 300K \tag{附 2.5}$$

$$\approx 2.4 \times 10^5 Pa = 2.4atm \tag{附 2.6}$$

2.2　(a) 单位体积的聚合物数量为 $n^* = 1/[(4\pi/3)\,R_g^3] = 2.4 \times 10^{20}m^{-3}$. 质量浓度为

$$c^* = n^* M/N_A = 0.012g/cm^3 \tag{附 2.7}$$

M 是分子质量，N_A 是阿伏伽德罗常数。

(b) 渗透压由

$$\Pi = n^* k_B T = 1Pa \tag{附 2.8}$$

给出。

2.3　(a) 半透膜上的压力差必须等于渗透压力差，(因为由式 (2.27) 给出的溶剂的化学势在半透膜上必须连续)。假设 Π_1、Π_2 分别是顶部、底部的渗透压，那么，

$$\Pi_1 - \Pi_2 = \frac{W}{A} \tag{附 2.9}$$

对于稀溶液来说，

$$\Pi_1 = n_0 k_{\mathrm{B}} T \frac{h}{h-x}, \quad \Pi_2 = n_0 k_{\mathrm{B}} T \frac{h}{h+x} \qquad (\text{附 } 2.10)$$

因此，

$$\frac{h}{h-x} - \frac{h}{h+x} = w \qquad (\text{附 } 2.11)$$

这里 $w = W/(An_0 k_{\mathrm{B}} T)$。式 (附 2.11) 的解为

$$\frac{x}{h} = \frac{1}{\omega}\left(\sqrt{1+\omega^2}-1\right) \qquad (\text{附 } 2.12)$$

对于小 W,

$$x = \frac{1}{2}\omega h = \frac{W}{2An_0 k_{\mathrm{B}} T} h \qquad (\text{附 } 2.13)$$

对于大 W, x 接近于 h.

(b) 如果考虑溶液的密度，则半透膜上的压力变化为 $W/A + 2\rho gh$。因此答案由有效重量 $W_{\mathrm{eff}} = W + 2\rho ghA$ 给出，这个重量代替了式 (附 2.13) 中的 W。

2.4 (a) 吉布斯的自由能写成 $G(P, N_0, N_1, \cdots, N_n, T)$。由于 $\partial G/\partial P = V$ 独立于 P, G 可以写为

$$G = PV + F(N_0, N_1, \cdots, N_n, T) \qquad (\text{附 } 2.14)$$

对于任意参数 α, 函数 $F(N_0, N_1, \cdots, N_n, T)$ 满足如下标度关系：

$$F(\alpha N_0, \alpha N_1, \cdots, \alpha N_n, T) = \alpha F(N_0, N_1, \cdots, N_n, T) \qquad (\text{附 } 2.15)$$

令 $\alpha = 1/V = 1/\sum_i N_i v_i$, 得到

$$F(N_0/V, N_1/V, \cdots, N_n/V, T) = \frac{1}{V} F(N_0, N_1, \cdots, N_n, T) \qquad (\text{附 } 2.16)$$

因此

$$F(N_0, N_1, \cdots, N_n, T) = VF(N_0/V, N_1/V, \cdots, N_n/V, T) = Vf(\phi_1, \cdots, \phi_n, T) \\ (\text{附 } 2.17)$$

这里，我们将 N_i/V 表达为 $\phi_i/v_i, \phi_0$ 被写成 $1 - \sum_{i=1}^{n} \phi_i$。

(b) 渗透压由式 (2.21) 给出，其中 F_{tot} 表示为

$$F_{\mathrm{tot}} = Vf(\phi_i) + (V_{\mathrm{tot}} - V) f(0) \qquad (\text{附 } 2.18)$$

渗透压由 $\Pi = -\partial F_{\text{tot}}/\partial V$ 给出，使用 $\phi_i = N_i v_i / V$，我们最后得到

$$\Pi = \sum_{i=1}^{n} \phi_i \frac{\partial f}{\partial \phi_i} - f(\phi_i) + f(0) \qquad (\text{附 } 2.19)$$

化学势 μ_i 由 $\mu_i = \partial G/\partial N_i$ 给出，其中 G 的表达式为

$$G = PV + Vf(\phi_i; T) \qquad (\text{附 } 2.20)$$

使用 $V = \sum_i v_i N_i$ 和 $\phi_i = N_i v_i / V$，我们得到

$$\mu_i = Pv_i + v_i f + V \sum_k \frac{\partial f}{\partial \phi_k} \frac{\partial \phi_k}{\partial N_i} \qquad (\text{附 } 2.21)$$

使用 $\phi_k = N_k v_k \Big/ \sum_j N_j v_j$，我们得到

$$\frac{\partial \phi_k}{\partial N_i} = \frac{v_i}{V}(\delta_{ki} - \phi_k) \qquad (\text{附 } 2.22)$$

因此

$$\mu_i = v_i \left[P + f + \sum_{k=1}^{n} (\delta_{ki} - \phi_k) \frac{\partial f}{\partial \phi_k} \right] = v_i \left[\frac{\partial f}{\partial \phi_i} + P - \Pi + f(0) \right] \qquad (\text{附 } 2.23)$$

对于 $i = 0$，可以写为

$$\begin{aligned} \mu_0 &= v_0 \left[P + f + \sum_{k=1}^{n} -\phi_k \frac{\partial f}{\partial \phi_k} \right] \\ &= v_0 \left[P - \Pi + f(0) \right] \end{aligned} \qquad (\text{附 } 2.24)$$

(c)

$$\begin{aligned} \sum_{i=0}^{n} \frac{\phi_1}{v_i} \mu_i &= \sum_{i=0}^{n} \frac{\phi_i}{v_i} \left[Pv_i + v_i f + v_i \sum_{k=1}^{n} (\delta_{ki} - \phi_k) \frac{\partial f}{\partial \phi_k} \right] \\ &= \sum_{i=0}^{n} \left[P\phi_i + f\phi_i + \phi_i \sum_{k=1}^{n} (\delta_{ki} - \phi_k) \frac{\partial f}{\partial \phi_k} \right] \\ &= \sum_{i=0}^{n} (P\phi_i + f\phi_i) + \underline{\sum_{i=0}^{n} \sum_{k=1}^{n} \phi_i (\delta_{ki} - \phi_k) \frac{\partial f}{\partial \phi_k}} \qquad (\text{附 } 2.25) \end{aligned}$$

带下划线的部分等于零，因为

$$\sum_{i=0}^{n} \sum_{k=1}^{n} \phi_i (\delta_{ki} - \phi_k) \frac{\partial f}{\partial \phi_k} = \sum_{k=1}^{n} \frac{\partial f}{\partial \phi_k} \sum_{i=0}^{n} \phi_i (\delta_{ki} - \phi_k)$$

$$= \sum_{k=1}^{n} \frac{\partial f}{\partial \phi_k} \left(\phi_k - \sum_{i=0}^{n} \phi_k \phi_i \right)$$

$$= \sum_{k=1}^{n} \frac{\partial f}{\partial \phi_k} \left(\phi_k - \phi_k \right) = 0 \qquad \text{(附 2.26)}$$

因此,

$$\sum_i \frac{\phi_i}{v_i} \mu_i = f + P \qquad \text{(附 2.27)}$$

(d) 假设

$$f = f(0) + \sum_i a_i(T) \phi_i + \sum_i \frac{k_B T}{v_i} \phi_i \ln \phi_i + \sum_{i,j} b_{ij}(T) \phi_i \phi_j \qquad \text{(附 2.28)}$$

使用式 (2.74) 计算 Π, 并将结果与式 (2.78) 对比, 得到 $b_{ij} = A_{ij}$。因此, 对于 $i \neq 0$,

$$\mu_i(\phi_i, T) = v_i \left[P - \Pi + \frac{\partial f}{\partial \phi_i} + f(0) \right] \qquad \text{(附 2.29)}$$

$$= \mu_i^{(0)}(T) + P v_i + k_B T \ln \phi_i + \sum_{j=1}^{n} \left(2 v_i A_{ij} - \frac{v_i}{v_j} k_B T \right) \phi_j \qquad \text{(附 2.30)}$$

2.5   (a) 渗透压被显示在图 2.1。

(b) 旋节线在图 2.2 中以虚线表示。

(c) 双节线在图 2.2 中以实线表示。

2.6   (a) $f(\phi)$ 在图 2.3 中被画出。为了明显地显示出形状的变化, χ 选择三个数: 0.2, 0.6 和 1。

(b) 旋节线如图 2.4 显示。

2.7   (a) 如果溶液是均匀的, 对于组分 i 有体积分数 ϕ_{i0}, 因此能给出系统的自由能 $F_{tot,0} = V f(\phi_{i0})$。如果在浓度曲线上有小扰动 $\delta\phi_i(r) = \phi_i(r) - \phi_{i0}$, 系统的总自由能为

$$F_{tot} = \int dr f(\phi_i(r)) \qquad \text{(附 2.31)}$$

对 $\delta\phi_i(r)$ 展开右半部分, 得到

$$F_{tot} = F_{tot,0} + \int dr \sum_i \left. \frac{\partial f}{\partial \phi_i} \right|_{\phi_{i0}} \delta\phi_i(r) + \frac{1}{2} \int dr \sum_{i,j} \left. \frac{\partial^2 f}{\partial \phi_i \partial \phi_j} \right|_{\phi_{i0}} \delta\phi_i(r) \delta\phi_j(r)$$

$$\text{(附 2.32)}$$

由于组分 i 的体积是不变的, $\int dr \delta\phi_i(r)$ 等于零, 因此式子右边第二项等于零, 得到

$$F_{tot} - F_{tot,0} = \frac{1}{2} \int dr \sum_{i,j} H_{i,j} \delta\phi_i(r) \delta\phi_j(r) \qquad \text{(附 2.33)}$$

其中 $H_{ij} = \left.\dfrac{\partial^2 f}{\partial \phi_i \partial \phi_j}\right|_{\phi_{i0}}$。为了使解稳定，这个等式的右边对于任意 $\delta\phi_i(r)$ 必须是正的。这与矩阵 H_{ij} 的所有特征值为正的条件是等价的。在稳定边界，特征值方程 $\det(H_{ij} - \lambda\delta_{ij}) = 0$ 的一个解变为零。因此，在边界 $\det H_{ij}$ 必须等于零。

(b) 给出自由能

$$f = \frac{k_{\mathrm{B}}T}{v_{\mathrm{c}}}\left[(1-\phi)\ln(1-\phi) + \sum_{i=1,2}\frac{\phi_i}{N_i}\ln\phi_i - \chi\phi^2\right] \tag{附 2.34}$$

其中

$$\phi = \sum_{i=1,2}\phi_i \tag{附 2.35}$$

矩阵 H_{ij} 计算为

$$(H_{ij}) = \frac{k_{\mathrm{B}}T}{v_{\mathrm{c}}}\begin{pmatrix} \dfrac{1}{N_1\phi_1} + \dfrac{1}{1-\phi} - 2\chi & \dfrac{1}{1-\phi} - 2\chi \\[2mm] \dfrac{1}{1-\phi} - 2\chi & \dfrac{1}{N_2\phi_2} + \dfrac{1}{1-\phi} - 2\chi \end{pmatrix} \tag{附 2.36}$$

由方程 $\det(H_{ij}) = 0$ 得到

$$\left(\frac{1}{N_1\phi_1} + \frac{1}{1-\phi} - 2\chi\right)\left(\frac{1}{N_2\phi_2} + \frac{1}{1-\phi} - 2\chi\right) = \left(\frac{1}{1-\phi} - 2\chi\right)^2 \tag{附 2.37}$$

经过计算，得到以下等式

$$\chi = \frac{1}{2}\left(\frac{1}{1-\phi} + \frac{\phi}{N_1\phi_1 + N_2\phi_2}\right) \tag{附 2.38}$$

可以写为

$$\chi = \frac{1}{2}\left(\frac{1}{1-\phi} + \frac{\phi}{N_\omega\phi}\right) \tag{附 2.39}$$

第 3 章

3.1 (a) 对于理想气体，$P = Nk_{\mathrm{B}}T/V$。因此体积模量可表示为

$$K = -V\frac{\partial P}{\partial V} = \frac{Nk_{\mathrm{B}}T}{V} = nk_{\mathrm{B}}T \tag{附 3.1}$$

(b)

$$K = \frac{k_{\mathrm{B}}T}{\dfrac{4\pi}{3}a^3} = \frac{1.38\times10^{-23}\times300\mathrm{J}}{\dfrac{4\pi}{3}(0.15\times10^{-9}\mathrm{m})^3} \approx 2.9\times10^8\mathrm{Pa} = 0.29\mathrm{GPa} \tag{附 3.2}$$

(c) 在 1 cm³ 橡胶中包含 $\dfrac{1}{10^4}$ mol 子链，因此剪切模量可表示为

$$G = \frac{1}{10^4} \times 10^6 \mathrm{m}^{-3} \times 8.13 \times 300\mathrm{J} \approx 2.4 \times 10^5 \mathrm{Pa} \tag{附 3.3}$$

3.2　(a) 对单轴拉伸，单位体积的总自由能由下式给出

$$f_{\mathrm{tot}} = \frac{K}{2}(2\varepsilon_x + \varepsilon_z)^2 + \frac{2G}{3}(\varepsilon_x - \varepsilon_z)^2 - \sigma\varepsilon_z \tag{附 3.4}$$

因此 $\partial f_{\mathrm{tot}}/\partial\varepsilon_x = \partial f_{\mathrm{tot}}/\partial\varepsilon_z = 0$ 可写为

$$2K(2\varepsilon_x + \varepsilon_z) + \frac{4}{3}G(\varepsilon_x - \varepsilon_z) = 0 \tag{附 3.5}$$

$$K(2\varepsilon_x + \varepsilon_z) - \frac{4}{3}G(\varepsilon_x - \varepsilon_z) = \sigma \tag{附 3.6}$$

方程解为

$$\varepsilon_z = \frac{3K + G}{9KG}\sigma \tag{附 3.7}$$

$$\varepsilon_x = -\frac{3K - 2G}{18KG}\sigma \tag{附 3.8}$$

故

$$E = \frac{\sigma}{\varepsilon_z} = \frac{9KG}{3K + G} \tag{附 3.9}$$

$$\nu = -\frac{\varepsilon_x}{\varepsilon_z} = \frac{3K - 2G}{2(3K + G)} \tag{附 3.10}$$

(b)

$$\frac{\Delta V}{V} = 2\varepsilon_x + \varepsilon_z = \frac{\sigma}{3K} \tag{附 3.11}$$

3.3　(a) 由于本征方程 $\det(\boldsymbol{B} - \lambda^2\boldsymbol{I}) = 0$ 的解为 $\lambda_1^2, \lambda_2^2, \lambda_3^2$，以下恒等式成立。

$$\begin{vmatrix} B_{xx} - \lambda^2 & B_{xy} & B_{zx} \\ B_{xy} & B_{yy} - \lambda^2 & B_{yz} \\ B_{zx} & B_{yz} & B_{zz} - \lambda^2 \end{vmatrix} = -(\lambda^2 - \lambda_1^2)(\lambda^2 - \lambda_2^2)(\lambda^2 - \lambda_3^2) \tag{附 3.12}$$

或

$$\begin{aligned} &\lambda^6 - \lambda^4(B_{xx} + B_{yy} + B_{zz}) \\ &+ \lambda^2(B_{xx}B_{yy} + B_{yy}B_{zz} + B_{zz}B_{xx} - B_{xy}^2 - B_{yz}^2 - B_{zx}^2) - \det(\boldsymbol{B}) \\ &= (\lambda^2 - \lambda_1^2)(\lambda^2 - \lambda_2^2)(\lambda^2 - \lambda_3^2) \end{aligned} \tag{附 3.13}$$

对比系数 λ^4 与 λ^0，我们有

$$\lambda_1^2 + \lambda_2^2 + \lambda_3^2 = B_{xx} + B_{yy} + B_{zz} = \mathrm{Tr}(\boldsymbol{B}) \tag{附 3.14}$$

$$\lambda_1^2 \lambda_2^2 \lambda_3^2 = \det(\boldsymbol{B}) \tag{附 3.15}$$

(b) 矩阵 $\boldsymbol{B}^{-1}$ 的本征值为 λ_1^{-2}、λ_2^{-2} 及 λ_3^{-2}，由式 (附 3.14) 可得

$$\lambda_1^{-2} + \lambda_2^{-2} + \lambda_3^{-2} = \mathrm{Tr}\,\boldsymbol{B}^{-1} \tag{附 3.16}$$

(c) λ_1、λ_2 及 λ_3 由以下方程组决定

$$\lambda_1^2 + \lambda_2^2 + \lambda_3^2 = \mathrm{Tr}\,\boldsymbol{B} \tag{附 3.17}$$

$$\lambda_1^{-2} + \lambda_2^{-2} + \lambda_3^{-2} = \mathrm{Tr}\,\boldsymbol{B}^{-1} \tag{附 3.18}$$

$$\lambda_1^2 \lambda_2^2 \lambda_3^2 = \det(\boldsymbol{B}) \tag{附 3.19}$$

这里，由于橡胶的不可压缩性，$\lambda_1\lambda_2\lambda_3$ 恒等于 1，因此 $f(\lambda_1, \lambda_2, \lambda_3)$ 可表示为 $f(\mathrm{Tr}\,\boldsymbol{B}, \mathrm{Tr}\,\boldsymbol{B}^{-1})$。

3.4 (a) 剪切变形将点 (x, y, z) 移至 $(x + \gamma y, y, z)$，因此矩阵 $\boldsymbol{E}$ 表示为

$$E = \begin{pmatrix} 1 & \gamma & 0 \\ 0 & 1 & 0 \\ 0 & 0 & 1 \end{pmatrix} \tag{附 3.20}$$

故

$$B = \begin{pmatrix} 1 & \gamma & 0 \\ 0 & 1 & 0 \\ 0 & 0 & 1 \end{pmatrix} \begin{pmatrix} 1 & 0 & 0 \\ \gamma & 1 & 0 \\ 0 & 0 & 1 \end{pmatrix} = \begin{pmatrix} 1+\gamma^2 & \gamma & 0 \\ \gamma & 1 & 0 \\ 0 & 0 & 1 \end{pmatrix} \tag{附 3.21}$$

特征值方程为

$$\det \begin{vmatrix} 1+\gamma^2-\lambda^2 & \gamma & 0 \\ \gamma & 1-\lambda^2 & 0 \\ 0 & 0 & 1-\lambda^2 \end{vmatrix} = 0 \tag{附 3.22}$$

这给出了

$$(1 - \lambda^2)\left[(1 + \gamma^2 - \lambda^2)(1 - \lambda^2) - \gamma^2\right] = 0 \tag{附 3.23}$$

解此方程可得

$$\lambda^2 = 1, \frac{1}{2}\left[(2 + \gamma^2) \pm 2\gamma\sqrt{1 + \frac{\gamma^2}{4}}\right] \tag{附 3.24}$$

对于小的 γ, 解为

$$\lambda^2 = 1, 1 \pm \gamma \tag{附 3.25}$$

即

$$\lambda = 1, 1 \pm \gamma/2 \tag{附 3.26}$$

3.5 (a) 由于 $\lambda_1 = \lambda_2 = 1/\sqrt{\lambda}$, $\lambda_3 = \lambda$, 形变自由能表示为

$$f = \frac{C_1}{2}\left(\frac{2}{\lambda} + \lambda^2 - 3\right) + \frac{C_2}{2}\left(2\lambda + \frac{1}{\lambda^2} - 3\right) \tag{附 3.27}$$

因此应力为 (见方程 (3.60))

$$\sigma = \lambda\frac{\partial f}{\partial \lambda} = C_1\left(\lambda^2 - \frac{1}{\lambda}\right) + C_2\left(\lambda - \frac{1}{\lambda^2}\right) \tag{附 3.28}$$

(b) 由方程 (3.29) 可得矩阵 $\boldsymbol{B}$。矩阵 $\boldsymbol{B}^{-1}$ 为

$$\boldsymbol{B}^{-1} = \begin{pmatrix} 1+\gamma^2 & -\gamma & 0 \\ -\gamma & 1 & 0 \\ 0 & 0 & 1 \end{pmatrix} \tag{附 3.29}$$

因此

$$f = \frac{C_1}{2}\left[\mathrm{Tr}\boldsymbol{B} - 3\right] + \frac{C_2}{2}\left[\mathrm{Tr}\boldsymbol{B}^{-1} - 3\right] = \frac{C_1}{2}\gamma^2 + \frac{C_2}{2}\gamma^2 = \frac{1}{2}\left(C_1 + C_2\right)\gamma^2 \tag{附 3.30}$$

故剪切应力为

$$\sigma = \frac{\partial f}{\partial \gamma} = \left(C_1 + C_2\right)\gamma \tag{附 3.31}$$

(c) 总自由能为

$$F_{\mathrm{tot}} = 4\pi R^2 h\left[\frac{C_1}{2}\left(2\lambda^2 + \frac{1}{\lambda^4} - 3\right) + \frac{C_2}{2}\left(\frac{2}{\lambda^2} + \lambda^4 - 3\right)\right] - \frac{4\pi}{3}R^3\Delta P\left(\lambda^3 - 1\right) \tag{附 3.32}$$

由平衡条件 $\partial F_{\mathrm{tot}}/\partial \lambda$ 可得以下方程

$$\frac{R\Delta P}{Gh} = 2\left(1 - x\right)\left(\frac{1}{\lambda} - \frac{1}{\lambda^7}\right) + 2x\left(\lambda - \frac{1}{\lambda^5}\right) \tag{附 3.33}$$

其中, $G = C_1 + C_2$, $x = C_2/\left(C_1 + C_2\right)$。

设 $F(\lambda; x)$ 是出现在上式右侧的函数。对于小的 $x(x < 0.17)$, $F(\lambda; x)$ 具有局部最大值和局部最小值, 如图 3.7 中的曲线 (ii) 所示。在这种情况下, 当压力增加时, 气球在一定压力下不连续地膨胀。另一方面, 对于 $x > 0.17$, 不存在不连续的体积变化。

3.7 整个系统的自由能为

$$F_{\mathrm{tot}} = V_0 f_{\mathrm{gel}}\left(\phi\right) + \left(V_{\mathrm{tot}} - V\right) f_{\mathrm{sol}}\left(\phi'_{\mathrm{sol}}\right) \tag{附 3.34}$$

其中，$V = V_0 \phi_0 / \phi$ 为凝胶体积，ϕ'_{sol} 为外部溶液中的聚合物体积分数。注意，因为 $(V_{tot} - V) \phi'_{sol}$ 必须为常数，故 ϕ'_{sol} 与 ϕ_{sol} 不同。改变量 $\delta\phi_{sol} = \phi'_{sol} - \phi_{sol}$ 可写为

$$\delta\phi_{sol} = \frac{V - V_0}{V_{tot}} \phi_{sol} \tag{附 3.35}$$

由 ϕ（取极限 $V_{tot} \gg V$）对方程 (3.7.1) 最小化可得方程 (3.100)。或者，可以利用溶剂的化学势来解该问题。体积为 V 的凝胶的自由能可表示为 $V f_{gel}(\phi) + F_{ref}$，其中 $V = N_p v_p + N_s v_s$，$\phi = N_s v_s / (N_p v_p + N_s v_s)$。凝胶中溶剂的化学势由下式给出

$$\mu_s = \frac{\partial (V_0 f_{gel} + F_{ref})}{\partial N_s} \tag{附 3.36}$$

$$= V_0 \frac{\partial f_{gel}}{\partial \phi} \frac{\partial \phi}{\partial N_s} + \frac{\partial F_{ref}}{\partial N_s} \tag{附 3.37}$$

$$= -v_s \frac{\phi^2}{\phi_0} \frac{\partial f_{gel}}{\partial \phi} + C \tag{附 3.38}$$

C 为常数，与 ϕ 无关。在平衡时，凝胶中溶剂的化学势等于外部溶液中的化学势，故

$$\mu_s = \mu_{sol} \tag{附 3.39}$$

或

$$-v_s \frac{\phi^2}{\phi_0} \frac{\partial f_{gel}}{\partial \phi} = \Delta\mu_{sol} \tag{附 3.40}$$

其中，$\Delta\mu_{sol}$ 是外部溶液中化学势相对于参考状态的化学势的差。由于溶液中溶剂的化学势由式 (2.27) 给出，$\Delta\mu_{sol}$ 为

$$\Delta\mu_{sol} = v_s \Pi_{sol}(\phi_{sol}) \tag{附 3.41}$$

因此，平衡条件可写为

$$\frac{\phi^2}{\phi_0} \frac{\partial f_{gel}}{\partial \phi} = \Pi_{sol}(\phi_{sol}) \tag{附 3.42}$$

由此可得

$$G_0 \left(\frac{\phi}{\phi_0} \right)^{1/3} = \Pi_{sol}(\phi) - \Pi_{sol}(\phi_{sol})$$

3.8 设 ϕ_1 是没有配重时平衡状态下的聚合物体积分数，λ_x，λ_z 是该状态下的伸长率。当前状态下的体积分数由 $\phi = \phi_1 / \lambda_x^2 \lambda_z$ 给出。凝胶的自由能密度由下式给出

$$f_{gel}(\lambda_x, \lambda_z) = \frac{G_0}{2} \left[\left(\frac{\phi_0}{\phi_1} \right)^{2/3} (\lambda_z^2 + 2\lambda_x^2) - 3 \right] + \frac{\phi_1}{\phi} f_{sol}(\phi) \tag{附 3.43}$$

系统总自由能可表示为

$$F_{\text{tot}} = S_0 h_0 f_{\text{gel}} (\lambda_x, \lambda_z) - W h_0 \lambda_z = S_0 h_0 \left[f_{\text{gel}} + w \lambda_z \right] \tag{附 3.44}$$

其中 $w = W/S$。使用 $\lambda_x = (\phi_1/\lambda_z \phi)^{1/2}$，括号内表达式可写为

$$f_{\text{tot}} = f_{\text{gel}} + w \lambda_z = \frac{G_0}{2} \left[\left(\frac{\phi_0}{\phi_1} \right)^{2/3} \left(\lambda_z^2 + 2 \frac{\phi_1}{\lambda_z \phi} \right) - 3 \right] + \frac{\phi_1}{\phi} f_{\text{sol}} (\phi) + w \lambda_z \tag{附 3.45}$$

条件 $\partial f_{\text{tot}}/\partial \lambda_z = 0$ 和 $\partial f_{\text{tot}}/\partial \phi = 0$ 可写为

$$G_1 \left(\lambda_z - \frac{\phi_1}{\lambda_z^2 \phi} \right) = -w \tag{附 3.46}$$

$$G_1 \frac{1}{\lambda_z} = \Pi_{\text{sol}} (\phi) \tag{附 3.47}$$

其中 $G_1 = G_0 (\phi_0/\phi_1)^{2/3}$。当 w 较小时，可对上述方程组求解析解。假设 $\lambda_z = 1 + \varepsilon$ 且 $\phi = \phi_1 (1 + x)$，$\varepsilon \ll 1$ 且 $x \ll 1$，方程可线性化为

$$G_1 (3\varepsilon + x) = -w \tag{附 3.48}$$

$$-G_1 \varepsilon = K x \tag{附 3.49}$$

其中 $K = \phi_1 \partial \Pi_{\text{sol}}/\partial \phi$ 是溶液的渗透体积模量。方程 (附 3.48) 与 (附 3.49) 给出

$$\varepsilon = -\frac{w}{3 G_1} \left(1 - \frac{G_1}{3K} \right) \tag{附 3.50}$$

$$x = \frac{K}{G_1} \varepsilon \tag{附 3.51}$$

第 4 章

4.1 设 $y(x)$ 为弯月面 x 处的位置。系统的总自由能为

$$G_{\text{tot}} = \int dr \left(\frac{\rho g}{2} y^2 x \theta - 2 \gamma_{\text{s}} y \right) \tag{附 4.1}$$

因此由条件 $\delta G_{\text{tot}}/\delta y(x) = 0$ 得到

$$\rho g y x \theta - 2 \gamma_{\text{s}} = 0 \tag{附 4.2}$$

即

$$y = \frac{C}{x}, \quad C = \frac{2 \gamma_{\text{s}}}{\rho g \theta} = \frac{2 r_{\text{c}}^2}{\theta} \tag{附 4.3}$$

4.2 系统的自由能由 $G_{\text{tot}} = 2A (\gamma_{SL} - \gamma_{SV})$ 给出。由关系式 $A = V/h$ 和 $\gamma_{SL} - \gamma_{SV} = -\gamma \cos\theta$，我们得到

$$G_{\text{tot}} = -2 \gamma \cos\theta \frac{V}{h} \tag{附 4.4}$$

因此，作用在板之间的力

$$F = -\frac{\partial G_{\text{tot}}}{\partial h} = -2\gamma \cos\theta \frac{V}{h^2} \tag{附 4.5}$$

为吸引力。

4.3　系统的总自由能为

$$G_{\text{tot}} = S\left[\frac{1}{2}\left(\rho_A - \rho_C\right)gh_1^2 + \frac{1}{2}\left(\rho_B - \rho_A\right)gh_2^2 + \left(\gamma_{AC} + \gamma_{AB} - \gamma_{BC}\right)\right] \tag{附 4.6}$$

其中 $S = V/(h_1 + h_2)$ 是液滴的面积。将 $h = h_1 + h_2$ 和 $\lambda = h_1/h$ 视为独立变量，将方程 (附 4.6) 写为

$$G_{\text{tot}} = V\left[\frac{1}{2}\rho_1 g\lambda^2 h + \frac{1}{2}\rho_2 g\left(1 - \lambda\right)^2 h + \frac{\gamma}{h}\right] \tag{附 4.7}$$

其中

$$\gamma = \gamma_{AC} + \gamma_{AB} - \gamma_{BC} \tag{附 4.8}$$

$$\rho_1 = \rho_A - \rho_B \tag{附 4.9}$$

$$\rho_2 = \rho_B - \rho_A \tag{附 4.10}$$

由条件 $\delta G_{\text{tot}}/\delta\lambda = 0$ 得到

$$\lambda = \frac{\rho_2}{\rho_1 + \rho_2} \tag{附 4.11}$$

由条件 $\delta G_{\text{tot}}/\delta h = 0$ 得到

$$h^2 = \frac{2\gamma}{g}\left(\frac{1}{\rho_1} + \frac{1}{\rho_2}\right) \tag{附 4.12}$$

因此结果可以被写为

$$h_1 = \frac{\rho_B - \rho_A}{\rho_B - \rho_C}h, \quad h_2 = \frac{\rho_A - \rho_C}{\rho_B - \rho_C}h \tag{附 4.13}$$

其中

$$h^2 = \frac{2\left(\gamma_{AC} + \gamma_{AB} - \gamma_{BC}\right)}{g}\left(\frac{1}{\rho_A - \rho_C} + \frac{1}{\rho_B - \rho_A}\right) \tag{附 4.14}$$

4.4　(a) 液滴中的压力高于外部：

$$2\frac{\gamma}{r} = 2 \times 70 \times 10^{-3}\left[\frac{\text{N}}{\text{M}}\right] \cdot \left(10^{-6}\text{m}\right)^{-1} = 1.4 \times 10^5\text{Pa} = 1.4\text{atm} \tag{附 4.15}$$

(b) 设液体的吉布斯自由能为 $G_l\left(T, P, N\right)$。由于液体的体积 V 由 Nv 得到，由关系式 $\partial G/\partial P = V$ 得到

$$G_l\left(T, P, N\right) = PNv + F_l\left(T, N\right) \tag{附 4.16}$$

通过热力学标度，$F_l(T, N)$ 可以被写成 $N\mu_0(T)$。因此，

$$G_l = PNv + N\mu_{l0}(T) \tag{附 4.17}$$

因此液体中含有压力势 P_l 的化学势表达式为

$$\mu_l(T, P_l) = \frac{\partial G_l}{\partial N} = P_l v + \mu_{l0}(T) \tag{附 4.18}$$

(c) 气相中的化学势为

$$\mu_g(T, P_g) = \mu_{g0}(T) + k_B T \ln P_g \tag{附 4.19}$$

在平衡时液相的化学势等于气相的化学势，即 $\mu_g = \mu_l$。对于半径为 r 的液滴，液体中的压力 P_l 与 P_g 有关：

$$P_l = P_g + \frac{2\gamma}{r} \tag{附 4.20}$$

因此平衡条件为

$$\mu_{g0}(T) + k_B T \ln P_g = \mu_{l0}(T) + v\left(P_g + \frac{2\gamma}{r}\right) \tag{附 4.21}$$

设 $P_{g\infty}$ 为体相液体的蒸气压，

$$\mu_{g0}(T) + k_B T \ln P_{g\infty} = \mu_{l0}(T) + vP_{g\infty} \tag{附 4.22}$$

由式 (附 4.21) 和式 (附 4.22) 可以得到

$$k_B T \ln\left(\frac{P_g}{P_{g\infty}}\right) = v\frac{2\gamma}{r} + v(P_g - P_{g\infty}) \tag{附 4.23}$$

设 $\Delta P = P_g - P_{g\infty}$ 是半径为 r 的液滴的气压变化。对于 $\Delta P \ll P_{g\infty}$，式 (附 4.23) 能被解为

$$k_B T \frac{\Delta P}{P_{g\infty}} = v\frac{2\gamma}{r} + v\Delta P \tag{附 4.24}$$

现在 $k_B T / P_{g\infty}$ 代表气相中每个分子的体积，比液相中每个分子的体积 v 大得多，因此，方程 (附 4.24) 中右侧的项 $v\Delta P$ 可以忽略。因此，方程 (附 4.24) 解为

$$\Delta P = P_{g\infty} \frac{2v\gamma}{k_B T r} \tag{附 4.25}$$

对于问题中的参数，蒸气压的变化仅为 0.1%。

4.5 (a) 由平衡条件 $\mu_m = m\mu_1$，得到

$$a + mb + k_B T \ln n_m = m(a + b + k_B T \ln n_1) \tag{附 4.26}$$

因此

$$k_{\mathrm{B}}T\ln\frac{n_m}{n_1^m} = (m-1)\,a \tag{附 4.27}$$

或者

$$\frac{n_m}{n_1^m} = \exp\left[\frac{(m-1)\,a}{k_{\mathrm{B}}T}\right] = n_{\mathrm{c}}^{-(m-1)} \tag{附 4.28}$$

其中

$$n_{\mathrm{c}} = \exp\left(-\frac{a}{k_{\mathrm{B}}T}\right) \tag{附 4.29}$$

式 (4.28) 可写为

$$n_m = n_{\mathrm{c}}\left(\frac{n_1}{n_{\mathrm{c}}}\right)^m \tag{附 4.30}$$

(b) 使用方程 (7.74) 和方程

$$\sum_{m=1}^{\infty} m x^m = \frac{x}{(1-x)^2} \tag{附 4.31}$$

方程 (4.75) 可写为

$$\frac{n_1}{[1-(n_1/n_{\mathrm{c}})]^2} = n \tag{附 4.32}$$

n_1 可解为

$$\frac{n_1}{n_{\mathrm{c}}} = 1 + \frac{n_{\mathrm{c}}}{2n} - \sqrt{\frac{n_{\mathrm{c}}^2}{4n^2} + \frac{n_{\mathrm{c}}}{n}} \tag{附 4.33}$$

对于 $n \ll n_{\mathrm{c}}$，n_1 等于 n（例如，所有表面活性剂分子都为单聚体）。另一方面，即使 n 很大，n_1 也不能超过 n_{c}。确实，对于 $n \gg n_{\mathrm{c}}$，得到

$$n_1 = n_{\mathrm{c}}\left(1 - \sqrt{\frac{n_{\mathrm{c}}}{n}}\right) \tag{附 4.34}$$

(c) 我们假设本体中的表面活性剂浓度高，并且表面处表面活性剂的吸附是饱和的，即 Γ_{s} 是恒定的，则方程 (附 4.34) 给出

$$\gamma = \gamma_{\infty} - \Gamma_{\mathrm{s}}\left[\mu(n) - \mu(\infty)\right] = \gamma_{\infty} - \Gamma_{\mathrm{s}}k_{\mathrm{B}}T\ln\left[\frac{n_1(n)}{n_1(\infty)}\right] \tag{附 4.35}$$

对于 $n \gg n_{\mathrm{c}}$，由方程 (附 4.34) 和 (附 4.35) 得到

$$\gamma = \gamma_{\infty} - k_{\mathrm{B}}T\Gamma_{\mathrm{s}}\ln\left(1 - \sqrt{\frac{n_{\mathrm{c}}}{n}}\right) = \gamma_{\infty} + k_{\mathrm{B}}T\Gamma_{\mathrm{s}}\sqrt{\frac{n_{\mathrm{c}}}{n}} \tag{附 4.36}$$

对于 $n > n_{\mathrm{c}}$，γ 随着 n 的增加缓速下降，逼近渐进值 γ_{∞}。n_{c} 对应于 n_{cmc}。

4.6　(a) 考虑系统中有 N 个气体分子。如果假设气体是理想的，则系统的自由能由下式给出

$$A = A_0(T) - N k_{\mathrm{B}} T \ln[V_{\mathrm{tot}} - V_x(h)] \tag{附 4.37}$$

其中，V_{tot} 为系统的体积；$V_x(h)$ 为排除分子中心的虚线区域的体积。

如果两个球体相距很远，V_x 由下式给出

$$V_{x\infty} = 2\frac{4\pi}{3}(R+a)^3 \tag{附 4.38}$$

如果两个球体彼此靠近，V_x 减小，可写为

$$V_x(h) = V_{x\infty} - \Delta V(h) \tag{附 4.39}$$

其中 $\Delta V(h)$ 表示半径为 $R+a$ 的两个球体重叠区域的体积。

因为 $V_{\mathrm{tot}} \gg V_{x\infty}$ 和 $V_{\mathrm{tot}} \gg \Delta V(h)$，自由能可写成

$$
\begin{aligned}
A &= A_0(T) - N k_{\mathrm{B}} T \ln\left[V_{\mathrm{tot}}\left(1 - \frac{V_{x\infty} - \Delta V(h)}{V_{\mathrm{tot}}}\right)\right] \\
&= A_0(T) - N k_{\mathrm{B}} T \ln V_{\mathrm{tot}} + N k_{\mathrm{B}} T \frac{V_{x\infty} - \Delta V(h)}{V_{\mathrm{tot}}} \\
&= A_0(T) - N k_{\mathrm{B}} T \ln V_{\mathrm{tot}} + n k_{\mathrm{B}} T [V_{x\infty} - \Delta V(h)]
\end{aligned}
\tag{附 4.40}
$$

因此，球体之间的作用力由下式给出

$$F = -\frac{\partial A}{\partial h} = n k_{\mathrm{B}} T \frac{\partial \Delta V(h)}{\partial h} \tag{附 4.41}$$

(b) 重叠体积 $\Delta V(h)$ 可写成

$$\Delta V(h) = 2\pi\left[(R+a)^2\left(a - \frac{h}{2}\right) - \frac{1}{3}(R+a)^3 + \frac{1}{3}\left(R + \frac{h}{2}\right)^3\right] \tag{附 4.42}$$

因此，力的表达式为

$$F = \pi n k_{\mathrm{B}} T\left[R(h-2a) + \frac{h^2}{4} - a^2\right] \tag{附 4.43}$$

如果 $h \ll R$,

$$F = \pi n k_{\mathrm{B}} T R(h - 2a) \tag{附 4.44}$$

这个结论与式 (4.66) 和式 (4.49) 相符。

第 5 章

5.1 (a) 令 θ 和 ϕ 分别为矢量 $\boldsymbol{u}$ 的极角和方位角。矢量 $\boldsymbol{u}$ 在各向同性分布下的平均值 $\langle\cdots\rangle$ 可写为

$$\langle\cdots\rangle = \frac{1}{4\pi}\int_0^\pi \mathrm{d}\theta\sin\theta\int_0^{2\pi}\mathrm{d}\phi\cdots \tag{附 5.1}$$

由于 $u_z = \cos\theta$,$\langle u_z^{2m}\rangle$ 的计算为

$$\langle u_z^{2m}\rangle = \frac{1}{4\pi}\int_0^\pi \mathrm{d}\theta\sin\theta\int_0^{2\pi}\mathrm{d}\phi\cos^{2m}\theta = \frac{1}{2}\int_{-1}^1 \mathrm{d}t\, t^{2m} = \frac{1}{2m+1} \tag{附 5.2}$$

(b) 分量 u_α 等于矢量 $\boldsymbol{u}$ 与平行于 α 方向的单位基矢 $\boldsymbol{e}_\alpha$ 的内积,其中 α 为 x,y 或 z。因此,比如 $\langle u_\alpha\rangle$ 和 $\langle u_\alpha u_\beta\rangle$,它们的平均一般依赖于基矢 $\boldsymbol{e}_\alpha$ 的选择。然而,如果 $\boldsymbol{u}$ 的分布是各向同性的,这种平均变得不依赖于 $\boldsymbol{e}_\alpha$ 的选择。这样要求 $\langle u_\alpha u_\beta\rangle$ 必须写成

$$\langle u_\alpha u_\beta\rangle = A\delta_{\alpha\beta} \tag{附 5.3}$$

取这个等式两边的迹有

$$\langle u_\alpha u_\alpha\rangle = A\delta_{\alpha\alpha} \tag{附 5.4}$$

左边等于 1,右边等于 $3A$,因此 $A = 1/3$,以及

$$\langle u_\alpha u_\beta\rangle = \frac{1}{3}\delta_{\alpha\beta} \tag{附 5.5}$$

同样地,$\langle u_\alpha u_\beta u_\mu u_\nu\rangle$ 可写成

$$\langle u_\alpha u_\beta u_\mu u_\nu\rangle = B\left(\delta_{\alpha\beta}\delta_{\mu\nu} + \delta_{\alpha\mu}\delta_{\beta\nu} + \delta_{\alpha\nu}\delta_{\beta\mu}\right) \tag{附 5.6}$$

如果令 $\mu = \nu$ 并对 μ 求和,得到

$$\langle u_\alpha u_\beta u_\mu u_\mu\rangle = B\left(\delta_{\alpha\beta}\delta_{\mu\mu} + \delta_{\alpha\mu}\delta_{\beta\mu} + \delta_{\alpha\mu}\delta_{\beta\mu}\right) \tag{附 5.7}$$

左边等于 $\delta_{\alpha\beta}/3$,右边等于 $5B\delta_{\alpha\beta}$,因此 $B = 1/15$。

5.2 (a) 等式 (5.26) 的分母为

$$\begin{aligned}
D(x) &= \int_0^1 \mathrm{d}t\left(1 + xt^2 + \frac{1}{2}x^2 t^4 + \frac{1}{6}x^3 t^6 + \cdots\right) \\
&= 1 + \frac{1}{3}x + \frac{1}{10}x^2 + \frac{1}{42}x^3 + \cdots
\end{aligned} \tag{附 5.8}$$

分子为

$$N(x) = \frac{2}{15}x + \frac{2}{35}x^2 + \frac{1}{63}x^3 + \cdots \tag{附 5.9}$$

经过计算，我们最后得到

$$I(x) = \frac{N(x)}{D(x)} = \frac{2}{15}x\left[1 + \frac{2}{21}x - \frac{11}{315}x^2 + \cdots\right] \qquad \text{(附 5.10)}$$

(b) 在温度 T_{c2} 时，线 $y(x) = (k_B T/U)\,x$ 在 $x = 0$ 处与曲线 $y = I(x)$ 相切。因为曲线 $y = I(x)$ 在 $x = 0$ 处的斜率为 $2/15$(式 (附 5.10))，则有

$$\frac{k_B T_{c2}}{U} = \frac{2}{15} \qquad \text{(附 5.11)}$$

即

$$T_{c2} = \frac{2U}{15 k_B} \qquad \text{(附 5.12)}$$

5.3 我们通过未知变量的拉格朗日方法考虑约束式 (5.70)。需要被最小化的泛函为

$$F[\psi] = N\left[k_B T \int \mathrm{d}\boldsymbol{u}\,\psi(\boldsymbol{u}) \ln \psi(\boldsymbol{u}) - \frac{U}{2}\int \mathrm{d}\boldsymbol{u}\int \mathrm{d}\boldsymbol{u}'\,(\boldsymbol{u}\cdot\boldsymbol{u}')^2\,\psi(\boldsymbol{u})\,\psi(\boldsymbol{u}')\right]$$
$$- \lambda\left[\int \mathrm{d}\boldsymbol{u}\,\frac{3}{2}\left(\boldsymbol{u}_z^2 - \frac{1}{3}\right)\psi(\boldsymbol{u}) - S\right] - \mu\left[\int \mathrm{d}\boldsymbol{u}\,\psi(\boldsymbol{u}) - 1\right] \qquad \text{(附 5.13)}$$

上述泛函的最小化函数为

$$\psi = C \mathrm{e}^{\xi u_z^2} \qquad \text{(附 5.14)}$$

其中 ξ 和 C 为参数，由约束

$$S = \frac{\displaystyle\int \mathrm{d}\boldsymbol{u}\,\mathrm{e}^{\xi u_z^2}\,\frac{3}{2}\left(u_z^2 - \frac{1}{3}\right)}{\displaystyle\int \mathrm{d}\boldsymbol{u}\,\mathrm{e}^{\xi u_z^2}} \qquad \text{(附 5.15)}$$

和归一化条件

$$C\int \mathrm{d}\boldsymbol{u}\,\mathrm{e}^{\xi u_z^2} = 1 \qquad \text{(附 5.16)}$$

确定。

如果给定 S，ξ 和 C 由式 (附 5.15) 和式 (附 5.16) 决定。因此，ξ 和 C 可以看成是由 S 决定的参数，自由能 F 则可以看成 S 的函数。利用式 (附 5.14) 和式 (附 5.13)，我们可以得到

$$F/N = k_B T\left[\ln C + \xi \langle u_z^2\rangle\right] - \frac{U}{2}\left\langle (\boldsymbol{u}\cdot\boldsymbol{u}')^2\right\rangle \qquad \text{(附 5.17)}$$

右边第三项的平均表示分布函数 $\psi(\boldsymbol{u})\,\psi(\boldsymbol{u}')$ 的平均。由于分布对 z 轴具有旋转对称性，可以写成

$$\left\langle (\boldsymbol{u}\cdot\boldsymbol{u}')^2\right\rangle = \langle u_\alpha u'_\alpha u_\beta u'_\beta\rangle = \langle u_\alpha u_\beta\rangle\langle u'_\alpha u'_\beta\rangle \qquad \text{(附 5.18)}$$

由于 $\boldsymbol{u}$ 的分布对 z 轴具有单轴对称性，$\langle u_\alpha u_\beta \rangle$ 可以写成

$$\langle u_z^2 \rangle = \frac{1}{3}(2S+1) \qquad\qquad (\text{附 } 5.19)$$

$$\langle u_x^2 \rangle = \langle u_y^2 \rangle = \frac{1}{3}(-S+1) \qquad\qquad (\text{附 } 5.20)$$

$$\langle u_x u_y \rangle = \langle u_y u_z \rangle = \langle u_z u_x \rangle = 0 \qquad\qquad (\text{附 } 5.21)$$

因此

$$\left\langle (\boldsymbol{u}\cdot\boldsymbol{u}')^2 \right\rangle = \langle u_x^2 \rangle^2 + \langle u_y^2 \rangle^2 + \langle u_z^2 \rangle^2 = \frac{2}{3}S^2 + \frac{1}{3} \qquad\qquad (\text{附 } 5.22)$$

所以

$$F/N = k_{\mathrm{B}}T\left[\ln C + \frac{\xi}{3}(2S+1)\right] - \frac{U}{3}\left(S^2 + \frac{1}{2}\right) \qquad\qquad (\text{附 } 5.23)$$

条件 $\partial F/\partial S = 0$ 给出

$$k_{\mathrm{B}}T\left[\underline{\frac{\partial \ln C}{\partial S} + \frac{1}{3}(2S+1)\frac{\partial \xi}{\partial S}}\right] + k_{\mathrm{B}}T\frac{2\xi}{3} - \frac{2U}{3}S = 0 \qquad\qquad (\text{附 } 5.24)$$

下划线部分恒等于零，由于通过式 (附 5.16)，

$$\frac{\partial \ln C^{-1}}{\partial S} = \frac{\partial}{\partial S}\ln\left(\int \mathrm{d}u\, e^{\xi u_z^2}\right) = \frac{\partial \xi}{\partial S}\langle u_z^2 \rangle = \frac{\partial \xi}{\partial S}\frac{1}{3}(2S+1) \qquad\qquad (\text{附 } 5.25)$$

由此式 (附 5.24) 给出

$$k_{\mathrm{B}}T\xi = US \qquad\qquad (\text{附 } 5.26)$$

因此由式 (附 5.15) 得出式 (附 5.25)。

5.4　(a) 需要被最小化的泛函为

$$F[\psi] = N\left[k_{\mathrm{B}}T\int \mathrm{d}\boldsymbol{u}\,\psi(\boldsymbol{u})\ln\psi(\boldsymbol{u}) - \frac{U}{2}\int \mathrm{d}\boldsymbol{u}\int \mathrm{d}\boldsymbol{u}'\,(\boldsymbol{u}\cdot\boldsymbol{u}')^2\,\psi(\boldsymbol{u})\psi(\boldsymbol{u}')\right]$$
$$- \mu\left[\int \mathrm{d}\boldsymbol{u}\,\psi(\boldsymbol{u}) - 1\right] \qquad\qquad (\text{附 } 5.27)$$

条件 $\delta F[\psi]/\delta\psi(\boldsymbol{u}) = 0$ 给出

$$k_{\mathrm{B}}T\ln\psi(\boldsymbol{u}) - U\int \mathrm{d}\boldsymbol{u}'\,(\boldsymbol{u}\cdot\boldsymbol{u}')\,\psi(\boldsymbol{u}') - \mu = 0 \qquad\qquad (\text{附 } 5.28)$$

利用 $\boldsymbol{P} = \langle \boldsymbol{u} \rangle$ 上式可写为

$$k_{\mathrm{B}}T\ln\psi(\boldsymbol{u}) - U\boldsymbol{u}\cdot\boldsymbol{P} - \mu = 0 \qquad\qquad (\text{附 } 5.29)$$

因此

$$\psi(\boldsymbol{u}) = C e^{\beta U \boldsymbol{P} \cdot \boldsymbol{u}} \qquad (\text{附 } 5.30)$$

(b) 我们将 z 轴取为 $\boldsymbol{P}$ 的方向，则有

$$\psi(\boldsymbol{u}) = C e^{\beta U P u_z} \qquad (\text{附 } 5.31)$$

因此 $P = \langle u_z \rangle$ 可计算为

$$P = \frac{\int \mathrm{d}\boldsymbol{u}\, u_z e^{\beta U P u_z}}{\int \mathrm{d}\boldsymbol{u}\, e^{\beta U P u_z}} = \frac{\partial}{\partial x} \ln \int \mathrm{d}\boldsymbol{u}\, e^{x u_z} \qquad (\text{附 } 5.32)$$

其中 x 定义为 $x = \beta U P$。因为

$$\int \mathrm{d}\boldsymbol{u}\, e^{x u_z} = 4\pi \frac{\sinh x}{x} \qquad (\text{附 } 5.33)$$

式 (附 5.32) 可写成

$$P = \frac{\partial}{\partial x} \ln \left(4\pi \frac{\sinh x}{x} \right) = \coth x - \frac{1}{x} \qquad (\text{附 } 5.34)$$

或者

$$\frac{k_{\mathrm{B}} T}{U} x = \coth x - \frac{1}{x} \qquad (\text{附 } 5.35)$$

(c) 式 (附 5.35) 的图解如图 5.1 所示。如果 $k_{\mathrm{B}} T/U > 1/3$，则只在 $x = 0$ 处存在唯一解，因此 $P=0$，且系统处于无序相。如果 $k_{\mathrm{B}} T/U < 1/3$，则出现非零解，且系统变成有序相。临界温度为 $T_{\mathrm{c}} = U/3 k_{\mathrm{B}} T$。

5.5 (a) 由条件 $\delta \tilde{S}[\psi] \big/ \delta \psi(\boldsymbol{u}) = 0$ 得

$$k_{\mathrm{B}} T \ln \psi(\boldsymbol{u}) - \tilde{\lambda} u_z - \mu = 0 \qquad (\text{附 } 5.36)$$

最后一项来源于归一化条件 (见式 (5.27))。因此

$$\psi(\boldsymbol{u}) = C e^{\lambda u_z} \qquad (\text{附 } 5.37)$$

(b) 对于小 λ，式 (5.75) 可计算为

$$P = \frac{\int \mathrm{d}\boldsymbol{u}\, u_z e^{\lambda u_z}}{\int \mathrm{d}\boldsymbol{u}\, e^{\lambda u_z}} = \int \mathrm{d}\boldsymbol{u}\, u_z (1 + \lambda u_z + \cdots) = \frac{\lambda}{3} \qquad (\text{附 } 5.38)$$

所以

$$\lambda = 3P \tag{附 5.39}$$

因此熵 S 可以写成

$$S = -k_{\mathrm B} \int \mathrm{d}\boldsymbol{u}\,\psi \ln \psi = -k_{\mathrm B} \int \mathrm{d}\boldsymbol{u}\,\psi \left(\ln C + \lambda u_z\right) = -k_{\mathrm B}\left[\ln C + \lambda \langle u_z\rangle\right] \tag{附 5.40}$$

对于小 λ, $\ln C$ 计算为

$$-\ln C = \ln \int \mathrm{d}\boldsymbol{u}\, e^{\lambda u_z} = \ln \int \mathrm{d}\boldsymbol{u} \left(1 + \lambda u_z + \frac{\lambda}{2}u_z^2 + \cdots\right) = \frac{\lambda^2}{6} \tag{附 5.41}$$

因此 S 可以计算为

$$S = -k_{\mathrm B}\left[\frac{\lambda^2}{6} - \lambda P\right] = -\frac{3}{2}P^2 \tag{附 5.42}$$

其中利用了式 (附 5.38)。

(c) 能量这一项可写成

$$E = -\frac{U}{2}\int \mathrm{d}\boldsymbol{u}\int \mathrm{d}\boldsymbol{u}'\,(\boldsymbol{u}\cdot\boldsymbol{u}')\,\psi\left(\boldsymbol{u}\right)\psi\left(\boldsymbol{u}'\right) = -\frac{U}{2}\langle\boldsymbol{u}\rangle\langle\boldsymbol{u}'\rangle = -\frac{U}{2}P^2 \tag{附 5.43}$$

因此自由能可以写成

$$F = -TS + E\left(P\right) = \frac{3k_{\mathrm B}T}{2}P^2 - \frac{U}{2}P^2 \tag{附 5.44}$$

对于 $3k_{\mathrm B}T > U$, F 的最小值在 $P = 0$ 处, 然而对于 $3k_{\mathrm B}T < U$, 最小值在 P 为非零值的地方。因此临界温度为 $T_{\mathrm c} = U/3k_{\mathrm B}$。

第 6 章

6.1 (a) 对 $\eta = 10^{-3}\mathrm{Pa\cdot s}$, $a = 10^{-7}\mathrm{m}$, $\Delta\rho = 1\mathrm{g/cm}^3 = 10^3\mathrm{kg/m}^3$, $g = 9.8\mathrm{m/s}^2$,

$$V_{\mathrm s} = \frac{1}{6\pi\eta a}\frac{4\pi}{3}a^3\Delta\rho g = 2.2\times 10^{-8}\mathrm{m/s} = 0.022\mu\mathrm{m/s} \tag{附 6.1}$$

(b) $D = \dfrac{k_{\mathrm B}T}{6\pi\eta a} = 2.2\times 10^{-12}\mathrm{m}^2/\mathrm{s} = 2.2\mu\mathrm{m}^2/\mathrm{s}$ (附 6.2)

(c) 结果如附表 6.1 所示。

附表 6.1 半径为 0.1μm 的布朗粒子在时间 t 内通过沉积和扩散运动的距离

t	$V_s t$	$(Dt)^{1/2}$
1ms	2.2pm	47nm
1s	22nm	1.5μm
1h	78μm	89μm
1d	1.8mm	0.43μm

6.2
$$\left\langle [x(t) - x(0)]^2 \right\rangle = 2 \int_0^t dt_1 \int_0^{t_1} dt_2 \frac{k_B T}{m} e^{-t/\tau_v}$$
$$= \frac{2k_B T}{\zeta} \left[t - \tau_v \left(1 - e^{-t/\tau_v} \right) \right] \tag{附 6.3}$$

对于 $t \gg \tau_v$

$$\left\langle [x(t) - x(0)]^2 \right\rangle = \frac{2k_B T}{\zeta} t = 2Dt \tag{附 6.4}$$

6.3　(a)

$$\left\langle x^2(t) \right\rangle = \int_{-\infty}^t dt_1 \int_{-\infty}^t dt_2 e^{-(t-t_1)/\tau} e^{-(t-t_2)/\tau} \left\langle v_r(t_1) v_r(t_2) \right\rangle$$
$$= \int_{-\infty}^t dt_1 \int_{-\infty}^t dt_2 e^{-(t-t_1)/\tau} e^{-(t-t_2)/\tau} 2D\delta(t_1 - t_2)$$
$$= 2D \int_{-\infty}^t dt_1 e^{-2(t-t_1)/\tau}$$
$$= 2D \frac{\tau}{2} = \frac{k_B T}{k} \tag{附 6.5}$$

(b)

$$\left\langle x(t) x(t') \right\rangle = \int_{-\infty}^t dt_1 \int_{-\infty}^{t'} dt_2 e^{-(t-t_1)/\tau} e^{-(t'-t_2)/\tau} 2D\delta(t_1 - t_2) \tag{附6.6}$$

对于 $t > t'$, 对 t_1 积分得到

$$\left\langle x(t) x(t') \right\rangle = 2D \int_{-\infty}^{t'} dt_2 e^{-(t-t_2)/\tau} e^{-(t'-t_2)/\tau} = D\tau e^{-(t-t')/\tau} \tag{附 6.7}$$

另一方面, 对 $t < t'$, 对 t_2 积分得到

$$\left\langle x(t) x(t') \right\rangle = 2D \int_{-\infty}^t dt_1 e^{-(t-t_1)/\tau} e^{-(t'-t_1)/\tau} = D\tau e^{-(t'-t)/\tau} \tag{附 6.8}$$

因此

$$\left\langle x(t) x(t') \right\rangle = D\tau e^{-|t-t'|/\tau} = \frac{k_B T}{k} e^{-|t-t'|/\tau} \tag{附 6.9}$$

(c)

$$\left\langle x(t) v_r(0) \right\rangle = \int_{-\infty}^t dt_1 e^{-(t-t_1)/\tau} 2D\delta(t_1) \tag{附 6.10}$$

这个积分的结果为

$$\left\langle x(t) v_r(0) \right\rangle = \begin{cases} 2D e^{-t/\tau}, & t > 0 \\ D, & t = 0 \\ 0, & t < 0 \end{cases} \tag{附 6.11}$$

(d)
$$\langle \dot{x}(t)\dot{x}(0)\rangle = -\frac{\partial^2}{\partial t^2}\langle x(t)x(0)\rangle$$
$$= -\frac{k_B T}{k}\frac{\partial^2}{\partial t^2}e^{-|t|/\tau}$$
$$= -\frac{k_B T}{k}\frac{\partial^2}{\partial t^2}\left[\Theta(t)e^{-t/\tau} + \Theta(-t)e^{t/\tau}\right] \quad\text{(附 6.12)}$$

可利用下式计算求导

$$\frac{d}{dt}\Theta(t) = \delta(t), \quad f(t)\frac{d\delta(t)}{dt} = -\delta(t)\frac{df(t)}{dt} \quad\text{(附 6.13)}$$

最后结果为

$$\langle \dot{x}(t)\dot{x}(0)\rangle = 2D\delta(t) - \frac{D}{\tau}e^{-|t|/\tau} \quad\text{(附 6.14)}$$

6.4 (a) $\boldsymbol{V}_\parallel$ 和 $\boldsymbol{V}_\perp$ 由下式给出

$$\boldsymbol{V}_\parallel = \boldsymbol{u}(\boldsymbol{u}\cdot\boldsymbol{V}) = \boldsymbol{u}\boldsymbol{u}\cdot\boldsymbol{V} \quad\text{(附 6.15)}$$

$$\boldsymbol{V}_\perp = \boldsymbol{V} - \boldsymbol{V}_\parallel = (\boldsymbol{I} - \boldsymbol{u}\boldsymbol{u})\cdot\boldsymbol{V} \quad\text{(附 6.16)}$$

摩擦力由下式给出

$$\boldsymbol{F}_f = -\zeta_\parallel\boldsymbol{V}_\parallel - \zeta_\perp\boldsymbol{V}_\perp = -\left[\zeta_\parallel\boldsymbol{u}\boldsymbol{u} + \zeta_\perp(\boldsymbol{I} - \boldsymbol{u}\boldsymbol{u})\right]\cdot\boldsymbol{V} \quad\text{(附 6.17)}$$

因此

$$\zeta_{\alpha\beta} = \zeta_\parallel u_\alpha u_\beta + \zeta_\perp(\delta_{\alpha\beta} - u_\alpha u_\beta) \quad\text{(附 6.18)}$$

因此满足倒易关系 $\zeta_{\alpha\beta} = \zeta_{\beta\alpha}$。

(b)
$$(\zeta^{-1})_{\alpha\beta} = \frac{1}{\zeta_\parallel}u_\alpha u_\beta + \frac{1}{\zeta_\perp}(\delta_{\alpha\beta} - u_\alpha u_\beta) \quad\text{(附 6.19)}$$

(c) 当棒状粒子在 t 时刻指向 $\boldsymbol{u}$ 方向时, 随机速度的时间关联函数由下式给出

$$\langle v_{r\alpha}(t)v_{r\beta}(t')\rangle = \zeta_{\alpha\mu}^{-1}\zeta_{\beta\nu}^{-1}\langle F_{r\mu}(t)F_{r\nu}(t')\rangle$$
$$= \zeta_{\alpha\mu}^{-1}\zeta_{\beta\nu}^{-1}\zeta_{\mu\nu}2k_B T\delta(t-t')$$
$$= \zeta_{\alpha\beta}^{-1}2k_B T\delta(t-t') \quad\text{(附 6.20)}$$

(d)

$$\langle [x_\alpha(t) - x_\alpha(0)][x_\beta(t) - x_\beta(0)]\rangle = \int_0^t dt_1\int_0^t dt_2\langle v_{r\alpha}(t_1)v_{r\beta}(t_2)\rangle$$
$$= \int_0^t dt_1\int_0^t dt_2\langle \zeta_{\alpha\beta}^{-1}\rangle 2k_B T\delta(t_1-t_2) \quad\text{(附 6.21)}$$

现在

$$\zeta_{\alpha\beta}^{-1} = \frac{1}{\zeta_\parallel}\langle u_\alpha u_\beta\rangle + \frac{1}{\zeta_\perp}(\delta_{\alpha\beta} - \langle u_\alpha u_\beta\rangle)$$

$$= \frac{1}{3}\left(\frac{1}{\zeta_\parallel} + \frac{2}{\zeta_\perp}\right)\delta_{\alpha\beta} \tag{附 6.22}$$

这里，对于各向同性分布的 u 用到了 $\langle u_\alpha u_\beta\rangle = (1/3)\delta_{\alpha\beta}$。因此

$$\left\langle [x(t) - x(0)]^2 \right\rangle = \int_0^t dt_1 \int_0^t dt_2 \frac{1}{3}\left(\frac{1}{\zeta_\parallel} + \frac{2}{\zeta_\perp}\right)\delta_{\alpha\alpha}2k_BT\delta(t_1-t_2)$$
$$= 2k_BT\left(\frac{1}{\zeta_\parallel} + \frac{2}{\zeta_\perp}\right)t \tag{附 6.23}$$

(e)
$$\left\langle [z(t)-z(0)]^2\right\rangle = \frac{k_BT}{\zeta_\parallel}\langle u_z^2\rangle t + \frac{k_BT}{\zeta_\perp}\left(1-\langle u_z^2\rangle\right)t \tag{附 6.24}$$

由于 $\langle u_z^2\rangle = (2S+1)/3$，我们可以得到

$$\left\langle [z(t)-z(0)]^2\right\rangle = 2\left[\frac{k_BT}{3\zeta_\parallel}(2S+1) + \frac{k_BT}{3\zeta_\perp}(-2S+2)\right]t \tag{附 6.25}$$

令
$$D = \frac{k_BT}{3}\left(\frac{1}{\zeta_\parallel} + \frac{2}{\zeta_\perp}\right) \tag{附 6.26}$$

$$D_a = k_BT\left(\frac{1}{\zeta_\parallel} - \frac{1}{\zeta_\perp}\right) \tag{附 6.27}$$

因此均方位移是各向异性的

$$\left\langle [x(t)-x(0)]^2\right\rangle = 2Dt - \frac{2}{3}SD_a t \tag{附 6.28}$$

类似地
$$\left\langle [y(t)-y(0)]^2\right\rangle = 2Dt - \frac{2}{3}SD_a t \tag{附 6.29}$$

$$\left\langle [z(t)-z(0)]^2\right\rangle = 2Dt + \frac{4}{3}SD_a t \tag{附 6.30}$$

另一方面，这些均方位移的求和不受取向的影响

$$\left\langle [x(t)-x(0)]^2\right\rangle = 6Dt \tag{附 6.31}$$

6.5 (a) 这个电路是一个类似于 6.3.2 小节讨论的系统。如果系统是宏观的，电容器中的电荷遵循等式

$$R\dot{Q} + \frac{Q}{C} = 0 \tag{附 6.32}$$

根据这个等式，在平衡时 Q 为零。在小系统中，Q 随时间涨落，并且在平衡时 Q 的分布遵循玻尔兹曼分布

$$P(Q) \propto \exp\left(-\frac{Q^2}{2Ck_BT}\right) \tag{附 6.33}$$

以及

$$\langle Q^2 \rangle = Ck_{\mathrm{B}}T \qquad (\text{附 } 6.34)$$

为了解释这个涨落, 在式 (附 6.32) 中引进一个随机的电势 $\psi_{\mathrm{r}}(t)$, 它是系统所带电荷的随机运动的结果, 并且其时间关联函数遵循下式:

$$\langle \psi_{\mathrm{r}}(t) \psi_{\mathrm{r}}(t') \rangle = A\delta(t-t') \qquad (\text{附 } 6.35)$$

常数 A 由朗之万方程 (式 (6.88)) 计算的 $\langle Q^2(t) \rangle$ 满足式 (附 6.34) 这个条件决定。重复 6.3.2 小节中相同的计算, 可以得到式 (6.89)。(注意 Q 对应振荡系统的位置 x, R 和 C 分别对应摩擦常数 ζ 和弹性常数的倒数 $1/k$).

(b) 利用 6.3.2 小节中的结果, 可以得到

$$\langle Q(t) Q(0) \rangle = Ck_{\mathrm{B}}T\mathrm{e}^{-|t|/\tau} \qquad (\text{附 } 6.36)$$

$$\langle I(t) I(0) \rangle = \frac{2k_{\mathrm{B}}T}{R}\left[\delta(t) - \frac{1}{2\tau}\mathrm{e}^{-|t|/\tau}\right] \qquad (\text{附 } 6.37)$$

6.6 (a) 根据附录 D.2 给出的讨论, 可以完成这个证明。考虑两种情况; 一种情况是在电极 i 处的电势为 $\psi_i^{(1)}$ $(i = 1, 2, \cdots)$, 另一种情况是电势为 $\psi_i^{(2)}$。令 $\psi^{(1)}(\boldsymbol{r})$ 和 $\psi^{(2)}(\boldsymbol{r})$ 为每种情况方程 (6.90) 的解, $I^{(1)}$ 和 $I^{(2)}$ 为电流。考虑下面的量

$$W = \sum_i I_i^{(1)} \psi_i^{(2)} \qquad (\text{附 } 6.38)$$

我们将证明这个关系式

$$\sum_i I_i^{(1)} \psi_i^{(2)} = \sum_i I_i^{(2)} \psi_i^{(1)} \qquad (\text{附 } 6.39)$$

即等价于

$$\sum_{i,j} R_{ij} I_i^{(1)} I_j^{(2)} = \sum_{i,j} R_{ij} I_j^{(1)} I_i^{(2)} \qquad (\text{附 } 6.40)$$

这个等式表明对易关系 $R_{ij} = R_{ji}$ 成立。

为了证明式 (附 6.39), 我们利用式 (6.91) 和式 (6.92) 将 W 重新写为

$$W = \int \mathrm{d}S\sigma(\boldsymbol{r})\boldsymbol{n} \cdot \nabla\left[\psi^{(1)}(\boldsymbol{r})\right]\psi^{(2)}(\boldsymbol{r}) \qquad (\text{附 } 6.41)$$

根据散度定理, 右边可写成

$$W = \int \mathrm{d}\boldsymbol{r}\nabla \cdot \left[\sigma(\boldsymbol{r}) \nabla\left(\psi^{(1)}(\boldsymbol{r})\right)\psi^{(2)}(\boldsymbol{r})\right] \qquad (\text{附 } 6.42)$$

被积函数可写成

$$\nabla \cdot \left[\sigma \nabla \left(\psi^{(1)}\left(\boldsymbol{r}\right)\right)\psi^{(2)}\left(\boldsymbol{r}\right)\right] = \underline{\nabla \left[\sigma \left(\nabla \psi^{(1)}\left(\boldsymbol{r}\right)\right)\right]\psi^{(2)}\left(\boldsymbol{r}\right)} + \sigma \nabla \left[\psi^{(1)}\left(\boldsymbol{r}\right)\right]\cdot \nabla \left[\psi^{(2)}\left(\boldsymbol{r}\right)\right]$$

（附 6.43）

由式 (6.90)，下划线这一项为零。因此

$$W = \int \mathrm{d}\boldsymbol{r}\,\sigma\left(\boldsymbol{r}\right)\nabla \psi^{(1)}\left(\boldsymbol{r}\right)\cdot \nabla \psi^{(2)}\left(\boldsymbol{r}\right)$$

（附 6.44）

W 并没有因为 (1) 和 (2) 之间的交换而改变。这证明式 (附 6.39) 和矩阵 R_{ij} 是对称的。

通过令 $I^{(1)} = I^{(2)} = I$，我们可以得到

$$W = \sum_{i,j} R_{ij} I_i I_j = \int \mathrm{d}\boldsymbol{r}\,\sigma \left[\nabla \psi\left(\boldsymbol{r}\right)\right]^2$$

（附 6.45）

上式右边总是非负的，因此矩阵 R_{ij} 一定是正定的。

6.7　(a) 我们考虑方程 (6.94) 的平均：

$$m \frac{\mathrm{d}^2 \langle x\rangle}{\mathrm{d}t^2} = -\zeta \frac{\mathrm{d}\langle x\rangle}{\mathrm{d}t} + F^{(e)}$$

（附 6.46）

在 $t=0$ 时刻，$\langle x\rangle$ 和它的时间导数均为零。在这个初始条件下求解式 (附 6.46) 我们得到

$$\langle x\left(t\right)\rangle = \frac{F^{(e)}}{\zeta}\left[t - \tau_v \left(1 - \mathrm{e}^{-t/\tau_v}\right)\right]$$

（附 6.47）

(b) 由式 (附 6.47)，可以得到响应函数为

$$\chi\left(t\right) = \frac{1}{\zeta}\left[t - \tau_v \left(1 - \mathrm{e}^{-t/\tau_v}\right)\right]$$

（附 6.48）

因此广义的爱因斯坦关系 (方程 (6.80)) 给出

$$\left\langle \left[x\left(t\right)-x\left(0\right)\right]^2\right\rangle_{\mathrm{eq},0} = 2k_{\mathrm{B}}T\chi\left(t\right) = \frac{2k_{\mathrm{B}}T}{\zeta}\left[t - \tau_v \left(1 - \mathrm{e}^{-t/\tau_v}\right)\right]$$

（附 6.49）

这和式 (6.3) 吻合。

(c) 对 $t > 0$，式 (附 6.47) 成立。对一般的 t，

$$\left\langle \left(x\left(t\right)-x\left(0\right)\right)^2\right\rangle_{\mathrm{eq},0} = \frac{2k_{\mathrm{B}}T}{\zeta}\left[|t| - \tau_v \left(1 - \mathrm{e}^{-|t|/\tau_v}\right)\right]$$

（附 6.50）

速度关联函数为

$$\langle \dot{x}\left(t\right)\dot{x}\left(0\right)\rangle_{\mathrm{eq},0} = \frac{1}{2}\frac{\mathrm{d}^2}{\mathrm{d}t^2}\left\langle \left(x\left(t\right)-x\left(0\right)\right)^2\right\rangle_{\mathrm{eq},0}$$

（附 6.51）

利用下列式子

$$\frac{\mathrm{d}\,|t|}{\mathrm{d}t} = \Theta(t) - \Theta(-t) \tag{附 6.52}$$

$$\frac{\mathrm{d}^2}{\mathrm{d}t^2}|t| = 2\delta(t) \tag{附 6.53}$$

$$\frac{\mathrm{d}^2}{\mathrm{d}t^2}\mathrm{e}^{-\alpha|t|} = -2\alpha\delta(t) + \alpha^2\mathrm{e}^{-\alpha|t|} \tag{附 6.54}$$

我们得到

$$\langle \dot{x}(t)\dot{x}(0)\rangle_{\mathrm{eq},0} = \frac{2k_{\mathrm{B}}T}{\zeta\tau_v}\mathrm{e}^{-|t|/\tau_v} = \frac{2k_{\mathrm{B}}T}{m}\mathrm{e}^{-|t|/\tau_v} \tag{附 6.55}$$

这和式 (6.29) 吻合。

6.8 (a) 令 $X_i(t)\,(i=1,2)$ 为当一个力 $F_1^{(\mathrm{e})}$ 施加在粒子 1 上时 $x_i(t)$ 的平均，如 $X_i(t) = \langle x_i(t)\rangle_{F_1^{(\mathrm{e})}}$。$X_i(t)$ 满足下列式子:

$$\zeta\frac{\mathrm{d}x_1}{\mathrm{d}t} = -k(X_1 - X_2) + F_1^{(\mathrm{e})} \tag{附 6.56}$$

$$\zeta\frac{\mathrm{d}x_2}{\mathrm{d}t} = -k(X_2 - X_1) \tag{附 6.57}$$

这个方程的解 (在初始条件下 $X_1(0) = X_2(0) = 0$) 为

$$X_1(t) = \chi_{11}(t)F_1^{(\mathrm{e})}, \quad X_2(t) = \chi_{21}(t)F_1^{(\mathrm{e})} \tag{附 6.58}$$

其中

$$\chi_{11}(t) = \frac{t}{2\zeta} + \frac{1}{4k}\left(1 - \mathrm{e}^{-t/\tau}\right) \tag{附 6.59}$$

$$\chi_{21}(t) = \frac{t}{2\zeta} - \frac{1}{4k}\left(1 - \mathrm{e}^{-t/\tau}\right) \tag{附 6.60}$$

其中 $\tau = \zeta/2k$。

(b)

$$\left\langle [x_1(t) - x_1(0)]^2 \right\rangle = 2k_{\mathrm{B}}T\chi_{11}(t) = 2k_{\mathrm{B}}T\left[\frac{t}{2\zeta} + \frac{1}{4k}\left(1 - \mathrm{e}^{-t/\tau}\right)\right] \tag{附 6.61}$$

$$\langle [x_1(t) - x_1(0)][x_2(t) - x_2(0)]\rangle = 2k_{\mathrm{B}}T\chi_{21}(t) = 2k_{\mathrm{B}}T\left[\frac{t}{2\zeta} - \frac{1}{4k}\left(1 - \mathrm{e}^{-t/\tau}\right)\right] \tag{附 6.62}$$

(c) 对 $t \ll \tau$,

$$\left\langle [x_1(t) - x_1(0)]^2 \right\rangle = 2k_{\mathrm{B}}T\left(\frac{t}{2\zeta} + \frac{t}{4k\tau}\right) = 2\frac{k_{\mathrm{B}}T}{\zeta}t \tag{附 6.63}$$

这和孤立粒子的一样: 在短时间内, 粒子的运动不依赖于其他粒子。另外, 对于 $t \gg \tau$,

$$\left\langle [x_1(t) - x_1(0)]^2 \right\rangle = \frac{k_B T}{\zeta} t \qquad (\text{附 6.64})$$

粒子的运动在很长的一段时间内慢下来。这是因为关联粒子长时间内的行为由粒子的质心运动决定。当前系统质心的扩散常数由 $k_B T / 2\zeta$ 给出, 式 (附 6.64) 和质心的均方位移一致。

6.9 (a) 利用响应函数 $\chi_{nm}(t)$, 式 (6.103) 可写成

$$\bar{r}_n(t) = \frac{1}{\zeta} \chi_{nm}(t) F^{(\mathrm{e})} \qquad (\text{附 6.65})$$

其中

$$\chi_{nm}(t) = \int_0^t \mathrm{d}t' G(n, m; t - t') \qquad (\text{附 6.66})$$

因此广义的爱因斯坦关系可写成

$$\left\langle [r_n(t) - r_n(0)]_\alpha [r_m(t) - r_m(0)]_\beta \right\rangle_{\mathrm{eq}} = 2k_B T \chi_{nm}(t) \delta_{\alpha\beta} \qquad (\text{附 6.67})$$

因此

$$\left\langle [r_m(t) - r_m(0)]^2 \right\rangle_{\mathrm{eq}} = 2k_B T \chi_{mm}(t) \delta_{\alpha\alpha} = 6k_B T \chi_{mm}(t) \qquad (\text{附 6.68})$$

(b) 在短时间内, 链末端 (在 $n = 0$ 和 $n = N$) 的影响可以忽略, 且 $G(n, m, t)$ 为扩散方程在无限空间的解, 由式 (6.105) 给出。

(c) 利用式 (6.105), 短时间内的均方位移可计算为

$$\begin{aligned}
\left\langle (r_m(t) - r_m(0))^2 \right\rangle_{\mathrm{eq}} &= \frac{6k_B T}{\zeta} \int_0^t \mathrm{d}t' G(m, m, t') = \frac{6k_B T}{\zeta} \int_0^t \mathrm{d}t' \frac{1}{\sqrt{2\pi\lambda t'}} \\
&= 6\frac{k_B T}{\zeta} \sqrt{\frac{2t}{\pi\lambda}}
\end{aligned} \qquad (\text{附 6.69})$$

正比于 $\sqrt{t}$。

(d) 在长时间内, 所有珠子和聚合物质心一样以相同的速度 V 运动, 速度 V 由力平衡 $N\zeta V = F^{(\mathrm{e})}$ 决定, 因此 $G(n, m, t)$ 趋近于一个常数值 $1/N$。在这样的极限下方程 (6.106) 由方程 (6.104) 得到。

第 7 章

7.1 (a) 点 r 处的剪切率为 $\dot{\gamma} = \mathrm{d}v/\mathrm{d}r$, 单位时间单位体积的能量耗散为 $\eta\dot{\gamma}^2$。因此能量耗散函数是

$$\Phi = \frac{1}{2} \int_0^a \mathrm{d}r 2\pi r h \eta \dot{\gamma}^2 = \frac{1}{2} \eta h \int_0^a \mathrm{d}r 2\pi r \left(\frac{\mathrm{d}v}{\mathrm{d}r} \right)^2 \qquad (\text{附7.1})$$

(b) 流体速度 $v(r)$ 是通过最小化方程 (7.1) 并受约束 (7.127) 限制而获得的。需要最小化的泛函是

$$\tilde{\Phi} = \pi\eta h \int_0^a \mathrm{d}r r \left(\frac{\mathrm{d}v}{\mathrm{d}r}\right)^2 - \tilde{\lambda}\left[\int_0^a \mathrm{d}r 2\pi r v\left(r\right) - \pi a^2 \dot{h}\right] \qquad (\text{附 } 7.2)$$

由 $\delta\tilde{\Phi}/\delta v\left(r\right) = 0$ 得到

$$\frac{\mathrm{d}}{\mathrm{d}r}\left(r\frac{\mathrm{d}v}{\mathrm{d}r}\right) - \lambda r = 0 \qquad (\text{附 } 7.3)$$

其中, λ 是由约束 (7.127) 确定的常数。在边界条件 $v\left(a\right) = 0$ 下求解方程 (附 7.3), 我们得到了

$$v\left(r\right) = 2\dot{h}\left(1 - \frac{r^2}{a^2}\right) \qquad (\text{附 } 7.4)$$

因此, 可得能量耗散函数为

$$\Phi = \pi\eta h \int_0^a \mathrm{d}r r \left(-\frac{4r\dot{h}}{a^2}\right)^2 = 4\pi\eta h\dot{h}^2 \qquad (\text{附 } 7.5)$$

(c) 自由能为

$$A = -2\pi a h\gamma_{\mathrm{s}} + \frac{1}{2}\pi a^2 \rho g h^2 \qquad (\text{附 } 7.6)$$

因此

$$\dot{A} = -2\pi a\gamma_{\mathrm{s}}\dot{h} + \pi a^2 \rho g h\dot{h} \qquad (\text{附 } 7.7)$$

运动方程为

$$8\pi\eta h\dot{h} = 2\pi a\gamma_{\mathrm{s}} - \pi a^2 \rho g h \qquad (\text{附 } 7.8)$$

或者

$$\dot{h} = \frac{a\gamma_{\mathrm{s}}}{4\eta h}\left(1 - \frac{h}{h_{\mathrm{e}}}\right) \qquad (\text{附 } 7.9)$$

其中

$$h_{\mathrm{e}} = \frac{2\gamma_{\mathrm{s}}}{\rho g a} \qquad (\text{附 } 7.10)$$

7.2 (a) 粒子的通量由下式给出

$$j = -D_{\mathrm{c}}\left(n\right)\frac{\partial n}{\partial x} + vn \qquad (\text{附 } 7.11)$$

由于粒子被限制在盒子中, 它们的通量在稳定状态下必须为零, 于是

$$\frac{\partial n}{\partial x} = \frac{vn}{D_{\mathrm{c}}\left(n\right)} \qquad (\text{附 } 7.12)$$

(b) 通过距离 ℓ 估计粒子密度 Δn 的变化

$$\frac{\Delta n}{n} = \frac{1}{n}\frac{\partial n}{\partial x}\ell = \frac{v}{D_c(n)}\ell = \frac{6\pi\eta a}{k_B T}v\ell \tag{附 7.13}$$

对于 $a = 0.1\mu m$ 和 $v = 0.1\mu m/s$, 以及 $\eta = 0.1 m \cdot Pa \cdot s$, $\ell = 0.1mm$, 右侧等于 400。因此, 粒子全部积聚在盒子的壁附近。即使对于 $a = 0.01\mu m$ 的最小粒子也是如此.

7.3 (a) 两个盒子中的粒子浓度是

$$n_1 = \frac{hn_0}{h-x}, \quad n_2 = \frac{hn_0}{h+x} \tag{附 7.14}$$

系统自由能为

$$F_{tot} = A(h-x)f(n_1) + A(h+x)f(n_2) - Wx \tag{附 7.15}$$

F_{tot} 对于时间的导数为

$$\dot{F}_{tot} = A[\Pi(n_1) - \Pi(n_2) - w]\dot{x} \tag{附 7.16}$$

其中 $\Pi = nf'(n) - f$ 是渗透压, $w = W/A$。因此瑞利函数为

$$R = \frac{1}{2}\xi_m A\dot{x}^2 + A[\Pi(n_1) - \Pi(n_2) - w]\dot{x} \tag{附 7.17}$$

运动方程为

$$\xi_m\dot{x} = w - [\Pi(n_1) - \Pi(n_2)] \tag{附 7.18}$$

如果 w 很小, x 很小, 式 (附 7.18) 近似为

$$\xi_m\dot{x} = w - 2K\frac{x}{h} \tag{附 7.19}$$

其中 $K = n\partial\Pi/\partial n$ 是渗透模量。方程 (附 7.19) 的解是

$$x(t) = \frac{wh}{2K}\left(1 - e^{-\frac{t}{\tau}}\right) \tag{附 7.20}$$

其中

$$\tau = \frac{\xi_m h}{2K} \tag{附 7.21}$$

(b) 当活塞以速度 $\dot{x}$ 移动时, 流体速度沿管轴线恒定。另一方面, 粒子不会以与流体相同的速度移动, 因为如果所有粒子以与流体相同的速度移动, 则在半透膜处会产生没有颗粒的区域。为了保持均匀的浓度, 粒子必须通过扩散相对于流体移动。相对速度取决于颗粒位置: 在半透膜上, 相对速度为 $-\dot{x}$, 而在容器壁上, 相对速度为零。因此, 由粒子扩散引起的能量耗散可以写成

$$\Phi = \frac{1}{2}\alpha\xi(h+x)A\dot{x}^2 \tag{附 7.22}$$

其中 α 的值在 0 到 1 之间。因此，x 的时间演化方程可以写成

$$\alpha\xi(h+x)\dot{x} = w - [\Pi(n_1) - \Pi(n_2)] \tag{附 7.23}$$

对于小 x，可以写成

$$\alpha\xi h\dot{x} = w - 2K\frac{x}{h} \tag{附 7.24}$$

其解可以写成与方程 (附 7.20) 相同的形式，但这时弛豫时间表示成

$$\tau = \frac{\alpha\xi h^2}{2K} \tag{附 7.25}$$

注意，这基本上等于通过扩散的弛豫时间 h^2/D_c。

7.4 (a) 对于泛函 (7.52)，泛函微分可计算为

$$\frac{\delta A}{\delta n(x)} = k_B T[\ln n(x) + 1] + U(x) \tag{附 7.26}$$

我们将右侧表示为 $f(x)$，则等式 (7.131) 变为

$$\dot{n}(x) = -\int dx'\mu(x,x')f(x') \tag{附 7.27}$$

$$= \int dx' \frac{\partial}{\partial x}\left[\frac{n(x)}{\zeta}\frac{\partial}{\partial x}\delta(x-x')f(x')\right]$$

$$= \frac{\partial}{\partial x}\left[\frac{n(x)}{\zeta}\frac{\partial}{\partial x}f(x)\right]$$

$$= \frac{\partial}{\partial x}\left[\frac{n(x)}{\zeta}\left[\frac{k_B T}{n(x)}\frac{\partial n}{\partial x} + \frac{\partial U}{\partial x}\right]\right]$$

$$= \frac{k_B T}{\zeta}\frac{\partial}{\partial x}\left[\frac{\partial n}{\partial x} + \frac{n}{k_B T}\frac{\partial U}{\partial x}\right] \tag{附 7.28}$$

(b) 因为

$$\int dx'\mu(x,x')f(x') = -\frac{\partial}{\partial x}\left[\frac{n(x)}{\zeta}\frac{\partial f(x)}{\partial x}\right] \tag{附 7.29}$$

得到

$$\int dx \int dx'\mu(x,x')n_1(x)n_2(x')$$

$$= -\int dx\, n_1(x)\frac{\partial}{\partial x}\left[\frac{n(x)}{\zeta}\frac{\partial n_2(x)}{\partial x}\right]$$

$$= \int dx\frac{n(x)}{\zeta}\frac{\partial n_1(x)}{\partial x}\frac{\partial n_2(x)}{\partial x} \tag{附 7.30}$$

这里运用了分部积分，同样地

$$\int dx \int dx'\mu(x,x')n_1(x)n_2(x')$$

$$= -\int \mathrm{d}x' n_2(x') \frac{\partial}{\partial x'} \left[\frac{n(x')}{\zeta} \frac{\partial n_2(x')}{\partial x'} \right]$$

$$= \int \mathrm{d}x \frac{n(x)}{\zeta} \frac{\partial n_2(x)}{\partial x} \frac{\partial n_1(x)}{\partial x} \tag{附 7.31}$$

和方程 (附 7.30) 相同。

7.5　(a) 因为 $|\boldsymbol{r}|$ 不变,

$$\boldsymbol{r} \cdot \dot{\boldsymbol{r}} = 0 \tag{附 7.32}$$

对于这样的 $\dot{\boldsymbol{r}}$, ω^2 等于 $\dot{r}^2/r^2$, 因此能量耗散函数由下式给出

$$\Phi = \frac{1}{2} \int \mathrm{d}\boldsymbol{r} \zeta_{\mathrm{r}} \omega^2 \psi = \frac{1}{2} \int \mathrm{d}\boldsymbol{r} \zeta_{\mathrm{r}} \frac{\dot{r}^2}{r^2} \psi \tag{附 7.33}$$

(b) 等式 (7.135) 用分部积分重写为

$$R = \frac{1}{2} \int \mathrm{d}\boldsymbol{r} \zeta_{\mathrm{r}} \frac{\dot{r}^2}{r^2} \psi + \int \mathrm{d}r \left[\psi \dot{\boldsymbol{r}} \cdot \frac{\partial}{\partial \boldsymbol{r}} k_{\mathrm{B}} T (\ln \psi + 1) \right] + \int \mathrm{d}\boldsymbol{r} \lambda \boldsymbol{r} \cdot \dot{\boldsymbol{r}} \tag{附 7.34}$$

(c) 公式 $\delta R/\delta \dot{\boldsymbol{r}} = 0$ 给出

$$\zeta_{\mathrm{r}} \frac{\dot{\boldsymbol{r}}}{r^2} \psi + k_{\mathrm{B}} T \frac{\partial \psi}{\partial \boldsymbol{r}} + \lambda \boldsymbol{r} = 0 \tag{附 7.35}$$

λ 由 $\boldsymbol{r} \cdot \dot{\boldsymbol{r}} = 0$ 决定

$$\lambda = -\frac{k_{\mathrm{B}} T}{r^2} \boldsymbol{r} \cdot \frac{\partial \psi}{\partial \boldsymbol{r}} \tag{附 7.36}$$

从式 (附 7.34) 和式 (附 7.35) 得到

$$\dot{\boldsymbol{r}} \psi = -\frac{k_{\mathrm{B}} T}{\zeta_{\mathrm{r}}} \left(r^2 - \boldsymbol{r}\boldsymbol{r} \right) \cdot \frac{\partial \psi}{\partial \boldsymbol{r}}$$

$$= -D_{\mathrm{r}} \left(r^2 - \boldsymbol{r}\boldsymbol{r} \right) \cdot \frac{\partial \psi}{\partial \boldsymbol{r}} \tag{附 7.37}$$

其中 $D_{\mathrm{r}} = k_{\mathrm{B}} T / \zeta_r$, 因此

$$\frac{\partial \psi}{\partial t} = D_{\mathrm{r}} \frac{\partial}{\partial \boldsymbol{r}} \cdot \left(r^2 - \boldsymbol{r}\boldsymbol{r} \right) \cdot \frac{\partial \psi}{\partial \boldsymbol{r}} \tag{附 7.38}$$

(d) 对于任何函数 $f(x)$

$$\mathcal{R}^2 f = \left(\boldsymbol{r} \times \frac{\partial}{\partial \boldsymbol{r}} \right) \cdot \mathcal{R} f$$

$$= -\frac{\partial}{\partial \boldsymbol{r}} \cdot [\boldsymbol{r} \times \mathcal{R} f]$$

$$= -\frac{\partial}{\partial \boldsymbol{r}} \cdot \left[\boldsymbol{r} \times \left(\boldsymbol{r} \times \frac{\partial f}{\partial \boldsymbol{r}} \right) \right]$$

$$= \frac{\partial}{\partial \boldsymbol{r}} \cdot \left[\left(r^2 - \boldsymbol{rr} \right) \cdot \frac{\partial f}{\partial \boldsymbol{r}} \right] \tag{附 7.39}$$

7.6 按照 7.5.4 节中描述的步骤进行操作, 将 z 轴取向 $\boldsymbol{u}\left(0\right)$ 的方向, 则 $u\left(t\right) \cdot u\left(0\right)$ 等于 $u_z\left(t\right)$。$\left\langle u_z\left(t\right)^2 \right\rangle$ 的时间依赖性计算如下

$$\frac{\partial}{\partial t} \left\langle u_z^2\left(t\right) \right\rangle = D_{\mathrm{r}} \int \mathrm{d}u \psi \mathcal{R}^2 u_z^2 \tag{附 7.40}$$

我们使用式 (附 7.39) 计算 $\mathcal{R}^2 u_z^2$:

$$
\begin{aligned}
\mathcal{R}^2 u_z^2 &= \frac{\partial}{\partial u_\alpha} \left[\left(u_\mu u_\mu \delta_{\alpha\beta} - u_\alpha u_\beta \right) \frac{\partial}{\partial u_\beta} u_z^2 \right] \\
&= \frac{\partial}{\partial u_\alpha} \left[\left(u_\mu u_\mu \delta_{\alpha\beta} - u_\alpha u_\beta \right) \delta_{\beta z} 2 u_z \right] \\
&= \frac{\partial}{\partial u_\alpha} \left(u_\mu u_\mu \delta_{\alpha z} 2 u_z - u_\alpha u_z 2 u_z \right) \\
&= \frac{\partial}{\partial u_z} \left(u_\mu u_\mu 2 u_z \right) - \frac{\partial}{\partial u_\alpha} \left(u_\alpha 2 u_z^2 \right) \\
&= -6 u_z^2 + 2 u_\mu u_\mu \\
&= -6 \left(u_z^2 - \frac{1}{3} \right)
\end{aligned}
\tag{附 7.41}
$$

因此,

$$\frac{\partial}{\partial t} \left\langle u_z^2\left(t\right) \right\rangle = -6 D_r \left[\left\langle u_z^2\left(t\right) \right\rangle - \frac{1}{3} \right] \tag{附 7.42}$$

在初始条件 $\left\langle u_z^2\left(0\right) \right\rangle = 1$ 下求解该方程, 我们得到

$$\left\langle u_z^2\left(t\right) \right\rangle = \frac{2}{3} \mathrm{e}^{-6 D_r t} + \frac{1}{3} \tag{附 7.43}$$

第 8 章

8.1 (a) 令 $r_{nm} = r_n - r_m$, 我们有

$$S\left(\boldsymbol{k}\right) = \frac{1}{N} \sum_{n,m} \left\langle 1 - \mathrm{i}\boldsymbol{k} \cdot \boldsymbol{r}_{nm} - \frac{1}{2} \left(\boldsymbol{k} \cdot \boldsymbol{r}_{nm}\right)^2 + \cdots \right\rangle \tag{附 8.1}$$

$$= \frac{1}{N} \sum_{n,m} \left[1 - \mathrm{i}k_\alpha \left\langle r_{nm\alpha} \right\rangle - \frac{1}{2} k_\alpha k_\beta \left\langle r_{nm\alpha} r_{nm\beta} \right\rangle + \cdots \right] \tag{附 8.2}$$

对于各向同性系统

$$\left\langle r_{nm\alpha} \right\rangle = 0, \quad \left\langle r_{nm\alpha} r_{nm\beta} \right\rangle = \frac{\delta_{\alpha\beta}}{3} r_{nm}^2 \tag{附 8.3}$$

因此

$$
\begin{aligned}
S(\boldsymbol{k}) &= \frac{1}{N} \sum_{n,m} \left[1 - \frac{k^2}{6} \left\langle r_{nm}^2 \right\rangle \right] \\
&= N \left(1 - \frac{k^2}{6N^2} \sum_{n,m} \left\langle r_{nm}^2 \right\rangle \right) \\
&= N \left(1 - \frac{1}{3} k^2 R_g^2 \right)
\end{aligned}
\tag{附 8.4}
$$

(b)
$$
\begin{aligned}
R_g^2 &= \frac{1}{2N^2} \sum_{n,m} |n-m| \, b^2 \\
&= \frac{1}{2N^2} \int_0^N \mathrm{d}n \int_0^N \mathrm{d}m \, |n-m| \, b^2 \\
&= \frac{1}{N^2} \int_0^N \mathrm{d}n \int_0^N \mathrm{d}m \, |n-m| \, b^2 \\
&= \frac{1}{N^2} \int_0^N \mathrm{d}n \frac{1}{2} n^2 b^2 \\
&= \frac{1}{6} N b^2
\end{aligned}
\tag{附 8.5}
$$

(c)
$$
\begin{aligned}
R_g^2 &= \frac{1}{2L^2} \int_0^L \mathrm{d}s \int_0^L \mathrm{d}s' \, (s-s')^2 \\
&= \frac{1}{12} L^2
\end{aligned}
\tag{附 8.6}
$$

(d)
$$
\begin{aligned}
R_g^2 &= \frac{1}{2\left(\dfrac{4\pi}{3} a^3\right)^2} \int_{|\boldsymbol{r}|<a} \mathrm{d}\boldsymbol{r} \int_{|\boldsymbol{r}'|<a} \mathrm{d}\boldsymbol{r}' \, (\boldsymbol{r}-\boldsymbol{r}')^2 \\
&= \frac{1}{2\left(\dfrac{4\pi}{3} a^3\right)^2} \int_{|\boldsymbol{r}|<a} \mathrm{d}\boldsymbol{r} \int_{|\boldsymbol{r}'|<a} \mathrm{d}r' \, (r^2 + r'^2 - 2\boldsymbol{r}\cdot\boldsymbol{r}') \\
&= \frac{1}{2\dfrac{4\pi}{3} a^3} 2 \int_{|r|<a} \mathrm{d}\boldsymbol{r} \, r^2 \\
&= \frac{3}{5} a^2
\end{aligned}
\tag{附 8.7}
$$

8.2　(a) 相对向量 $\boldsymbol{r}_{nm} = \boldsymbol{r}_n - \boldsymbol{r}_m$ 遵循高斯分布

$$
\psi_{nm}(\boldsymbol{r}) = \left(2\pi\sigma_{nm}^2 \right)^{-3/2} \exp\left(-\frac{\boldsymbol{r}^2}{2\sigma_{nm}^2} \right)
\tag{附 8.8}
$$

且 $\sigma_{nm}^2 = |n-m|\, b^2/3$, 因此 $\left\langle \mathrm{e}^{\mathrm{i}k\cdot(r_n-r_m)} \right\rangle$ 可以计算为

$$
\begin{aligned}
\left\langle \mathrm{e}^{\mathrm{i}k\cdot(r_n-r_m)} \right\rangle &= \left(2\pi\sigma_{nm}^2\right)^{-3/2} \int \mathrm{d}r \exp\left(-\frac{r^2}{2\sigma_{nm}^2} + \mathrm{i}k\cdot r\right) \\
&= \exp\left(-\frac{\sigma_{nm}^2 k^2}{2}\right) \\
&= \exp\left[-\frac{|n-m|\, b^2 k^2}{6}\right]
\end{aligned}
\tag{附 8.9}
$$

因此

$$
\begin{aligned}
S(k) &= \frac{1}{N} \sum_{nm} \exp\left[-\frac{|n-m|\, b^2 k^2}{6}\right] \\
&= \frac{1}{N} \int_0^N \mathrm{d}n \int_0^N \mathrm{d}m \exp\left[-\frac{|n-m|\, b^2 k^2}{6}\right]
\end{aligned}
\tag{附 8.10}
$$

(b) 对于比较大的 $|k|$, 随着 $|n-m|$ 的增加, $\mathrm{e}^{-|n-m|b^2 k^2/6}$ 会急速减小。令 $n' = n - m$, 这个积分近似为

$$
\begin{aligned}
S(k) &= \frac{1}{N} \int_0^N \mathrm{d}n \int_{n-N}^n \mathrm{d}n' \exp\left[-\frac{|n'|\, b^2 k^2}{6}\right] \\
&= \frac{1}{N} \int_0^N \mathrm{d}n \int_{-\infty}^{+\infty} \mathrm{d}n' \exp\left[-\frac{|n'|\, b^2 k^2}{6}\right] \\
&= \frac{1}{N} \int_0^N \mathrm{d}n \frac{12}{b^2 k^2} = \frac{12}{b^2 k^2}
\end{aligned}
\tag{附 8.11}
$$

(c) $g(r)$ 可以通过 $S(k)$ 由下式算得

$$
g(r) = \bar{n} + \frac{1}{(2\pi)^3} \int \mathrm{d}k\, S(k)\, \mathrm{e}^{-\mathrm{i}k\cdot r}
\tag{附 8.12}
$$

如果 $|r|$ 很小, 积分的右边主要由比较大的 $|k|$ 主导。因此 $g(r)$ 可以计算为

$$
g(r) = \bar{n} + \frac{1}{(2\pi)^3} \int \mathrm{d}k \frac{12}{k^2 b^2} \mathrm{e}^{-\mathrm{i}k\cdot r}
\tag{附 8.13}
$$

该积分由向量 k 的极坐标估算为

$$
\begin{aligned}
\frac{1}{(2\pi)^3} \int \mathrm{d}k \frac{12}{k^2 b^2} \mathrm{e}^{-\mathrm{i}k\cdot r} &= \frac{1}{(2\pi)^3} \int_0^\infty \mathrm{d}k\, k^2 \int_0^\pi \mathrm{d}\theta\, 2\pi \sin\theta\, \mathrm{e}^{-\mathrm{i}kr\cos\theta} \frac{12}{k^2 b^2} \\
&= \frac{1}{(2\pi)^3} \int_0^\infty \mathrm{d}k\, k^2 4\pi \frac{\sin(kr)}{kr} \frac{12}{k^2 b^2} \\
&= \frac{1}{(2\pi)^2} \frac{24}{b^2} \int_0^\infty \mathrm{d}k \frac{\sin(kr)}{kr}
\end{aligned}
$$

$$= \frac{3}{\pi} \frac{1}{b^2 \boldsymbol{r}} \tag{附 8.14}$$

8.3　(a) 由 $\xi = \left(\frac{\bar{n}}{N}\right) \zeta$, 式 (8.39) 可以写成

$$\frac{N}{\bar{n}\zeta} = \frac{2}{3\bar{n}\eta} \int_0^\infty \mathrm{d}\boldsymbol{r}\boldsymbol{r}[g(r) - \bar{n}] \tag{附 8.15}$$

因此

$$\frac{1}{\zeta} = \frac{2}{3N\eta} \int_0^\infty \mathrm{d}\boldsymbol{r}\boldsymbol{r}[g(r) - \bar{n}]$$
$$= \frac{2}{3N\eta} \int \mathrm{d}\boldsymbol{r} \frac{g(r) - \bar{n}}{4\pi |\boldsymbol{r}|} \tag{附 8.16}$$

在稀溶液的限制下 $(n \to 0)$, 该式可以写成

$$\frac{1}{\zeta} = \frac{1}{6\pi\eta N} \int \mathrm{d}\boldsymbol{r} \frac{g(\boldsymbol{r})}{|\boldsymbol{r}|} \tag{附 8.17}$$

(b) 由式 (8.10)

$$\frac{1}{\zeta} = \frac{1}{6\pi\eta N} \int \mathrm{d}\boldsymbol{r} \frac{1}{N} \sum_{n,m} \langle \delta(\boldsymbol{r} - \boldsymbol{r}_n + \boldsymbol{r}_m) \rangle \frac{1}{|\boldsymbol{r}|}$$
$$= \frac{1}{6\pi\eta N^2} \sum_{n,m} \left\langle \frac{1}{|\boldsymbol{r}_n - \boldsymbol{r}_m|} \right\rangle \tag{附 8.18}$$

(c) 球面的摩擦常数可由下式得出

$$\frac{1}{\zeta} = \frac{1}{6\pi\eta(4\pi a^2)^2} \int \mathrm{d}S \int \mathrm{d}S' \frac{1}{|\boldsymbol{r} - \boldsymbol{r}'|} \tag{附 8.19}$$

如果我们先对 $\boldsymbol{r}$ 积分, 则结果与 $\boldsymbol{r}'$ 无关。因此上式可以写成

$$\frac{1}{\zeta} = \frac{1}{6\pi\eta(4\pi a^2)} \int \mathrm{d}S \frac{1}{|\boldsymbol{r} - \boldsymbol{r}_0|} \tag{附 8.20}$$

其中 $\boldsymbol{r}_0$ 代表球面上的某个点。建立球坐标系, (让 z 轴和 $\boldsymbol{r}_0$ 平行), 对 $\boldsymbol{r}$ 的积分可以写成

$$\frac{1}{\zeta} = \frac{1}{6\pi\eta(4\pi a^2)} \int_0^\pi \mathrm{d}\theta 2\pi a^2 \sin\theta \frac{1}{2a\sin(\theta/2)}$$
$$= \frac{1}{6\pi\eta} \int_0^\pi \mathrm{d}\theta \cos(\theta/2) \frac{1}{2a}$$
$$= \frac{1}{6\pi\eta a} \tag{附 8.21}$$

因此 $\zeta = 6\pi\eta a$。

(d) 令 s 和 s' 为沿着棒轴上的点 $(0 < s, s' < 1)$。摩擦常数可以由下式得出

$$\frac{1}{\zeta} = \frac{1}{6\pi\eta L^2} \int_0^L ds \int_0^L ds' \frac{1}{|s-s'|} \tag{附 8.22}$$

因为该积分关于 s 和 s' 是交换对称的，所以该积分可以写成

$$\frac{1}{\zeta} = \frac{2}{6\pi\eta L^2} \int_0^L ds \int_0^s ds' \frac{1}{|s-s'|} \tag{附 8.23}$$

对于 s' 的积分在 $s' = s$ 处是发散的。因此我们限制该积分的上限为 $s - b$，从而

$$\begin{aligned}\frac{1}{\zeta} &= \frac{2}{6\pi\eta L^2} \int_0^L ds \int_0^{s-b} ds' \frac{1}{|s-s'|} \\ &= \frac{2}{6\pi\eta L^2} \int_0^L ds \, (\ln s - \ln b) \\ &= \frac{1}{3\pi\eta L^2} (L \ln L - L \ln b) = \frac{\ln(L/b)}{3\pi\eta L}\end{aligned} \tag{附 8.24}$$

因此

$$\zeta = \frac{3\pi\eta L}{\ln(L/b)} \tag{附 8.25}$$

8.4 (a) 在式 (8.31) 中令 $n = \bar{n} + \delta n$ 并忽略关于 h 的高阶项，便得到式 (8.134)。

(b) 式 (8.134) 两边同乘 $e^{ik\cdot r}$ 并对 r 积分，有

$$\begin{aligned}\frac{\partial n_{\boldsymbol{k}}}{\partial t} &= D_c \left[(-i\boldsymbol{k}^2) n_{\boldsymbol{k}} - (-i\boldsymbol{k}^2) \frac{\bar{n}}{\Pi'} h_{\boldsymbol{k}} \right] \\ &= -D_c \boldsymbol{k}^2 \left(n_{\boldsymbol{k}} - \frac{\bar{n}}{\Pi'} h_{\boldsymbol{k}} \right)\end{aligned} \tag{附 8.26}$$

由初始条件 $n_{\boldsymbol{k}}(0) = 0$，解得

$$n_{\boldsymbol{k}}(t) = \frac{\bar{n}}{\Pi'} \left(1 - e^{-D_c \boldsymbol{k}^2 t} \right) h_{\boldsymbol{k}} \tag{附 8.27}$$

给定 $n_{\boldsymbol{k}}(t)$，$\delta_n(\boldsymbol{r}, t)$ 可以计算为

$$\begin{aligned}\delta_n(\boldsymbol{r}, t) &= \frac{1}{(2\pi)^3} \int d\boldsymbol{k} e^{-i\boldsymbol{k}\cdot\boldsymbol{r}} n_{\boldsymbol{k}} \\ &= \frac{1}{(2\pi)^3} \int d\boldsymbol{k} e^{-i\boldsymbol{k}\cdot\boldsymbol{r}} \frac{\bar{n}}{\Pi'} \left(1 - e^{-D_c \boldsymbol{k}^2 t} \right) h_{\boldsymbol{k}}\end{aligned} \tag{附 8.28}$$

由式 (8.135), 上式可以写成

$$\delta_n\left(\boldsymbol{r},t\right)=\frac{1}{\left(2\pi\right)^3}\int\mathrm{d}\boldsymbol{k}\mathrm{e}^{-\mathrm{i}\boldsymbol{k}\cdot\boldsymbol{r}}\frac{\bar{n}}{\Pi'}\left(1-\mathrm{e}^{-D_\mathrm{c}\boldsymbol{k}^2t}\right)\int\mathrm{d}r'\mathrm{e}^{\mathrm{i}\boldsymbol{k}\cdot\boldsymbol{r}'}h\left(\boldsymbol{r}'\right)$$

$$=\int\mathrm{d}\boldsymbol{r}'\chi\left(\boldsymbol{r},\boldsymbol{r}',t\right)h\left(\boldsymbol{r}'\right)\qquad\text{(附 8.29)}$$

其中

$$\chi\left(\boldsymbol{r},\boldsymbol{r}',t\right)=\frac{1}{\left(2\pi\right)^3}\frac{\bar{n}}{\Pi'}\int\mathrm{d}\boldsymbol{k}\left(1-\mathrm{e}^{-D_\mathrm{c}\boldsymbol{k}^2t}\right)\mathrm{e}^{-\mathrm{i}\boldsymbol{k}\cdot\left(\boldsymbol{r}-\boldsymbol{r}'\right)}\qquad\text{(附 8.30)}$$

(c) 由广义爱因斯坦关系可得

$$\chi\left(\boldsymbol{r},\boldsymbol{r}',t\right)=\frac{1}{2k_\mathrm{B}T}\left\langle\left[n\left(\boldsymbol{r},t\right)-n\left(\boldsymbol{r},0\right)\right]\left[n\left(\boldsymbol{r}',t\right)-n\left(\boldsymbol{r}',0\right)\right]\right\rangle$$

$$=\frac{1}{k_\mathrm{B}T}\left\langle n\left(\boldsymbol{r},0\right)n\left(\boldsymbol{r}',0\right)-n\left(\boldsymbol{r},t\right)n\left(\boldsymbol{r}',t\right)\right\rangle$$

$$=\frac{\bar{n}}{k_\mathrm{B}T}\left\langle g_\mathrm{d}\left(\boldsymbol{r}-\boldsymbol{r}',0\right)-g_\mathrm{d}\left(\boldsymbol{r}-\boldsymbol{r}',t\right)\right\rangle\qquad\text{(附 8.31)}$$

(d) 从式 (附 8.30) 和式 (附 8.31), 有

$$g_\mathrm{d}\left(\boldsymbol{r},t\right)=\frac{k_\mathrm{B}T}{\left(2\pi\right)^3\Pi'}\int\mathrm{d}\boldsymbol{k}\mathrm{e}^{-\mathrm{i}\boldsymbol{k}\cdot\boldsymbol{r}}\mathrm{e}^{-D_\mathrm{c}\boldsymbol{k}^2t}\qquad\text{(附 8.32)}$$

和

$$S_\mathrm{d}\left(\boldsymbol{k},t\right)=\frac{k_\mathrm{B}T}{\Pi'}\mathrm{e}^{-D_\mathrm{c}\boldsymbol{k}^2t}\qquad\text{(附 8.33)}$$

通常, 动态结构因子 $S_\mathrm{d}\left(\boldsymbol{k},t\right)$ 与响应函数 $\chi_{\boldsymbol{k}}\left(t\right)=n_{\boldsymbol{k}}\left(t\right)/h_{\boldsymbol{k}}$ 有如下关系

$$S_\mathrm{d}\left(\boldsymbol{k},t\right)=\frac{k_\mathrm{B}T}{\bar{n}}\left[\chi_{\boldsymbol{k}}\left(\infty\right)-\chi_{\boldsymbol{k}}\left(t\right)\right]\qquad\text{(附 8.34)}$$

8.5　(a) 在临界点 $(T=T_\mathrm{c}$ 和 $\phi=\phi_\mathrm{c})$, $\partial^2 f/\partial\phi^2$ 变为 0 (见式 (2.38))。因为 $\partial^2 f/\partial\phi^2|_{\phi_\mathrm{c}}=c_2\left(T\right)$, 在 $T=T_\mathrm{c}$, $c_2\left(T\right)$ 一定为 0。

(b) 线性项在全空间的积分

$$\int\mathrm{d}\boldsymbol{r}c_1\left[\phi\left(\boldsymbol{r}\right)-\phi_\mathrm{c}\right]\qquad\text{(附 8.35)}$$

为常数, 与 $\phi\left(\boldsymbol{r}\right)$ 无关, 因此我们可以忽略 $A\left[\phi\left(\boldsymbol{r}\right)\right]$ 项。

(c) 自由能函数可以写成

$$A=\int\mathrm{d}\boldsymbol{r}\left[\frac{1}{2}a\left(T-T_\mathrm{c}\right)\delta\phi^2+\frac{1}{2}\kappa_\mathrm{s}\left(\nabla\delta\phi\right)^2-h\left(\boldsymbol{r}\right)\delta\phi\right]\qquad\text{(附 8.36)}$$

因为 $\dot{\delta\phi} = -\phi_\mathrm{c}\nabla \cdot \boldsymbol{v}_\mathrm{p}$, A 对时间的导数为

$$\dot{A} = \int \mathrm{d}\boldsymbol{r}\left[a\left(T-T_\mathrm{c}\right)\delta\phi\dot{\delta\phi} + \kappa_\mathrm{s}\left(\nabla\delta\phi\right)\kappa_\mathrm{s}\left(\nabla\dot{\delta\phi}\right) - h\dot{\delta\phi}\right]$$

$$= \int \mathrm{d}\boldsymbol{r}\left[-a\left(T-T_\mathrm{c}\right)\delta\phi\phi_\mathrm{c}\nabla\cdot\boldsymbol{v}_\mathrm{p} - \kappa_\mathrm{s}\phi_\mathrm{c}\left(\nabla\delta\phi\right)\cdot\left(\nabla\nabla\cdot\boldsymbol{v}_\mathrm{p}\right) + h\phi_\mathrm{c}\nabla\cdot\boldsymbol{v}_\mathrm{p}\right]$$

$$= \phi_\mathrm{c}\int \mathrm{d}\boldsymbol{r}\left[a\left(T-T_\mathrm{c}\right)\nabla\delta\phi - \kappa_\mathrm{s}\nabla\left(\nabla^2\delta\phi\right) - \nabla h\right]\cdot\boldsymbol{v}_\mathrm{p} \qquad (\text{附 } 8.37)$$

另一方面，散耗函数可以写为

$$\Phi = \frac{1}{2}\int \mathrm{d}\boldsymbol{r}\xi\boldsymbol{v}_\mathrm{p}^2 \qquad (\text{附 } 8.38)$$

把 $\Phi + \dot{A}$ 对 $\boldsymbol{v}_\mathrm{p}$ 最小化，有

$$\boldsymbol{v}_\mathrm{p} = \frac{\phi_\mathrm{c}}{\xi}\left[-a\left(T-T_\mathrm{c}\right)\nabla\delta\phi + \kappa_\mathrm{s}\nabla\left(\nabla^2\delta\phi\right) + \nabla h\right] \qquad (\text{附 } 8.39)$$

因此

$$\frac{\partial\delta\phi}{\partial t} = \frac{\phi_\mathrm{c}^2}{\xi}\left[a\left(T-T_\mathrm{c}\right)\nabla^2\delta\phi - \kappa_\mathrm{s}\nabla^2\left(\nabla^2\delta\phi\right) - \nabla^2 h\right] \qquad (\text{附 } 8.40)$$

(d) 在傅里叶空间

$$\frac{\partial\phi_{\boldsymbol{k}}}{\partial t} = -\frac{\phi_\mathrm{c}^2}{\xi}\boldsymbol{k}^2\left[a\left(T-T_\mathrm{c}\right)\delta\phi_{\boldsymbol{k}} + \kappa_\mathrm{s}\boldsymbol{k}^2\delta\phi_{\boldsymbol{k}} - h_{\boldsymbol{k}}\right] \qquad (\text{附 } 8.41)$$

假设一个与时间无关的场 $h_{\boldsymbol{k}}$ 从 $t=0$ 时刻开始以阶梯形式施加，那么响应函数 $\phi_{\boldsymbol{k}}(t)$ 可以由式 (附 8.41) 计算得出

$$\phi_{\boldsymbol{k}}(t) = \frac{1}{a\left(T-T_\mathrm{c}\right) + \kappa_\mathrm{s}\boldsymbol{k}^2}\left(1 - \mathrm{e}^{-\alpha_{\boldsymbol{k}}t}\right)h_{\boldsymbol{k}} \qquad (\text{附 } 8.42)$$

其中

$$\alpha_{\boldsymbol{k}} = \frac{\phi_\mathrm{c}^2}{\xi}\boldsymbol{k}^2\left[a\left(T-T_\mathrm{c}\right) + \kappa_\mathrm{s}\boldsymbol{k}^2\right] \qquad (\text{附 } 8.43)$$

式 (附 8.42) 给出了响应函数 $\chi_{\boldsymbol{k}}(t) = \phi_{\boldsymbol{k}}(t)/h_{\boldsymbol{k}}$ 为

$$\chi_{\boldsymbol{k}}(t) = \frac{1}{a\left(T-T_\mathrm{c}\right) + \kappa_\mathrm{s}\boldsymbol{k}^2}\left(1 - \mathrm{e}^{-\alpha_{\boldsymbol{k}}t}\right) \qquad (\text{附 } 8.44)$$

由广义爱因斯坦关系得出响应函数与动态结构因子 $S_\mathrm{d}(\boldsymbol{k},t)$ 的关系为

$$\chi_{\boldsymbol{k}}(t) = \frac{1}{k_\mathrm{B}T}\left[S_\mathrm{d}(\boldsymbol{k},0) - S_\mathrm{d}(\boldsymbol{k},t)\right] \qquad (\text{附 } 8.45)$$

因此可以得到动态结构因子

$$S_{\mathrm{d}}\left(\boldsymbol{k},t\right)=\frac{k_{\mathrm{B}}T}{a\left(T-T_{\mathrm{c}}\right)+\kappa_{\mathrm{s}}\boldsymbol{k}^2}\mathrm{e}^{-\alpha_{\boldsymbol{k}}t} \qquad (\text{附 }8.46)$$

(e) 平衡结构因子 $S_{\mathrm{d}}\left(\boldsymbol{k}\right)$ 可以由 $S_{\mathrm{d}}\left(\boldsymbol{k},t\right)$ 在 $t=0$ 时得出

$$\begin{aligned}S_{\mathrm{d}}\left(\boldsymbol{k}\right)&=\frac{k_{\mathrm{B}}T}{a\left(T-T_{\mathrm{c}}\right)+k_{\mathrm{s}}\boldsymbol{k}^2}\\&=\frac{N_{\mathrm{c}}}{1+\ell_{\mathrm{c}}^2\boldsymbol{k}^2}\end{aligned} \qquad (\text{附 }8.47)$$

其中

$$N_{\mathrm{c}}=\frac{k_{\mathrm{B}}T}{a\left(T-T_{\mathrm{c}}\right)},\quad \ell_{\mathrm{c}}^2=\frac{\kappa_{\mathrm{s}}}{a\left(T-T_{\mathrm{c}}\right)} \qquad (\text{附 }8.48)$$

因此 $N_{\mathrm{c}}\propto 1/\left(T-T_{\mathrm{c}}\right)$, $\ell_{\mathrm{c}}\propto 1/\left(T-T_{\mathrm{c}}\right)^{1/2}$

8.6 (a) 由式 (8.82) (设 $\alpha(T)$ 为零), 系统的自由能密度为

$$f_{\mathrm{el}}=\frac{K}{2}\left(\frac{\partial u}{\partial x}\right)^2+\frac{2}{3}G\left(\frac{\partial u}{\partial x}\right)^2=\frac{1}{2}\left(K+\frac{4}{3}G\right)\left(\frac{\partial u}{\partial x}\right)^2 \qquad (\text{附 }8.49)$$

(b) 因为 $v_{\mathrm{s}}=-\left[\phi/\left(1-\phi\right)\right]\dot{u}$, 能量耗散函数变为

$$\begin{aligned}\Phi&=\frac{1}{2}\int_0^h\mathrm{d}x\tilde{\xi}(\dot{u}-v_{\mathrm{s}})^2\\&=\frac{1}{2}\int_0^h\mathrm{d}x\frac{\tilde{\xi}}{\left(1-\phi\right)^2}\dot{u}^2\end{aligned} \qquad (\text{附 }8.50)$$

由 κ 的定义 (见式 (8.97)), 该式可以写成方程 (8.146) 的形式。

(c) 瑞利函数可写成

$$\begin{aligned}R&=\frac{1}{2}\int_0^h\mathrm{d}x\frac{\dot{u}^2}{\kappa}+K_{\mathrm{e}}\int_0^h\mathrm{d}x\frac{\partial u}{\partial x}\frac{\partial\dot{u}}{\partial x}+w\left[\dot{u}\left(h\right)-\dot{u}\left(0\right)\right]\\&=\frac{1}{2}\int_0^h\mathrm{d}x\frac{\dot{u}^2}{\kappa}-K_{\mathrm{e}}\int_0^h\mathrm{d}x\frac{\partial^2 u}{\partial x^2}\dot{u}+K_{\mathrm{e}}\left[\frac{\partial u}{\partial x}\dot{u}|_{x=h}-\frac{\partial u}{\partial x}\dot{u}|_{x=0}\right]+w\left[\dot{u}\left(h\right)-\dot{u}\left(0\right)\right]\end{aligned}$$
$$(\text{附 }8.51)$$

把该函数对 $\dot{u}(x)$ 最小化 (包括 $\dot{u}(h)$ 和 $\dot{u}(0)$), 给出偏微分方程 (8.147) 和边界条件 (8.148)。

(d) 在边界条件 (8.148) 下, 式 (8.147) 的稳态解为 $u_{\infty}\left(x\right)=-\left(w/K_{\mathrm{e}}\right)x$。为了获得与时间相关的解, 我们定义 $f\left(x,t\right)$ 为

$$f\left(x,t\right)=u\left(x,t\right)+\frac{w}{K_{\mathrm{e}}}x \qquad (\text{附 }8.52)$$

则 f 满足式 (8.147), 以及下列初始和边界条件

$$f(x,0) = \frac{w}{K_e}x \qquad \text{(附 8.53)}$$

$$\frac{\partial f}{\partial x} = 0, \quad x = 0, h \qquad \text{(附 8.54)}$$

该方程可用分离变量方法解得。最后方程的解为

$$u(x,t) = -\frac{w}{K_e}\left[x - \frac{h}{2} + \sum_{n=1,3,5,\cdots} \frac{4h}{n^2\pi^2}\cos\left(\frac{n\pi x}{h}\right)e^{-\frac{n^2 t}{\tau}}\right] \qquad \text{(附 8.55)}$$

其中

$$\tau = \frac{h^2}{\kappa K_e \pi^2} \qquad \text{(附 8.56)}$$

因此

$$\Delta h(t) = u(h,t) - u(0,t) = -\frac{w}{K_e}h\left[1 - \frac{8}{\pi^2}\sum_{n=1,3,5,\cdots}\frac{1}{n^2}e^{-\frac{n^2 t}{\tau}}\right] \qquad \text{(附 8.57)}$$

因此, 对于较长的时间, $\Delta h(t)$ 在松弛时间 τ 下接近稳态值 $-w/K_e$。另一方面, 对于短时间 $t \ll \tau$, $\Delta h(t)$ 以 $-(\kappa K_e t)^{1/2}$ 方式减小。

第 9 章

9.1 (a) 令 γ_1 和 γ_2 分别为弹簧和减震器的应变, 它们和应力 σ 的关系为

$$\sigma_1 = G\gamma_1, \quad \sigma_2 = \eta\dot{\gamma}_2 \qquad \text{(附 9.1)}$$

在图 9.17(c) 所示的情形下, σ_1 和 σ_2 均等于 σ, 并且 γ 是 γ_1、γ_2 之和。

$$\sigma = \sigma_1 = \sigma_2 \qquad \text{(附 9.2)}$$

$$\gamma = \gamma_1 + \gamma_2 \qquad \text{(附 9.3)}$$

对式 (附 9.3) 取时间导数并利用式 (附 9.1), 我们得到

$$\dot{\gamma} = \frac{\dot{\sigma}}{G} + \frac{\sigma}{\eta} \qquad \text{(附 9.4)}$$

(b) 对 $t > 0$, $\dot{\gamma}$ 等于零, 式 (附 9.4) 给出

$$\sigma(t) = \sigma_0 e^{-t/\tau} \qquad \text{(附 9.5)}$$

其中，σ_0 是稍后决定的初始应变，$\tau = \eta/G$。在 $t = 0$ 附近短时间范围内，γ 和 σ 的变化非常明显。在这样的时间间隔，式 (9.4) 中 σ/η 项可以忽略，即

$$\dot{\gamma} = \frac{\dot{\sigma}}{G} \tag{附 9.6}$$

这样在短时间间隔内给出了 $\gamma(t) = \sigma(t)/G$，从而得到初始应变 $\sigma_0 = G\gamma$。因此 $\sigma(t)$ 最后可以写成

$$\sigma(t) = G\gamma e^{-t/\tau} \tag{附 9.7}$$

曲线 $G(t)$ 和 $\gamma(t)$ 如附图 9.1 所示。

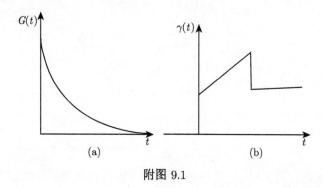

附图 9.1

(c) 对 $t < 0$，$\gamma = 0$；对 $0 < t < t_0$，$\gamma_1 = \sigma/G$ 和 $\gamma_2 = (\sigma/\eta)t$；对 $t_0 < t$，$\gamma_1 = 0$ 和 $\gamma_2 = (\sigma/\eta)t_0$。因此

$$\gamma(t) = \begin{cases} 0, & t < 0 \\ \dfrac{\sigma}{G} + \dfrac{\sigma}{\eta}t, & 0 < t < t_0 \\ \dfrac{\sigma}{\eta}t_0, & t_0 < t \end{cases} \tag{附 9.8}$$

(d) 在模型 (d) 中，$\gamma_1 = \gamma_2 = \gamma$，$\sigma = \sigma_1 + \sigma_2$，因此

$$\sigma = G\gamma + \eta\dot{\gamma} \tag{附 9.9}$$

对于阶跃应变 $\gamma(t) = \gamma_0 \Theta(t-\delta)$，($\delta$ 为一个无限小的时间)，应变由下式给出

$$\sigma(t) = [G\Theta(t-\delta) + \eta\delta(t-\delta)]\gamma_0 \tag{附 9.10}$$

对方程 (9.143) 给出的应变，式 (附 9.9) 的解为

(i) 对 $t < 0$，$\gamma(t) = 0$。

(ii) 对 $0 < t < t_0$，$\sigma_0 = G\gamma + \eta\dot{\gamma}$，可得

$$\gamma(t) = \frac{\sigma_0}{G}\left(1 - e^{-t/\tau}\right) \tag{附 9.11}$$

(iii) 对 $t_0 < t$, $0 = G\gamma + \eta\dot{\gamma}$, 可得出

$$\gamma(t) = \gamma(t_0)\,\mathrm{e}^{-t/\tau} \tag{附 9.12}$$

曲线 $G(t)$ 和 $\gamma(t)$ 如附图 9.2 所示。

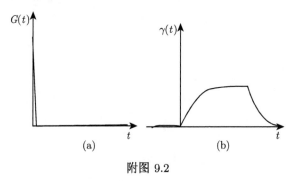

附图 9.2

(e) 模型如附图 9.3 所示。弛豫模量为

$$G(t) = G\mathrm{e}^{-t/\tau} + G_{\mathrm{e}} \tag{附 9.13}$$

其中 $\tau = \eta/G$。

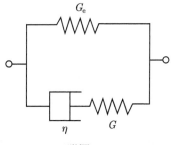

附图 9.3

9.2 (a) 初始位置在 (x_0, y_0, z_0) 的材料点的速度 x 分量为

$$v_x = \dot{x} = -\frac{\dot{\lambda}}{2\lambda^{3/2}}x_0 = -\frac{\dot{\epsilon}}{2\lambda^{1/2}}x_0 = -\frac{1}{2}\dot{\epsilon}x \tag{附 9.14}$$

类似地

$$v_y = -\frac{1}{2}\dot{\epsilon}y \tag{附 9.15}$$

$$v_z = \dot{\epsilon}z \tag{附 9.16}$$

(b) 黏性流体应力张量的 $\alpha\beta$ 分量为

$$\sigma_{\alpha\beta} = \eta\left(\frac{\partial v_\alpha}{\partial r_\beta} + \frac{\partial v_\alpha}{\partial r_\beta}\right) - P\delta_{\alpha\beta} \tag{附 9.17}$$

因此拉伸应力为

$$\sigma\left(t\right) = \sigma_{zz}\left(t\right) - \sigma_{xx}\left(t\right) = \eta\left(2\frac{\partial v_z}{\partial z} - 2\frac{\partial v_x}{\partial x}\right) = 3\eta\dot{\epsilon} \tag{附 9.18}$$

(c) 如果样品被拉伸了一个因子 λ，则样品的截面减小到 A/λ。因此，拉伸应力为 $W/(A/\lambda)$，使其等于 $3\eta\dot{\epsilon} = 3\eta\dot{\lambda}\big/\lambda$，我们得到

$$\frac{W\lambda}{A} = 3\eta\frac{\dot{\lambda}}{\lambda} \tag{附 9.19}$$

或者

$$\frac{\dot{\lambda}}{\lambda^2} = \frac{W}{3A\eta} \tag{附 9.20}$$

这样得到

$$\lambda\left(t\right) = \frac{1}{1 - \dfrac{W}{3A\eta}t} \tag{附 9.21}$$

在有限时间 $t_c = 3A\eta/W$ 时发散。

(d) 对于单轴拉伸，力平衡方程通常写成

$$A\frac{\sigma\left(t\right)}{\lambda\left(t\right)} = W \tag{附 9.22}$$

对于黏弹性流体则为

$$\omega\lambda\left(t\right) = 3\int_0^t \mathrm{d}t' G\left(t - t'\right)\frac{\dot{\lambda}\left(t'\right)}{\lambda\left(t'\right)} \tag{附 9.23}$$

$\lambda(t)$ 可以通过数值求解这个积分方程得到。

9.3　(a) 考虑一个夹在两块平板之间薄的板状区域，两平板位于 y 及 $y + d$ 且垂直于 y 轴 (附图 9.4)，作用在这块区域上的力的 x 分量平衡方程为

$$-\sigma_{xy}\left(y + \mathrm{d}y\right)L + \sigma_{xy}\left(y\right)L + \Delta p\mathrm{d}y = 0 \tag{附 9.24}$$

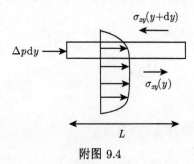

附图 9.4

利用压强梯度 $p_x = \Delta p/L$,这个式子可写成

$$-\frac{\mathrm{d}\sigma_{xy}}{\mathrm{d}y} = p_x \tag{附 9.25}$$

由于相对于 $y = h/2$ 平面流动是对称的,在 $y = h/2$ 处剪切应力 σ_{xy} 必须为零。在这个条件下,对式 (附 9.25) 积分得到

$$\sigma_{xy} = \left(\frac{h}{2} - y\right) p_x \tag{附 9.26}$$

(b) 对方程 (9.150),代入 $\sigma_{xy} = \eta(\dot{\gamma})\dot{\gamma}$,我们得到

$$\eta_0 \dot{\gamma} \left(\frac{\dot{\gamma}}{\dot{\gamma}_0}\right)^{-n} = \left(\frac{h}{2} - y\right) p_x \tag{附 9.27}$$

这样得到

$$\left(\frac{\dot{\gamma}}{\dot{\gamma}_0}\right)^{1-n} = \frac{h p_x}{2\eta_0 \dot{\gamma}_0} \left(1 - \frac{2y}{h}\right) \tag{附 9.28}$$

因此 $\mathrm{d}v_x/\mathrm{d}y = \dot{\gamma}$ 由下式给出

$$\frac{\mathrm{d}v_x}{\mathrm{d}y} = \dot{\gamma}_0 \left(\tilde{p} \left| 1 - \frac{2y}{h}\right|\right)^{1/(1-n)} \tag{附 9.29}$$

其中

$$\tilde{p} = \frac{h p_x}{2\eta_0 \dot{\gamma}_0} \tag{附 9.30}$$

在 $v_x(0) = 0$ 的条件下,对式 (附 9.29) 积分得到

$$v_x = \frac{1-n}{2-n} \frac{h\dot{\gamma}_0}{2} \tilde{p}^{1/(1-n)} \left[1 - \left|1 - \frac{2y}{h}\right|^{(2-n)/(1-n)}\right] \tag{附 9.31}$$

9.4 速度梯度张量 $\kappa_{\alpha\beta}$ 只有一个非零分量 $\kappa_{xy} = \dot{\gamma}$。应力张量的分量满足

$$-\sigma_{xx} + 2\dot{\gamma}\tau\sigma_{xy} + G_0 = 0 \tag{附 9.32}$$

$$-\sigma_{yy} + G_0 = 0 \tag{附 9.33}$$

$$-\sigma_{zz} + G_0 = 0 \tag{附 9.34}$$

$$-\sigma_{xy} + \dot{\gamma}\tau\sigma_{yy} = 0 \tag{附 9.35}$$

$$-\sigma_{yz} = 0 \tag{附 9.36}$$

$$-\sigma_{zx} = 0 \tag{附 9.37}$$

解为

$$
\begin{cases}
\sigma_{xx} = G_0 \left[1 + (\dot{\gamma}\tau)^2 \right] \\
\sigma_{yy} = \sigma_{zz} = G_0 \\
\sigma_{xy} = G_0 \dot{\gamma}\tau \\
\sigma_{yz} = \sigma_{zx} = 0
\end{cases}
\tag{附 9.38}
$$

9.5 由于这个系统沿着 z 轴具有单轴对称性，非对角线上的分量 $\sigma_{xy}, \sigma_{yz}, \sigma_{zx}$ 均为零，且 $\sigma_{xx} = \sigma_{yy}$，$\sigma_{xx}$ 以及 σ_{zz} 满足

$$
\dot{\sigma}_{xx} = -\sigma_{xx}/\tau - \dot{\varepsilon}\sigma_{xx} + G_0/\tau \tag{附 9.39}
$$

$$
\dot{\sigma}_{zz} = -\sigma_{zz}/\tau + 2\dot{\varepsilon}\sigma_{zz} + G_0/\tau \tag{附 9.40}
$$

令 α_x 和 α_z 定义为

$$
\alpha_x = 1/\tau + \dot{\varepsilon} \tag{附 9.41}
$$

$$
\alpha_z = 1/\tau - 2\dot{\varepsilon} \tag{附 9.42}
$$

若初始条件为 $\sigma_{xx} = \sigma_{zz} = G_0$，则上面方程的解为

$$
\sigma_{xx} = G_0 \left[1 + \left(\frac{1}{\alpha_x \tau} - 1 \right) \left(1 - e^{-\alpha_x t} \right) \right] \tag{附 9.43}
$$

$$
\sigma_{zz} = G_0 \left[1 + \left(\frac{1}{\alpha_z \tau} - 1 \right) \left(1 - e^{-\alpha_z t} \right) \right] \tag{附 9.44}
$$

解在 $\dot{\varepsilon} > 1/(2\tau)$ 时发散。特别地，稳定态解为

$$
\sigma_{xx} = \frac{G_0}{1 + \tau\dot{\varepsilon}} \tag{附 9.45}
$$

$$
\sigma_{zz} = \frac{G_0}{1 - 2\tau\dot{\varepsilon}} \tag{附 9.46}
$$

拉伸应力 $\sigma = \sigma_{zz} - \sigma_{xx}$ 为

$$
\sigma = \frac{3 G_0 \tau\dot{\varepsilon}}{(1 - 2\tau\dot{\varepsilon})(1 + \tau\dot{\varepsilon})} \tag{附 9.47}
$$

9.6 复模量 $G^*(\omega)$ 与弛豫模量 $G(t)$ 的关系为

$$
G^*(\omega) = i\omega \int_0^\infty dt\, G(t)\, e^{-i\omega t} \tag{附 9.48}
$$

Rouse 模型 (式 (9.77)) 的弛豫模量可计算为

$$
G^*(\omega) = n_p k_B T \sum_{p=1}^{N} \frac{i\omega\tau_R}{p^2 + i\omega\tau_R} \tag{附 9.49}
$$

对于 $\omega\tau_R \gg 1$, 对 p 的求和可以用对 p 的积分来替代。

$$
\begin{aligned}
G^*(\omega) &= n_{\mathrm{p}}k_{\mathrm{B}}T \int_0^\infty \mathrm{d}p \frac{\mathrm{i}\omega\tau_{\mathrm{R}}}{p^2 + \mathrm{i}\omega\tau_{\mathrm{R}}} \\
&= n_{\mathrm{p}}k_{\mathrm{B}}T \frac{\pi}{2}\sqrt{\mathrm{i}\omega\tau_{\mathrm{R}}} \\
&= n_{\mathrm{p}}k_{\mathrm{B}}T \frac{(1+\mathrm{i})\,\pi}{2\sqrt{2}}(\omega\tau_{\mathrm{R}})^{1/2}
\end{aligned}
\tag{附 9.50}
$$

因此 $G'(\omega)$ 和 $G''(\omega)$ 相等并且正比于 $\omega^{1/2}$。

9.7　在稀溶液中, 黏度可写成

$$
\eta = \eta_{\mathrm{s}} + \eta_{\mathrm{p}} \tag{附 9.51}
$$

其中 η_{p} 是来自聚合物的贡献, 通过式 (9.126) 估算为

$$
\eta_{\mathrm{p}} \approx n_{\mathrm{p}}L^3\eta_{\mathrm{s}} \tag{附 9.52}
$$

因此

$$
\eta \approx \eta_{\mathrm{s}}\left(1 + n_{\mathrm{p}}L^3\right) \tag{附 9.53}
$$

另一方面, 在浓溶液中, 黏度被估算为

$$
\eta \approx \eta_{\mathrm{s}}\left(n_{\mathrm{p}}L^3\right)^3 \tag{附 9.54}
$$

对于体积分数为 ϕ 的棒状分子溶液, n_{p} 为

$$
n_{\mathrm{p}} = \frac{4}{\pi}\frac{\phi}{d^2 L} \tag{附 9.55}
$$

因此

$$
n_{\mathrm{p}}L^3 \approx \phi\left(\frac{L}{d}\right)^2 \tag{附 9.56}
$$

在本问题中, $L/d = 0.5\mu\mathrm{m}/5\mathrm{nm} = 10^2$。这给出了对应 $\phi = 0.01\%, 0.1\%, 1\%$ 和 10% 的数值:

$$
\eta/\eta_{\mathrm{s}} = 1, 10^3, 10^6, 10^9 \tag{附 9.57}
$$

在上述估算中, 数值因子被假定为单位数量级。在实际中, 数值因子非常小 (10^{-4} 数量级)。因此黏度远小于上述的估算, 但是黏度的增加是显著的。

第 10 章

10.1   对于 CH_3COOH,

$$K = \frac{\alpha[H^+]}{1-\alpha} \tag{附 10.1}$$

因此,α 可表示为

$$\alpha = \frac{K}{K+[H^+]} \tag{附 10.2}$$

令 $K = 10^{-4.7} \text{mol/L}$ 且 $[H^+] = 10^{-PH} \text{mol/L}$,有

$$\alpha = \frac{1}{1+10^{4.6-PH}} \tag{附 10.3}$$

对于 NH_4OH,

$$K = \frac{\alpha[OH^-]}{1-\alpha} \tag{附 10.4}$$

$$\alpha = \frac{K}{K+[H^+]} \tag{附 10.5}$$

令 $K = 10^{-4.7} \text{mol/L}$ 且 $[H^+] = 10^{-PH} \text{mol/L}$,有

$$\alpha = \frac{1}{1+10^{4.7+PH-14}} \tag{附 10.6}$$

10.2   根据离解平衡方程

$$K_A = \frac{\alpha_A[H^+]}{1-\alpha_A}, \quad K_B = \frac{\alpha_B[OH^-]}{1-\alpha_B}, \quad [H^+][OH^-] = K_w \tag{附 10.7}$$

在零电荷处,

$$N_A\alpha_A = N_B\alpha_B \tag{附 10.8}$$

可解出

$$[H^+] = -\frac{1}{2}K_A\left(1-\frac{N_A}{N_B}\right) + \sqrt{\frac{N_A^2}{4}\left(1-\frac{N_A}{N_B}\right)^2 + K_w\frac{N_AK_A}{N_BK_B}} \tag{附 10.9}$$

若 $N_A = N_B$,方程可简化为

$$[H^+] = \sqrt{K_w\frac{K_A}{N_B}} \tag{附 10.10}$$

10.3   虽然 Na^+ 必须留在原腔 (假设在右边),Cl^- 可以通过扩散进入左腔室。设 x 为留在右腔室的 Cl^- 的分数。左右腔室的离子数密度用 x 表示,见附表 10.1。左腔室中 Cl^- 的浓度为 $n(1-x)$。为满足左腔室的电中性,H^+ 由左腔室产生,数密度为 $n(1-x)$。另一方面,为满足右腔室的电中性条件,右腔室产生数密度为 $n(1-x)$ 的 OH^-。最后,右腔室 H^+ 和左腔室 OH^- 的数密度取决于水的离解平衡。(这并不影响电中性,因为 K_w/n 远小于 n)。

附表 10.1

离子	左腔室	右腔室
Na^+	0	n
Cl^-	$n(1-x)$	nx
H^+	$n(1-x)$	$\dfrac{K_w}{n(1-x)}$
OH^-	$\dfrac{K_w}{n(1-x)}$	$n(1-x)$

令 $\Delta\psi$ 为左腔室相对于右腔室的电势。Cl^-，H^+ 和 OH^- 在两个腔室之间的扩散平衡方程如下：

$$Cl^- \qquad \frac{n(1-x)}{nx} = e^{\beta e_0 \Delta\psi} \qquad (\text{附 } 10.11)$$

$$H^+ \qquad \frac{n(1-x)}{\dfrac{K_w}{n(1-x)}} = e^{-\beta e_0 \Delta\psi} \qquad (\text{附 } 10.12)$$

$$OH^- \qquad \frac{\dfrac{K_w}{n(1-x)}}{n(1-x)} = e^{\beta e_0 \Delta\psi} \qquad (\text{附 } 10.13)$$

注意，方程 (附 10.13) 等价于方程 (附 10.12)，因此 x 和 $\Delta\psi$ 由方程 (附 10.11) 和方程 (附 10.12) 决定。将这两个方程两边相乘，有

$$\frac{(1-x)^3}{x} = \frac{K_w}{n^2} \qquad (\text{附 } 10.14)$$

我们假定 $K_w \ll n^2$，由方程 (附 10.14) 可解得 x 为

$$x = 1 - \left(\frac{K_w}{n^2}\right)^{1/3} \qquad (\text{附 } 10.15)$$

因此左腔室中 H^+ 的数密度为

$$[H^+] = n(1-x) = (nK_w)^{1/3} \qquad (\text{附 } 10.16)$$

这决定了左腔室中的 pH 值。

10.4 点电荷线性化泊松–玻尔兹曼方程的解由式 (10.45) 给出。凝胶中固定电荷的数密度由 $n_b(x) = n_b\Theta(-x)$ 给出。把所有固定电荷的贡献求和，我们有

$$\psi(x) = \int_{-\infty}^{\infty} dx' \frac{e_0}{2\kappa\epsilon} e^{-\kappa|x-x'|} n_b\Theta(-x)$$

$$= \int_{-\infty}^{0} dx' \frac{e_0 n_b}{2\kappa\epsilon} e^{-\kappa|x-x'|} \qquad (\text{附 } 10.17)$$

因此，Donnan 电势可由下式给定

$$\Delta\psi = \psi(-\infty) - \psi(\infty) = \int_{-\infty}^{\infty} \mathrm{d}x' \frac{e_0 n_b}{2\kappa\epsilon} \mathrm{e}^{-\kappa|x'|} = \frac{e_0 n_b}{\kappa^2 \epsilon} = \frac{k_B T}{e_0} \frac{n_b}{2 n_s} \qquad (\text{附 }10.18)$$

这与方程 (10.27) 相符。

电势分布形状由方程 (附 10.17) 计算得出，所得结果为

$$\psi(x) = \begin{cases} \dfrac{1}{2}\Delta\psi \left(2 - \mathrm{e}^{\kappa x}\right), & x < 0 \\[2mm] \dfrac{1}{2}\Delta\psi \mathrm{e}^{-\kappa x}, & x > 0 \end{cases} \qquad (\text{附 }10.19)$$

10.5   (a) 方程 (10.42) 的解可写成

$$\psi(x) = a\mathrm{e}^{\kappa x} + b\mathrm{e}^{-\kappa x} \qquad (\text{附 }10.20)$$

边界条件 $\psi(0) = \psi_A$ 和 $\psi(h) = \psi_B$ 给定

$$a + b = \psi_A \qquad (\text{附 }10.21)$$

$$a\mathrm{e}^{\kappa h} + b\mathrm{e}^{-\kappa h} = \psi_B \qquad (\text{附 }10.22)$$

由此

$$a = \frac{-\psi_A \mathrm{e}^{-\kappa h} + \psi_B}{2\sinh(\kappa h)} \qquad (\text{附 }10.23)$$

$$b = \frac{\psi_A \mathrm{e}^{\kappa h} - \psi_B}{2\sinh(\kappa h)} \qquad (\text{附 }10.24)$$

(b) 力 f_{int} 可由方程 (10.64) 计算得出。因为 $|\beta e_0 \psi| < 1$，方程可近似为

$$\begin{aligned} f_{\text{int}} &= k_B T \sum_i n_{is} \left\{ -\beta e_i \psi(x) + \frac{1}{2}\left[\beta e_i \psi(x)\right]^2 \right\} - \frac{1}{2}\epsilon \left(\frac{\mathrm{d}\psi}{\mathrm{d}x}\right)^2 \\ &= \frac{1}{2}\epsilon \left[\kappa^2 \psi(x)^2 - \left(\frac{\mathrm{d}\psi}{\mathrm{d}x}\right)^2\right] \end{aligned} \qquad (\text{附 }10.25)$$

求在 $x = 0$ 处的值，有

$$\begin{aligned} f_{\text{int}} &= \frac{1}{2}\epsilon \left[\kappa^2 \psi_A^2 - \kappa^2 (a - b)^2\right] \\ &= \frac{\epsilon\kappa^2}{2} \frac{2\psi_A \psi_B \cosh(\kappa h) - \psi_A^2 - \psi_B^2}{\sinh^2(\kappa h)} \end{aligned} \qquad (\text{附 }10.26)$$

(c) 作用力 f_{int} 为负，当满足

$$2\psi_A \psi_B \cosh(\kappa h) < \psi_A^2 + \psi_B^2 \qquad (\text{附 }10.27)$$

或者当电荷符号相同, 即 $\psi_A \psi_B > 0$,

$$h < \operatorname{arccosh}\left(\frac{\psi_A}{\psi_B} + \frac{\psi_B}{\psi_A}\right) \tag{附 10.28}$$

若 $\psi_A \neq \psi_B$, 则 arccosh 的值大于 1。因此在 h 的某个范围内 f_{int} 是负值, 也就是说即使两个电荷符号相同, 它们之间的作用力也会变为吸引力。

10.6 $f(x)$ 的一阶导数计算结果为

$$\begin{aligned}\frac{\mathrm{d}f(x)}{\mathrm{d}x} &= k_{\mathrm{B}}T\sum_i n_{is}\left[-\beta e_i \frac{\partial \psi}{\partial x}\mathrm{e}^{-\beta e_i \psi(x)}\right] - \epsilon \frac{\partial \psi}{\partial x}\frac{\partial^2 \psi}{\partial x^2}\\ &= \left[-\sum_i n_{is} e_i \mathrm{e}^{-\beta e_i \psi(x)} - \epsilon \frac{\partial^2 \psi}{\partial x^2}\right]\frac{\partial \psi}{\partial x}\end{aligned} \tag{附 10.29}$$

由方程 (10.40) 可知此方程右边为 0(此时固定离子项 $e_b n_b(x)$ 为零)。因此 $f(x)$ 与 x 无关。

10.7 利用方程 (10.98), 溶剂通量 J_{s} 可写作

$$\begin{aligned}J_{\mathrm{s}} &= \int_0^h \mathrm{d}y v_x(y)\\ &= \frac{1}{2\eta}p_x \int_0^h \mathrm{d}y y(h-y) - \frac{\epsilon E}{\eta}\int_0^h \mathrm{d}y[\psi_{\mathrm{s}} - \psi_{\mathrm{eq}}(y)]\\ &= -L_{11}p_x + L_{12}E\end{aligned} \tag{附 10.30}$$

其中

$$L_{11} = \frac{1}{2\eta}\int_0^h \mathrm{d}y y(h-y) = \frac{h^3}{12\eta} \tag{附 10.31}$$

$$L_{12} = -\frac{\epsilon}{\eta}\int_0^h \mathrm{d}y[\psi_{\mathrm{s}} - \psi_{\mathrm{eq}}(y)] \tag{附 10.32}$$

类似地, 电流 J_{e} 可写作

$$J_{\mathrm{e}} = -L_{21}p_x + L_{22}E \tag{附 10.33}$$

其中,

$$L_{21} = \frac{1}{2\eta}\int_0^h \mathrm{d}y \sum_i e_i n_i(y) y(h-y) \tag{附 10.34}$$

$$L_{22} = -\frac{\sum_i \int_0^h \mathrm{d}y n_i(y) e_i \epsilon}{\eta}[\psi_{\mathrm{s}} - \psi_{\mathrm{eq}}(y)] + \sum_i \int_0^h \mathrm{d}y \frac{n_i(y) e_i^2}{\zeta_i} \tag{附 10.35}$$

现在我们证明 L_{21} 和 L_{12} 相等。利用

$$\sum_i n_i(y) e_i = -\epsilon \frac{d^2\psi_{\text{eq}}(y)}{dy^2} \tag{附 10.36}$$

L_{21} 重新写成

$$L_{21} = \frac{1}{2\eta} \int_0^h dy \epsilon \frac{d^2\psi_{\text{eq}}(y)}{dy^2} y(h-y) \tag{附 10.37}$$

利用分部积分法，可重新写成

$$L_{21} = \frac{\epsilon}{2\eta} \int_0^h dy \frac{d\psi_{\text{eq}}(y)}{dy} (h-2y)$$
$$= \frac{\epsilon}{2\eta} \left\{ [\psi_{\text{eq}}(y)(h-2y)]_0^h + \int_0^h dy \psi_{\text{eq}}(y) \right\} \tag{附 10.38}$$

利用边界条件 $\psi(0) = \psi(h) = \psi_{\text{s}}$，方程 (附 10.38) 写成

$$L_{21} = \frac{\epsilon}{2\eta} \left[-2h\psi_{\text{s}} + 2\int_0^h dy \psi_{\text{eq}}(y) \right]$$
$$= -\frac{\epsilon}{\eta} \int_0^h dy \left[\psi_{\text{s}} - \psi_{\text{eq}}(y) \right] \tag{附 10.39}$$

因此 $L_{21} = L_{12}$。类似地，方程 (附 10.35) 右边第一项的积分可写成

$$\sum_i \int_0^h dy n_i(y) e_i \left[\psi_{\text{s}} - \psi_{\text{eq}}(y) \right] = -\epsilon \int_0^h dy \frac{d^2\psi_{\text{eq}}(y)}{dy^2} \left[\psi_{\text{s}} - \psi_{\text{eq}}(y) \right] \tag{附 10.40}$$

利用分部积分法

$$\sum_i \int_0^h dy n_i(y) e_i \left[\psi_s - \psi_{\text{eq}}(y) \right] = \epsilon \int_0^h dy \left(\frac{d\psi_{\text{eq}}(y)}{dy} \right)^2 \tag{附 10.41}$$

则

$$L_{22} = \frac{\epsilon^2}{\eta} \int_0^h dy \left(\frac{d\psi_{\text{eq}}(y)}{dy} \right)^2 + \sum_i \int_0^h dy \frac{n_i(y) e_i^2}{\zeta_i} \tag{附 10.42}$$

因此 L_{22} 总是正的。

索　引

A

爱因斯坦关系, 109
　　广义的, 119
　　布朗粒子的, 110
昂萨格 (Onsager) 变分原理, 131
昂萨格 (Onsager) 原理, 133
奥恩斯坦–策尼克 (Ornstein-Zernike), 155

B

半透膜, 13
棒状聚合物溶液的黏弹性
　　浓溶液, 210
　　稀溶液, 208
　　向列型溶液, 213
背景速度, 160
本构方程, 187
　　胡克固体, 248
　　液晶, 213
　　麦克斯韦模型, 197
　　新胡克材料, 247
　　牛顿流体, 250
　　蠕动模型, 204
比容, 10
标量序参数, 83
表面过剩, 61
表面活性剂, 66
表面间势能, 70
表面压, 66
表面张力, 57
宾汉姆流体, 187
宾汉姆黏度, 187

泊松–玻尔兹曼方程, 227
泊松率, 249
不可压缩假设, 35
不可压缩溶液, 10
不连续相变, 89
不稳定, 16
布朗粒子, 104
布朗运动, 103
部分浸润, 62

C

参考态, 35
沉积, 139
沉积势, 233
弛豫模量, 183
尺寸效应
　　在胶体溶液中, 25
　　在聚合物混合物中, 25
　　在聚合物溶液中, 22
储存模量, 185
粗粒化, 167
重叠浓度, 24

D

达西定理, 132
带电表面, 228
　　电容, 228
　　面间势, 229
　　表面势, 228
单聚体, 69
单体, 1

单轴拉伸, 44

倒易关系, 260

　　流体动力学证明, 261

　　在带电毛细管中的, 238

　　在流体动力学中的, 115

　　在离子凝胶中的, 235

　　昂萨格 (Onsager) 证明, 263

德拜长度, 74, 22

德加金近似, 72

德热纳 de Gennes, 201

电动现象, 232

电解液, 218

电离常数, 218

电渗透, 232

电双层, 225

电泳, 233, 239

电中性条件, 221, 228

叠加原理, 184

动力学泊松–玻尔兹曼方程, 236

动力学系数, 132

对关联函数, 153

对流, 161

E

二阶相变, 89

F

反胶束, 4

反离子, 74, 219

反离子凝聚, 220

泛函, 258

泛函微分, 258

范德瓦耳斯相互作用, 72

范霍夫定律, 14

分层, 12

分离压, 77

分散技术, 4

分形维数, 158

分支聚合物, 1, 206

弗兰克 (Frank) 弹性常数, 95

弗里德里克斯 (Freedericksz) 相变, 96

复模量, 185

G

共存

　　凝胶, 50

　　溶液, 15

共存曲线, 16

共离子, 219

固定离子, 219

关联长度, 94, 154

关联效应, 23

关联质量, 154

管模型, 202

广义势场力, 260

广义坐标, 113

H

哈梅克 (Kamaker) 常数, 73, 77

亥姆霍兹自由能, 10

耗散力, 76

耗散效应, 76

胡克弹性, 33, 181

胡克固体, 249

滑移–连接模型, 200, 201

化学势

　　压强的影响, 14

　　和渗透压的关系, 14

　　维里展开, 15

混合标准, 11

混合熵, 20

J

碱, 218
吉布斯–杜亥姆 (Gibbs-Duhem) 方程, 59, 67
吉布斯 (Gibbs) 单分子膜, 70
吉布斯 (Gibbs) 自由能, 10
集体扩散, 138
集体扩散常数, 110, 159
剪切模量, 33, 34, 182
剪切黏度, 33
剪切稀化, 187, 197
剪切形变, 43
剪切应变, 33
剪切应力, 33
交联, 42
胶束, 2,69
胶体, 2
胶体晶体, 2
接触角, 62
接触线, 62
接枝聚合物, 74
解离关联, 221
介质速度, 160
界面厚度, 164
界面张力, 165
界面自由能, 59
近晶相, 5
浸润, 61
晶格模型
　　聚合物溶液的, 22
　　简单溶液的, 17
缠结分子量, 200
缠结剪切模量, 200
缠结效应, 199
局部性原理, 170
局域密度, 152
巨电解液, 219
巨正则自由能, 58

聚合物, 1
聚合物刷, 74
均匀形变, 36

K

快变量, 133
扩散–形变耦合, 161
　　在凝胶中, 169
　　在相分离中, 163
　　在沉淀中, 161
扩散流动, 161
扩散势, 137

L

拉普拉斯 (Laplace) 压力, 53
朗道 (Landau), 89
朗道–德热纳 (Landau-de Gennes) 自
　　由能, 90, 255
朗缪尔 (Langmuir) 单分子膜, 70
朗缪尔 (Langmuir) 方程, 68
朗之万 (Langevin) 方程, 107, 273
劳斯 (Rouse) 模型, 198
离子积, 218
理想弹性, 33
理想弹性固体, 248
理想黏性, 33
理想黏性流体, 250
力–电耦合, 233
力偶极矩, 190
利弗希茨–斯里沃佐夫 (Lifshitz-Slyozov)
　　过程, 168
连续力学, 243
连续相变, 89
列维–齐维塔符号 (Levi-Civita), 142
临界点, 17
临界胶束浓度, 69
临界现象, 92, 158
零电荷点, 219

刘维尔方程, 265
流动电势, 232
轮廓长度涨落, 206
洛伦兹倒易关系, 115

M

麦克斯韦模型, 197
慢变量, 133
毛细管长度, 63
密度关联
　　空间–时间关联, 156
　　空间关联, 153
摩擦常数, 107
摩尔分数, 9

N

能量扩散方程, 128
能量耗散最小化原理, 129
黏弹性, 33, 182
　　线性黏弹性, 183
　　分子起源, 193
黏弹性固体, 183
黏弹性流体, 183
黏度, 33, 182
凝胶, 2
牛顿流体, 33, 250
牛顿黏度, 182
扭曲常数, 95
浓度涨落
　　在凝胶中, 172
　　在溶液中, 156
诺伊曼三角形, 65
诺伊曼条件, 65

O

偶极矩, 225

P

爬杆效应, 187
爬行模型, 201
排斥体积, 98
膨胀, 45
膨胀 (溶胀)
　　离子凝胶, 224
平均场近似
　　溶液的, 18
平均力势, 25, 255
广义爱因斯坦关系, 272
广义摩擦力, 260
广义摩擦系数, 114

Q

气–液相变, 15
亲油性, 3
亲水性, 23, 66

R

热致液晶, 84
溶胶, 2
溶致液晶, 84
瑞利–泰勒不稳定性, 163
瑞利量, 128

S

三相线, 62
散射函数
　　动态的, 156
　　静态的, 154
散射实验, 154
熵力, 40
伸长率, 34
伸长应变, 34
伸长应力, 34
渗透体模量, 171
渗透应力, 171

渗透压，13, 14, 135, 138
时间反演对称，105, 267
时间关联函数，104, 266
时间平移不变性，105
受限自由能，89, 252
　　　在液晶中，87
　　　在聚合物链中，39
疏水性，3, 65
双节线，17
双亲水性的，3
斯托克斯方程，250
速度关联函数，106, 110
速度梯度，188
酸，218
随机力，108
损耗模量，185

T

唐南 (Donnan) 平衡，222
唐南 (Donnan) 势，223
体积分数，10
体积应变，34
体模量，34
体积相变，49

W

弯曲常数，95
完全浸润，62
网络状聚合物，1
韦森堡 (Weisenberg) 效应，187, 197
维利系数，15
稳态黏度，185
沃什伯恩 (Washburn) 定律，131

X

稀溶液，14
线性聚合物，1

线性黏弹性，183
线性响应
　　　平衡，267
　　　非平衡，269
相分离，12, 15
　　　平衡，15
　　　动力学，163
相图，17
向列型，5, 181
向列型液晶相变的 Onsager 理论，98
橡胶弹性的库恩理论，42
新胡克型，43, 247
斜展常数，95
形变梯度，36, 188
形变自由能，35
序参数，83
旋节线，17
旋节线分解，166

Y

哑铃模型，193
亚稳，17
亚稳定，15
盐，218
赝网格模型，198, 200
杨–杜普雷 (Young-Dupre) 方程，63
杨氏模量，34, 249
液晶，5
一阶相变，89
移动离子，219
应力张量
　　　从瑞利量推导，192
　　　宏观定义，244
　　　微观表示，189
有效相互作用能，25
有序–无序相变，88

Z

张量序参数, 83

涨落–耗散定理, 115, 265

涨落–耗散关系, 109, 115

正交形变, 35

质量分数, 9

中心极限定理, 39, 109

质量浓度, 9

转动布朗运动, 141

转动扩散常数, 143

转动扩散方程

　　在角空间, 146

　　在矢量空间, 142

自发乳化, 66

自关联函数, 105

自扩散常数, 110

自洽方程, 86

自由连接链, 38

自由离子模型, 221

自由能密度, 11

自由能密度

　　凝胶, 48

　　胡克固体, 249

　　聚合物溶液, 22

　　橡胶, 43

　　溶液, 19

自组装单分子膜, 70

其他

χ 参数, 18

Asakura–Oosawa 效应, 76

Bjeruum 长度, 220

Maier-Saupe 理论, 84

pK, 218

Smoluchowskii 方程, 135, 142, 273